水污染控制工程

王金霞　邱小燕　刘生宝　主编

中国纺织出版社

内 容 提 要

本书系统阐述了各种常用废水处理技术的原理、工艺和主要设备的基本结构、主要工艺设计的步骤、内容和设计方法。本书前六章分别讲解了物理法、化学法、物理化学法和生物法处理水污染的有效方法;第七章到第九章讲解了自然净化处理、工业废水处理并延伸到污泥的处理;最后两章理论联系实际,讲解了城市污水回用和污水处理厂设计。通过对本书的学习,读者将系统掌握城市污水和工业废水处理技术的基本理论和工艺过程,具备解决水污染控制工程中具体技术问题的能力。

图书在版编目(CIP)数据

水污染控制工程 / 王金霞,邱小燕,刘生宝主编. —北京 :中国纺织出版社,2019.3(2022.8 重印)

ISBN 978-7-5180-5690-3

Ⅰ.①水…　Ⅱ.①王…　②邱…　③刘…　Ⅲ.①水污染—污染控制　Ⅳ.①X520.6

中国版本图书馆 CIP 数据核字(2018)第 264193 号

策划编辑:沈　靖　　责任校对:王花妮

责任印制:何　建

中国纺织出版社出版发行

地址:北京市朝阳区百子湾东里 A407 号楼　邮政编码:100124

销售电话:010—67004422　传真:010—87155801

http://www.c-textilep.com

中国纺织出版社天猫旗舰店

官方微博 http://weibo.com/2119887771

佳兴达印刷(天津)有限公司印刷　各地新华书店经销

2019 年 3 月第 1 版　2022 年 8 月第 5 次印刷

开本:787×1092　1/16　印张:18.25

字数:319 千字　定价:76.00 元

凡购本书,如有缺页、倒页、脱页,由本社图书营销中心调换

前　言

随着我国经济社会的高速发展，产生了大量工业废水及生活污水，若不能被有效处理将严重威胁我国环境生态安全和社会可持续发展。为此，国家一方面积极加强与完善环境保护政策、法律法规，大力促进污水处理设施的建设进程；另一方面高度重视水污染控制工程技术人才的培养。

本书系统阐述了各种常用废水处理技术的原理、工艺，主要设备的基本结构，主要工艺设计的步骤、内容和设计方法。第二章到第六章分别介绍了物理法、化学法、物理化学法和生物法处理水污染的有效方法；第七章到第九章介绍了自然净化处理、工业废水处理并延伸到污泥的处理；最后两章理论联系实际，介绍了城市污水回用和污水处理厂设计。通过对本书的学习，读者将系统掌握城市污水和工业废水处理技术的基本理论和工艺过程，具备解决水污染控制工程中具体技术问题的能力。

本书可作为普通高等院校环境科学与工程专业教学用书，也可作为其他相近专业的教材或教学参考书，同时还可供从事环境工程设计、管理及科研工作的人员参考使用。

本书在编写过程中，吸收了以往相关教材的优点，参阅了近年来一些高校及设计部门的资料与相关文献，在此向所有文献的作者表示衷心感谢。

由于编者水平有限，书中难免存在疏漏和错误之处，敬请广大读者批评指正。

编　者

目录

第一章 绪 论

第一节 水资源与水循环

一、水资源

水是人类生存和社会发展必不可少的物质，是地球上最宝贵的一种自然资源。

地球上水的总量约为14.5亿 km^3，其中淡水只占2.5%，且主要分布在南北两极的冰雪中。目前，人类可以直接利用的只有地下水、湖泊淡水和河床水，三者总和约占地球总水量的0.77%，除去不能开采的深层地下水，人类实际能利用的水仅占地球总水量的0.26%左右。

我国水资源总量为2.8万亿 m^3，人均2 173 m^3，仅为世界人均水平的1/4。我国水资源的特点是水资源不足、用水浪费、水污染严重，资源型缺水、工程型缺水和水质型缺水并存。并且我国水资源空间分布不平衡，总体上“南多北少”，长江以北水系流域面积占全国国土面积的64%，而水资源量仅占19%。目前全国600多个城市中，有400多个缺水，其中100多个严重缺水，北京、天津等大城市的供水形势最为严峻。

二、水循环

地球上的水始终处于循环运动之中，水循环具有自然循环和社会循环两种类型。

（一）自然循环

地球表面上的水在太阳辐射下受热蒸发为水蒸气，水蒸气升至空中形成云，并被气流输送至各地，在适当条件下凝结而形成降水，降落在陆地上的雨雪转化为地表径流和地下径流，最后又回归海洋。因此自然界的水通过蒸发、输送、降水、渗透等环节不停地流动和转化，从海洋到天空，再到陆地，最后又回到海洋，这种循环就构成了水的自然循环，如图1-1-1所示。全世界自然水文循环总量为57.7万 km^3/a，地表、地下径流总量为4.7万 km^3/a。

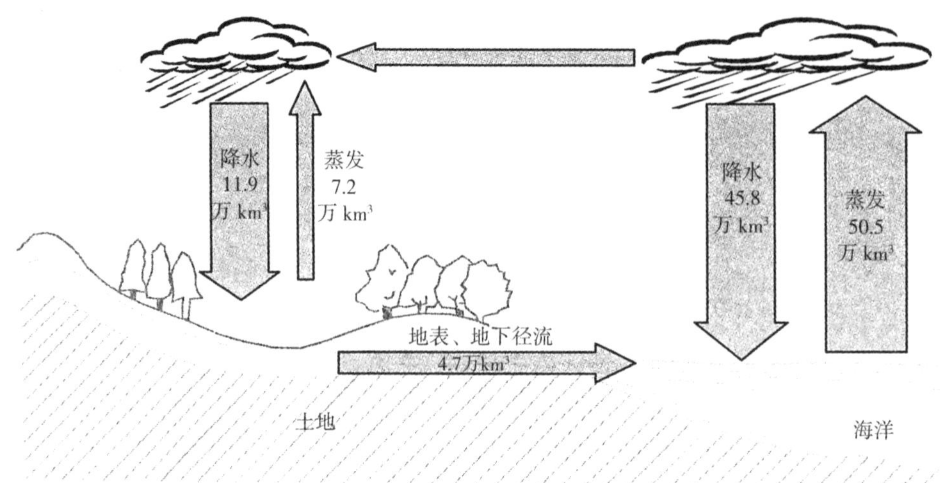

图 1-1-1　水的自然循环

(二)社会循环

人类以各种自然水体为水源用于生活和生产，使用后的水就变成被污染的水，简称为废水或污水，被排出的污水最后又流入自然水体，这样在人类社会中构成的局部循环系统称为水的社会循环，如图 1-1-2 所示。

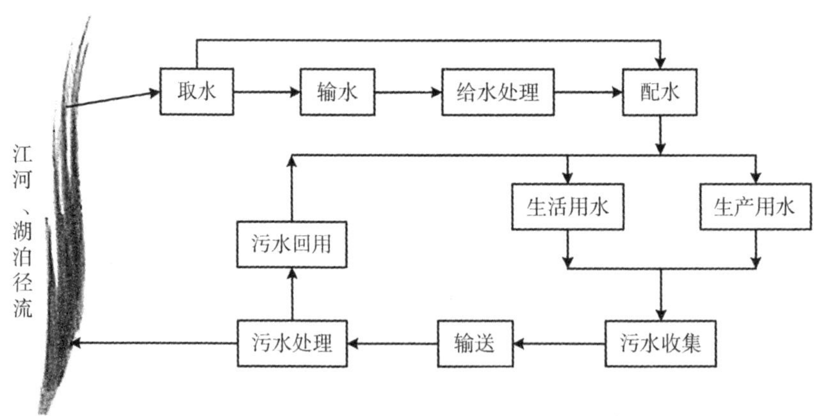

图 1-1-2　水的社会循环

在水的社会循环中，显示出人与自然在水量和水质方面存在巨大矛盾，集中表现在废水的排放对水体、土壤、大气等的污染，即水污染。

第二节 水污染

一、水体污染

水体污染是指污染物进入河流、湖泊、海洋或地下水等水体，使水体的水质和沉积物的物理性质、化学性质或生物群落组成发生变化，从而降低水体的使用价值和使用功能的现象。污染物进入水体的主要途径为人口集中区域的生活污水排放、工业生产过程中产生的废水排放，使用农药或化肥的农田排水、大气中的污染物随降水进入地表水体，固体废弃物堆放场地因雨水冲刷、渗漏，或固体废弃物被抛入水体等，从而使水体造成污染。其中废水排放是造成水污染的主要原因。

废水的分类有多种方法，根据废水的来源可分为生活污水和工业废水两大类，通常将城镇生活污水、工业废水和雨水的混合废水称为城市污水，它是城市通过下水管道收集到的所有排水；按照污染物的化学类别，废水又可分为无机废水和有机废水；废水还可以根据毒物的种类分类，以表明主要毒物；也可以按照工业行业或生产工艺名称来分类。

二、水体污染物

水体污染物种类繁多，可以用不同方法、标准或从不同的角度进行分类。从环境工程的角度，水体污染物可以分为固体污染物、需氧污染物、有毒污染物、营养性污染物、生物污染物、酸碱污染物、感官污染物、油类污染物和热污染物等。

三、水体污染的危害

水体污染造成的危害极大，包括对人类健康、公共事业、工业生产、农业生产、生态系统、水资源、旅游资源等诸多方面的危害。对人类的危害主要表现在以下三个方面。

(一)对人类健康的危害

水体污染对人类健康的危害最严重，特别是重金属、有毒有害有机污染物和病原微生物等。目前，已知疾病中约80%与水污染有关，一方面许多疾病通过水体媒介传播，另一方面，许多化学药品和重金属污染人类饮用水水源，引发癌症、心血管病等多种疾病。

(二)对工农业生产的危害

电子工业、食品工业等行业对用水水质的要求比较高，水中污染物会影响产品质量。此外，废水中的有毒有害物质不仅污染土壤，恶化土质，而且会造成农作物、森林等受损或死亡。

(三)对生态系统的危害

水体污染会严重干扰自然界的生态系统，水中的有毒有害有机物、重金属、石油、农药等会使水生生物(如鱼类等)大量死亡；水中的环境激素(又称为内分泌干扰物)对水生动物的生殖系统产生影响，会造成某些物种灭绝，又因其迁移转化和生物富集等对人类产生潜在危害。

第三节　污染物种类及水质指标

一、污染物的种类

废水中的污染物种类大致可分为：无机无毒物、无机有毒物、耗氧有机物、植物营养物、有机有毒物、病原微生物、放射污染物、热污染等。水体中的污染物大致分类见表 1-3-1。

表 1-3-1　水体中的污染物

分　类	主要污染物
无机无毒物	水溶性氧化物、硫酸盐、酸、碱等无机酸、碱、盐中无毒物质
无机有毒物	铝、汞、砷、镉、铬、氟化物、氰化物等重金属元素及无机有毒化学物质
耗氧有机物	碳水化合物、蛋白质、油脂、氨基酸等
植物营养物	铵盐、磷酸盐和磷、钾等
有机有毒物	酚类、有机磷农药、有机氯农药、多环芳烃、苯等
病原微生物	病菌、病毒、寄生虫等
放射污染物	铀、锶、铯等
热污染	含热废水

二、水质指标

水质指标是指水和其中所含杂质共同表现出来的物理、化学和生物学的综合特性。各项水质指标表示水中杂质的种类、成分和数量，是判断水质的具体衡量指标。水质指标种类很多，有上百项。它们可以分为物理性、化学性和生物学三类。

1. 物理性水质指标

(1)感官物理性指标：温度、色度、嗅味、浑浊度、透明度等。

(2)其他物理性水质指标：总固体、悬浮固体、溶解固体、可沉固体、电导率等。

2. 化学性水质指标

(1)一般化学性水质指标：pH、碱度、硬度、各种阴(阳)离子、总含盐量等。

(2)有毒的化学性水质指标：各种重金属、氰化物、多环芳烃、各种农药等。

(3)氧平衡指标：溶解氧(DO)、生化需氧量(BOD)、化学需氧量(COD)、总有机碳(TOC)、总需氧量(TOD)等。

3. 生物学水质指标

包括细菌总数、总大肠杆菌群数、各种病原细菌、病毒等。

第二章　物理处理法

废水物理处理法是通过物理作用分离和去除废水中不溶解的呈悬浮状态的污染物(包括油膜、油珠)的方法,处理过程中,污染物的化学性质不发生变化。废水物理处理法是最基本最常用的一类处理生活污水或工业废水的单元技术,常用作废(污)水的一级治理或预处理,也可单独应用。物理处理法主要是用来分离或回收废水中的悬浮性物质,它在处理的过程中不改变污染物质的组成和化学性质。常用的物理处理方法有:调节、重力分离法、离心分离法、过滤、热处理、磁分离等。不同处理方法的处理对象、适用范围不同。一般情况下,物理处理法所需的投资和运行费用较低,故常被优先考虑或采用。然而,对于大多数的工业废水来说,单纯依靠物理方法净化,往往不能达到理想的处理结果,还需与其他的治理方法配合使用。

第一节　格　栅

一、格栅的作用及种类

1. 格栅的作用

格栅是由一组或多组互相平行的金属栅条与框架组成,倾斜安装在进水的渠道,或进水泵站集水井的进口处,以拦截污水中粗大的悬浮物及杂质。在排水工程中,格栅的作用是去除可能堵塞水泵机组及管道阀门的较粗大悬浮物,并保证后续处理设施能正常运行,一般以不堵塞水泵和水处理厂站的处理设备为原则。

2. 格栅的分类

格栅除污设备形式多种多样,格栅按形状可分为平面格栅和曲面格栅两种;按格栅栅条的间隙,可分为粗格栅、中格栅、细格栅三种;按结构形式及除渣方式可分为人工格栅和机械格栅两大类,机械格栅又可分为回转式、旋转式、齿耙式等多种形式。

平面格栅由栅条与框架组成。基本形式如图 2-1-1 所示。图中 A 型是栅条布置在框架的外侧,适用于机械清渣或人工清渣;B 型是栅条布置在框架的内侧,在格栅的顶部设有起吊架,可将格栅吊起,进行人工清渣。

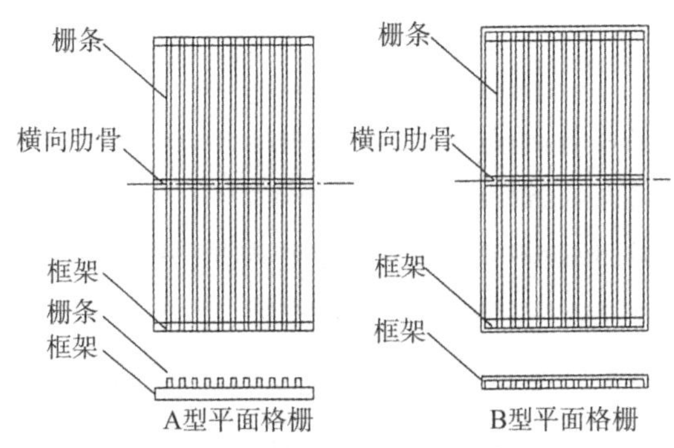

图 2-1-1　平面格栅

曲面格栅又可分为固定曲面格栅（栅条用不锈钢制）与旋转鼓筒式格栅两种。图 2-1-2 为固定曲面格栅，利用渠道水流速度推动除渣桨板。图 2-1-3 为旋转鼓筒式格栅，污水从鼓筒内向鼓筒外流动，被隔除的栅渣，由冲洗水管冲入渣槽（带网眼）内排出。

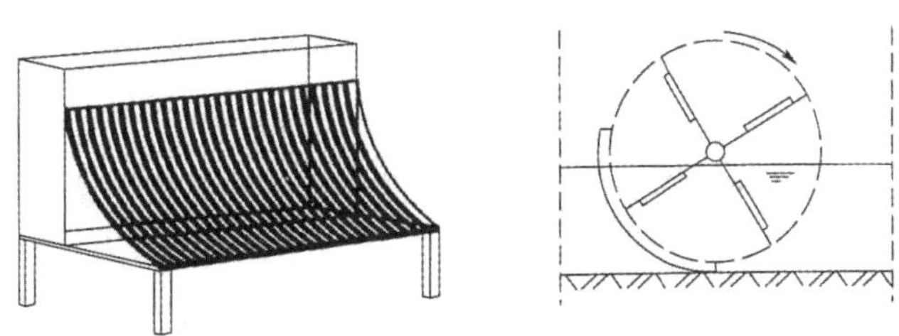

图 2-1-2　固定曲面格栅

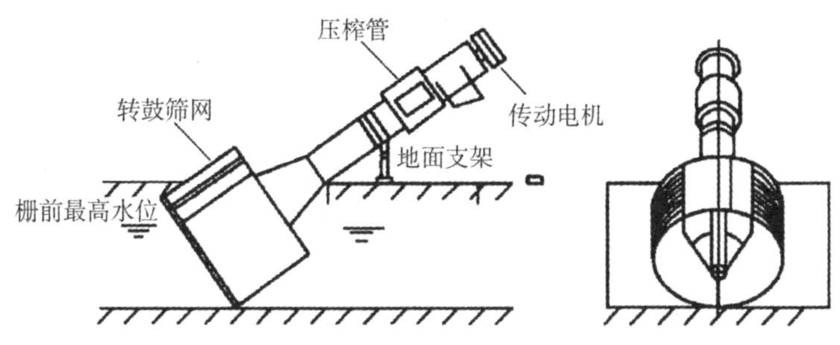

图 2-1-3　旋转鼓筒式格栅

3. 格栅的设计要求

格栅所截留的污染物数量与地区的情况、污水沟道系统的类型、污水流量以及栅条的间距等因素有关，格栅设计应该符合下列要求。

(1)粗格栅。机械清除时，栅条间隙宽度宜为 16～25 mm，栅渣截留量为 0.10～0.05 $m^3/(10^3\ m^3$污水)；人工清除时，栅条间隙宽度宜为 25～40 mm，栅渣截留量为 0.03～

0.01 $m^3/(10^3\ m^3$污水)。栅渣的含水率约为 80%，密度约为 960 kg/m^3。特殊情况下，最大间隙可为 100 mm。

(2)细格栅。栅条间隙宽度宜为 1.5～10 mm。

(3)水泵前栅条间隙宽度，应根据水泵要求确定。

(4)污水过栅流速宜采用 0.6～1.0 m/s。除转鼓式格栅除污机外，机械清除格栅的安装角度宜为 60°～90°，人工清除格栅的安装角度宜为 30°～60°。

(5)格栅除污机底部前端距井壁尺寸，钢丝绳牵引除污机或移动悬吊葫芦抓斗式除污机应大于 1.5 m；链动刮板除污机或回转式固液分离机应大于 1.0 m。

(6)格栅上部必须设置工作平台，其高度应高出格栅前最高设计水位 0.5 m，工作平台上应有安全和冲洗设施。

(7)格栅工作平台两侧边道宽度宜采用 0.7～1.0 m。工作平台正面过道宽度，采用机械清除时不应小于 1.5 m，采用人工清除时不应小于 1.2 m。

(8)粗格栅栅渣宜采用带式输送机输送，细格栅栅渣宜采用螺旋输送机输送。

(9)格栅除污机、输送机和压榨脱水机的进出料口宜采用密封形式，根据周围环境情况，可设置除臭处理装置。

(10)格栅间应设置通风设施和有毒、有害气体的检测与报警装置。

二、格栅的设计与计算

格栅设计如图 2-1-4 所示。

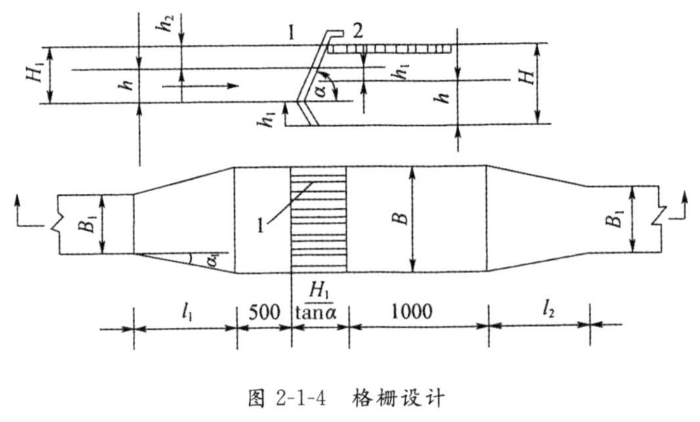

图 2-1-4 格栅设计

1—栅条；2—工作台

通过格栅的水头损失 h_1 的计算：

$$h_1 = h_0 k \tag{2-1}$$

$$h_0 = \xi \frac{v^2}{2g} \sin\alpha$$

(2-2)

式中：h_0——计算水头损失，m；

v——污水流经格栅的速度，m/s；

ξ——阻力系数，其值与栅条断面的几何形状有关；

α——格栅的放置倾角，(°)；

g——重力加速度，m/s^2；

k——考虑到格栅受污染物堵塞后阻力增大的系数，可用式 $k=3.36v-1.32$ 求定，一般采用 $k=3$。

1. 格栅的间隙数量 n

$$n=\frac{Q_{max}\sqrt{\sin\alpha}}{dhv} \tag{2-3}$$

式中：Q_{max}——最大设计流量，m^3/s；

d——栅条间距，m；

h——栅前水深，m；

v——污水流经格栅的速度，m/s。

2. 格栅的建筑宽度 B

$$B=s(n-1)+dn \tag{2-4}$$

式中：B——格栅的建筑宽度，m；

s——栅条宽度，m。

3. 栅后槽的总高度 $H_总$

$$H_总=h+h_1+h_2 \tag{2-5}$$

式中：h——栅前水深，m；

h_1——格栅的水头损失，m；

h_2——格栅前渠道超高，一般 $h_2=0.3$ m。

4. 格栅的总建筑长度 L

$$L=l_1+l_2+1.0+0.5+\frac{H_1}{\tan\alpha} \tag{2-6}$$

式中：l_1——进水渠道渐宽部位的长度，m；

l_2——格栅槽与出水渠道连接处的渐窄部位的长度，一般 $l_2=0.5l_1$；

H_1——格栅前的渠道深度，m。

$$l_1=\frac{B-B_1}{2\tan\alpha_1} \tag{2-7}$$

式中：B_1——进水渠道宽度，m；

α_1——进水渠道渐宽部位的展开角度，一般 $\alpha_1=20°$。

5. 每日栅渣量 W

$$W=\frac{Q_{max}W_1\times 86\ 400}{K_Z\times 1\ 000} \tag{2-8}$$

式中：W_1——栅渣量，$m^3/(10^3\ m^3$污水)；

K_Z——生活污水流量总变化系数。

第二节　污水的均化

废水的水量和水质并不总是恒定均匀的，往往随时间的推移而变化。生活污水随生活作息规律而变化，工业废水的水量水质随生产过程而变化。水量水质的变化使处理设备不能在最佳工艺条件下运行，严重时使设备无法正常工作，为此要设调节池，进行水量水质的调节。调节功能包括水量调节、水质调节、水温调节、酸碱调节、间歇式调节、事故调节等几个方面。

一、水量调节

废水处理中单纯的水量调节有两种形式。一种为线内调节(图 2-2-1)，进水一般采用重力流，出水用泵提升。调节池的容积可用图解法进行计算。实际上由于废水流量变化的规律性差，所以调节池容积的设计一般凭经验确定。另一种为线外调节(图 2-2-2)，调节池设在旁路上，当废水流量过高时，多余的废水打入调节池，当废水流量低于设计流量时，再从调节池回流集水井，并送去预处理。线外调节与线内调节相比，其调节池不受进水管高度的限制，但被调节水量需要两次提升，动力消耗大。

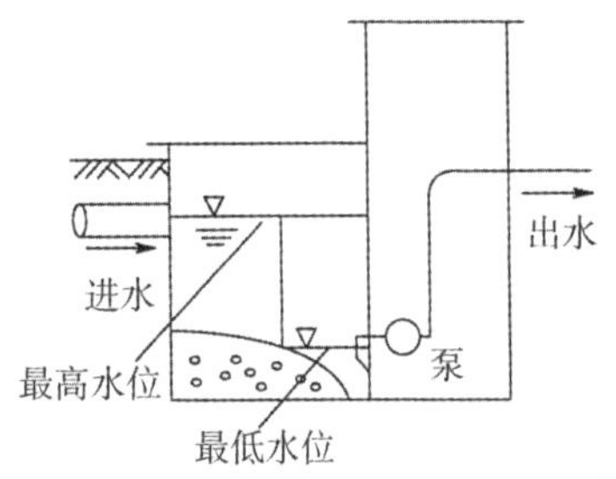

图 2-2-1　线内水量调节池

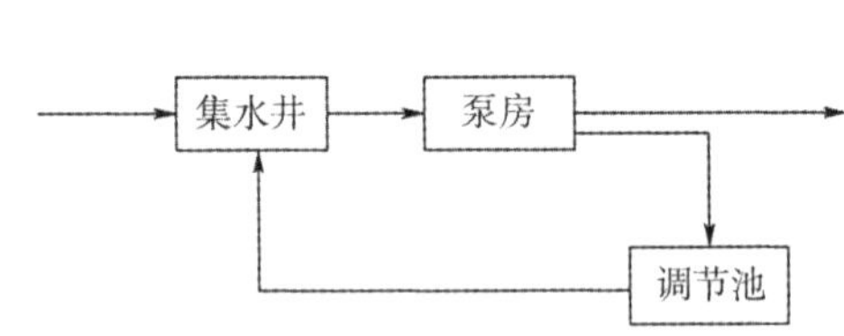

图 2-2-2　线外水量调节池

水量调节池的计算方法如下。

1. 绘制流量日变化曲线

要进行水量调节，首先要了解污水流量的变化规律。一般以污水流量在一日之内随时间变化情况作为计算的基础。把一日之内逐时的瞬时流量(m^3/s 或 m^3/h)与时间(h)的变化规律绘成曲线，即称流量日变化曲线，如图 2-2-3 所示。根据这一曲线，便可以确定每日需

处理的总污水量(即曲线下的面积)和平均流量。为了消除偶然情况,使作图的数据具有实际代表性,应测出数日内的逐时数据,然后取平均值作图。

2. 进水、出水及存水累积曲线图

如图 2-2-4 所示,包括废水累积曲线、出水累积曲线及池中水量变化曲线,用此图中的曲线可以计算出水量调节所需的最小容积,并可得出任一时刻池中的存水量。具体说明如下:以累积水量为纵坐标,以一日内时间为横坐标,则可按图 2-2-3 做出废水累积曲线,图中点 A 即表示一日内的累积总进水量(即一日内某单位总的废水排放量)。以图中左下角 O 点(起始时刻进水为零)到点 A 的直线 OA 即表示污水经调节后均匀出水的累积规律,称出水累积曲线(图 2-2-4)。废水累积曲线和出水累积曲线在一日内所表示的总进水量和总出水量是相等的(在本例中为 1 464 m^3/d)。但从 0～24 点之间的大多时刻进出调节池的累积水量是不相等的,而出水流量却始终是恒定的(61.0 m^3/h)。因此,由于进出水流量不相等,在一日之内的任一时刻进、出水累积水量之间就会出现偏差。由上述两曲线可见,在约 14 点以前,进水累积流量小于出水累积流量,这段时间调节池内必须预先存有足够的水弥补进水量的不足,以保证按平均流量均匀出水,这段时间的水量的累积数称作“负偏差”;同理,在 14 点以后,会出现进水累积流量大于出水累积流量的“正偏差”。调节池的最小容积为“负偏差”+“正偏差”。

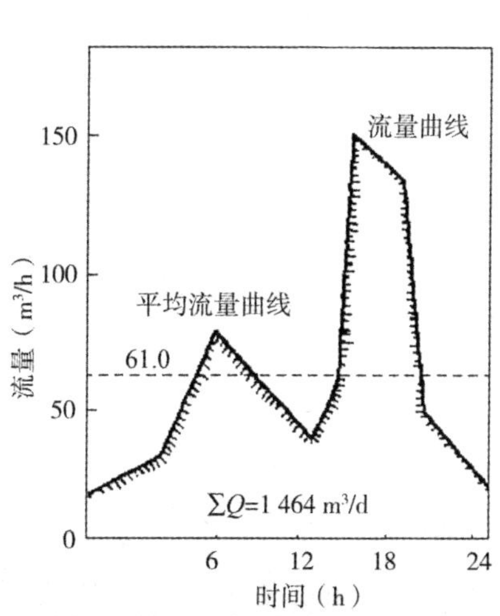

图 2-2-3　流量日变化曲线

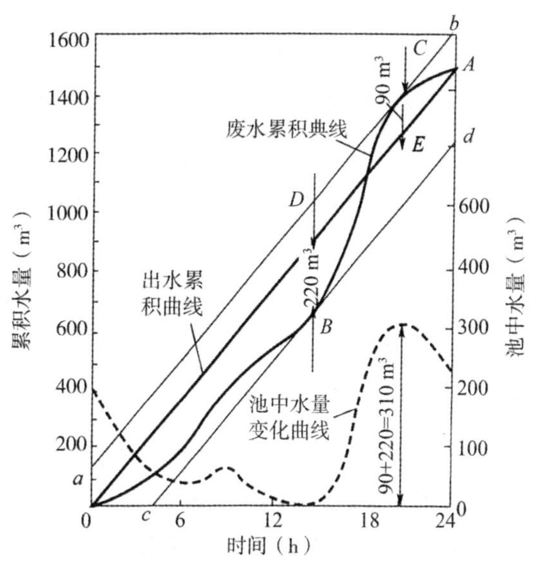

图 2-2-4　累积水量曲线图

3. 调节池容积的求法

(1)以时间 t 为横坐标,累积流量 $\sum Q$ 为纵坐标作图;

(2)曲线的终点 A 为废水总量 W_T ;

(3)连接 OA ,其斜率为平均流量;

(4)对曲线作平行于 OA 的切线,切点为 B 和 C;

(5)由 B 和 C 两点作 y 轴的平行线 CE 和 BD,量出其水量大小;

(6)调节池容积 $V=V_{BD}+V_{CE}$;

(7)调节池停留时间为 V/斜率。

二、水质调节

水质调节的目的是对不同时间或不同来源的废水进行混合,使流出的水质比较均匀,水质调节池也称均和池或均质池。

1. 普通水质调节池

对调节池可写出物料平衡方程:

$$C_1QT+C_0V=C_2QT+C_2V \tag{2-9}$$

调节池出水浓度 C_2 为:

$$C_2=\frac{C_1QT+C_0V}{QT+V} \tag{2-10}$$

式中:Q——取样间隔时间内的平均流量,m^3/h;

C_1——取样间隔时间内进入调节池污染物的浓度,mg/L;

T——取样时间间隔,h;

C_0——取样间隔开始时调节池污染物的浓度,mg/L;

V——调节池的容积,m^3;

C_2——取样终了时调节池内污染物的浓度,mg/L。

2. 外加动力搅拌水质调节池

利用外加动力(如叶轮搅拌、空气搅拌、水泵循环等)而进行的强制调节,其特点是设备较简单、效果好,但运行费较高。

(1)水泵强制循环搅拌。调节池的底部设有穿孔管,穿孔管与水泵排水管相连,用水力进行搅拌。其优点是简单易行,缺点是动力消耗大。

(2)空气搅拌。在调节池底设穿孔管,与鼓风机空气管相连,利用压缩空气进行搅拌。空气搅拌还可以起预曝气的作用,可防止悬浮物沉积于池内。最适用于废水流量不大、处理工艺中需要进行预曝气以及有现成压缩空气的场合。如废水中含有易挥发的有害物质,则不宜使用该类调节池,此时可用叶轮搅拌或使用差流方式进行混合。

(3)机械搅拌。在池内安装机械搅拌设备搅拌效果好。机械搅拌有多种形式,如桨式、推流式、涡流式等搅拌方式。

3. 差流式调节池

利用差流方式使不同时间和不同浓度的废水进行自身的水力混合,这类调节池基本没

有运行费，但池型结构较复杂。

(1)折流式调节池。图 2-2-5 为一种横向折流式调节池。配水槽设在调节池的上部，池内设有许多折流板，废水通过配水槽上的孔溢流至调节池的不同折流板间，从而使某一时刻的出水中包含不同时刻流入的废水，使水质达到某种程度的混合。还有上下折流式调节池，这种调节池的优点是混合较均匀，当废水中悬浮物较多时，不易产生沉淀。

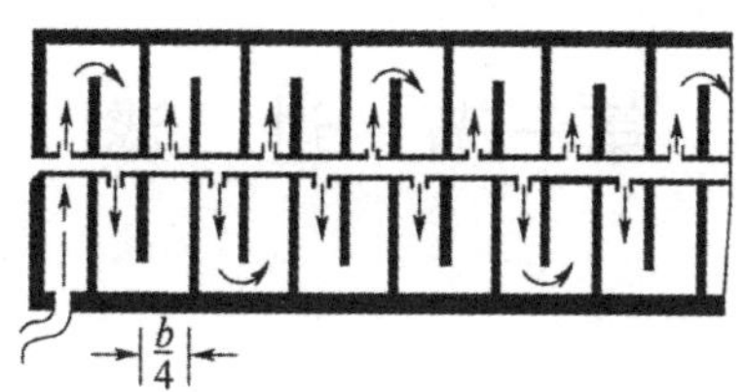

图 2-2-5 折流式调节池

(2)穿孔导流槽式调节池。图 2-2-6 为另一种构造较简单的差流式调节池——穿孔导流槽式调节池。对角线上的出水槽所接纳的废水来自不同的时间，其浓度各不相同，这样就达到了调节水质的目的。为了防止池内废水的短流，可在池内设一纵向挡板，以增强调节效果。这种调节池的容积可用下式计算。

$$W_T = \sum_{i=1}^{t} \frac{q_i}{2} \tag{2-11}$$

式中：q_i ——不同时段的流量，m^3。

考虑到废水在池内流动可能出现短流等因素，引入 $\eta = 0.7$ 的容积加大系数。则式(2-11)为：

$$W_T = \sum_{i=1}^{t} \frac{q_i}{2\eta} \tag{2-12}$$

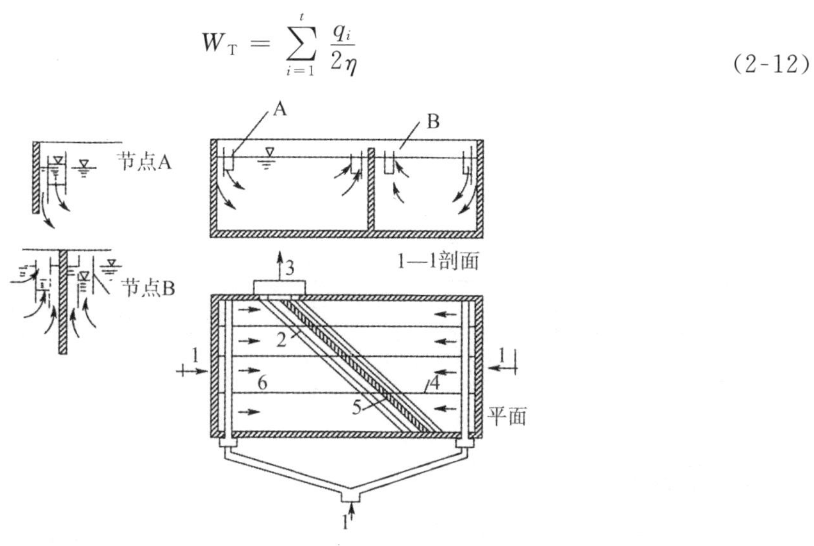

图 2-2-6 穿孔导流槽式调节池

1—进水；2—集水；3—出水；4—纵向隔墙；5—斜向隔墙；6—配水槽

4. 事故调节池

某些工业废水处理系统发生物料泄漏或周期性冲击负荷时，宜设置事故调节池，可以起到分流储水作用，待事故结束后，将储水池中废水小流量逐渐排入废水调节池。事故调节池的利用率较低，基建费用较高，因此只有在其上游采取了充分措施后仍有必要进行终端把关时才设立。

第三节　过　滤

一、筛网过滤

筛网能去除水中不同类型和大小的悬浮物，如纤维、纸浆、藻类等，相当于一个初沉池的作用。筛网过滤装置很多，有振动筛网、水力筛网、转鼓式筛网、转盘式筛网、微滤机等。

振动筛网示意图如图 2-3-1 所示，它由振动筛和固定筛组成。污水通过振动筛时，悬浮物等杂质被留在振动筛上，并通过振动卸到固定筛网上，以进一步脱水。

图 2-3-2 为一种水力回转筛的示意图。它由旋转的锥筒回转筛和固定筛组成。锥筒回转筛呈圆锥形，中心轴呈水平放置，进水端在回转筛网小端，废水在从小端到大端流动过程中，纤维等杂质被筛网截留，并沿倾斜面卸到固定筛以进一步脱水。水力筛网的动力来自进水水流的冲击力和重力。

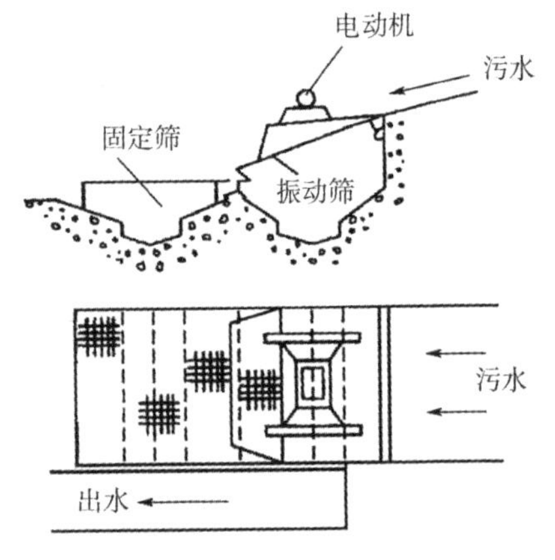

图 2-3-1　振动筛网示意图

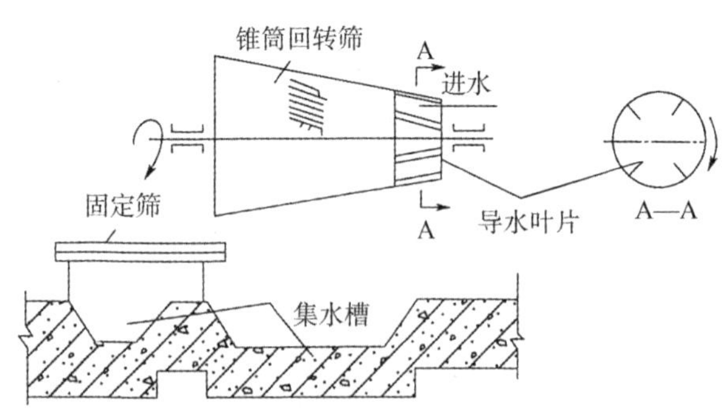

图 2-3-2　水力回转筛示意图

二、颗粒介质过滤

在废水处理中，常用过滤处理沉淀或澄清池出水。由于滤料颗粒（如石英砂、无烟煤等）之间存在孔隙，原水穿过一定深度的滤层，水中的悬浮物即被截留，使滤后出水的浑浊度满

足用水要求。颗粒状介质过滤适用于去除废水中的微粒物质和胶状物质，常用于吸附、离子交换、膜分离法和活性炭处理前的预处理，也作为生化处理后的深度处理，使滤后水达到回用的要求。

1. 过滤的机理

过滤不仅可截留水中悬浮物，而且通过过滤层还可使水中的有机物、细菌乃至病毒随着悬浮物的降低而被大量去除。滤池的净水原理如下。

(1)阻力截留。当废水自上而下流过粒状滤料层时，粒径较大的悬浮颗粒首先被截留在表层滤料的空隙中，随着此层滤料间的空隙越来越小，截污能力也变得越来越大，逐渐形成一层主要由被截留的固体颗粒构成的滤膜，并由它起重要的过滤作用。这种作用属阻力截留作用或筛滤作用。悬浮物粒径越大，表层滤料和滤速越小，就越容易形成表层筛滤膜，滤膜的截污能力也越高。

(2)重力沉降。废水通过滤料层时，众多的滤料表面提供了巨大的沉降面积。重力沉降强度主要与滤料直径及过滤速度有关。滤料越小，沉降面积越大；滤速越小，则水流越平稳，这些都有利于悬浮物的沉降。

(3)接触絮凝。由于滤料具有巨大的比表面积，它与悬浮物之间有明显的物理吸附作用。此外，砂粒在水中常带有表面负电荷，能吸附带电胶体，从而在滤料表面形成带正电荷的薄膜，并进而吸附带负电荷的黏土和多种有机物等胶体，在砂粒上发生接触絮凝。

在实际过滤过程中，上述三种机理往往同时起作用，只是随条件不同而有主次之分。对粒径较大的悬浮颗粒，以阻力截留为主，因这一过程主要发生在滤料表层，通常称为表面过滤。对于细微悬浮物，以发生在滤料深层的重力沉降和接触絮凝为主，称为深层过滤。颗粒介质过滤器可以是圆形池或方形池。过滤器无盖的称为敞开式过滤器，一般废水自上流入，清水由下流出。有盖而且密闭的，称为压力过滤器，废水用泵加压送入，以增加压力。

常用的深层过滤设备按过滤速度不同，有慢滤池、快滤池和高速滤池三种；按作用力不同，有重力滤池和压力滤池两种；按过滤时水流方向分类，有下向流、上向流、双向流和径向流滤池四种；按滤料层组成分类，有单层滤料、双层滤料和多层滤料滤池三种。为了减少滤池的闸阀并便于操作管理，又发展了虹吸滤池、无阀滤池等自动冲洗滤池。上述各种滤池，其工作原理、工作过程都基本相似。这里对废水处理中应用较多的快滤池作详细介绍。

2. 快滤池介绍

(1)概述。快滤池构造如图 2-3-3 所示，一般为矩形钢筋混凝土的池子，本身由洗砂排水槽、滤料层、承托层(即垫层)、配水系统组成。池内填充石英砂滤料，滤料下铺有砾石承托层，最下面是集水系统(或配水系统)，在滤料层的上部设有洗砂排水槽。

过滤工艺包括过滤和反冲洗两个基本阶段。过滤时，废水由水管经闸门进入池内，并通过滤层和垫层流到池底，水中的悬浮物被截留于滤料表面和内层空隙中，过滤水由集水系统经闸门排出。随着过滤过程的进行，污物在滤料层中不断积累，滤料层内的孔隙由上至下逐渐被堵塞，水流通过滤料层的阻力和水头损失随之逐步增大，当水头损失达到允许的最大值时或出水水质达某一规定值时，这时滤池就要停止过滤，进行反冲洗工作。反冲洗时，冲洗水的流向与过滤完全相反，是从滤池的底部向滤池上部流动，故叫反冲洗。冲洗水的流向是：首先进入配水系统向上流过承托层和滤料层，冲走沉积于滤层中的污物，并夹带着污物进入洗砂排水槽，由此经闸门排出池外。冲洗完毕后，即可进行下一循环的过滤。从过滤开始到过滤停止之间的过滤时间，叫作滤池的工作周期，它同滤料组成、进出水水质等因素有关，一般在 4～48 h 范围。

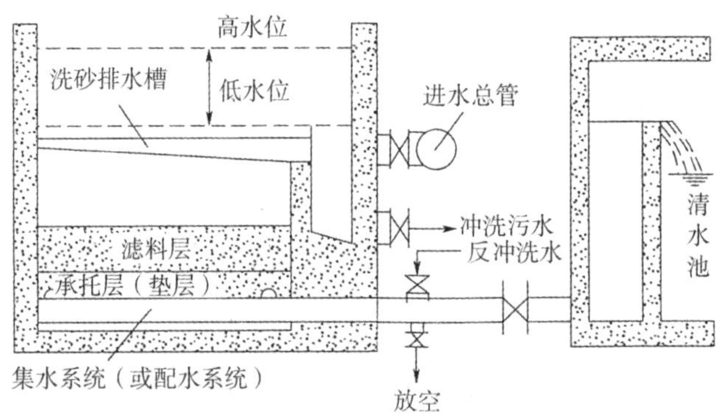

图 2-3-3　快滤池（重力式）构造及工作示意图

（2）滤料。作为快滤池的滤料有石英砂、无烟煤、大理石粒、磁铁矿粒以及人造轻质滤料等，其中以石英砂应用最为广泛。对滤料的要求是：①有足够的机械强度；②化学性质稳定；③价廉易得；④具有一定的颗粒级配和适当的孔隙率。

滤池分单层滤料、双层滤料和三层滤料滤池。后两种滤池是为了提高滤层的截污能力。单层滤料滤池的构造简单，操作也简便，因而应用广泛。双层滤料滤池是在石英砂滤层上加一层无烟煤滤层，三层滤料是由石英砂、无烟煤、磁铁矿的颗粒组成。

（3）承托层。承托层的作用是过滤时防止滤料进入集水系统，冲洗时起均匀布水作用。在表 2-3-1 中列出了承托层的规格。承托层一般采用卵石或碎石。

表 2-3-1　承托层规格

层次(自上而下)	粒径(mm)	厚度(mm)
1	2～4	100
2	4～8	100
3	8～16	100
4	16～32	100～150

(4)配水系统。配水系统的作用是保证反冲洗水均匀地分布在整个滤池断面上，而在过滤时也能均匀地收集过滤水，前者是滤池正常操作的关键。为了尽量使整个滤池面积上反冲洗水分布均匀，工程中采用了以下两种配水系统。

①大阻力配水系统。大阻力配水系统是由穿孔主干管及其两侧一系列支管以及卵石承托层组成，每根支管上钻有若干个布水孔眼。这种配水系统在快滤池中被广泛应用，此系统的优点是配水均匀、工作可靠、基建费用低，但反冲洗水水头大、动力消耗大。

②小阻力配水系统。小阻力配水系统是在滤池底部设较大的配水室，在其上面铺设阻力较小的多孔滤板、滤头等进行配水。小阻力配水系统的优点是反冲洗水头小，但配水不够均匀。这种系统适用于反冲洗水头有限的虹吸滤池和压力式无阀滤池等。

值得注意的是，滤池反冲洗质量的好坏，对滤池的工作有很大影响，滤池反冲洗的目的是恢复滤料层(砂层)的工作能力，要求在滤池反冲洗时，应满足下列条件：①冲洗水在整个底部平面上应均匀分布，这是借助配水系统进行的；②冲洗水要求有足够的冲洗强度和水头，使砂层达到一定的膨胀高度；③要有一定冲洗时间；④冲洗的排水要迅速排除。

石英砂滤料层快滤池的经验表明，冲洗时滤料层的膨胀率为40%～50%，冲洗时间为5～6 min，冲洗强度为12～14 L/(s·m^2)时较为合适。

第四节 重力分离理论

一、沉淀

1. 概述

沉淀是使水中悬浮物质(主要是可沉固体)在重力作用下下沉，从而与水分离，使水质得到澄清。这种方法简单易行、分离效果良好，是水处理的重要工艺，在每种水处理过程中几乎都不可缺少。在各种水处理系统中，沉淀的作用有：①作为化学处理与生物处理的预处理；②用于化学处理或生物处理后，分离化学沉淀物、分离活性污泥或生物膜；③用于污泥的浓缩脱水；④用于灌溉农田前的灌前处理。

2. 沉淀的类型

按照水中悬浮颗粒的浓度、性质及其絮凝性能的不同，沉淀现象可分为以下几种类型。

(1)自由沉淀。悬浮颗粒的浓度低，在沉淀过程中互不黏合，不改变颗粒的形状、尺寸及密度，如沉砂池中颗粒的沉淀。

(2)絮凝沉淀。在沉淀过程中能发生凝聚或絮凝作用、浓度低的悬浮颗粒的沉淀，由于絮凝作用颗粒质量增加，沉降速度加快，沉速随深度而增加。废水化学混凝过程中颗粒的沉淀即属絮凝沉淀。

(3)拥挤沉淀(成层沉淀)。水中悬浮颗粒的浓度比较高，在沉降过程中，产生颗粒互相干扰的现象，在清水与浑水之间形成明显的交界面，并逐渐向下移动，因此又称成层沉淀。活性污泥法后的二次沉淀池以及污泥浓缩池中的初期情况均属这种沉淀类型。

(4)压缩沉淀。压缩沉淀一般发生在高浓度的悬浮颗粒的沉降过程中，颗粒相互接触并部分地受到压缩物支撑，下层颗粒间隙中的液体被挤出界面，固体颗粒群被浓缩。浓缩池中污泥的浓缩过程属此类型。

二、沉淀池的工作原理

为便于说明沉淀池的工作原理以及分析水中悬浮颗粒在沉淀池内运动规律，提出了理想沉淀池这一概念。理想沉淀池划分为四个区域，即进口流入区域、沉淀区域、出口流出区域及污泥区域，并作下述假定：①沉淀区过水断面上各点的水流速度均相同，水平流速为 v；②悬浮颗粒在沉淀区等速下沉，下沉速度为 u；③在沉淀池的进口区域，水流中的悬浮颗粒均匀分布在整个过水断面上；④颗粒一经沉到池底，即认为已被去除。

图 2-4-1 是理想沉淀池的示意图。按功能的不同，整个沉淀池可分为流入区、沉淀区、流出区和污泥区四个部分，其中沉淀区的长、宽、深分别为 L、B 和 H。

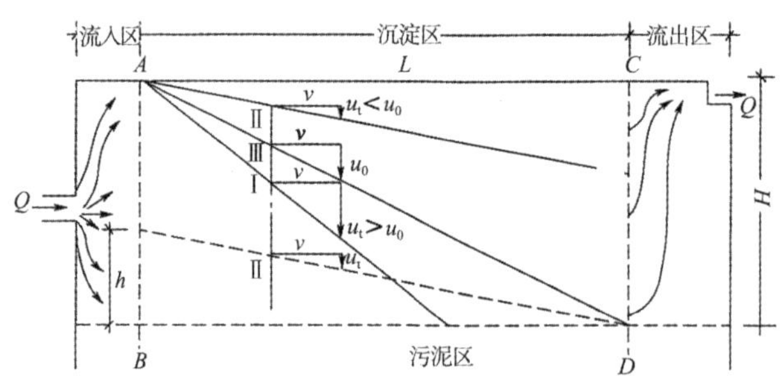

图 2-4-1 平流理想沉淀池示意图

当某一颗粒进入沉淀池后，一方面随着水流在水平方向流动，其水平流速 v 等于水流速度：

$$v=\frac{Q}{A'}=\frac{Q}{HB} \tag{2-13}$$

式中：v ——颗粒的水平流速，m/s；

Q ——进水流量，m^3/s；

A'——沉淀区过水断面面积，m^2；

H ——沉淀区的水深，m；

B ——沉淀区宽度，m。

另一方面，颗粒在重力作用下沿垂直方向下沉，其沉速即是颗粒的自由沉降速度 u_t。颗粒运动的轨迹为其水平流速 v 和沉速 u 的矢量和，在沉淀过程中，是一组倾斜的直线，其坡度 $i = v/u$ 。

从图 2-4-1 与自由沉淀原理进行分析，设 u_0 为某一指定颗粒的最小沉降速度，颗粒沉速 $u_t \geqslant u_0$ 的颗粒，都可在 D 点前沉淀，见轨迹Ⅰ所代表的颗粒。沉速 $u_t < u_0$ 的颗粒，视其在流入区所处的位置而定，若处在靠近水面处，则不能被去除，见轨迹Ⅱ实线所代表的颗粒；同样的颗粒若处在靠近池底的位置就能被去除，见轨迹Ⅱ虚线所代表的颗粒。若沉速 $u_t < u_0$ 的颗粒的重量占全部颗粒重量的 $\mathrm{d}P\,\%$，可被沉淀去除的量应为 $\frac{h}{H}\mathrm{d}P\,\%$，因 $h = u_t t$ ，$H = u_0 t$ ，所以 $\frac{h}{u_t} = \frac{H}{u_0}$ ，$\frac{u_t}{u_0}\mathrm{d}P = \frac{h}{H}\mathrm{d}P$ ，积分得 $\int_0^{P_0}\frac{u_t}{u_0}\mathrm{d}P = \frac{1}{u_0}\int_0^{P_0}u_t\mathrm{d}P$ 。可见，沉速小于 u_0 的颗粒被沉淀去除的量为 $\frac{1}{u_0}\int_0^{P_0}u_t\mathrm{d}P$ 。理想沉淀池总去除量为 $(1 - P_0) + \frac{1}{u_0}\int_0^{P_0}u_t\mathrm{d}P$ ，P_0 为沉速小于 u_0 的颗粒占全部悬浮颗粒的比值（即剩余量），用去除率表示，可改写为：

$$\eta = (100 - P_0) + \frac{1}{u_0}\int_0^{P_0}u_t\mathrm{d}P \tag{2-14}$$

式中的 P_0 用百分数代入。

根据理想沉淀池的原理，可说明两点。

(1)设处理水量为 Q，沉淀池的宽度为 B ，水面面积为 $A = B \cdot L$ ，故颗粒在池内的沉淀时间为：

$$t = \frac{L}{v} = \frac{H}{u_0}$$

沉淀池的容积为：

$$V = Qt = HBL$$

因

$$Q = \frac{V}{t} = \frac{HBL}{t} = A\,u_0$$

所以

$$\frac{Q}{A} = u_0 = q \tag{2-15}$$

Q/A 的物理意义是：在单位时间内通过沉淀池单位表面积的流量，称为表面负荷或溢流率，用符号 q 表示。表面负荷或溢流率的量纲是：$m^3/(m^2 \cdot s)$ 或 $m^3/(m^2 \cdot h)$，也可简化为 m/s 或 m/h。表面负荷的数值等于颗粒沉速，故只要确定颗粒的最小沉速 u_0，就可以求得理想沉淀池的溢流率或表面负荷。

(2)根据图 2-4-1，在水深 h 以下入流的颗粒，可被全部沉淀去除，由 $\frac{h}{u_t}=\frac{L}{v}$，得：

$$h=\frac{u_t}{v}L \tag{2-16}$$

则沉速为 u_t 的颗粒去除率为：

$$\eta=\frac{h}{H}=\frac{\frac{u_t}{v}L}{H}=\frac{u_t}{\frac{vH}{L}}=\frac{u_t}{\frac{vHB}{LB}}=\frac{u_t}{\frac{Q}{A}}=\frac{u_t}{q} \tag{2-17}$$

从式(2-17)可知，平流理想沉淀池的去除率仅决定于表面负荷 q 及颗粒沉速 u_t，而与沉淀时间无关。

第五节　沉砂池

沉砂池的功能是去除比重较大的无机颗粒，如泥沙、煤渣等。沉砂池一般设于泵站、倒虹管前，以便减轻无机颗粒对水泵、管道的磨损；也可设于初次沉淀池前，以减轻沉淀池负荷及改善污泥处理构筑物的处理条件。常用的沉砂池有平流沉砂池、曝气沉砂池和钟式沉砂池等。

污水厂应设置沉砂池，按去除相对密度 2.65、粒径 0.2 mm 以上的砂粒设计；污水的沉砂量，可按每立方米污水 0.03 L 计算；合流制污水的沉砂量应根据实际情况确定。砂斗容积不应大于 2 天的沉砂量，采用重力排砂时，砂斗斗壁与水平面的倾角不应小于 55°。沉砂池除砂宜采用机械方法，并经砂水分离后贮存或外运。采用人工排砂时，排砂管直径不应小于 200 mm。排砂管应考虑防堵塞措施。

一、平流沉砂池

1. 平流沉砂池的设计

平流沉砂池的设计应符合如下规范。

(1)最大流速应为 0.3 m/s，最小流速应为 0.15 m/s；

(2)最高时流量的停留时间不应小于 30 s；

(3)有效水深不应大于 1.2 m，每格宽度不宜小于 0.6 m。

2. 平流沉砂池的构造

平流沉砂池由入流渠、出流渠、闸板、水流部分及沉砂斗组成，如图 2-5-1 所示。它具有截留无机颗粒效果较好、工作稳定、构造简单、排沉砂较方便等优点。

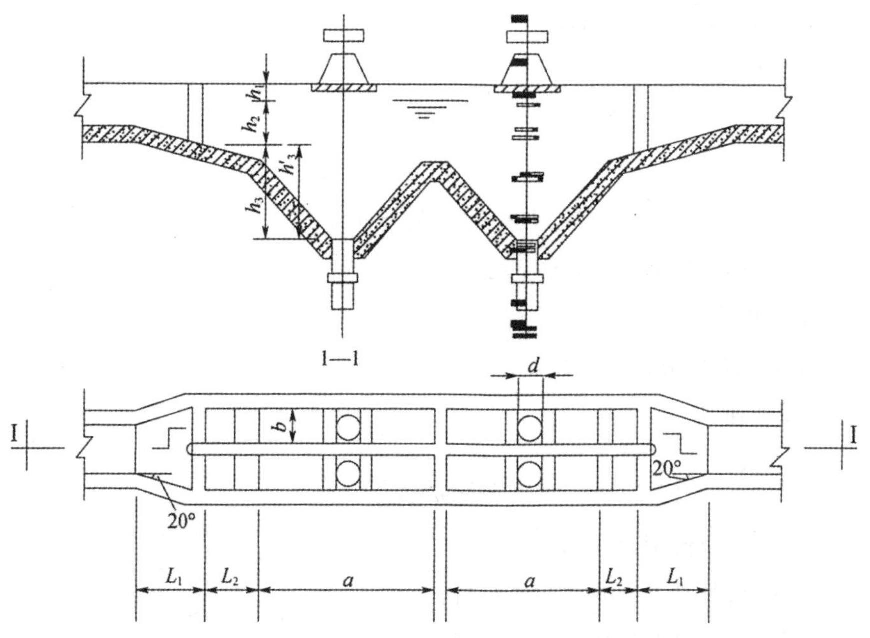

图 2-5-1　平流沉砂池的构造示意图

3. 平流式沉砂池的设计

(1)长度 L。

$$L = vt \tag{2-18}$$

式中：v ——最大设计流量时的速度，m/s；

t ——最大设计流量时的停留时间，s。

(2)水流断面面积 A。

$$A = Q_{max}/v \tag{2-19}$$

式中：Q_{max} ——最大设计流量，m^3/s。

(3)池总宽度 B。

$$B = A/h_2 \tag{2-20}$$

式中：h_2 ——设计有效水深，m。

(4)储砂斗所需容积 V。

$$V = \frac{86\ 400\ Q_{max} t x_1}{10^6 K_{总}} \tag{2-21}$$

或

$$V = N x_2 t'$$ (2-22)

式中：x_1 ——城市污水沉砂量，$m^3/10^6 m^3$；

x_2 ——生活污水沉砂量，L/(p·d)；

t' ——清除沉砂的时间间隔，d；

$K_{总}$ ——流量总变化系数；

N —— 沉砂池服务人口数。

(5)池总高度 H。

$$H = h_1 + h_2 + h_3$$ (2-23)

式中：h_1 ——超高，m，一般取 0.3 m；

h_2 ——有效水深，m；

h_3 ——储砂斗高度，m。

(6)核算最小流速 v_{min} 。

$$v_{min} = \frac{Q_{min}}{n_1 A_{min}}$$ (2-24)

式中：Q_{min}——设计最小流量，m^3/s；

n_1 ——最小流量时工作的沉砂池数目；

A_{min}——最小流量时沉砂池中的水流断面面积，m^2。

式(2-24)中，$v_{min} \geqslant 0.15$ m/s。

二、曝气沉砂池

曝气沉砂池的结构如图 2-5-2 所示。曝气沉砂的特点是：池中设有曝气设备，它还具有预曝气、脱臭、防止污水厌氧分解、除泡以及加速污水中油类的分离等作用。沉砂中含有机物的量低于 5%。

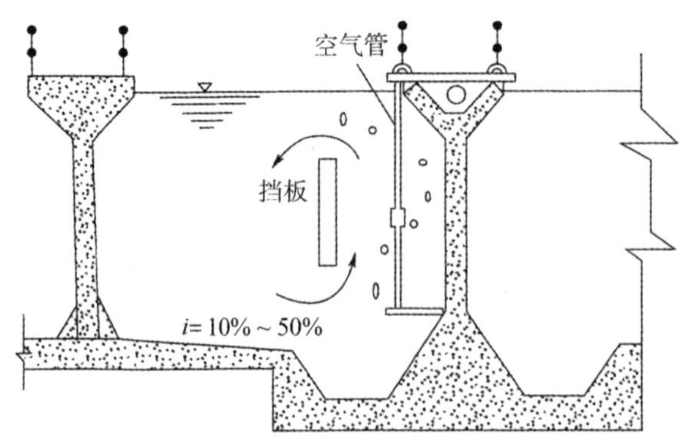

图 2-5-2　曝气沉砂池示意图

1. 曝气沉砂池的构造

(1)曝气沉砂池是一个长形渠道，沿渠道壁一侧的整个长度上，距池底 60～90 cm 处设置曝气装置。

(2)在池底设置沉砂斗，池底有 $i=10\%\sim50\%$ 的坡度，以保证砂粒滑入砂槽。

(3)为了使曝气能起到池内回流作用，在必要时可在设置曝气装置的一侧装设挡板。

2. 曝气沉砂池的工作原理

污水在池中存在着两种运动形式，其一为水平流动(一般流速 0.1 m/s)，同时在池的横断面上产生旋转流动(旋转流速 0.4 m/s)，整个池内水流产生螺旋状前进的流动形式。

由于曝气以及水流的螺旋旋转作用，污水中悬浮颗粒相互碰撞、摩擦，并受到气泡上升时的冲刷作用，使黏附在砂粒上的有机污染物得以去除，沉于池底的砂粒较为纯净，有机物含量只有 5%左右，长期搁置也不至于腐化。

3. 曝气沉砂池的设计参数

(1)水平流速取 0.08～0.12 m/s，一般为 0.1 m/s。

(2)污水在池内的停留时间为 4～6 min；雨天最大流量时为 1～3 min。如作为预曝气，停留时间为 10～30 min。

(3)池的有效水深为 2～3 m，池宽与池深比为 1～1.5，池的长宽比可达 5，当池长宽比大于 5 时，应考虑设置横向挡板。

(4)曝气沉砂池多采用穿孔管曝气，孔径为 2.5～6.0 mm，距池底为 0.6～0.9 m，并应有调节阀门，处理每立方米污水的曝气量宜为 0.1～0.2 m^3 空气。

(5)曝气沉砂池的进水方向应与池中旋流方向一致，出水方向应与进水方向垂直，并宜设置挡板。

4. 曝气沉砂池设计

计算公式如下。

(1)总有效容积 V。

$$V = 60\,Q_{max}\,t \tag{2-25}$$

式中：Q_{max} ——最大设计流量，m^3/s；

t ——最大设计流量时的停留时间，min。

(2)池断面积 A。

$$A = Q_{max}/v \tag{2-26}$$

式中：v ——最大设计流量时的水平前进流速，m/s。

(3)池总宽度 B。

$$B = \frac{A}{h} \tag{2-27}$$

式中：h——有效水深，m。

（4）池长 L。

$$L = V/A \tag{2-28}$$

（5）所需曝气量 q。

$$q = 3\,600 D Q_{max} \tag{2-29}$$

式中：Q——每 1 m^3 污水所需曝气量，m^3/m^3。

三、钟式沉砂池

1. 钟式沉砂池的构造

钟式沉砂池的构造如图 2-5-3 所示。钟式沉砂池是利用机械力控制水流流态与流速，加速砂粒的沉淀并使有机物随水流带走的沉砂装置。沉砂池由流入口、流出口、沉砂区、砂斗及带变速箱的电动机、传动齿轮、压缩空气输送管和砂提升管以及排砂管等组成。污水由流入口切线方向流入沉砂区，利用电动机及传动装置带动转盘和斜坡式叶片，由于所受离心力的不同，把砂粒甩向池壁，掉入砂斗，有机物被送回污水中。调整转速，可达到最佳沉砂效果。沉砂用压缩空气经砂提升管、排砂管清洗后排除，清洗水回流至沉砂区，排砂达到清洁砂标准。

2. 钟式沉砂池的设计

钟式沉砂池的各部分尺寸标于图 2-5-4。根据设计污水流量的大小，有多种型号供设计选用。钟式沉砂池型号及尺寸见表 2-5-1。

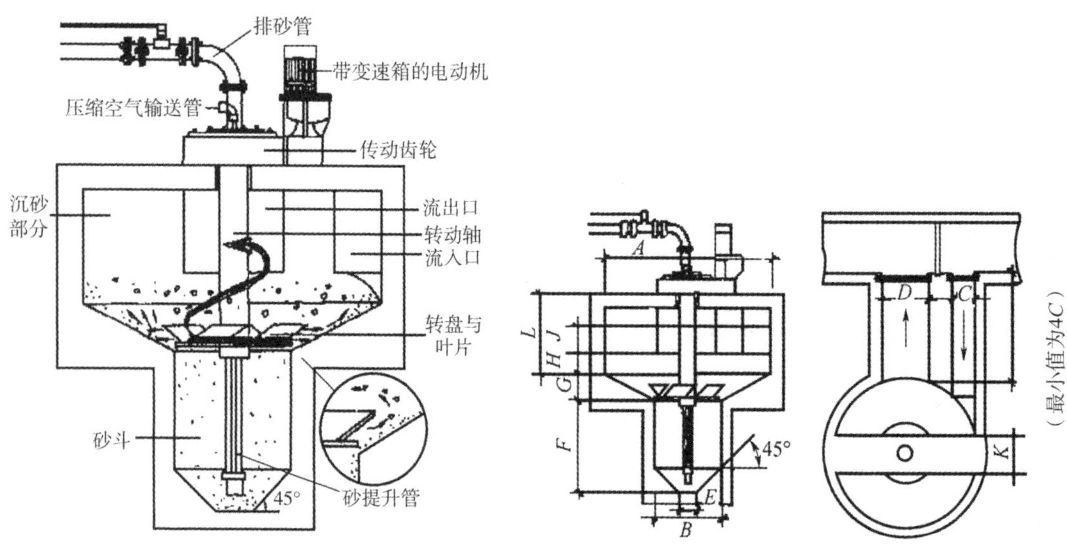

图 2-5-3　钟式沉砂池的构造图　　　图 2-5-4　钟式沉砂池的各部分尺寸示意图

表 2-5-1　钟式沉砂池型号及尺寸

型号	流量(L/s)	A(m)	B(m)	C(m)	D(m)	E(m)	F(m)	G(m)	H(m)	J(m)	K(m)	L(m)
50	50	1.83	1.0	0.305	0.610	0.30	1.40	0.30	0.30	0.20	0.80	1.10
100	110	2.13	1.0	0.380	0.760	0.30	1.40	0.30	0.30	0.30	0.80	1.10
200	180	2.43	1.0	0.450	0.900	0.30	1.35	0.40	0.30	0.40	0.80	1.15
300	310	3.05	1.0	0.610	1.200	0.30	1.55	0.45	0.30	0.45	0.80	1.35
550	530	3.65	1.5	0.750	1.50	0.40	1.70	0.60	0.51	0.58	0.80	1.45
900	880	4.87	1.5	1.00	2.00	0.40	2.20	1.00	0.51	0.60	0.80	1.85
1300	1320	5.48	1.5	1.10	2.20	0.40	2.20	1.00	0.61	0.63	0.80	1.85
1750	1750	5.80	1.5	1.20	2.40	0.40	2.50	1.30	0.75	0.70	0.80	1.95
2000	2200	6.10	1.5	1.20	2.40	0.40	2.50	1.30	0.89	0.75	0.80	1.95

第六节　沉淀池

沉淀池是分离悬浮物的一种常用处理构筑物。用于生物处理法中作预处理的称为初次沉淀池。对于一般的城市污水，初次沉淀池可以去除约 30% 的 BOD_5 与 55% 的悬浮物。设置在生物处理构筑物后的称为二次沉淀池，是生物处理工艺中的一个组成部分。

沉淀池常按水流方向来区分为平流式、竖流式及辐流式三种，另外还有斜板沉淀池。沉淀池的特点与适用条件见表 2-6-1。

表 2-6-1　沉淀池特点与适用条件

池型	优点	缺点	使用条件
平流式沉淀池	对冲击负荷和温度变化的适应能力较强；施工简单，造价低	采用多斗排泥，每个泥斗需单独设排泥管各自排泥，操作工作量大，采用机械排泥，机件设备和驱动件均浸于水中，易锈蚀	适用于地下水位较高及地质较差的地区；适用于大、中、小型污水处理厂
竖流式沉淀池	排泥方便，管理简单；占地面积较小	池深度大，施工困难；对冲击负荷和温度变化的适应能力较差；造价较高；池径不宜太大	适用于处理水量不大的小型污水处理厂
辐流式沉淀池	采用机械排泥，运行较好，管理较简单；排泥设备已有定型产品	池水水流速度不稳定；机械排泥设备复杂，对施工质量要求较高	适用于地下水位较高的地区；适用于大、中型污水处理厂
斜板沉淀池	沉淀效果好，占地面积较小，排泥方便	易堵塞；造价高	适用于原有沉淀池挖潜，化学污泥沉淀等

一、沉淀池设计的一般规定

(1)沉淀池的设计数据。沉淀池的设计数据宜按表 2-6-2 的规定取值。

表 2-6-2 沉淀池设计数据

沉淀池类型	沉淀时间(h)	表面水力负荷[m³/(m²·h)]	每人每日处理的污泥量[g/(人·d)]	污泥含水率(%)	污泥固体负荷[kg/(m²·d)]
初级沉淀池	0.5～2.0	1.5～4.5	16～36	95～97	—
二次沉淀池(生物膜法后)	1.5～4.0	1.0～2.0	10～26	96～98	≤150
二次沉淀池(活性污泥法后)	1.5～4.0	0.6～1.5	12～32	99.2～99.6	≤150

(2)沉淀池的超高不应小于 0.3 m。

(3)沉淀池的有效水深宜采用 2.0～4.0 m。

(4)当采用污泥斗排泥时,每个污泥斗均应设单独的闸阀和排泥管。污泥斗的斜壁与水平面的倾角,方斗宜为 60°,圆斗宜为 55°。

(5)初次沉淀池的污泥区容积,除设机械排泥的宜按 4 h 的污泥量计算外,宜按不大于 2 d 的污泥量计算。活性污泥法处理后的二次沉淀池污泥区容积,宜按不大于 2 h 的污泥量计算,并应有连续排泥措施;生物膜法处理后的二次沉淀池污泥区容积,宜按 4 h 的污泥量计算。

(6)排泥管的直径不应小于 200 mm。

(7)当采用静水压力排泥时,初次沉淀池的静水头不应小于 1.5 m;二次沉淀池的静水头、生物膜法处理后不应小于 1.2 m,活性污泥法处理后不应小于 0.9 m。

(8)初次沉淀池的出水堰最大负荷不宜大于 2.9 L/(s·m);二次沉淀池的出水堰最大负荷不宜大于 1.7 L/(s·m)。

(9)沉淀池应设置浮渣的撇除、输送和处置设施。

二、平流式沉淀池

1. 平流式沉淀池的设计要求

平流式沉淀池如图 2-6-1 所示,外型呈长方形,废水从池的一端流入,水平方向流过池子,从池的另一端流出。在池的进口处底部设储泥斗,其他部位池底有坡度,倾向储泥斗平流沉淀池的设计,应符合下列要求。

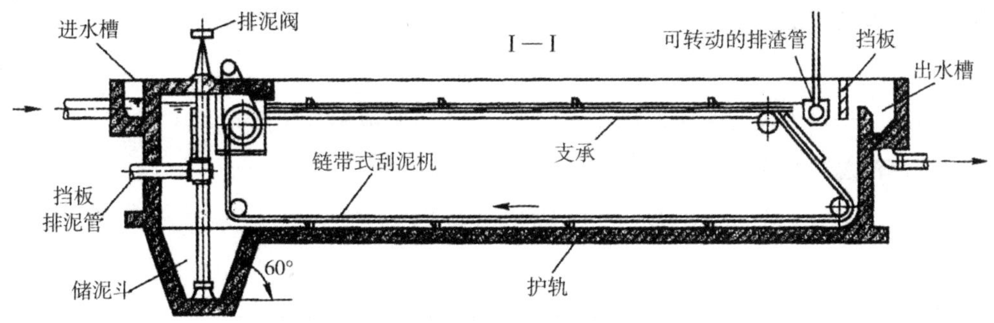

图 2-6-1　有链带式刮泥机的平流式沉淀池

(1)每格长度与宽度之比不宜小于 4,长度与有效水深之比不宜小于 8,池长不宜大于60 m;

(2)宜采用机械排泥,排泥机械的行进速度为 0.3～1.2 m/min;

(3)缓冲层高度,非机械排泥时为 0.5 m,机械排泥时,应根据刮泥板高度确定,且缓冲层上缘宜高出刮泥板 0.3 m;

(4)池底纵坡不宜小于 1%。

2. 平流式沉淀池的设计

沉淀池功能设计的内容包括沉淀池的只数、沉淀区尺寸和污泥区尺寸等。

设计沉淀池时应根据需达到的去除效率,确定沉淀池的表面水力负荷(或过流率)、沉淀时间以及污水在池内的平均流速等。目前常按照沉淀时间和水平流速或表面水力负荷进行计算,其计算公式如下。

(1)沉淀池的表面积 A。

$$A = \frac{3\,600\,Q_{max}}{q} \tag{2-30}$$

式中:Q_{max} ——最大设计流量,m^3/s;

q ——表面水力负荷,$m^3/(m^2 \cdot h)$。初沉池一般取 1.5～3 $m^3/(m^2 \cdot h)$,二沉池一般取1～2 $m^3/(m^2 \cdot h)$。

(2)沉淀区有效水深 h_2。

$$h_2 = qt \tag{2-31}$$

式中:t ——沉淀时间,h。初沉池一般取 1～2 h,二沉池一般取 1.5～2.5 h。

沉淀区有效水深 h_2 通常取 2～3 m。

(3)沉淀区有效容积 V 。

$$V = Ah_2 \tag{2-32}$$

或

$$V = 3\,600\,Q_{max}t \tag{2-33}$$

(4)沉淀池长度 L。

$$L = 3.6vt \tag{2-34}$$

式中：v——最大设计流量时的水平流速，mm/s，一般不大于 5 mm/s。

(5)沉淀池总宽度 B。

$$B = A/L \tag{2-35}$$

(6)沉淀池的个数 n。

$$n = B/B_1 \tag{2-36}$$

式中：B_1——每个沉淀池宽度，m。

平流式沉淀池的长度一般为 30～50 m，为了保证污水在池内分布均匀，池长与池宽比不小于 4，以 4～5 为宜。

(7)污泥区容积。对于生活污水，污泥区的总容积 V：

$$V = \frac{NST}{1\ 000} \tag{2-37}$$

式中：S——每人每日处理的污泥量，L/(d·人)；

N——设计人口数，人；

T——储泥储存时间，d。

(8)沉淀池的总高度 H。

$$H = h_1 + h_2 + h_3 + h_4 = h_1 + h_2 + h_3 + h'_4 + h''_4 \tag{2-38}$$

式中：h_1——沉淀池超高，m，一般取 0.3 m；

h_2——沉淀区的有效深度，m；

h_3——缓冲层高度，m，无机械刮泥设备时，取 0.5 m，有机械刮泥设备时，其上缘应高出刮板 0.3 m；

h_4——污泥区高度，m；

h'_4——泥斗高度，m；

h''_4——梯形的高度，m。

(9)污泥斗的容积 V_1。

$$V_1 = \frac{1}{3} h'_4 (S_1 + S_2 + \sqrt{S_1 S_2}) \tag{2-39}$$

式中：S_1——污泥斗的上口面积，m^2；

S_2——污泥斗的下口面积，m^2。

(10)污泥斗以上梯形部分污泥容积 V_2。

$$V_2 = \left(\frac{L_1 + L_2}{2}\right) h''_4 \tag{2-40}$$

式中：L_1——梯形上底边长，m；

L_2 ——梯形下底边长，m。

三、竖流式沉淀池

1. 竖流式沉淀池的构造

竖流式沉淀池如图 2-6-2 所示，其池型多为圆形，也有呈方形或多角形的，废水从设在池中央的中心管进入，从中心管的下端经过反射板后均匀缓慢地分布在池的横断面上。由于出水口设置在池面或池墙四周，故水的流向基本由下向上，污泥储积在底部的污泥斗。

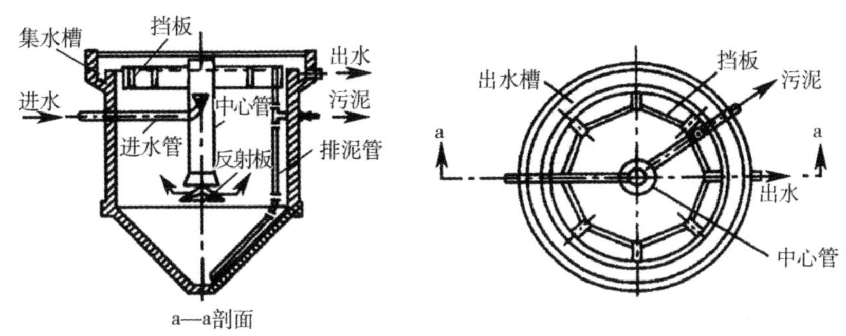

图 2-6-2 竖流式沉淀池

竖流沉淀池的设计，应符合下列要求。

(1)水池直径一般采用 4～7 m，不大于 10 m。直径(或正方形的一边)与有效水深之比不宜大于 3；

(2)中心管内流速不宜大于 30 mm/s；

(3)中心管下口应设有喇叭口和反射板，板底面距泥面不宜小于 0.3 m。

在竖流式沉淀池中，污水是从下向上以流速 v 作竖向流动，废水中的悬浮颗粒有以下三种运动状态：①当颗粒沉速 $u > v$ 时，则颗粒将以 $u - v$ 的差值向下沉淀，颗粒得以去除；②当 $u = v$ 时，则颗粒处于随遇状态，不下沉亦不上升；③当 $u < v$ 时，颗粒将不能沉淀下来，而会随上升水流带走。由此可知，当可沉颗粒属于自由沉淀类型时，其沉淀效果(在相同的表面水力负荷条件下)竖流式沉淀池的去除效率要比平流式沉淀池低。但当可沉颗粒属于絮凝沉淀类型时，发生的情况就比较复杂。由于在池中的流动存在着各自相反的状态，就会出现上升着的颗粒与下降着的颗粒，同时还存在着上升颗粒与上升颗粒之间、下降颗粒与下降颗粒之间的相互接触、碰撞，致使颗粒的直径逐渐增大，有利于颗粒的沉淀。

在图 2-6-2 中，污水从中心管自上而下，经反射板折向上流，沉淀水由设在池周的锯齿溢流堰，溢流进入集水槽，经过出水管排出。如果池径大于 7 m，为了使池内水流分布均匀，可增设辐射方向的集水槽，集水槽前设有挡板，隔除浮渣。污泥斗的倾角为 55°～60°，污泥依靠静压力排出。

图 2-6-3 是竖流式沉淀池的中心管、喇叭口及反射板的尺寸关系图。中心管内的流速 v_0 不宜大于 30 mm/s，喇叭口及反射板起消能和使水流方向折向上流的作用。污水从喇叭口与反射板之间的间隙流出的流速 v_1 不应大于 30 mm/s。

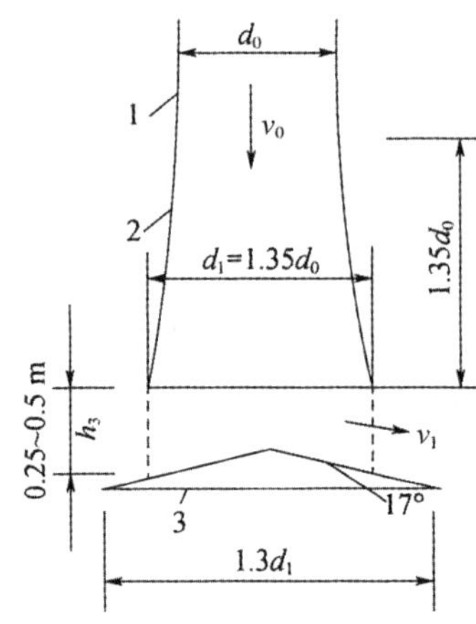

图 2-6-3　中心管及反射板的结构尺寸

1—中心管；2—喇叭口；3—反射板

2. 竖流式沉淀池的设计

竖流式沉淀池设计的内容包括沉淀池各部尺寸。

(1)中心管截面积与直径。

$$f_1 = Q_{max} / v_0 \tag{2-41}$$

$$d_0 = \sqrt{\frac{4f_1}{\pi}} \tag{2-42}$$

式中：f_1 ——中心管截面积，m^2；

d_0 ——中心管直径，m；

Q_{max} ——每一个池的最大设计流量，m^3/s；

v_0 ——中心管内的流速，m/s。

(2)沉淀池的有效沉淀高度，即中心管的高度。

$$h_2 = 3\,600vt \tag{2-43}$$

式中：h_2 ——有效沉淀高度，m；

v ——污水在沉淀区的上升流速，mm/s，如有沉淀，v 等于拟去除的最小颗粒的沉速 u，如无沉淀，则可用 0.5～1.0 mm/s，即 0.000 5～0.001 m/s；

t ——沉淀时间，一般采用 1.0～2.0 h(初次沉淀池)，1.5～2.5 h(二次沉淀

池）。

(3)中心管喇叭口到反射板之间的间隙高度。

$$h_3 = \frac{Q_{max}}{v_1 \pi d_1} \tag{2-44}$$

式中：h_3 ——间隙高度，m；

v_1 ——间隙流出速度，一般不大于 40 mm/s；

d_1 ——喇叭口直径，m。

(4)沉淀池总面积和池径。

$$f_2 = \frac{Q_{max}}{v} \tag{2-45}$$

$$A = f_1 + f_2 \tag{2-46}$$

$$D = \sqrt{\frac{4A}{\pi}} \tag{2-47}$$

式中：f_2 ——沉淀区面积，m^2；

A ——沉淀池面积（含中心管截面积），m^2；

Q ——沉淀池直径，m。

(5)缓冲层高 h_4，采用 0.3 m。

(6)污泥斗及污泥斗高度。

污泥斗的高度 h_5 与污泥量有关。污泥量可根据式(2-37)计算。污泥斗的高度用截头圆锥公式计算，参见平流式沉淀池。

(7)沉淀池总高度。

$$H = h_1 + h_2 + h_3 + h_4 + h_5 \tag{2-48}$$

式中：H ——池总高度，m；

h_1 ——超高，m，一般采用 0.3 m。

四、辐流式沉淀池

辐流式沉淀池亦称辐射式沉淀池，如图 2-6-4 所示，池型多呈圆形，小型池子有时亦采用正方形或多角形。池的进、出口布置基本上与竖流池相同，进口在中央，出口在周围。但池径与池深之比，辐流池比竖流池大许多倍。水流在池中呈水平方向向四周辐（射）流，由于过水断面面积不断变大，故池中的水流速度从池中心向池四周逐渐减慢。泥斗设在池中央，池底向中心倾斜，污泥通常用刮泥（或吸泥）机械排除。

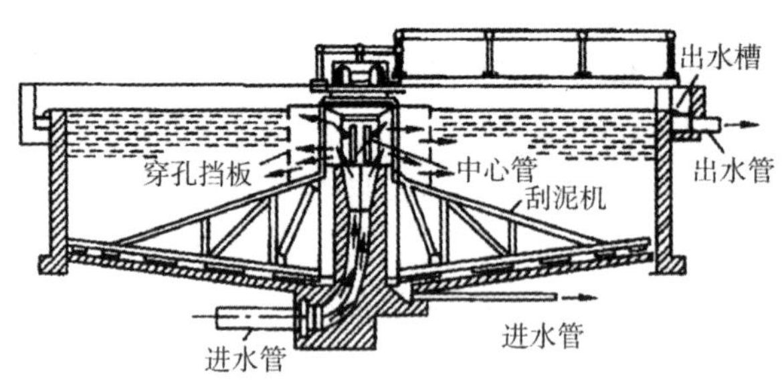

图 2-6-4 辐流式沉淀池

1. 辐流式沉淀池的设计要求

应符合下列要求。

(1)水池直径(或正方形的一边)与有效水深之比宜为 6～12,水池直径一般不大于 50 m,但有些池径可达 100 m;

(2)宜采用机械排泥,排泥机械旋转速度宜为 1～3 r/h,刮泥板的外缘线速度不宜大于 3 m/min,当水池直径(或正方形的一边)较小时也可采用多斗排泥;

(3)缓冲层高度,非机械排泥时宜为 0.5 m;机械排泥时,应根据刮泥板高度确定,且缓冲层上缘宜高出刮泥板 0.3 m;

(4)坡向泥斗的底坡不宜小于 0.05。

2. 辐流式沉淀池的设计

(1)每座沉淀池表面积 A_1 和池径 D。

$$A_1 = \frac{3\,600\, Q_{max}}{n q_0} \tag{2-49}$$

$$D = \sqrt{\frac{4A_1}{\pi}} \tag{2-50}$$

式中:A_1 ——每池表面积,m^2;

D ——每池直径,m;

n ——池数;

q_0 ——表面水力负荷,$m^3/(m^2 \cdot h)$。

(2)沉淀池有效水深 h_2 。

$$h_2 = q_0 t \tag{2-51}$$

(3)沉淀池总高度 H。

$$H = h_1 + h_2 + h_3 + h_4 + h_5 \tag{2-52}$$

式中:h_1 ——保护高度,一般取 0.3 m;

h_2 ——有效水深,m;

h_3——缓冲层高度，m，非机械排泥时宜为 0.5 m，机械排泥时，缓冲层上缘宜高出刮泥板 0.3 m；

h_4——沉淀池底坡落差，m；

h_5——污泥斗高度，m。

五、斜板(管)沉淀池

1. 斜板(管)沉淀池的理论基础

斜板沉降原理即浅池沉降原理，如图 2-6-5 所示。设理想沉淀池的池长为 L，池深为 H，池中水平流速为 v，颗粒沉速为 u，则 $L/H = v/u_0$。理想沉淀池的公式 $u_0 = Q/A$ 表明，如果水量 Q 不变，则增大沉淀池面积 A，就可减小 u_0，即有更多的悬浮物可以沉下，提高了沉淀效率。又因 $t = H/u_0$，则在保持 u_0 不变的条件下，随着有效水深 H 的减小，沉淀时间 t 就可按比例缩短，从而减少了沉淀池的体积。由此可知：若将水深为 H 的沉淀池分隔为 n 个水深为 H/n 的沉淀池，则当沉淀区长度为原来长度的 $1/n$ 时，就可处理与原来的沉淀池相同的水量，并达到完全相同的处理效果。这说明，沉淀池越浅，就越能缩短沉淀时间。

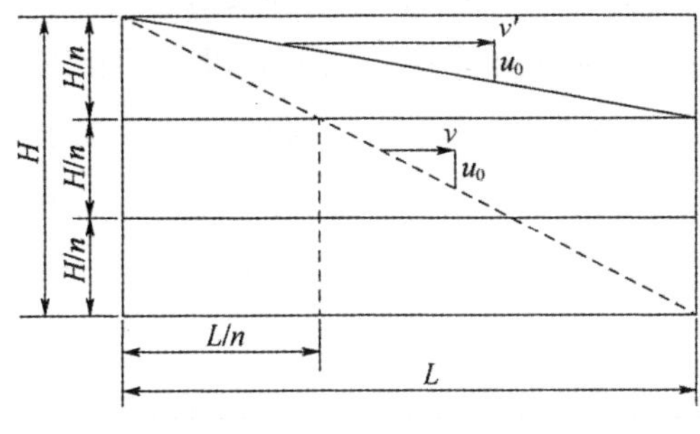

图 2-6-5　斜板沉降原理

2. 斜板(管)沉淀池的设计要求

斜板(管)沉淀池的结构如图 2-6-6 所示。当需要挖掘原有沉淀池潜力或建造沉淀池面积受限制时，通过技术经济比较，可采用斜板(管)沉淀池。

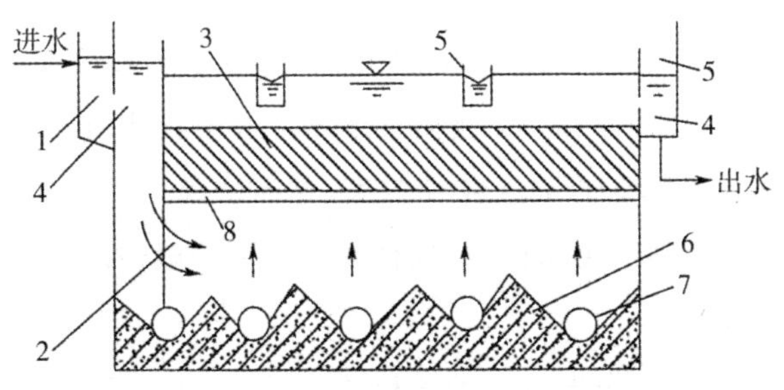

图 2-6-6　斜板沉淀池示意图

1—配水槽；2—整流墙；3—斜板；4—淹没孔口；5—集水槽；6—污泥斗；7—穿孔排泥管；8—阻流板

升流式异向流斜板(管)沉淀池的设计表面水力负荷，一般可按普通沉淀池的设计表面水力负荷的 2 倍计；但对于二次沉淀池，尚应以固体负荷核算。同时，设计应符合下列要求。

(1) 斜管孔径（或斜板净距）宜

为80～100 mm；

(2)斜管(板)斜长宜为1.0～1.2 m；

(3)斜板(管)水平倾角宜为60°；

(4)斜板(管)区上部水深宜为0.7～1.0 m；

(5)斜板(管)区底部缓冲层高度宜为1.0 m；

(6)斜板(管)沉淀池应设冲洗设施。

第七节　隔油池

一、含油废水的来源与危害

1. 含油废水来源

含油废水的来源非常广泛，除了石油开采及加工工业排出大量含油废水外，固体燃料热加工、纺织工业中的洗毛废水、轻工业中的制革废水、铁路及交通运输业、屠宰及食品加工业以及机械工业中车削工艺产生乳化液等均排放含油废水。

石油工业含油废水主要来自石油开采、石油炼制及石油化工等过程。石油开采过程中的废水主要来自带水原油的分离水、钻井提钻时的设备冲洗水、井场及油罐区的地面降水等。

石油炼制、石油化工含油废水主要来自生产装置的油水分离过程以及油品、设备的洗涤、冲洗过程。

固体燃料热加工工业排出的焦化含油废水，主要来自焦炉气的冷凝水、洗煤气水和各种储罐的排水等。

2. 废水中油的存在形态

含油废水中的油类污染物，其相对密度一般都小于1，但焦化厂或煤气发生站排出的重质焦油的相对密度可高达1.1。废水中的油通常有四种存在形态。

(1)可浮油。如把含油废水放在容器中静置，有些油滴就会慢慢浮升到水的表面。这些呈悬浮状态的油滴粒径较大，通常大于100 μm，可以依靠油水密度差而从水中分离出来。对于炼油厂废水而言，这种状态的油一般占废水中含油量的60%～80%，可采用普通隔油池去除。

(2)细分散油。油滴粒径一般为10～100 μm，以微小油滴分散悬浮于水中，长时间静置后可以形成可浮油，可采用斜板隔油池去除。

(3)乳化油。油滴粒径小于10 μm，一般为0.1～2.0 μm。往往因水中含有表面活性剂而呈乳化状态，即使静置数小时，甚至更长时间，仍然稳定分散于水中。这种状态的油不能

用静置法从废水中分离出来，这是由于乳化油油滴表面上有一层由乳化剂形成的稳定薄膜，阻碍油滴合并。如果能消除乳化剂的作用，乳化油即可转化为可浮油，这叫破乳。乳化油经过破乳之后，就能用油水密度差来分离。

(4)溶解油。油滴粒径比乳化油还小，有的可小到几纳米，以溶解状态存在于水中，但油在水中的溶解度非常低，通常只有几毫克每升。

3. 含油废水对环境的危害

油污染的危害主要表现在对生态系统、植物、土壤和水体的严重影响。

含油废水排入水体后将在水体表面产生油膜，阻碍大气复氧，断绝水体氧的来源，在滩涂还会影响养殖和滩涂开发利用。有资料表明，向水体排放 1 t 油品，即可形成 5×10^{6} m^{2} 油膜；水中存在乳化油和溶解油时，由于好氧微生物作用，分解过程中会消耗水中溶解氧，使水体处于缺氧状态，影响鱼类和水生生物生存。

含油废水浸入土壤空隙形成油膜，产生阻碍作用，致使空气、水分和肥料均不能渗入土中，破坏土层结构，不利于农作物的生长，甚至使农作物枯死。

含油废水排入城镇排水管道，对排水管道、附属设备及城镇污水处理厂都会造成不良影响，采用生物处理法时，一般规定石油和焦油的含量不得超过 30～50 mg/L，否则将影响水处理微生物的正常代谢过程。

工业生产过程排放的含油废水，应分类收集处理，可采用重力分离法去除可浮油和细分散油，采用气浮法、电解法等方法去除乳化油。

二、隔油池

常用隔油池有平流式和斜板式两种。

图 2-7-1 为典型的平流式隔油池。从图中可以看出，它与平流式沉淀池在构造上基本相同。

废水从池子的一端流入池子，以较低的水平流速(2～5 mm/s)流经池子，流动过程中，密度小于水的油粒浮出水面，密度大于水的颗粒杂质沉于池底，水从池子的另一端流出。在隔油池的出水端设置集油管。集油管一般用 Φ200～300 mm 的钢管制成，沿长度在管壁的一侧开弧度为 60°～90°的槽口。集油管可以绕轴线转动，平时槽口位于水面上，当浮油层积到一定厚度时，将集油管的开槽方向转向水面以下，让浮油进入管内，导出池外。为了能及时排油及排除底泥，在大型隔油池还应设置刮油刮泥机。刮油刮泥机的刮板移动速度一般应与池中水流流速相近，以减少对水流的影响。收集在排泥斗中的污泥由设在池底的排泥管借助静水压力排走。隔油池的池底构造与沉淀池相同。

平流式隔油池表面一般应设置盖板，除便于冬季保持浮渣的温度，以保证它的流动性外，同时还可以防火与防雨。在寒冷地区还应在集油管及油层内设置加温设施。

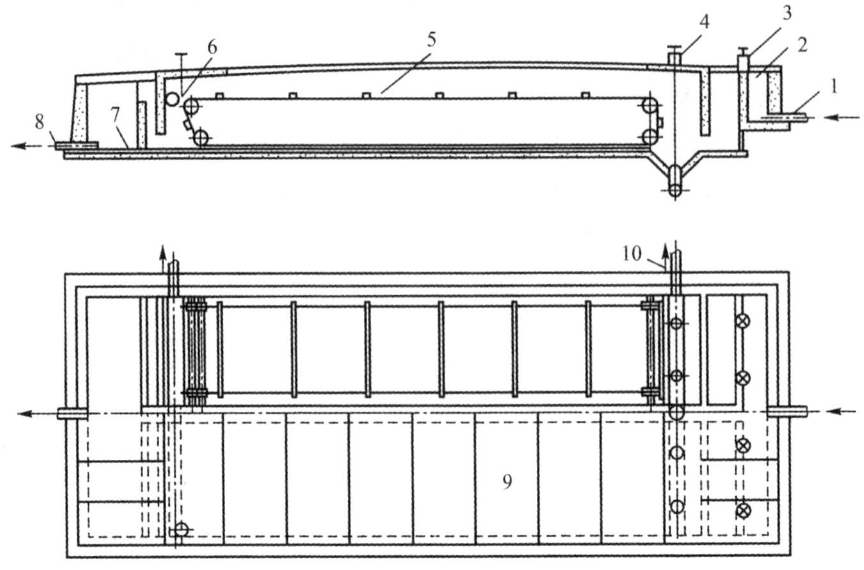

图 2-7-1 平流式隔油池

1—进水管；2—配水槽；3—进水闸；4—排泥阀；5—刮油刮泥机；6—集油管；7—出水槽；8—出水管；9—盖板；10—排泥管

平流式隔油池的特点是构造简单，便于运行管理，油水分离效果稳定。有资料表明，平流式隔油池可以去除的最小油滴直径为 100～150 μm，相应的上升速度不高于 0.9 mm/s。

对于细分散油同样可以利用斜板理论来提高分离效果，图 2-7-2 为斜板隔油池，通常采用波纹形斜板，板间距约 40 mm，倾角不小于 45°，废水沿板面向下流动，从出水堰排出，水中油滴沿板的下表面向上流动，经集油管收集排出。这种形式的隔油池可分离油滴的最小粒径约为 80 μm，相应的上升速度约为 0.2 mm/s，表面水力负荷为 0.6～0.8 $m^3/(m^2 \cdot h)$，停留时间一般不大于 30 min。

隔油池的浮渣，以油为主，也含有水分和一些固体杂质，对石油工业废水，含水率有时可高达 50%，其他杂质一般在 1%～20%。

仅仅依靠油滴与水的密度差产生上浮而进行油、水分离，油的去除效率一般为 70%～80%，隔油池的出水仍含有一定数量的乳化油和附着在悬浮固体上的油分，一般较难降到排放标准以下。

气浮法分离油、水的效果较好，出水中含油量一般可低于 20 mg/L。

对于铁路运输、化工等行业使用的小型隔油池，其撇油装置是依靠水与油的密度差形成液位差而达到自动撇油的目的。其构造见示意图 2-7-3。

平流式隔油池的设计与平流式沉淀池基本相似，按表面负荷设计时，一般采用

1.2 $m^3/(m^2 \cdot h)$；按停留时间设计时，一般采用1.5～2.0 h。

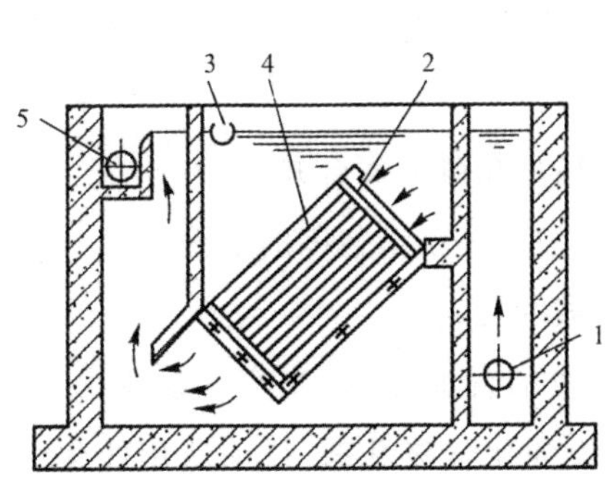

图 2-7-2　斜板隔油池

1—进水管；2—布水板；3—集油管；
4—波纹斜板；5—出水管

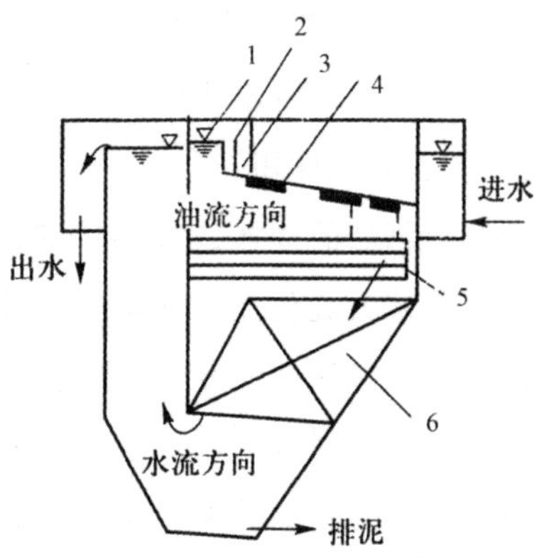

图 2-7-3　自动撇油小型斜板隔油池

1—集油口；2—可调堰板；3—油槽；
4—密封受压盖板；5—蒸汽管；6—斜板

三、乳化油及破乳方法

当油和水相混，又有乳化剂存在，乳化剂会在油滴与水滴表面上形成一层稳定的薄膜，这时油和水就不会分层，而呈一种不透明的乳状液。当分散相是油滴时，称为水包油乳状液；当分散相是水滴时，则称为油包水乳状液。乳状液的类型取决于乳化剂。

1. 乳化油的形成

乳化油的主要来源：①由于生产工艺的需要而制成的乳化油，如机械加工中车床切削用的冷却液，是人为制成的乳化液；②以洗涤剂清洗受油污染的机械零件、油槽车等而产生乳化油废水；③含油（可浮油）废水在管道中与含乳化剂的废水相混合，受水流搅动而形成。

在含油废水产生的地点立即用隔油池进行油水分离，可以避免油的乳化，而且还可以就地回收油品，降低含油废水的处理费用。例如，石油炼制厂减压塔塔顶冷凝器流出的含油废水，立即进行隔油回收，得到的浮油实际上就是塔顶馏分，经过简单的脱水，就是一种中间产品。如果隔油后，废水中仍含有乳化油。可就地破乳，此时，废水的成分比较单纯，容易得到较好的效果。

2. 破乳方法简介

破乳的方法有多种，但基本原理一样，即破坏油滴界面上的稳定薄膜，使油、水得以分离。破乳途径有下述几种。

（1）投加换型乳化剂。例如，氯化钙可以使钠皂为乳化剂的水包油乳状液转换为以钙皂为乳化剂的油包水乳状液。在转型过程中存在着一个由钠皂占优势转化为钙皂占优势的转化点，这时的乳状液非常不稳定，可借此进行油水分离。因此控制“换型剂”的用量，即可达到破乳的目的，这一转化点用量应由试验确定。

(2)投加盐类、酸类物质可使乳化剂失去乳化作用。

(3)投加某种本身不能成为乳化剂的表面活性剂，例如异戊醇，可从两相界面上挤掉乳化剂使其失去乳化作用。

(4)通过剧烈的搅拌、震荡或转动，使乳化的液滴猛烈相碰撞而合并。

(5)以粉末为乳化剂的乳状液，可以用过滤法拦截被固体粉末包围的油滴。

(6)改变乳化液的温度(加热或冷冻)来破坏乳状液的稳定。

破乳方法的选择应以试验为依据。某些石油工业的含油废水，当废水温度升到 65～75℃时，可达到破乳的效果。相当多的乳状液，必须投加化学破乳剂，目前所用的化学破乳剂通常是钙、镁、铁、铝的盐类或无机酸。有的含油废水亦可用碱(NaOH)进行破乳。

水处理中常用的混凝剂也是较好的破乳剂。它不仅可以破乳，而且还对废水中的其他杂质起到混凝的作用。

第八节　离心分离法

一、离心分离原理

物体高速旋转时会产生离心力场，利用离心力分离废水中杂质的处理方法称为离心分离法。废水作高速旋转时，悬浮固体颗粒同时受到两种径向力的作用，即离心力和水对颗粒的向心推力。从理论上讲，离心力场中各质点可受到比自身所受重力大数十倍甚至上百倍的离心力作用，因而离心分离的效率远高于重力分离。在离心力场的给定位置上(即该处的质点具有相同的回转半径及角速度)，离心力的大小主要取决于质点的质量，因此当含有悬浮固体(或乳化油)的废水受高速旋转所产生的离心力作用时，由于所含杂质和水之间密度的差异，各质点所受到的离心力不尽相同，密度高质量大的质点被甩向外侧，密度低质量小的质点则会被留在内侧，将分离后的水流通过不同的出口分别排出，即可达到分离处理的目的。

在离心力场中，悬浮颗粒受离心力 F_1 作用向外侧运动的同时，受到水在离心力作用下相对向内侧运动的阻力 F_2 。设颗粒和同体积水的质量分别为 m_1 、m_2 ，旋转半径为 r ，角速度为 ω ，线速度为 v ，转速为 n ，则颗粒所受到的净离心力为：

$$F = F_1 - F_2 = (m_1 - m_2)\omega^2 r = \frac{v^2}{r} \tag{2-53}$$

而水中颗粒所受净重力：

$$F_g = (m_1 - m_2)g \tag{2-54}$$

离心力场所产生的离心加速度和重力加速度的比值，称为分离因素（也称离心强度），并以 Z 表示。Z 的定义式如下：

$$Z=\frac{\text{离心加速度}}{\text{重力加速度}}=\frac{r\omega^2}{g}=\frac{v^2}{rg} \tag{2-55}$$

将 $\omega=\frac{2\pi n}{60}$ 代入式(2-55)中，整理可得：

$$Z=\frac{\pi^2 n^2 r}{900g}\approx\frac{n^2 r}{900g} \tag{2-56}$$

分离因素 Z 越大，越容易实现固液分离，分离效果也越好。由式(2-56)可知，Z 与旋转速度 n 的平方及旋转半径 r 的一次方成正比，因此可通过增加转速 n 和半径 r 提高离心力场的分离强度，且增加转速比增加半径更为有效。

二、离心分离设备

根据产生离心力的方式，离心分离设备可分成水力旋流器和离心分离机两种类型。前者是设备本身不动，由水流在设备中做旋转运动而产生离心力；后者则是靠设备本身旋转带动液体旋转而产生离心力。

1. 水力旋流器

水力旋流器的基本分离原理为离心沉降，即悬浮颗粒靠回转流所产生的离心力而进行分离沉降。这种离心分离设备本身没有运动部件，其离心力由流体的旋流运动产生。

旋流器又分为压力式和重力式两种。

(1)压力式水力旋流器。压力式水力旋流器结构如图 2-8-1 所示。旋流器的主体由空心的圆形筒体和圆锥体两部分连接组成。进水口设在圆形筒体上，圆锥体下部为底流排出口，器顶为出水溢流管。

含有悬浮物的废水由进水口沿切线方向流入（进水流速度可达 6～10 m/s），并沿筒壁做高速旋转流动，废水中粒度较大的悬浮颗粒受惯性离心力作用被甩向筒壁，并随外旋流沿筒壁向下做螺旋运动，最终由底流出口排出；而粒度较小的颗粒所受惯性离心力较小，向筒壁迁移的速度也较慢，当该速度小到随水流向下运动至锥体顶部时仍未到达筒壁，就会在反转向上的内旋流的携带下，进入溢流管而随出流排出。如此，含悬浮物的废水在流经水力旋流器的过程中，直接完成固—液分离操作。

压力式水力旋流器分离效率的具体影响因素可划分为结构参数和工艺参数两大类。结构方面的参数主要包括筒体直径、进水口尺寸、溢流管直径及插入深度、底流出口直径、锥角和圆筒筒体部分的高度等；工艺方面的参数则主要是由废水浓度、悬浮物颗粒的粒度以及进水压力等组成。此外，尽管水力旋流器产生的离心力要远大于重力，但重力仍对旋流器的工作指标具有实质性影响，且其影响随水力旋流器进水压力的降低而增大。

水力旋流器具有结构简单、体积小、单位处理能力高等优点，但设备磨损严重，动力消耗比较大。由于水力旋流器单体直径较小，一般不超过 500 mm，通常采用多个旋流器分组并联方式。

(2)重力式水力旋流器。也可称为水力旋流沉淀池。图 2-8-2 给出了采用重力式水力旋流器处理含油及重质悬浮物废水的系统构成。

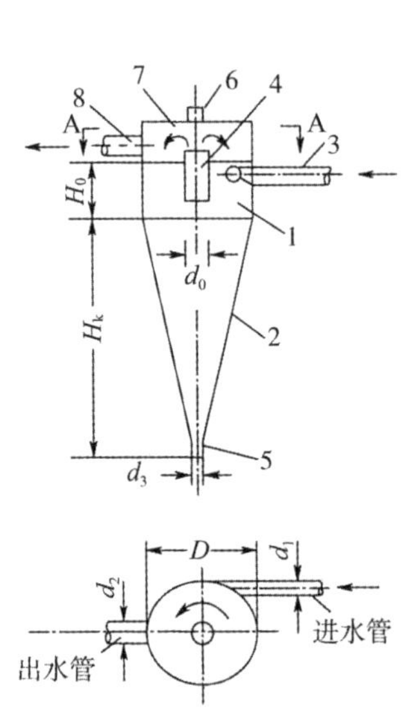

图 2-8-1　压力式水力旋流器

1—圆筒；2—圆锥体；3—进水管；4—中心管；
5—排泥管；6—通风管；7—顶盖；8—出水管

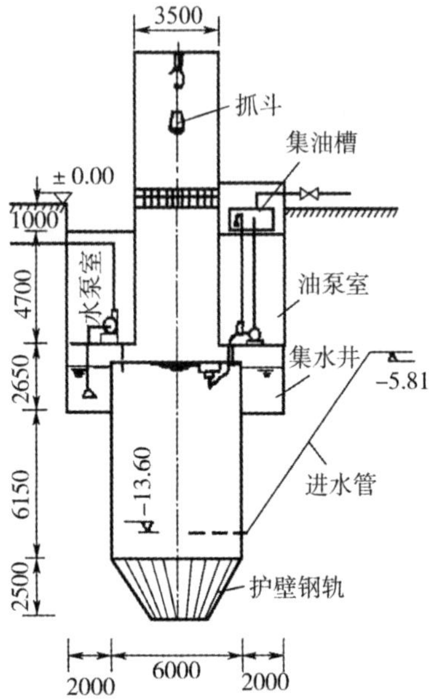

图 2-8-2　重力式水力旋流器

废水沿切线方向由进水管进入沉淀池底部，借助于进、出水的压差，在分离器内做旋转升流运动，在离心力和重力的作用下，水中的重质悬浮颗粒被甩向器壁并下滑至底部，由抓斗定期排出；分离处理后的出水经溢流堰进入吸水井中，由水泵排出；分离出的浮油通过油泵抽入集油槽。重力式水力旋流器的表面负荷一般为 25～30 $m^3/(m^2 \cdot h)$，作用水头一般为 0.005～0.006 MPa。与压力式水力旋流器相比，重力式水力旋流器能耗低，且可避免水泵及设备的严重磨损，但设备容积大，池体下部深度较大，施工困难。

2. 离心分离机

离心分离机的类型，按分离因数 Z 的大小可分为高速离心机(Z>3 000)、中速离心机(Z=1 500～3 000)、低速离心机(Z=1 000～1 500)；按离心机形状可分为过滤离心机、转筒式离心机、管式离心机、盘式离心机和板式离心机等。

(1)常速离心机。中低速离心机统称为常速离心机，在废水处理中多用于污泥脱水和化

学沉渣的分离。其分离效果主要取决于离心机的转速及悬浮颗粒的性质，如密度和粒度。转速一定的条件下，离心机的分离效果随颗粒的密度和粒度的增加而提高，而对于悬浮物性质一定的废水和泥渣，则离心机的转速越高，分离效果越好。因此，使用时要求悬浮物与水之间有较大的密度差。常速离心机按原理可分为离心过滤和离心沉降两种。

①离心过滤式。其代表是间歇式过滤离心机，将要处理的废水加入绕垂直轴旋转的多孔转鼓内，转鼓壁上有很多的圆孔，壁内衬有滤布，在离心力的作用下，悬浮颗粒在转鼓壁上形成滤渣层，而水则透过滤渣层和转鼓滤布的孔隙排出，从而实现了固液的分离，待停机后将滤渣取出，可进行下一批次废水的处理，这种离心机适于小量废水处理。

②离心沉降式。其代表是转筒式过滤离心机，废水从旋转筒壁的一端进入并随筒壁旋转，离心力作用使固体颗粒沉积在筒壁上，固体颗粒中的水分受离心力挤压进入离心液，过滤分离后的澄清水由另一侧排出，所形成的筒壁沉渣由安装在旋转筒壁内的螺旋刮刀进行刮卸，从而实现悬浮物与水的分离。由于是依靠离心沉降作用进行分离，因此适用的废水浓度范围较宽，分离效率可达60%～70%，并且能连续稳定工作，适应性强，分离性能好。

离心分离效率的提高，可以通过提高离心机的转速或是增大离心机的直径实现，但由于转速过高，设备会产生振动；而直径过大，设备的动平衡不易维持，因而通常多根据实际情况将两种方法结合使用。例如，小型离心机采用小直径、高转速；而大型离心机则采用大直径、低转速。

(2)高速离心机。高速离心机转速一般大于5 000 r/min，有管式和盘式两种，主要用于废水中乳化油脂类、细微悬浮物以及有机分散相类物质(如羊毛脂、玉米蛋白质等)的分离。

第九节　气浮法

气浮是利用高度分散的微小气泡作为载体去黏附废水中的污染物，使其密度小于水而上浮到水面，实现固—液或液—液分离的过程。

一、气浮的基本原理

水和废水的气浮法处理，是将空气以微小气泡形式通入水中，使微小气泡与在水中悬浮的颗粒黏附，形成水—气—颗粒三相混合体系，颗粒黏附上气泡后，密度小于水即上浮水面，从水中分离，形成浮渣层。气浮法用于从废水中去除比重小于或接近水的悬浮物、油类和脂肪，并用于污泥的浓缩。

1. 气浮法处理工艺必须满足的基本条件

(1)必须向水中提供足够量的细微气泡；

(2)必须使污水中的污染物质能形成悬浮状态；

(3)必须使气泡与悬浮的物质产生黏附作用。

为了探讨颗粒与气泡黏附条件和它们之间的内在规律,应研究液—气—颗粒三相混合系的表面张力和体系界面自由能、颗粒表面疏水性和润湿接触角、混凝剂与表面活性剂在气浮分离中的作用与影响等。

2. 水中颗粒与气泡黏附条件

(1)界面张力、接触角和体系界面自由能。不同颗粒与水的润湿情况如图 2-9-1 所示。液体表面分子所受的分子引力与液体内部分子所受的分子引力不同,表面分子所受的作用力是不平衡的,有把表面分子拉向液体内部、缩小液体表面积的趋势,这种力称为液体的表面张力。要使表面分子不被拉向液体内部,就需要克服液体内部分子的吸引力而做功,可见液体表层分子具有更多的能量,这种能量称表面能。在气浮过程中存在着液、气、颗粒三相介质,在各个不同介质的表面也都因受力不平衡而产生表面张力(称界面张力),即具有表面能(称界面能)。界面能 E 与界面张力的关系如下:

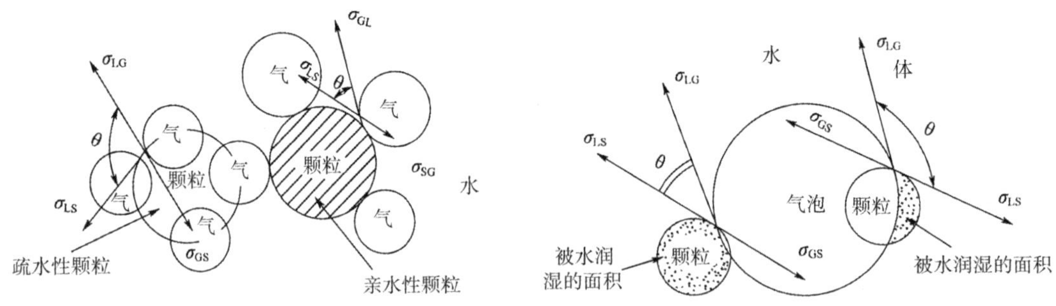

图 2-9-1　不同颗粒与水的润湿情况

$$E = \sigma \cdot S \tag{2-57}$$

式中:σ ——界面张力系数;

S——界面面积。

气泡未与悬浮颗粒黏附前,颗粒与气泡的单位面积上的界面能分别为 $\sigma_{水-粒} \times 1$ 和 $\sigma_{水-气} \times 1$,这时单位面积上的界面能之和 E_1 为:

$$E_1 = \sigma_{水-粒} \times 1 + \sigma_{水-气} \times 1 \tag{2-58}$$

当气泡与悬浮颗粒黏附后,黏附面的单位面积上的界面能 E_2 及其变化值 ΔE 分别为:

$$E_2 = \sigma_{粒-气} \tag{2-59}$$

$$\Delta E = E_1 - E_2 = \sigma_{水-粒} + \sigma_{水-气} - \sigma_{粒-气} \tag{2-60}$$

这部分能量差即为挤开气泡和颗粒之间的水膜所做的功,此值越大,气泡与颗粒黏附得越牢固。

水中的悬浮颗粒是否能与气泡黏附,与水、气、颗粒间的界面能有关。当三者相对稳定

时，三相界面张力的关系式为：

$$\sigma_{水-粒}=\sigma_{水-气}\cos(180^{\circ}-\theta)+\sigma_{粒-气} \tag{2-61}$$

式中：θ——接触角（也称湿润角）。

将式(2-61)代入式(2-60)得：

$$\Delta E=\sigma_{水-粒}+\sigma_{水-气}-[\sigma_{水-粒}-\sigma_{水-气}\cos(180^{\circ}-\theta)]$$

$$\Delta E=\sigma_{水-气}(1-\cos\theta) \tag{2-62}$$

式(2-62)表明，并不是水中所有的污染物质都能与气泡黏附，是否能黏附，与该类物质的接触角有关。

①当 $\theta \to 0$ 时，$\cos\theta \to 1$，$\Delta E \to 0$，这类物质亲水性强，称亲水性物质，无力排开水膜，不易与气泡黏附，不能用气浮法去除。

②当 $\theta \to 180^{\circ}$ 时，$\cos\theta \to -1$，$\Delta E \to 2\sigma_{水-气}$，这类物质疏水性强，称疏水性物质，易与气泡黏附，宜用气浮法去除。

微细气泡与悬浮颗粒的黏附形式有气—颗粒吸附、气泡顶托以及气泡裹挟三种形式。

(2)“颗粒—气泡”复合体的上浮速度。当流态为层流时，即 $Re<1$ 时，则“颗粒—气泡”复合体的上升速度可按斯托克斯公式计算：

$$v_{上}=\frac{g}{18\mu}(\rho_{L}-\rho_{S})\cdot d^{2} \tag{2-63}$$

式中：d ——“颗粒—气泡”复合体的直径；

ρ_S ——“颗粒—气泡”复合体的表观密度。

ρ_L ——介质的密度。

上述公式表明，$v_{上}$ 取决于水与“颗粒—气泡”复合体的密度差及复合体的有效直径。“颗粒—气泡”复合体上黏附的气泡越多，则 ρ_S 越小，d 越大，因而上浮速度也越快。

由于水中的“颗粒—气泡”复合体的大小不等、形状各异，颗粒表面性质亦不一样，它们在上浮过程中会进一步发生碰撞，相互聚合而改变上浮速度。另外，在气浮池中因水力条件及池型、水温等因素，也会改变上浮速度，因此，“颗粒—气泡”复合体的上浮速度，在实际使用中应先以试验确定为好。

(3)化学药剂的投加对气浮效果的影响。疏水性很强的物质，如植物纤维、油珠及炭粉末等，不投加化学药剂即可获得满意的固—液、液—液分离效果。一般的疏水性或亲水性的物质，均需投加化学药剂，以改变颗粒的表面性质，增加气泡与颗粒的吸附。这些化学药剂分为下述几类。

①混凝剂。各种无机或有机高分子混凝剂，它们不仅可以改变污水中的悬浮颗粒的亲水性能，而且还能使污水中的细小颗粒絮凝成较大的絮状体以吸附、截留气泡，加速颗粒上浮。

②浮选剂。浮选剂大多数由极性—非极性分子组成。如图 2-9-2 所示，当浮选剂的极性基被吸附在亲水性悬浮颗粒的表面后，非极性基则朝向水中，这样就可以使亲水性物质转化为疏水性物质，从而能使其与微细气泡相黏附。浮选剂的种类有松香油、石油、表面活性剂、硬脂酸盐等。

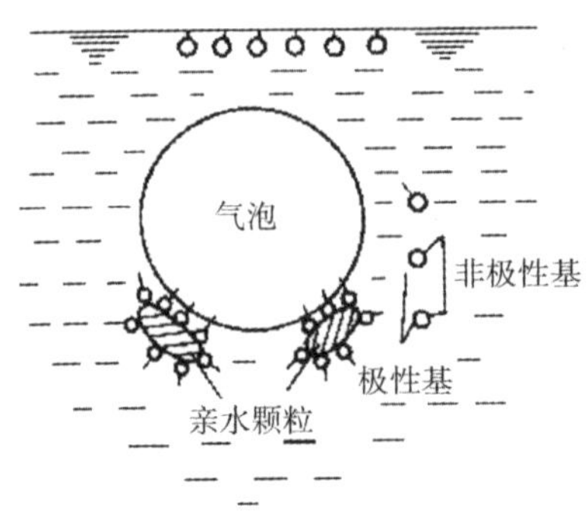

图 2-9-2　浮选剂使亲水性颗粒转化为疏水性颗粒示意图

③助凝剂。助凝剂的作用是提高悬浮颗粒表面的水密性，以提高颗粒的可浮性，如聚丙烯酰胺。

④抑制剂。抑制剂的作用是暂时或永久性地抑制某些物质的浮上性能，而又不妨碍需要去除的悬浮颗粒的上浮，如石灰、硫化钠等。

⑤调节剂。调节剂主要是调节污水的 pH，改进和提高气泡在水中的分散度以及提高悬浮颗粒与气泡的黏附能力，如各种酸、碱等。

二、气浮的方法

按生产细微气泡的方法，气浮法分为电解气浮法、分散空气气浮法、溶解空气气浮法。

1. 电解气浮法

电解废水可同时产生三种作用：电解氧化还原、电解混凝、电气浮。

电解气浮法是将正负极相间的多组电极浸泡在废水中，当通以直流电时，废水电解，正负两级间产生的氢和氧的细小气泡黏附于悬浮物上，将其带至水面而达到分离的目的。电解气浮法产生的气泡小于其他方法产生的气泡，故特别适于脆弱絮状悬浮物的分离。电解气浮法电耗大，如采用脉冲电解气浮法可降低电耗。

2. 分散空气气浮法

目前应用的有扩散板曝气气浮法和叶轮曝气气浮法两种。

(1)扩散板曝气气浮法。扩散板曝气气浮法如图 2-9-3 所示。压缩空气通过具有微细孔隙的扩散装置或微孔管，使空气以微小气泡的形式进入水中，进行气浮。这种方法的优点是简单易行，但缺点较多，如空气扩散装置的微孔易于堵塞，气泡较大，气浮效率低等。

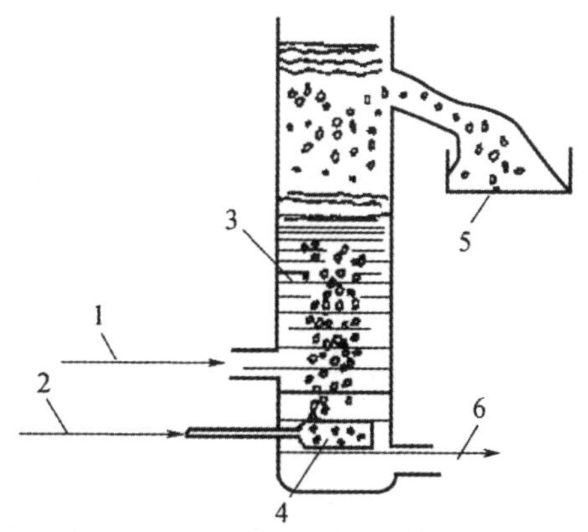

图 2-9-3　扩散板曝气气浮法示意图

1—进水；2—压缩空气；3—气浮柱；4—扩散板；5—气浮渣；6—出水

(2)叶轮曝气气浮法。叶轮曝气气浮法如图 2-9-4 所示。在气浮池的底部置有叶轮叶片，由转轴与池上部的电动机相连接，并由后者驱动叶轮转动，在叶轮的上部装设带有导向叶片的固定盖板，叶片与直径成 60°，盖板与叶轮间有 10 mm 的间距，而导向叶片与叶轮之间有 5～8 mm 的间距，在盖板上开有 12～18 个孔径为 20～30 mm 的孔洞，在盖板外侧的底部空间装设有整流板。

叶轮在电动机的驱动下高速旋转，在盖板下形成负压，从空气管吸入空气，废水由盖板上的小孔进入。在叶轮的搅动下，空气被粉碎成细小的气泡，并与水充分混合成水气混合体甩出导向叶片之外，导向叶片使水流阻力减小，又经整流板稳流后，在池体内平稳地垂直上升，进行气浮。形成的泡沫不断地被缓慢转动的刮板刮出槽外。

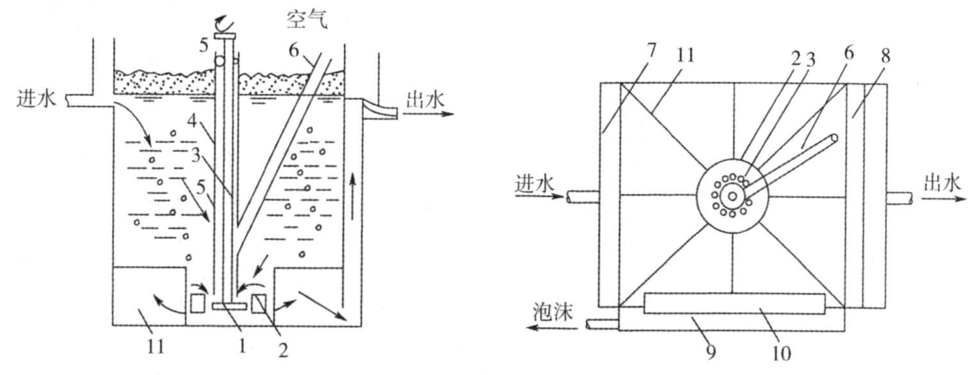

图 2-9-4　叶轮曝气气浮法示意图

1—气浮柱；2—盖板；3—转轴；4—轴套；5—轴承；6—进气管；7—进水槽；8—出水槽；9—气泡槽；10—刮沫板；11—整流板

3. 溶解空气气浮法

从溶解空气和析出条件来看，溶气气浮又可分为：溶气真空气浮和加压溶气气浮两种类型。

(1)溶气真空气浮。溶气真空气浮法是空气在常压下溶解到废水中，真空条件下释放。溶气真空气浮的主要特点是：气浮池是在负压(真空)状态下运行的。至于空气的溶解，可在常压下进行，也可以在加压下进行。

由于气浮在负压(真空)条件下运行，溶解在水中的空气易于呈过饱和状态，从而大量地以气泡形式从水中析出，进行气浮。析出的空气数量，取决于水中溶解空气量和真空度。溶气真空气浮的主要优点是：空气溶解所需压力比压力溶气低，动力设备和电能消耗较少。但是，这种气浮方法的最大缺点是：气浮在负压条件下运行，一切设备部件，如除泡沫的设备，都要密封在气浮池内，这就使气浮池的构造复杂，给维护运行和维修都带来很大困难。此外，这种方法只适用于处理污染物浓度不高的废水，因此在生产中使用得不多。

(2)加压溶气气浮。加压溶气气浮法是目前应用最广泛的一种气浮方法。空气在加压条件下溶于水中，再使压力降至常压，把溶解的过饱和空气以微气泡的形式释放出来。

加压溶气气浮系统由压力溶气系统、空气释放系统和气浮分离设备等组成。其基本工艺流程有全加压溶气、部分加压溶气和部分回流加压溶气三种流程。

①全加压溶气流程。如图 2-9-5(a)所示，该法是将全部入流废水进行加压溶气，再经过减压释放装置进入气浮池进行固液分离的一种流程。

②部分加压溶气流程。如图 2-9-5(b)所示，该法是将部分入流废水进行加压溶气，其余部分直接进入气浮池。该法比全加压溶气式流程节省电能，同时因加压水泵所需加压的溶气水量与溶气罐的容积比全加压溶气方式小，故可节省一些设备。但是，在同等溶气压力下，部分溶气系统提供的空气量也较少。

③部分回流加压溶气流程。如图 2-9-5(c)所示，在这个流程中，将部分澄清液进行回流加压，入流废水则直接进入气浮池。该法适用于含悬浮物浓度高的废水的固液分离，但气浮池的容积较前两者大。

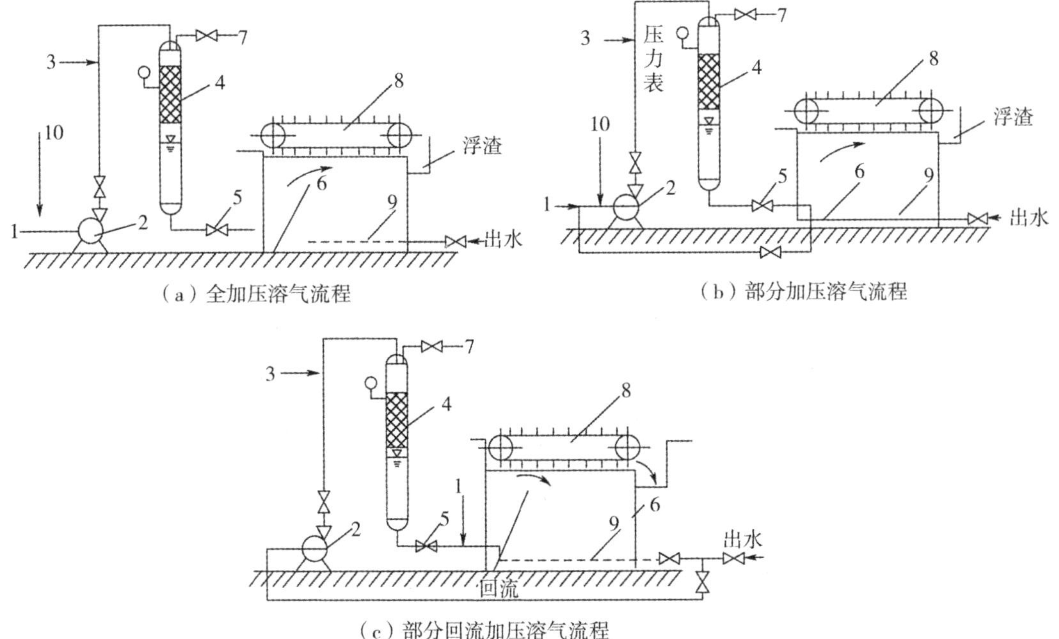

图 2-9-5　加压溶气流程

1—原水；2—加压泵；3—空气；4—压力溶气罐(含填料)；5—减压阀；6—气浮池；7—放气阀；8—刮渣机；9—集水系统[(a)、(b)]，集水管及回流清水管[(c)]；10—化学药剂

三、压力溶气气浮法系统的组成及设计

1. 压力溶气气浮法系统的组成与主要工艺参数

压力溶气气浮法系统主要由三个部分组成：压力溶气系统、空气释放系统和气浮分离设备(气浮池)。

(1)压力溶气系统。压力溶气系统包括加压水泵、压力溶气罐、空气供给设备(空压机或射流器)及其他附属设备。

加压水泵的作用是提升污水，将水、气以一定压力送至压力溶气罐，其压力的选择应考虑溶气罐压力和管路系统的水力损失两部分。

压力溶气罐的作用是使水与空气充分接触，促进空气的溶解。溶气罐的形式有多种，其中以罐内填充填料的溶气罐效率最高。影响填料溶气罐溶气效率的主要因素为：填料特性、填料层高度、罐内液位高、布水方式和温度等。

填料溶气罐的主要工艺参数为：过流密度 2 500～5 000 $m^3/(m^2 \cdot d)$；填料层高度 0.8～1.3 m；液位的控制高 0.6～1.0 m(从罐底计)；溶气罐承压能力大于 0.6 MPa。

(2)空气释放系统。空气释放系统是由溶气释放装置和溶气水管路组成。溶气释放装置的功能是将压力溶气水减压，使溶气水中的气体以微气泡的形式释放出来，并能迅速、均匀地与水中的颗粒物质黏附。常用的溶气释放装置有减压阀、专用溶气释放器等。

(3)气浮分离设备，即气浮池。气浮池的功能是提供一定的容积和池表面积，使微气泡与水中悬浮颗粒充分混合、接触、黏附，并使带气絮体与水分离。

常用的气浮池有平流式和竖流式两种。

①平流式气浮池，如图 2-9-6(a)所示，是目前最常用的一种，其反应池与气浮池合建。废水进入反应池完全混合后，经挡板底部进入气浮接触室以延长絮体与气泡的接触时间，然后由接触室上部进入分离室进行固—液分离。池面浮渣由刮渣机刮入集渣槽，清水由底部集水槽排出。

平流式气浮池的优点是池身浅、造价低、构造简单、运行方便。缺点是分离部分的容积利用率不高等。气浮池的有效水深通常为 2.0～2.5 m，一般以单格宽度不超过 10 m，长度不超过 15 m 为宜。废水在反应池中的停留时间与混凝剂种类、投加量、反应形式等因素有关，一般为 5～15 min。为避免打碎絮体，废水经挡板底部进入气浮接触室时的流速应小于 0.1 m/s。废水在接触室中的上升流速一般为 10～20 mm/s，停留时间在 1～2 min。废水在气浮分离室的停留时间一般为 10～20 min，其表面负荷率为 6～8 $m^3/(m^2 \cdot h)$，最大不超10 $m^3/(m^2 \cdot h)$。

②竖流式气浮池，如图 2-9-6(b)所示，其基本工艺参数与平流式气浮池相同。竖流式气浮池的优点是接触室在池中央，水流向四周扩散，水力条件较好。缺点是与反应池较难衔接，容积利用率较低。有经验表明，当处理水量约为 150～200 m^3/h，废水中的可沉物质较多时，宜采用竖流式气浮池。

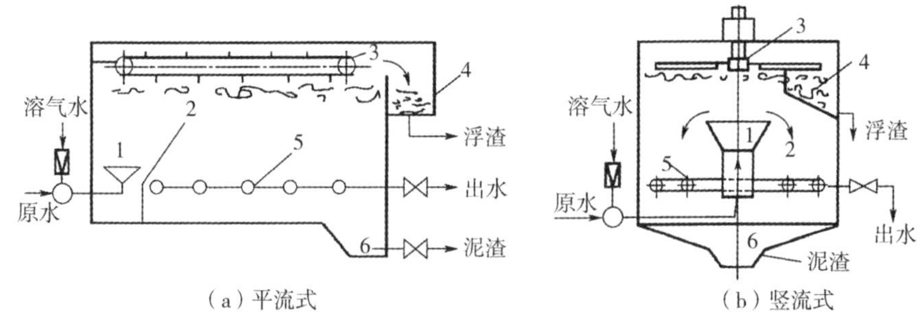

图 2-9-6 气浮池结构

1—接触室；2—分离室；3—刮渣机；4—浮渣槽；5—集水管；6—集泥斗

2. 压力溶气气浮法的设计计算

(1)气浮所需空气量。

①有试验资料时：

$$q v_g = Q R' a_c \Phi \tag{2-64}$$

式中：Q ——气浮池设计水量，m^3/h；

R' ——试验条件下的回流比，%；

a_c ——试验条件下的释气量，L/m^3；

Φ ——水温校正系数，取 1.1～1.3（主要考虑水的黏滞度影响，试验时水温与冬季水温相差大者取高值）。

②无试验资料时，可根据气固比（A/S）进行估算。

$$\frac{A}{S} = \frac{1.3\,C_a(f p_0 + 14.7f - 14.7)\,Q_R}{14.7Q\rho_{si}} \tag{2-65}$$

式中：A/S ——气固比，g（释放的气体）/g（悬浮固体），一般为 0.005～0.06；当悬浮固体浓度不高时取下限，如取 0.005～0.006；当悬浮固体浓度较高时取上限，如剩余污泥气浮浓缩时，气固比采用 0.03～0.04；

1.3 ——1 mL 空气的质量，mg；

C_a ——某一温度下的空气溶解度；

f ——压力为 p 时，水中的空气溶解系数，0.5～0.8（通常取 0.5）；

p_0 ——表压，kPa；

Q_R ——加压水回流量，m^3/h；

Q ——设计水量，m^3/h；

ρ_{si} ——入流废水的悬浮固体浓度，mg/L。

(2)溶气罐。

①溶气罐直径 D_d。选定过流密度 I 后，溶气罐直径按下式计算：

$$D_d = \sqrt{\frac{4 \times Q_R}{\pi I}} \tag{2-66}$$

一般对于空罐，I 选用 1 000～2 000 $m^3/(m^2 \cdot d)$；对填料罐，I 选用 2 500～5 000 $m^3/(m^2 \cdot d)$。

②溶气罐高 h，计算式为：

$$h = 2h_1 + h_2 + h_3 + h_4 \tag{2-67}$$

式中：h_1 ——罐顶、底封头高度（根据罐直径而定），m；

h_2 ——布水区高度，一般取 0.2～0.3 m；

h_3 ——储水区高度，一般取 1.0 m；

h_4 ——填料层高度，一般可取 1.0～1.3 m。

(3)气浮池。

①接触池的表面积 A_c。选定接触室中水流的上升流速 v_c 后，按下式计算：

$$A_c = (Q + Q_R) / v_c \tag{2-68}$$

接触室的容积一般应按停留时间大于 60 s 进行复核。

②分离室的表面积 A_s。选定分离速度(分离室的向下平均水流速度) v_s 后,按下式计算:

$$A_s = (Q + Q_R) / v_s \tag{2-69}$$

对矩形池子,分离室的长宽比一般取 1∶1～2∶1。

③气浮池的净容积。选定池的平均水深 H(指分离室深),气浮池的净容积 V 按下式计算:

$$V = (A_c + A_s)/H \tag{2-70}$$

以池内停留时间 t 进行校核,一般要求 t 为 10～20min。

④气浮池总高度 H。

$$H = 2h_1 + h_2 + h_3 \tag{2-71}$$

式中:h_1 ——保护高度,取 0.4～0.5 m;

h_2 ——有效水深,m;

h_3 ——池底安装集水管所需高度,取 0.5 m。

气浮池底应以 0.01～0.02 的坡度坡向排污口,或由两端坡向中央,排污管进口处应设集泥坑。浮渣槽应以 0.03～0.05 的坡度坡向排渣口。穿孔集水管常用 Φ200 的铸铁管,管中心线距池底 250～300 mm。相邻两管中心距为 1.2～1.5 m,沿池长方向排列。每根集水管应单独设出水阀,以便调节出水量和在刮渣时提高池内水位。

第三章　化学处理法

化学处理法主要利用化学反应的作用去除水中杂质，主要处理对象是污水中的溶解性物质或胶体物质。常见的化学处理法包括混凝法、中和法、化学沉淀法、氧化还原法和电解法。

第一节　混 凝 法

混凝就是向待处理污水中投加化学药剂以破坏胶体的稳定性，使污水中的胶体和细小悬浮物聚集成可分离性的絮凝体，再加以分离去除的过程。各种污水都是以水为分散介质的分散体系，根据分散粒度不同，污水可分为三类：真溶液（0.1～1 nm）、胶体溶液（1～100 nm）和悬浮液（>100 nm），对粒度在 100 μm～1 nm 的部分悬浮液和胶体溶液可采用混凝法处理。

一、混凝机理

化学混凝的目的就是破坏胶体的稳定性，使胶体微粒相互聚集，其中，胶体失去稳定性的过程叫凝聚，脱稳胶体相互聚集的过程称为絮凝，混凝是凝聚和絮凝的总称。混凝机理至今尚未完全清楚，但归结起来，可以认为包括以下四个方面的作用。

(一)压缩双电层作用

水中胶粒能维持稳定分散悬浮状态，主要是由于胶粒的 ζ 电位，如果能消除或降低胶粒的 ζ 电位，就有可能使胶粒相互接触聚结，失去稳定性。向水中投加无机盐混凝剂可达此目的。例如，天然水中带负电荷的黏土胶粒，当投入铁盐或铝盐等混凝剂后，混凝剂提供的大量正离子会涌入胶体扩散层甚至吸附层，使扩散层变薄，ζ 电位降低；当大量正离子涌入吸附层以致扩散层完全消失时，ζ 电位降为零，此时称为等电状态。在等电状态下，胶粒间静电斥力消失，胶粒最易发生聚结。实际上，ζ 电位只要降至某一程度使胶粒间排斥的能量小于胶粒布朗运动的动能时，胶粒就开始发生明显聚结，这时的 ζ 电位称为临界电位。

压缩双电层作用是阐明胶体凝聚的一个重要理论，特别适用于无机盐混凝剂所提供的简单离子情况。但是,仅用压缩双电层作用来解释水中的混凝现象,会产生一些矛盾。例如,铝盐或铁盐混凝剂投量过多时效果反而下降,水中胶粒会重新获得稳定;又如,与胶粒带相同电性的高分子聚合物也有良好的混凝效果。于是,又提出了以下几种作用机理。

(二)吸附电中和作用

吸附电中和作用指由于胶粒表面对异号离子、异号胶粒及链状离子或分子带异号电荷的部位有强烈的吸附作用,从而中和了胶粒所带的部分电荷,静电斥力减小,ζ电位降低,使胶体的脱稳和凝聚易于发生。例如,当投加三价铝盐或铁盐时,它们能在一定条件下离解和水解生成多种络合离子,如$[Al(H_2O)_6]^{3+}$、$[Al(OH)(H_2O)_5]^{2+}$、$[Al_2(OH)_2)(H_2O)_8]^{4+}$、$[Al_3(OH)_5(H_2O)_9]^{4+}$等,这些络合离子不但能压缩双电层,而且能进入胶核表面,中和电位离子所带电荷,使Ψ电位降低,ζ电位也随之减小,从而达到胶粒脱稳和凝聚的目的。吸附电中和作用的一个显著特点是,若药剂投加过量,则由于胶粒吸附了过多反离子,使ζ电位反号,排斥力变大,出现胶粒再稳现象。

(三)吸附架桥作用

吸附架桥作用主要是指投加的水溶性链状高分子聚合物在静电引力、范德瓦尔斯引力和氢键力等作用下,其活性部位与胶体或细微悬浮物发生吸附,将微粒搭桥联结为一个个絮凝体(俗称矾花)的过程,其模式如图 3-1-1 所示。如在溶液中投加三价铝盐或铁盐及其他高分子混凝剂后,经水解、缩聚反应形成的线型高分子聚合物,可被胶粒强烈吸附,因它们的线型长度较大,当一端吸附一胶粒后,另一端又吸附另一胶粒,在相距较远的两胶粒间起到架桥作用,使颗粒逐渐变大,形成粗大絮凝体。

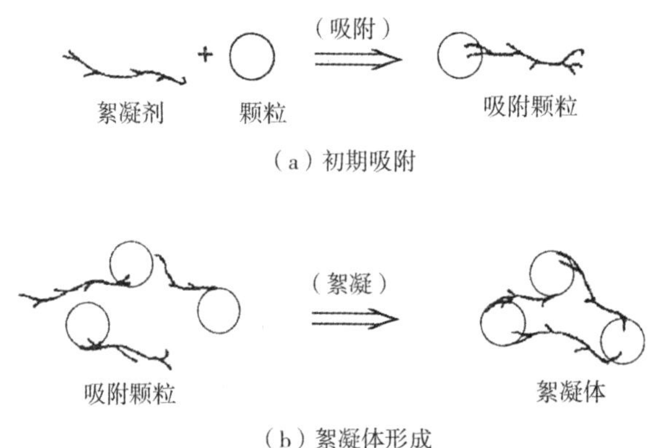

图 3-1-1　高分子絮凝剂对微粒的吸附桥联模式

根据此作用机理，可以解释当水体浊度很低时为什么有些混凝剂使用效果不好。因为浊度低，水中胶体少，当高分子聚合物一端吸附一个胶粒后，另一端因粘连不到第二个胶粒，不能起到架桥作用，从而达不到混凝效果。

显然，在吸附架桥形成絮凝体的过程中，胶粒和细微悬浮物并不一定要脱稳，也无须直接接触，ζ电位的大小也不起决定作用，但高分子絮凝剂的投加量及搅拌的时间和强度都必须严格控制。若投加量过大，胶粒被过多的聚合物所包围，会使胶粒出现再稳现象；若搅拌强度过大或时间过长，会使架桥聚合物断裂或吸附的胶粒脱开，絮凝体破碎，形成二次吸附再稳颗粒。

（四）沉淀网捕作用

采用铁、铝等高价金属盐作混凝剂时，可水解形成难溶性氢氧化物，如 $Al(OH)_3$、$Fe(OH)_3$等，水中的胶粒和细微悬浮物可被这些沉淀物在形成时作为晶核或吸附质予以捕获共同沉降下来，此过程并不一定使胶粒脱稳，却能将胶粒卷带网罗除去。由于水中的胶体多带负电荷，若沉淀物带正电荷，更能加快网捕速度。此过程是一种机械作用，所需混凝剂与水中杂质含量成反比，即当水中胶体含量少时，所需混凝剂量多。

在实际水处理过程中，以上四种作用机理往往同时或交叉发挥作用，只是依条件不同，其中某一种机理起主导作用。对高分子混凝剂特别是有机高分子混凝剂来说，吸附架桥作用可能起主导作用；而对简单铝、铁等无机盐混凝剂来说，压缩双电层、吸附电中和以及沉淀网捕作用起主导作用。

二、影响混凝效果的因素

（一）原水水质

原水水质主要包括水温、pH 和水中的杂质等。

1. 水温

水温对混凝效果有明显影响。无机盐类混凝剂水解是吸热反应，水温低时，水解困难，特别是硫酸铝，当水温低于 5℃时，水解速率非常缓慢。水温降低，水的黏度升高，布朗运动减弱，不利于脱稳胶粒相互絮凝，影响絮凝体的结大，进而影响后续的沉淀处理效果。另外，水温低时，胶粒水化作用增强，妨碍颗粒凝聚。而当温度较高时，混凝剂又易于老化或分解，也影响混凝效果。

2. pH

原水 pH 对混凝的影响程度视混凝剂的品种而异。用硫酸铝去除浊度时，最佳 pH 范围为 6.5～7.5；用于脱色时，pH 为 4.5～5。用三价铁盐时，最佳 pH 范围为 6.0～8.4，比硫酸铝宽。若用硫酸亚铁，只有在 pH>8.5 和水中有足够溶解氧时，才能迅速形成 Fe^{3+}，这就使设备和操作较复杂，为此，常采用加氯氧化的方法。铝盐和铁盐水解过程中会不断产生 H^{+}，导致水体 pH 下降，影响混凝效果，所以当原水中碱度不足或混凝剂投量较大时，常投加石灰等进行调整。而高分子混凝剂尤其是有机高分子混凝剂，混凝效果受 pH 的影响较小。

3. 杂质

水中杂质的成分、性质和浓度都对混凝效果有明显影响。水中正二价及以上离子多，将有利于压缩双电层；各种无机金属盐离子的存在通常能起到提高混凝效果的作用，而磷酸根离子、硫酸根离子、氯离子等的存在通常不利于混凝。水中的杂质颗粒尺寸越细小越单一均匀，越不利于混凝，而大小不一的颗粒将有利于混凝。当水中的杂质浓度低时，颗粒间的碰撞概率下降，混凝效果较差，可以通过投加高分子助凝剂、黏土、泥渣等以提高混凝效果，或是投加混凝剂后对生成的絮凝体直接过滤去除。当水中的悬浮物含量较高时，为了减少混凝剂的用量，可投加适量高分子助凝剂。

(二)混凝剂

混凝剂的种类与投加量对混凝效果都会产生明显影响。混凝剂的选择主要取决于水中胶体与悬浮物的性质、浓度。若污染物主要以胶体状态存在，ζ 电位较高，则应先投加无机盐混凝剂使胶体脱稳，若生成的絮体较细小，还应投加高分子助凝剂。在很多情况下，将无机盐混凝剂与高聚物并用可明显提高混凝效果，扩大使用范围。但两种及以上混凝剂混合使用时，混凝剂的投加顺序有时也会影响混凝效果。对具体的废水，均存在最佳投药量问题，主要通过混凝试验来确定。

(三)水力条件

混凝过程中的水力条件对絮凝体的形成影响很大。整个混凝过程可分为两个阶段：混合(凝聚)阶段和反应(絮凝)阶段，水力条件的配合对这两个阶段非常重要。

混合阶段要求药剂迅速均匀地扩散到全部水中，以创造良好的水解和聚合条件，使胶体脱稳并借颗粒的布朗运动和紊流进行凝聚。在此阶段并不要求形成大的絮凝体，而是要求快速和剧烈搅拌，在几秒钟或一分钟内完成。对于高分子混凝剂，由于它们在水中的形态不像无机盐混凝剂那样受时间影响，混合作用主要是使药剂在水中均匀分散，混合反应可以在很短时间内完成，但不宜进行过度剧烈搅拌。

反应阶段依靠机械或水力搅拌促进颗粒间碰撞凝聚，逐渐形成大的具有良好沉淀性能的絮凝体。反应阶段的搅拌强度或水流速度应随着絮凝体的结大而逐渐降低，以免形成的絮凝体被打碎。如果在混凝处理后不经沉淀处理而直接进行接触过滤或是进行气浮处理，反应阶段可省略。

三、混凝剂与助凝剂

(一)混凝剂

混凝剂应符合如下要求:混凝效果良好,对人体健康无害,价廉易得,使用方便。混凝剂的种类较多,主要有以下两大类。

1. 无机盐类混凝剂

目前应用最广的是铝盐和铁盐。铝盐中主要有硫酸铝、明矾、聚合氯化铝、聚合硫酸铝等,比较常用的是 $Al_2(SO_4)_3 \cdot 18H_2O$,混凝效果较好,使用方便,适宜 pH 范围为5.5～8,但水温低时,硫酸铝水解困难,形成的絮凝体较松散,效果不及铁盐。聚合氯化铝是在人工控制条件下预先制成的最优形态聚合物,投入水中后可发挥优良混凝作用,对各种水质适应性较强,pH 适用范围较广,对低温水效果也较好,形成的絮凝体粒大而重,所需的投量为硫酸铝的 1/3～1/2。

铁盐主要有三氯化铁、硫酸亚铁、硫酸铁、聚合硫酸铁、聚合氯化铁等。三氯化铁是褐色结晶体,极易溶解,形成的絮凝体较紧密、易沉淀,pH 适宜范围也较铝盐宽,为 5～11,但三氯化铁腐蚀性强,易吸水潮解,不易保管,而且投量控制不好会导致出水色度升高。硫酸亚铁($FeSO_4 \cdot 7H_2O$)是半透明绿色结晶体,离解出的二价铁盐不具有三价铁盐的良好混凝作用,使用时需将二价铁氧化成三价铁。聚合铁盐与聚合铝盐的作用机理颇为相似,具有投加剂量小、絮体形成快、对不同水质适应强等优点,所以在水处理中应用越来越广泛。

2. 有机高分子混凝剂

有机高分子混凝剂有天然和人工合成两种。凡链节上含有的可离解基团水解后带正电的称为阳离子型,带负电的称为阴离子型,链节上不含可离解基团的称非离子型。我国当前使用较多的是人工合成的聚丙烯酰胺,为非离子型高聚物,聚合度可达 $2\times10^4 \sim 9\times10^4$,相应的相对分子质量高达 $150\times10^4 \sim 600\times10^4$,但它可通过水解构成阴离子型,也可通过引入基团制成阳离子型。

由于有机高分子混凝剂对水中胶体微粒有极强的吸附作用,所以混凝效果好。并且,即使是阴离子型高聚物,对负电胶体也有强的吸附作用,但对于未脱稳的胶体,由于静电斥力作用,有碍于吸附架桥作用,所以通常作助凝剂使用;阳离子型高聚物的吸附作用尤其强烈,且在吸附的同时,对负电胶体有电中和脱稳作用。

有机高分子混疑剂虽然效果优异,但制造过程复杂,价格较高。另外,聚丙烯酰胺单体——丙烯酰胺有一定的毒性,也在一定程度上限制了它的广泛使用。

(二)助凝剂

在实际水处理中,有时使用单一混凝剂不能取得良好效果,可投加某些辅助药剂以提高混凝效果,这些辅助药剂称为助凝剂。助凝剂可参加混凝,也可不参加混凝。广义上的助凝剂分为三类:①酸碱类,主要用以调节水的 pH;②加大絮凝体粒度和结实性类,利用高分子助凝剂的强烈吸附架桥作用,使细小松散的絮凝体变得粗大而紧密,常用的有聚丙烯酰胺、活化硅酸、骨胶、海藻酸钠、黏土等;③氧化剂类,如投加 Cl_2、O_3 等以分解过多有机物,避免其对混凝剂的干扰,当采用硫酸亚铁作混凝剂时将亚铁离子氧化成三价铁离子。

四、混凝设备

混凝设备主要包括混凝剂的配制与投加设备、混合设备、反应设备和澄清池。

(一)混凝剂的配制与投加设备

混凝剂的投加方式分干投法和湿投法。干投法是把固体药剂破碎至一定粒度后直接定量投放到待处理水中,其优点是占地少,缺点是对药剂的粒度要求较高,投加量难以控制,对机械设备要求较高,同时劳动条件差,该方法现已很少使用。湿投法是将混凝剂先溶解,配制成一定浓度的溶液后定量投加,其所用的设备有溶液配制设备和投加设备。

1. 配制设备

混凝剂一般在溶解池中进行溶解,溶解池配有搅拌装置,目的是加速药剂溶解。搅拌方式有机械搅拌、压缩气体搅拌和水泵搅拌等。对于无机盐类混凝剂,溶解池搅拌装置和管配件等应考虑防腐蚀措施。

药剂溶解完成后,再将浓药液送到溶液池,用清水稀释到一定浓度后备用。溶液池的体积可按式(3-1)计算:

$$V_1 = \frac{AQ}{417wn} \tag{3-1}$$

式中:Q ——处理水量,m^3/h;

A ——混凝剂的最大用量,mg/L;

w ——溶液质量分数,%;

n ——每天配制次数,一般为 2~6 次。

溶解池体积 V_2 可按式(3-2)计算:

$$V_2 = (0.2 \sim 0.3)V_1 \tag{3-2}$$

2. 投加设备

混凝剂溶液的投加要求计量准确、调节灵活、设备简单,包括计量设备、药液提升设备、投药箱、水封箱以及注入设备等。

计量设备目前较为常用的有孔口计量设备(图 3-1-2)、转子流量计、电磁流量计、计量泵

等。在孔口计量设备中，配制好的混凝剂溶液通过浮球阀进入恒位水箱，箱中液位靠浮球阀保持恒定，在恒定液位下 h 处有出液管，管端装有苗嘴或孔板。因作用水头 h 恒定，一定口径的苗嘴或一定开启度的孔板的出流量是恒定的。当需要调节投加量时，可以更换苗嘴或改变孔板的出口断面。

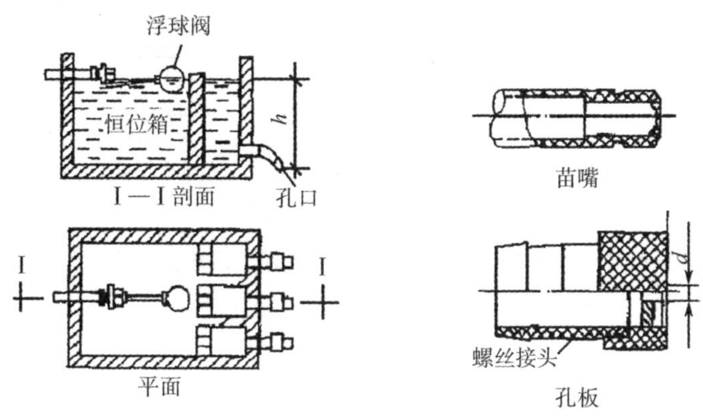

图 3-1-2　孔口计量设备、苗嘴和孔板

药液的投加方式通常有泵前重力投加（图 3-1-3）、水射器投加（图 3-1-4）、高位溶液池重力投加、虹吸式投加、泵投加等。高位溶液池投加通常适合取水泵房距水厂较远的情况，而泵前重力投加比较适合取水泵房离水厂较近的情况。采用水封箱防止管路进气，以防泵“气蚀”，溶液池高架进行投加。虹吸式定量投加设备是利用空气管末端与虹吸式管出口之间的水位差不变而设计的投加设备，因而投加量恒定。水射器主要用于向压力管内投加混凝剂溶液，使用方便。

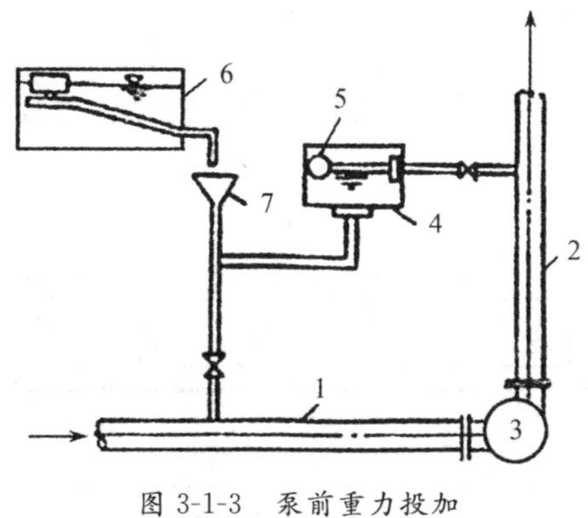

图 3-1-3　泵前重力投加

1—吸水管；2—出水管；3—水泵；4—水封箱；5—浮球阀；6—溶液池；7—漏斗管

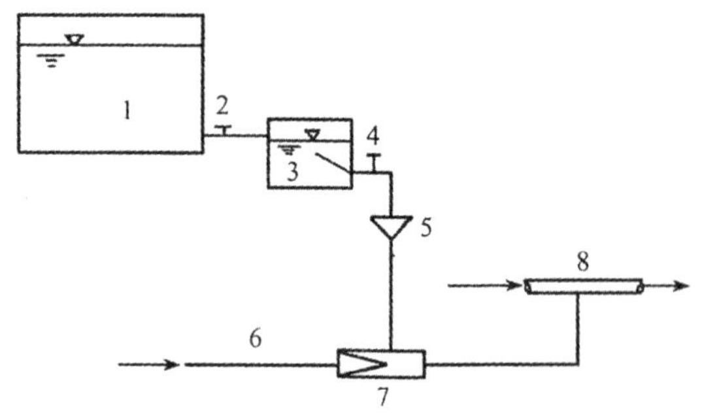

图 3-1-4　水射器投加

1—溶液池;2—阀门;3—投药箱;4—阀门;5—漏斗;6—高压水管;7—水射器;8—原水

(二)混合设备

混合设备的任务是使药剂迅速均匀扩散到水中,使混凝剂的水解产物与胶体、细微悬浮物接触产生凝聚作用,形成细小矾花。根据动力来源有水力搅拌和机械搅拌两类混合设备,前者有管道式、穿孔板式、隔板混合槽(池)等,后者有机械搅拌、水泵混合槽等。在隔板混合池(图 3-1-5)中,当水流通过隔板孔道时产生急剧的收缩和扩散,形成涡流,从而达到混合目的。机械搅拌混合槽通过桨板的快速搅拌完成混合,其结构如图 3-1-6 所示。

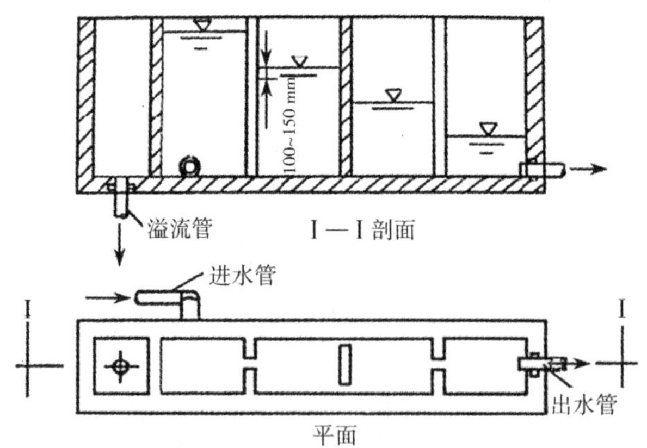

图 3-1-5　隔板混合池

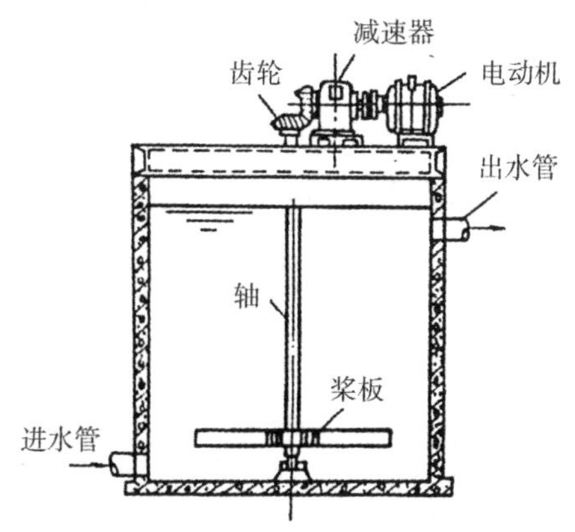

图 3-1-6　机械搅拌混合槽结构

(三)反应设备

混合反应完成后,水中已产生细小絮体,但还没有达到自然沉降的粒度,反应设备的任务就是使小絮体逐渐絮凝成大絮体而便于沉降。为了让凝絮物长大到 0.6～1.0 mm 的粒度,要求颗粒间不断接触长大,反应设备应有一定的停留时间和适当的搅拌强度,以让小絮体能相互碰撞,并防止生成的大絮体沉淀。但搅拌速度太快会使生成的絮体破碎,因此在反应设备中,沿水流方向搅拌强度应越来越小。反应设备也有水力搅拌和机械搅拌两大类。

水力搅拌型反应池包括隔板反应池、旋流反应池、涡流反应池等,其中隔板反应池应用较多,可分为回转式隔板反应池和往复式隔板反应池两种,其结构如图 3-1-7 所示。隔板反应池是利用水流断面上流速分布不均匀所造成的速度梯度,促进颗粒相互碰撞进行絮凝,为避免结成的絮凝体被打碎,隔板中的流速应逐渐减小。隔板反应池构造简单,管理方便,效果较好;但反应时间较长,容积较大,主要适用于处理水量较大的处理厂。

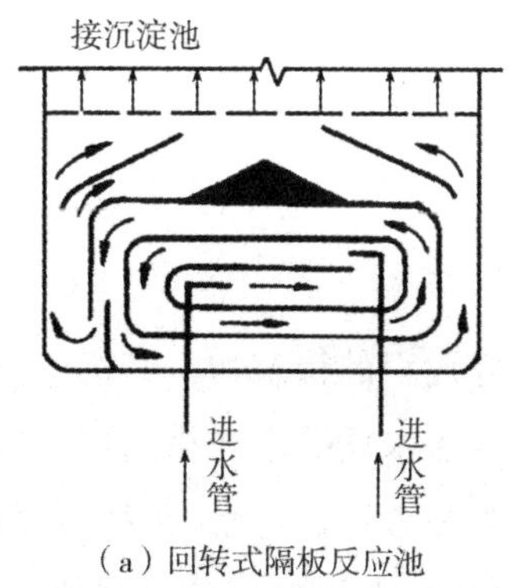

(a) 回转式隔板反应池

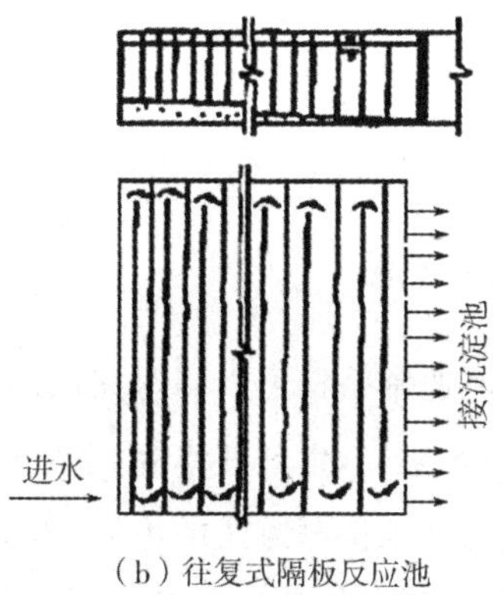

(b) 往复式隔板反应池

图 3-1-7　隔板反应池

机械搅拌反应池结构如图 3-1-8 所示，桨板式机械搅拌反应池的主要设计参数为：每台搅拌设备上的桨板总面积为水流截面积的 10%～20%，不超过 25%；桨板长度不大于叶轮直径的 75%，宽度为 10～30 cm；第一格叶轮半径中心点旋转线速度为 0.5～0.6 m/s，以后逐格减少，最后一格为 0.1～0.2 m/s，不得大于 0.3 m/s；反应时间为15～20 min。

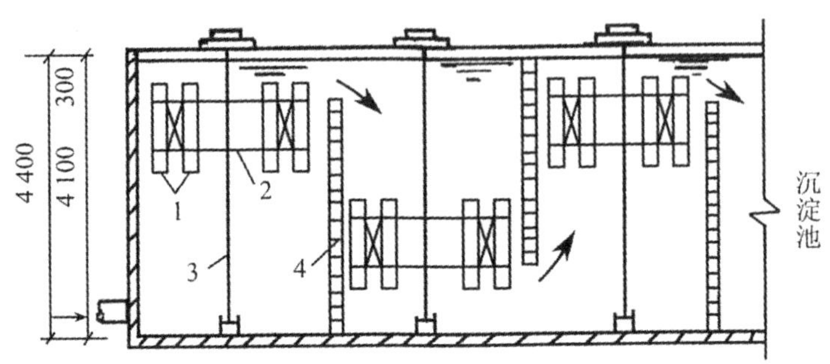

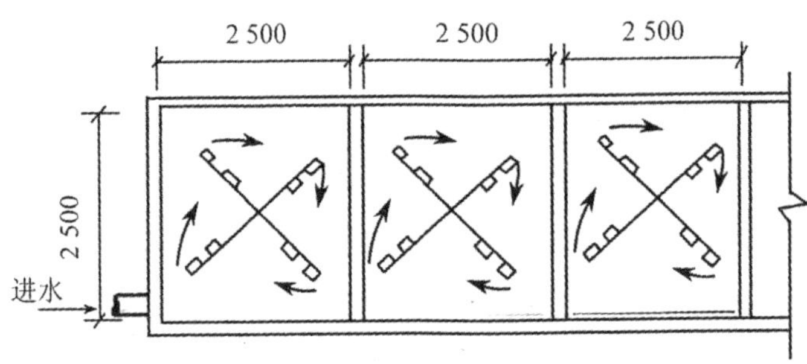

图 3-1-8　机械搅拌反应池

1—桨板；2—叶轮；3—旋转轴；4—隔墙

(四)澄清池

澄清池通常是指可以同时完成混合、反应、沉降分离等过程的构筑物。其优点是占地面积小，处理效果好，生产效率高，节省药剂用量；缺点是对进水水质要求严格，设备结构复杂。根据泥渣与污水接触方式的不同，澄清池可分为两类：一类是悬浮泥渣型，包括悬浮澄清池、脉冲澄清池；另一类是泥渣循环型，包括机械搅拌澄清池和水力加速循环澄清池。图 3-1-9 是机械搅拌澄清池的结构示意图。

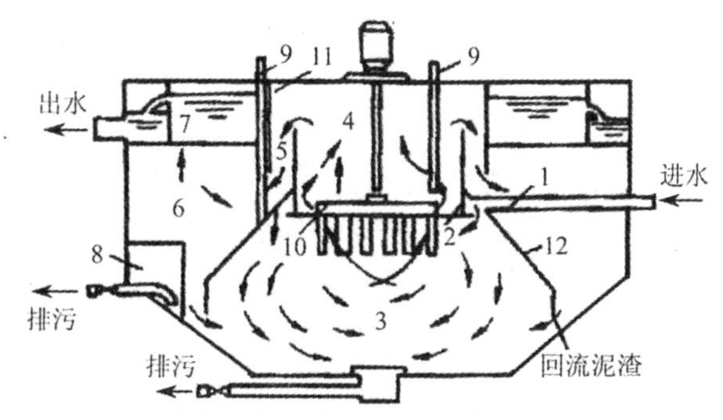

图 3-1-9　机械搅拌澄清池

1—进水管；2—三角配水槽；3—一次混合反应区；4—二次混合反应区；5—导流区；6—分离区；7—集水槽；8—泥渣浓缩室；9—投药管；10—搅拌桨；11—孔口；12—伞形罩

第二节　中和法

中和法就是利用碱性药剂或酸性药剂将污水从酸性或碱性调整到中性附近的一类处理方法。在工业废水处理中，中和处理既可作为主要的处理单元，又可作为预处理方法，与其他后续处理工艺联用。污水排入受纳水体前，若其 pH 指标超过排放标准，这时应采用中和处理，以减少对水生生物的影响；工业废水排入城市下水道系统前，进行中和处理，以免对管道系统造成腐蚀；化学处理或生物处理之前，需将处理系统的 pH 维持在 6.5～8.5 范围内，以确保最佳生物活性。

含酸与含碱污水是两种重要的工业废液，其来源非常广泛。酸含量大于 5％的高浓度含酸废水称为废酸液，碱含量大于 3％的高浓度含碱废水称为废碱液。对于这两类废液，可因地制宜地采用特殊方法回收其中的酸和碱，或者进行综合利用，例如，用蒸发浓缩法回收苛性钠，用扩散渗析法回收钢铁酸洗废液中的硫酸，利用钢铁酸洗废液作为制造硫酸亚铁、聚合硫酸铁的原料等。然而，对于酸含量小于 5％～10％或碱含量小于 3％～5％的低浓度酸性废水或碱性废水，由于其中酸、碱含量低，回收价值不大，但却不能直接排放，因此常采用中和处理法进行处理。

中和处理法因污水的酸碱性不同而不同。酸性废水中常见的酸性物质有硫酸、硝酸、盐酸、氢氟酸、磷酸等无机酸和醋酸、甲酸、柠檬酸等有机酸。针对酸性废水，主要有酸性废水与碱性废水相互中和、药剂中和及过滤中和三种方法；而对于碱性废水，主要有碱性废水与酸性废水相互中和、药剂中和与利用酸性废气中和三种方法。

一、酸性废水中和处理方法及设备

（一）碱性废水中和法及设备

酸性、碱性废水相互中和是一种既简单又经济的以废治废的处理方法，该法既能处理酸性废水，又能处理碱性废水。如可以将电镀厂的酸性废水和印染厂的碱性废水相互混合，达到中和目的。

常用的中和设备有连续流中和池、间歇式中和池、集水井及混合槽等。当水质和水量较稳定或后续处理对 pH 要求较宽时，可直接在集水井、管道或混合槽中进行连续中和反应，不需设中和池；当水质水量变化不大或者后续处理对 pH 的要求较高时，可设连续流中和池；而当水质变化较大且水量较小时，连续流中和无法保证出水 pH 要求，或者出水中含有其他杂质，如重金属离子时，多采用间歇式中和池，即在间歇池内同时完成混合、反应、沉淀、排泥等操作。

（二）药剂中和法及设备

药剂中和法能处理任何浓度、任何性质的酸性废水，对水质和水量波动适应性强，中和药剂利用率高，中和过程易调节，但也存在劳动条件差、药剂配制及投加设备较多、基建投资大、泥渣多且脱水难等缺点。选择碱性药剂时，不仅要考虑它本身的溶解性、反应速度、成本、二次污染、使用方便等因素，还要考虑中和产物的性状、数量及处理费用等因素。常用药剂有石灰（CaO）、石灰石（$CaCO_3$）、碳酸钠、电石渣等，因石灰来源广泛、价格便宜，所以最为常用。当投加石灰进行中和处理时，产生的 $Ca(OH)_2$ 还有凝聚作用，因此对杂质多、浓度高的酸性废水尤其适宜。

药剂中和流程通常包括污水的预处理、药剂的制备与投配、混合与反应、中和产物的分离、泥渣的处理与利用等环节。污水的预处理包括悬浮杂质的澄清、水质及水量的均和调节，前者可以减少投药量，后者可以创造稳定的处理条件。中和剂的投加量可按实验绘制的中和曲线确定，也可根据水质分析资料，按中和反应的化学计量关系确定。

当采用石灰作为中和剂时，其投加方式可分为干投法和湿投法。干投法可采用具有电磁振荡装置的石灰振荡设备投加，以保证投加均匀。此法设备构造简单，但反应较慢，而且不充分，投药量大（需为理论量的 1.4～1.5 倍）。当石灰成块状时，可采用湿投法，石灰湿投系统结构如图 3-2-1 所示，将石灰在消解槽①内先加水消解，可采用人工方法或机械方法消解。机械方法有立式和卧式两种，立式消解适用于用量在 4～8 t/d，卧式消解适用于在 8 t/d 以上。石灰经消解成为 40%～50%浓度的乳液后，投入乳液槽②中，经加水搅拌配成含量 5%～15%的石灰水，然后用耐碱水泵③送到投配槽④中，经投加器投入渠道，与酸性废水共

同流入中和池⑤，反应后进行澄清，使水与沉淀物进行分离。消解槽和乳液槽中可用机械搅拌或水泵循环搅拌，以防产生沉淀。投配系统采用溢流循环方式，即输送到投配槽的乳液量大于投加量，剩余量沿溢流管流回乳液槽，这样可维持投配槽内液面稳定，易于控制投加量。

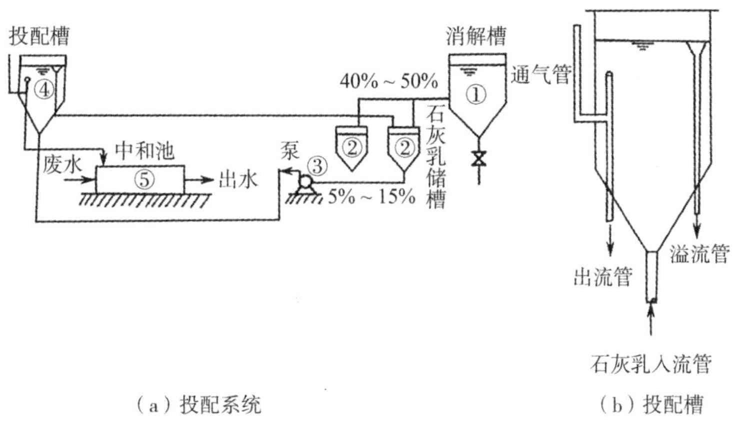

（a）投配系统　　（b）投配槽

图 3-2-1　石灰乳投配装置

药剂中和法有以下两种运行方式：当污水量少或间断排出时，采用间歇处理，设置2～3个池子进行交替工作；当污水量大时，采用连续流式处理，并采取多级串联的方式，以获得稳定可靠的中和效果。

（三）过滤中和法及设备

过滤中和是将碱性滤料填充成一定形式的滤床，酸性废水流过此滤床即被中和。过滤中和法与药剂中和法相比，具有操作方便、运行费用低及劳动条件好等优点，并且产生的沉渣少，只有污水体积的0.1%，主要缺点是进水酸浓度受到限制，还必须对污水中的悬浮物、油脂等进行预处理，以防滤料堵塞。常用的滤料有石灰石、大理石和白云石三种，其中前两种的主要成分是$CaCO_3$，第三种的主要成分是$CaCO_3$和$MgCO_3$。

滤料的选择与水中含何种酸及酸浓度密切相关，因滤料的中和反应发生在滤料表面，如果生成的中和产物溶解度很小，就会沉淀在滤料表面形成外壳，影响中和反应进一步进行。各种酸中和后形成的盐具有不同的溶解度，其顺序为：$Ca(NO_3)_2$、$CaCl_2 > MgSO_4 > CaSO_4 > CaCO_3$、$MgCO_3$，因此，中和处理硝酸、盐酸时，滤料选用石灰石、大理石或白云石都可；中和处理碳酸时，含钙或镁的中和剂都不适用，不宜采用过滤中和法，中和含硫酸废水时，最好选用含镁的中和滤料（白云石），若采用石灰石，硫酸浓度应取1～1.2 g/L，否则就会生成硫酸钙外壳，使中和反应终止。

根据滤床形式的不同，中和滤池可分为普通中和滤池、升流式膨胀中和滤池和滚筒中和滤池三种类型。

普通中和滤池为固定床式，按水流方向可分为平流式和竖流式两种，其中竖流式较常用，又可分为升流式和降流式两种，如图 3-2-2 所示。

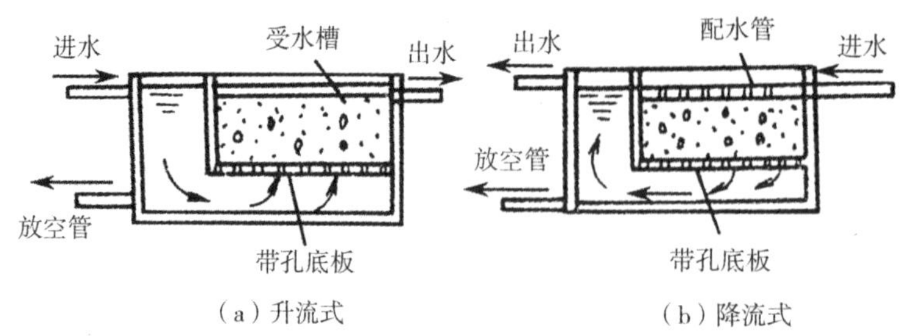

图 3-2-2　普通竖流式中和滤池

升流式膨胀中和滤池结构如图 3-2-3 所示，污水自下向上运动，由于流速高，滤料呈悬浮状态，滤层膨胀，滤料间不断发生碰撞摩擦，使沉淀难以在滤料表面形成，因而进水含酸浓度可以适当提高，生成的 CO_2 气体也容易排出，不会使滤床堵塞。此外，由于滤料粒径小，比表面大，相应接触面积也大，可使中和效果得到改善。滤料层厚度在运行初期为 1～1.2 m，最终换料时为 2 m，滤料膨胀率保持 50%。池底设有 0.15～0.2 m 的卵石垫层，池顶保持0.5 m的清水区。采用升流式膨胀中和滤池处理含硫酸废水，硫酸允许浓度可提高到 2.2～2.3 g/L。升流式膨胀中和滤池要求布水均匀，因此池子直径不能太大，并常采用大阻力配水系统和比较均匀的集水系统。

为了使小粒径滤料在高滤速下不流失，可将升流式膨胀滤池设计成变速截面形式，上部放大，称为变速升流式膨胀中和滤池。这种结构既保持了较高的流速，使滤层全部膨胀，维持处理能力不变，又保留了小滤料在滤床中，使滤料粒径适用范围增大。

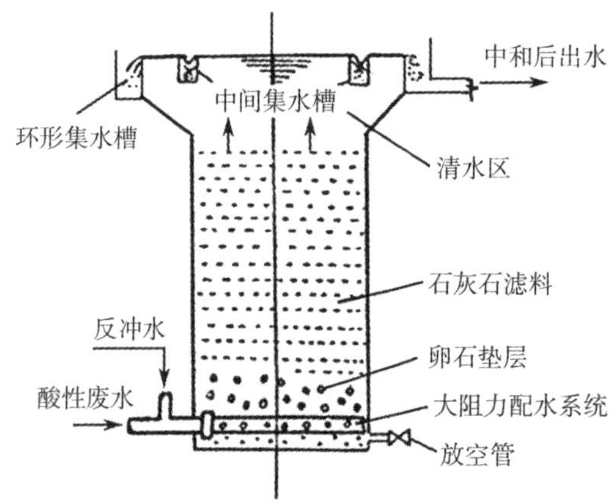

图 3-2-3　升流式膨胀中和滤池

滚筒式中和滤池结构如图 3-2-4 所示。滚筒用钢板制成，内衬防腐层。筒为卧式，直径 1 m 或更大，长度为直径的 6～7 倍。筒内壁设有挡板，装于滚筒中的滤料随滚筒一起转动，使滤料互相碰撞，及时剥离由中和产物形成的覆盖层，使沉淀物外壳难以形成，从而加快中和反应速度。污水由滚筒的一端进入，由另一端流出。为避免滤料流失，在滚筒出水处设有穿孔隔板。滚筒转速约 10 r/min，滤料的粒径较大(达十几毫米)，装料体积约占转筒体积的一半。这种装置的最大优点是进水酸浓度可以超过允许浓度数倍，其缺点是负荷率低(约为 36 $m^3/(m^2 \cdot h)$)、构造复杂、动力费用较高、运转时噪声较大，同时对设备材料的耐蚀性能要求高。

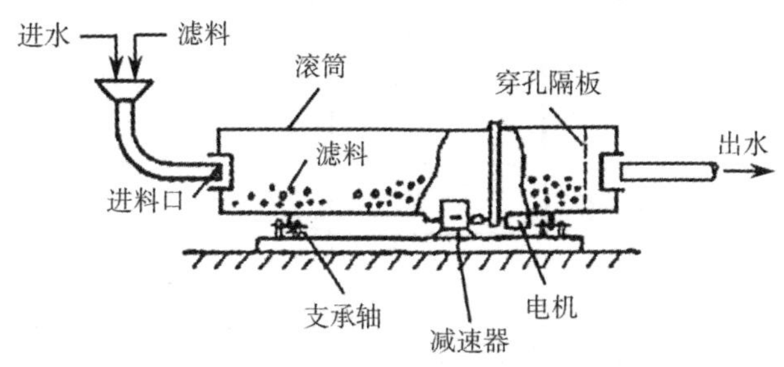

图 3-2-4　滚筒式中和滤池

二、碱性废水中和处理方法及设备

碱性废水中和处理方法包括酸性废水中和法、药剂中和法和酸性废气中和法等。酸性废水中和法与利用碱性废水中和酸性废水的原理及设备相同。药剂中和法常用的药剂是无机酸，如硫酸、盐酸及压缩二氧化碳等，硫酸的价格较低，应用最广；盐酸的优点是反应物溶解度高、沉渣量少，但价格较高。用无机酸中和碱性废水的工艺流程及设备与药剂中和酸性废水基本相同。

酸性废气中和法处理碱性废水时，烟道气中 CO_2 含量可高达 24%，有时还含有 SO_2 和 H_2S，故可用来中和碱性废水。烟道气中和碱性废水常采用逆流接触喷淋塔(图 3-2-5)，污水由塔顶布水器均匀喷出，或沿筒内壁流下，烟道气则由塔底鼓入，在逆流接触过程中，污水与烟道气都得到了净化。用烟道气中和碱性废水的优点是把污水处理与消烟除尘结合起来，缺点是处理后的污水中硫化物、色度和耗氧量均显著增加。

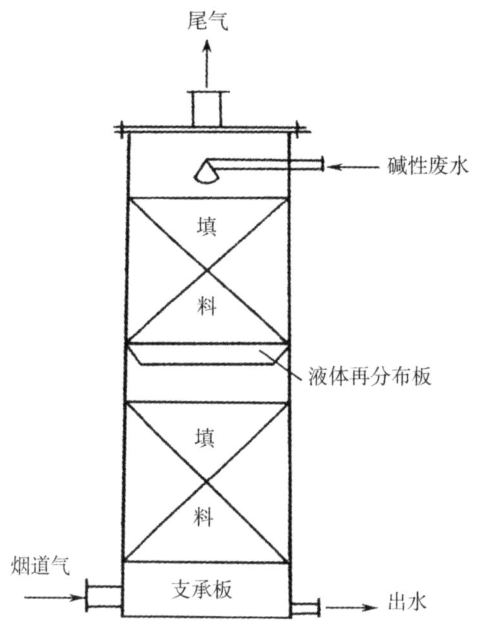

图 3-2-5　逆流接触喷淋塔

第三节　化学沉淀法

一、化学沉淀处理方法

化学沉淀法是指向污水中投加化学药剂(沉淀剂),使之与其中的溶解态物质发生化学反应,生成难溶固体物质,然后进行固液分离,从而达到去除污染物的一种处理方法。该法可以去除污水中的重金属离子(如汞、镉、铅、锌、镍、铬、铁、铜等)、钙、镁和某些非金属(如砷、氟、硫、硼等),某些有机污染物亦可采用化学沉淀法去除。

化学沉淀法的工艺流程通常包括投加化学沉淀剂、与水中污染物反应、生成难溶沉淀物而析出;通过凝聚、沉降、浮上、过滤、离心等方法进行固液分离;泥渣处理和回收利用。

在污水处理中,根据沉淀/溶解平衡移动的一般原理,可利用过量投药、防止络合、沉淀转化、分步沉淀等来提高处理效率,回收有用物质。可根据难溶电解质(以 M_mN_n 表示)的溶度积常数 K_{sp} 进行相关计算。根据沉淀剂的不同,常见的化学沉淀法有氢氧化物沉淀法、硫化物沉淀法、碳酸盐沉淀法、铁氧体沉淀法、钡盐沉淀法、卤化物沉淀法等。

(一)氢氧化物沉淀法

除了碱金属和部分碱土金属外,其他金属的氢氧化物大都是难溶物,因此,工业废水中

的许多金属离子可通过生成氢氧化物沉淀来去除。金属氢氧化物的溶解度与废水 pH 直接相关。以 $M(OH)_n$ 表示金属氢氧化物，则金属离子在水中的浓度与废水 pH 有以下关系：

$$\lg[M^{n+}]=npK_W-npH+\lg K_{sp} \tag{3-3}$$

式中：K_W ——水的解离平衡常数，25℃时为 10^{-14}；

p ——K_W 的负对数。

由式(3-3)可知：①金属离子浓度$[M^{n+}]$相同时，溶度积常数 K_{sp} 越小，则开始析出氢氧化物沉淀的 pH 越低；②同一金属离子，浓度越大，开始析出沉淀的 pH 越低。

氢氧化物沉淀法中所用沉淀剂为各种碱性药剂，主要有石灰、碳酸钠、苛性钠、石灰石、白云石等，石灰石最常用，其优点是去除污染物范围广（不仅可沉淀去除重金属，而且可沉淀去除砷、氟、磷等）、药剂来源广、价格低、操作简便、处理可靠且不产生二次污染；主要缺点是劳动卫生条件差、管道易结垢堵塞、泥渣体积庞大且脱水困难。

(二)硫化物沉淀法

大多数过渡金属的硫化物都难溶于水，向污水中投加硫化氢、硫化钠或硫化钾等沉淀剂，使其中的重金属离子反应生成难溶硫化物沉淀从而去除，称为硫化物沉淀法。由于重金属离子与硫离子能生成溶度积很小的硫化物，所以硫化物沉淀法能更彻底地去除污水中溶解性重金属离子。并且，由于各种金属硫化物的溶度积相差较大，可通过控制水体 pH，用硫化物沉淀法把水中不同的金属离子分步沉淀而加以回收。

同样，硫化物沉淀的生成与水体 pH 有关，以 MS 表示金属硫化物，金属离子浓度与水体 pH 及水中硫化氢浓度有以下关系：

$$[M^{2+}]=\frac{K_{sp}[H^+]^2}{1.1\times10^{-22}[H_2S]} \tag{3-4}$$

在 0.1 MPa、25℃条件下，硫化氢在水中的饱和浓度为 0.1 mol/L(pH≤6)，因此：

$$[M^{2+}]=\frac{K_{sp}[H^+]^2}{1.1\times10^{-23}} \tag{3-5}$$

采用硫化物沉淀法处理含重金属离子的污水，具有 pH 适用范围大、去除率高、可分步沉淀、便于回收利用等优点，但过量 S^{2-} 可使污水 COD 增加，且当 pH 降低时，会产生有毒 H_2S。此外，有些金属硫化物（如 HgS）的颗粒微细而难以分离，需要投加适量絮凝剂进行共沉。硫化物沉淀法处理含 Cu^{2+}、Cd^{2+}、Zn^{2+}、Pb^{2+}、AsO^{2-} 等污水已得到应用。

(三)其他化学沉淀法

1. 碳酸盐沉淀法

碱土金属（Ca、Mg 等）和一些重金属（Mn、Fe、Co、Ni、Cu、Zn、Ag、Cd、Pb、Hg 等）的碳酸

盐都难溶于水，所以可用碳酸盐沉淀法将这些金属离子从污水中去除。对于不同的处理对象，碳酸盐沉淀法有三种不同的应用方式。

①投加难溶碳酸盐（如碳酸钙），利用沉淀转化原理，使污水中重金属离子（如 Pb^{2+}、Cd^{2+}、Zn^{2+}、Ni^{2+}等）生成溶解度更小的碳酸盐而沉淀析出；

②投加可溶性碳酸盐（如碳酸钠），使水中金属离子生成难溶碳酸盐而沉淀析出，此法适用于去除水中重金属离子与非碳酸盐硬度；

③投加石灰，与造成水中碳酸盐硬度的 $Ca(HCO_3)_2$ 和 $Mg(HCO_3)_2$ 生成难溶的碳酸钙和氢氧化镁而沉淀析出。

2. 铁氧体沉淀法

铁氧体是指铁族元素和其他一种或多种金属元素的复合氧化物。铁氧体晶格类型中的尖晶石型铁氧体最为人们所熟悉，其化学组成一般可用通式 $BO \cdot A_2O_3$ 表示，其中 B 代表二价金属，如 Fe、Mg、Zn、Mn、Co、Ni、Ca、Cu、Hg、Bi、Sn 等，A 代表三价金属如 Fe、Al、Cr、Mn、V、Co、Bi 及 Ga、As 等。许多铁氧体中的 A 或 B 可能更复杂些，如分别由两种金属组成。磁铁矿（其主要成分为 Fe_3O_4 或 $FeO \cdot Fe_2O_3$）就是一种天然的尖晶石型铁氧体。

污水中各种金属离子形成不溶性铁氧体晶粒而沉淀析出的方法叫作铁氧体沉淀法，可分为中和法、氧化法、GT—铁氧体法以及常温铁氧体法等。铁氧体沉淀工艺通常包括投加亚铁盐、调整 pH、充氧加热、固液分离和沉渣处理五个环节。例如，氧化法处理含锰废水时，首先向水中投加亚铁盐，通过调整 pH，生成 $Fe(OH)_2$ 沉淀，再向水中鼓入空气，将 $Fe(OH)_2$ 氧化成铁氧体，再与锰离子反应，使锰离子均匀混杂到铁氧体晶格中，形成锰铁氧体，最后进行固液分离，废渣加以利用，出水经检测达标后排放。

3. 钡盐沉淀法

钡盐沉淀法主要用于处理含 Cr(VI) 废水，采用 $BaCO_3$、$BaCl_2$、BaS 等为沉淀剂，通过形成 $BaCrO_4$ 沉淀得以去除。pH 对钡盐沉淀法有很大影响，pH 越低，$BaCrO_4$ 溶解度越大，对铬去除越不利；而 pH 太高，CO_2 气体难以析出，也不利于除铬反应。采用 $BaCO_3$ 为沉淀剂时，用硫酸或乙酸调 pH 至 4.5～5，反应速度快，除铬效果好，药剂用量少；若用 $BaCl_2$ 则要将 pH 调至 6.5～7.5，因会生成 HCl 而使 pH 降低。为了促使沉淀，沉淀剂常过量投加，出水中含过量的钡可通过加入石膏生成硫酸钡去除。钡盐法形成的沉渣中主要含铬酸钡，可回收利用，通常是向沉渣中投加硝酸和硫酸，反应产物有硫酸钡和铬酸。

4. 卤化物沉淀法

卤化物沉淀法的用途之一是处理含银废水，用以回收银。处理时，一般先用电解法回收污水中的银，将银离子浓度降至 100～500 mg/L，然后用氯化物沉淀法将银离子浓度降至 1 mg/L左右。当污水中含有多种金属离子时，调 pH 至碱性，同时投加氯化物，则其他金属离子形成氢氧化物沉淀，只有银离子生成氯化银沉淀，二者共同沉淀，可使银离子浓度降

至0.1 mg/L。

卤化物沉淀法的另一个用途是处理含氟废水。当水中含有单纯的氟离子时，投加石灰，调 pH 至 10～12，生成 CaF_2 沉淀，可使氟浓度降至 10～20 mg/L。若水中还含有其他金属离子（如 Mg^{2+}、Fe^{3+}、Al^{3+} 等），加石灰后，除形成 CaF_2 沉淀外，还生成金属氢氧化物沉淀。由于后者的吸附共沉作用，可使氟浓度降至 8 mg/L 以下，如果加石灰至 pH 为 11～12，再加硫酸铝，生成氢氧化铝就可使氟浓度降至 5 mg/L 以下。

二、化学沉淀处理设备

化学沉淀处理系统主要包括投药系统、化学沉淀反应系统和沉淀分离系统三部分。投药系统按照投药方式的不同，采用的设备有干式加药机、液式加药机和气式加药机三种，其中干式加药机又分为重力式和容积式两类，液式加药机分为浆液式和溶液式两类。

图 3-3-1 为采用氢氧化物沉淀法处理焊管厂废水的工艺流程。混合废水先进入调节池缓冲水质，调节池内设鼓风搅拌装置，焊管厂混合废水中的亚铁在曝气条件下可以转化为三价铁；然后废水经提升泵输送至水力循环沉淀澄清池，废水中形成氢氧化铁、氢氧化锌沉淀；上清液排入 pH 缓冲池，最后经滤池过滤后可达标排放；污泥经污泥浓缩池浓缩、板框压滤机脱水后打包外运制砖。

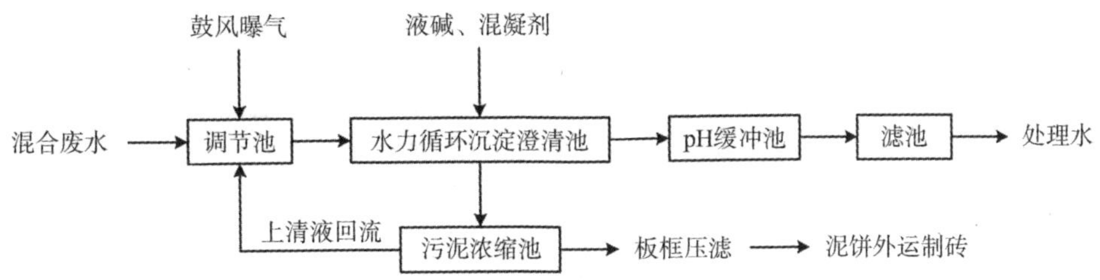

图 3-3-1　氢氧化物沉淀法处理焊管厂废水工艺流程

工艺流程中所采用的设备和构筑物见表 3-3-1。

表 3-3-1　氢氧化物沉淀法处理焊管厂废水的设备及构筑物

项目	结构尺寸	项目	型号
溶药、储药池	2 m×2 m×2 m	化工泵	IH125-100-200A
调节池	10 m×5 m×3 m	加药泵	QW32-12-15
水力循环沉淀澄清池	Φ=5 m，H=5 m	污泥泵	NL50-21
pH 缓冲池	2 m×2 m×3 m	浓浆泵	I-1B 螺杆泵
滤池	2 m×3 m×3 m	板框压滤机	BAJZ30/1000-60
污泥浓缩池	Φ=4.5m，H=5 m	鼓风机	TSC-80 罗茨鼓风机

图 3-3-2 是某厂用硫化物沉淀法处理含汞废水的工艺流程。废水在立式沉淀池中与加入的 Na_2S 在空气搅拌的作用下充分混合反应，然后静止沉淀 1～2 h，经砂滤柱过滤。为了进一步减少废水中硫化物含量，砂滤后废水再经铁屑滤柱过滤。经处理后的水含汞量低于 0.01 mg/L，可以直接排放。

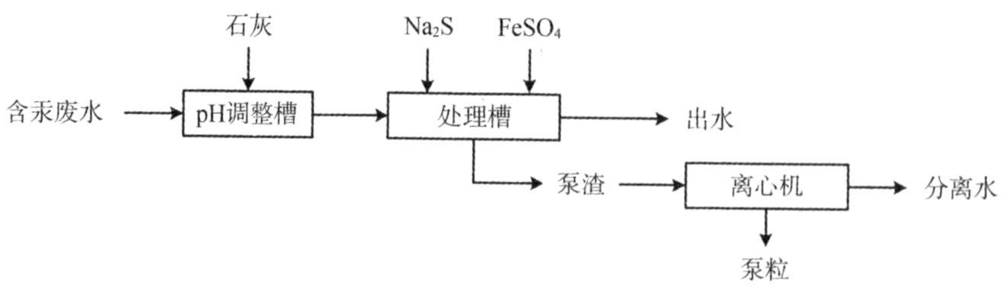

图 3-3-2 硫化物沉淀法处理含汞废水

图 3-3-3 为铁氧体沉淀法处理含铬电镀废水的工艺流程。含六价铬废水由调节池进入反应槽。根据含铬量投加一定量硫酸亚铁进行氧化还原反应，然后投加氢氧化钠调 pH 至 7～9，产生氢氧化物沉淀。通过蒸汽加热至 60℃～80℃，通空气曝气 20 min，当沉淀呈黑褐色时，停止通气。静置沉淀后上清液排放或回用，沉淀经离心分离洗去钠盐后烘干，以便利用。当进水 CrO_4^{2-} 含量为 190～2 800 mg/L 时，经处理后的出水含 Cr(Ⅵ)低于 0.1 mg/L。每克铬酐约可得到 6 g 铁氧体干渣。

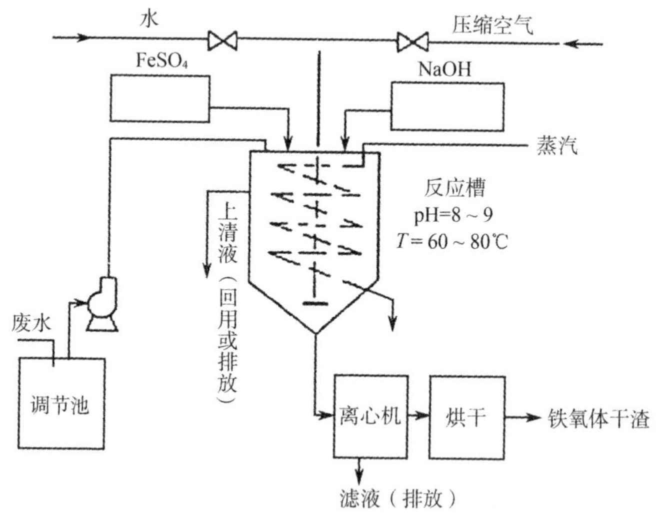

图 3-3-3 铁氧体沉淀法处理含铬废水

第四节　氧化还原法

一、氧化还原处理方法

化学氧化还原法又分为化学氧化法和化学还原法。化学氧化法是利用强氧化剂的氧化性，在一定条件下将水中的污染物氧化降解，从而达到消除污染的一种方法。水中的有机污染物（如色、嗅、味、COD）和还原性无机离子（如 CN^-、S^{2-}、Fe^{2+}、Mn^{2+} 等）都可通过氧化法消除其危害。与生物氧化法相比，化学氧化法需要的运行费用较高，所以仅限于饮用水处理、特种工业用水处理、有毒工业废水处理以及以回用为目的的污水深度处理。

化学还原法是指向污水中投加还原剂，使其中的有害物质转变为无毒或低毒物质的一种处理方法。采用化学还原法进行处理的污染物主要是 Cr(Ⅵ)、Hg(Ⅱ)等重金属。化学还原法中常用的还原剂有以下几类：①一些电极电位较低的金属，如铁屑、锌粉等；②一些带负电的离子，如 BH_4^-；③一些带正电的离子，如 Fe^{2+}。此外，还可利用废气中的 H_2S、SO_2 和污水中的氰化物等进行还原处理。

（一）化学氧化法

常见的化学氧化法有氯系氧化法、臭氧氧化法、过氧化氢氧化法、光化学氧化法、湿式氧化法、超临界水氧化法等。

1. 氯系氧化法

氯系氧化法中常用的氧化剂有氯气、液氯、二氧化氯、次氯酸钠、漂白粉[$Ca(ClO)_2$]、漂粉精[$3Ca(ClO)_2 \cdot 2Ca(OH)_2$]等。

（1）基本原理。除了二氧化氯，其他氯系氧化剂溶于水后，在常温下很快水解生成次氯酸（HClO），次氯酸解离生成次氯酸根（ClO^-），HClO 与 ClO^- 均具有强氧化性，可氧化水中的氰、硫、醇、醛、氨氮等，并能去除某些染料而起到脱色作用，同时也具有杀菌、防腐作用。

二氧化氯在水中不发生水解，也不聚合，而是与水反应生成多种强氧化剂，如氯酸（$HClO_3$）、亚氯酸（$HClO_2$）、Cl_2 等，ClO_3^- 和 ClO_2^- 在酸性条件下具有很强的氧化性，能氧化降解污水中的带色基团和其他有机污染物。二氧化氯本身为强氧化剂，能很好地氧化分解水中的酚类、氯酚、硫醇、叔胺、四氯化碳、蒽醌等难降解有机物，也能有效去除氰化物，硫化物，铁、锰等无机物，并能起到脱色、脱臭、杀菌、防腐等作用。

（2）氯系氧化法在水处理中的应用。氯系氧化法在水处理中的应用已有近百年历史，目前主要用于氰化物、硫化物、酚类的氧化去除及脱色、脱臭、杀菌、防腐等。

碱性氯化法处理含氰废水，氯氧化剂与氰化物的反应分两个阶段：第一阶段是将 CN^-

氧化成氰酸盐(CNO^-),反应在 pH 为 10～11 条件下进行,一般 5～10 min 即可完成;第二阶段增加氯氧化剂的投量,进一步将 CNO^- 氧化成 CO_3^{2-}、CO_2 和 N_2,pH 控制在8～8.5时氰酸盐氧化最完全,反应约 30 min。

碱性氯化法处理含氰废水工艺分间歇式和连续式两种。当水量较小、浓度变化较大,且处理效果要求较高时,常采用间歇法处理。一般设两个反应池,交替进行。污水注满一个池子后,先搅拌使氰化物分布均匀,随后调 pH 并投加氯氧化剂,再搅拌 30 min 左右后静置沉淀,取上清液测定氰含量,达标后即可排放,池底的污泥排至污泥干化场进行处理;当污水量较大时常采用连续运行方式。污水先进入调节池以均化水质与水量,然后进入第一反应池,投加氯氧化剂和碱,使 pH 维持在 10～11,水力停留时间为 10～15 min,以完成第一阶段反应。第一反应池出水进入第二反应池,继续投加氯氧化剂和碱,使 pH 维持在 8～9,水力停留 30 min 以上,完成第二阶段反应。第二反应池出水进入沉淀池,上清液经检测后排放,污泥进入干化场处理。如果采用石灰调节 pH,则必须设置沉淀池与污泥干化场,若采用 NaOH 调节 pH,可不设沉淀池与干化场,处理水直接从第二反应池排放。

2. 臭氧氧化法

(1)基本原理。臭氧是一种强氧化剂,其在水中的标准氧化还原电位为 2.07 V,氧化能力比氧气(1.23 V)、氯气(1.36 V)、二氧化氯(1.50 V)等常用氧化剂都强。在理想反应条件下,臭氧可将水中大多数单质和化合物氧化到它们的最高氧化态,对水中有机物有强烈的氧化降解作用,还能起到强烈的杀菌消毒作用。臭氧除了单独作为氧化剂使用外,还常与H_2O_2、紫外光(UV)及固体催化剂(金属及其氧化物、活性炭等)组合使用,可产生羟基自由基 HO·。与其他氧化剂相比,羟基自由基具有更高的氧化还原电位(2.80 V),因而具有更强的氧化性能。

(2)臭氧氧化技术在水处理中的应用。臭氧及其在水中分解产生的羟基自由基都有很强的氧化能力,可分解一般氧化剂难以处理的有机物,具有反应完全、速度快、剩余臭氧会迅速转化为氧、出水无嗅无味、不产生污泥、原料(空气)来源广等优点,因此臭氧氧化技术广泛用于印染废水、含酚废水、农药生产废水、造纸废水、表面活性剂废水、石油化工废水等的处理,在饮用水处理中也用于微污染源水的深度处理。例如,对印染废水,采用生化法脱色率较低(仅为 40%～50%),而采用臭氧氧化法,O_3 投量 40～60 mg/L,接触反应 10～30 min,脱色率可达 90%～99%;经脱硫、浮选和曝气处理后的炼油厂废水,含酚 0.1～0.3 mg/L、油 5～10 mg/L、硫化物 0.05 mg/L,色度 8°～12°,采用 O_3 进行深度处理,O_3 投量 50 mg/L,接触反应 10 min,处理后酚含量 0.01 mg/L 以下、油 0.3 mg/L 以下,硫化物 0.02 mg/L 以下,色度2°～4°。

3. 其他氧化法

(1)过氧化氢氧化法。

①基本原理。过氧化氢也称双氧水,标准氧化还原电位为1.77 V,具有较强的氧化能

力。H_2O_2在酸性溶液中氧化反应速率较慢，而在碱性溶液中反应速率很快，只有遇到更强氧化剂时，H_2O_2才起还原作用。

H_2O_2通常和 Fe^{2+} 组合形成芬顿(Fenton)试剂，在 Fe^{2+} 的催化作用下，H_2O_2分解产生具有很强氧化能力的羟基自由基 HO·。另外 Fe^{2+}/TiO_2、Cu^{2+}、Mn^{2+}、Ag^{+}、活性炭等也能催化 H_2O_2分解生成 HO·。

②过氧化氢氧化法在水处理中的应用。在水处理中，H_2O_2可以单独用来处理含硫化物、酚类和氰化物的工业废水，也可以 Fenton 试剂形式用于去除污水中的有机污染物。Fenton 试剂几乎可氧化所有的有机物，尤其适用于某些难处理或对生物有毒性的工业废水，具有反应迅速、温度和压力等反应条件缓和且无二次污染等特点。例如，某化工企业采用蒽醌法生产过氧化氢，其生产废水中含重芳烃、2-乙基蒽醌、磷酸三辛酯及它们的衍生物，COD 为 625～7 580 mg/L，平均为 3 380 mg/L。采用 Fenton 试剂处理该有机废水：污水经专用明沟汇集至集污井，用泵提升至调节池，再经油水分离器至氧化池；在氧化池内投加硫酸亚铁溶液(污水中本身含有 0.2%～0.5%的过氧化氢)，并鼓入空气，氧化池内污水采用间歇处理方式，水力停留时间为 24 h，氧化池出水再经滤池过滤，检测达标后排放；氧化池内污泥及滤池反冲洗水排至污泥浓缩池，经压滤成泥饼后外运。该处理工艺对 COD 的去除率可达 97%，出水水质达到排放要求。

利用 Fenton 试剂处理难降解有毒有机污染物目前存在的主要问题是处理成本较高，所以通常将 Fenton 试剂作为一种预处理方法与其他处理技术联用，以降低运行成本，同时也拓宽了 Fenton 试剂的应用范围。

(2)湿式氧化法。

①基本原理。湿式氧化法(Wet Air Oxidation，WAO)是指在较高温度(150～350℃)和较高压力(5～20 MPa)条件下，用空气中的氧气氧化降解水中有机物和还原性无机物的一种方法，最终产物是二氧化碳和水。因为氧化反应在液相中进行，所以称为湿式氧化。

一般认为，湿式氧化反应属于自由基反应，在高温高压下，氧与有机物反应产生一系列自由基，这些自由基攻击有机物的碳链，使有机物降解成小分子有机酸、二氧化碳和水。

②湿式氧化法在水处理中的应用。湿式氧化技术适用于浓度高、毒性大的工业有机废水(农药、燃料、煤气洗涤、造纸、合成纤维废水等)以及污泥处理，尤其适合对高浓度难降解有机废水进行预处理，可提高废水的可生化性。目前，湿式氧化技术已在国外实现工业化，主要用于活性炭再生、含氰废水、煤气废水、造纸黑液、城市污泥及垃圾渗滤液处理。近年来，在湿式氧化法基础上研发了一系列新技术，例如，使用高效、稳定催化剂的湿式氧化技术(Catalytic Wet Air Oxidation，CWAO)，加入强氧化剂(如过氧化氢、臭氧等)的湿式氧化技术(Wet Peroxide Oxidation，WPO)，以及利用超临界水良好特性来加速反应进程的超临界水湿式氧化技术(Supercritical Wet Oxidation，SCWO)等。

(3)光化学氧化法。

①基本原理。光化学氧化法是指有机污染物在光的作用下逐步被氧化成低分子中间产物,并最终降解为二氧化碳、水及其他离子、卤素等的一种方法。有机物的光降解可分为直接光降解和间接光降解,前者指有机物分子吸收光能后发生氧化反应,后者指周围环境中的某些物质吸收光能呈激发态,再诱导有机污染物发生氧化反应。间接光降解对环境中难生物降解的有机污染物更为重要。

根据催化剂的参与情况,光化学氧化可分为无催化剂和有催化剂参与两种光化学反应过程,前者多采用氧和过氧化氢作为氧化剂,在紫外光的照射下使污染物氧化分解;后者又称为光催化氧化,分为均相和非均相催化两种类型。均相光催化降解中常以 Fe^{2+} 或 Fe^{3+} 及 H_2O_2 为介质,通过光助 Fenton 反应产生 HO·使污染物得到降解;非均相光催化降解中常向污染体系中投加光敏半导体材料,并结合光辐射,以产生 HO·等氧化性极强的自由基达到降解污染物的目的。

②光化学氧化法在水处理中的应用。光化学氧化法分解有机污染物是当今世界公认的最前沿最有效的处理技术,有机物被降解为水、二氧化碳及无害的无机盐,可从根本上解决有机污染问题,目前已广泛应用于电镀、电路板、化工、油脂、印染和农业生产废水的处理,对洗涤剂、COD、BOD、含氮、含磷的有机污染物具有很好的降解作用,特别是光催化氧化体系几乎可使水中所有的有机物降解,包括芳香族、有机染料、除草剂、杀虫剂、脂肪羧酸、氯代脂肪烃、氧化剂、醇、表面活性剂等。光化学氧化法还对各种水体具有脱色除臭作用。

(4)超临界水氧化法。

①基本原理。将水的温度和压力升高到临界点(T_c=374.3℃,P_c=22.05 MPa)以上,水就会处于超临界状态,此时,水能溶解大多数有机物和空气(氧气),而对无机盐却微溶或不溶。利用超临界水作为介质来氧化分解有机物的方法称为超临界水氧化法(Super Critical Water Oxidation,SCWO),该法将有机污染物与水混合,升温、升压至超临界状态,有机物溶于水中,被空气(氧气)迅速氧化,有机物分子中的 C、H 元素转化为二氧化碳与水,而杂原子以无机盐、氧化物等形式析出,从而达到去毒无害的目的。

②超临界水氧化法在水处理中的应用。超临界水能与大多数有机污染物和氧或空气互溶,有机物在超临界水中被均相氧化,具有分解效率高、不产生二次污染、反应非常迅速、选择性高和高效节能等特点,反应产物可通过降压或降温方式有选择地从溶液中分离出来。因此,超临界水氧化法被广泛应用于各种有毒物质、污水废物的处理,包括多氯联苯、二噁英、氰化物、含硫废水、造纸废水、国防工业废水、城市污泥等。

(二)化学还原法

1. 药剂还原除铬(Ⅵ)

含铬废水主要来自电镀厂、制革厂、冶炼厂等,其中剧毒六价铬通常以铬酸根(CrO_4^{2-})

和重铬酸根($Cr_2O_7^{2-}$)两种形态存在,二者均可用还原法还原成低毒的三价铬,再通过加碱至 pH 为 7.5～9 生成氢氧化铬沉淀,从而从溶液中分离除去。应用较为广泛的还原剂是亚硫酸氢钠,具有设备简单、沉渣量少且易于回收利用等优点。硫酸亚铁也可作为还原剂,反应在 pH 为 2～3 的条件下进行,反应后向水中投加石灰乳进行中和沉淀,使反应生成的 Cr^{3+} 和 Fe^{3+} 生成 $Cr(OH)_3$ 和 $Fe(OH)_3$ 一起沉淀,此法也叫硫酸亚铁石灰法。

采用药剂还原法去除六价铬时,若厂区有二氧化硫和硫化氢废气,就可采用尾气还原法;如厂区同时有含铬废水和含氰废水时,就可互相进行氧化还原反应,以废治废,其反应式为:

$$Cr_2O_7^{2-}+14H^{+}+6CN^{-}\longrightarrow 2Cr^{3+}+3(CONH_2)_2+H_2O$$

2. 金属还原除汞(Ⅱ)

金属还原法主要用于除 Hg(Ⅱ),常用还原剂为比汞活泼的金属,如铁、锌、铝、铜等,水中若为有机汞,通常先用氧化剂(如氯)将其转化为无机汞后,再用此法去除。

金属还原法除汞时,将含汞废水通过金属屑滤床,或与金属粉混合反应,置换出汞。金属通常破碎成 2～4 mm 的碎屑,并用汽油或酸预先去掉表面油污或锈蚀层;反应温度一般控制在 20～80℃。当采用铁屑过滤时,pH 宜在 6～9,此时耗铁量最少;pH<6 时,铁因溶解而耗量增大;pH<5 时,有氢析出,吸附于铁屑表面,减小了金属的有效表面积,并且氢离子阻碍除汞反应。采用锌粒还原时,pH 宜在 9～11;用铜屑还原时,pH 在 1～10 均可。

二、氧化还原处理设备

(一)化学氧化处理设备

1. 氯系氧化处理设备

氯一般以液氯形态保存于高压氯瓶中,使用时以气态或液态的方式直接注入废水,进行氧化反应。次氯酸钠等氯系氧化剂的溶液可以通过计量泵投加到溶液中,而次氯酸钙等固体则一般以药片的方式投加,图 3-4-1 为两种常见的次氯酸钙药片氯化器的工作流程简图。

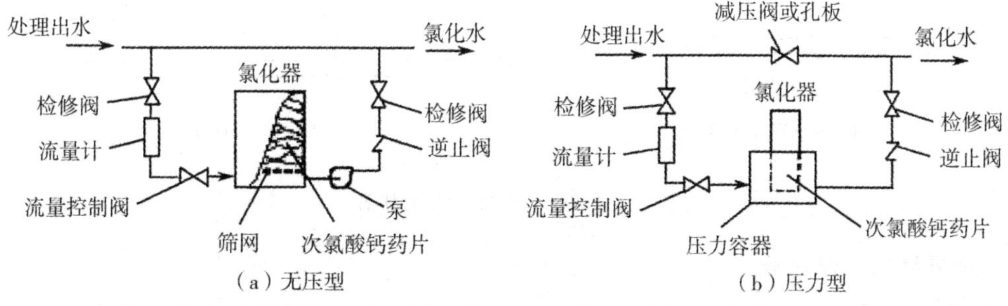

图 3-4-1　次氯酸钙药片氯化器的工作流程

由于二氧化氯不稳定，因此一般在使用前临时制备，二氧化氯的产生是用氯的水溶液与亚氯酸钠溶液（$NaClO_2$）相混合并反应，反应方程式如下：

$$2NaClO_2 + Cl_2 \longrightarrow 2ClO_2 + 2NaCl$$

二氧化氯的生产流程如图 3-4-2 所示。

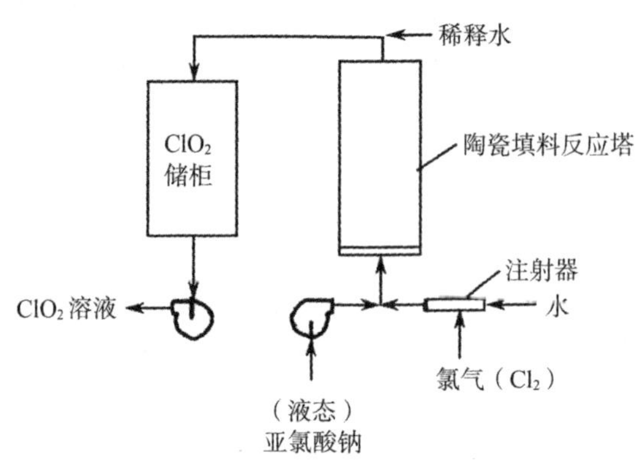

图 3-4-2　二氧化氯的生产流程

氯系氧化剂氧化效果的好坏，除了取决于废水和氧化剂本身外，溶液与废水的混合方式、接触时间以及余氯量等因素均会产生较大影响。为了使整个氧化系统的运行最佳化，氯的投加和混合应尽可能快速，为达到此目的可以采用图 3-4-3 所示两种常见的投氯用搅拌器；或者采用专门设计的氯接触池。

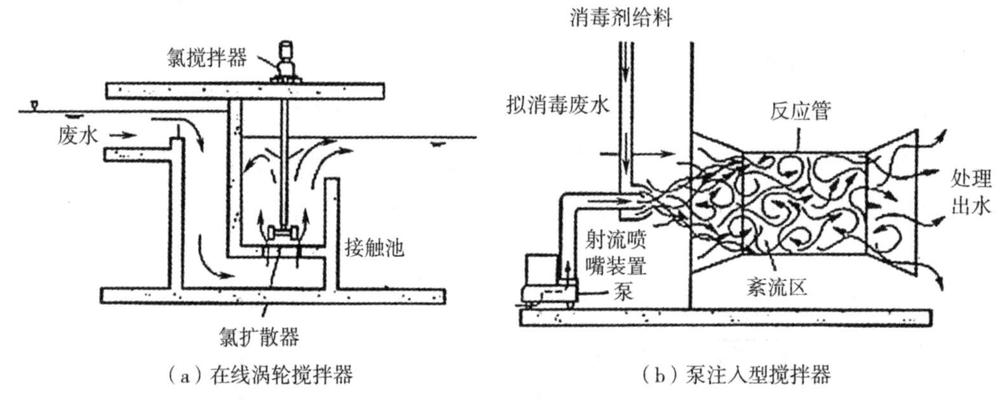

（a）在线涡轮搅拌器　　（b）泵注入型搅拌器

图 3-4-3　常见的投氯用搅拌器

2. 臭氧氧化处理设备

目前，可用于工业规模电晕过程的臭氧发生器种类繁多，其基本差别在于电晕元件几何形状、电源形式、散热工艺和运行条件等几个方面。按臭氧发生器构造可分为板式、管式和金属格网式三种，管式臭氧发生器又可分为单管式、多管式、卧式和立式等多种形式。国内

使用较普遍的是卧管式臭氧发生器，如图 3-4-4 所示。

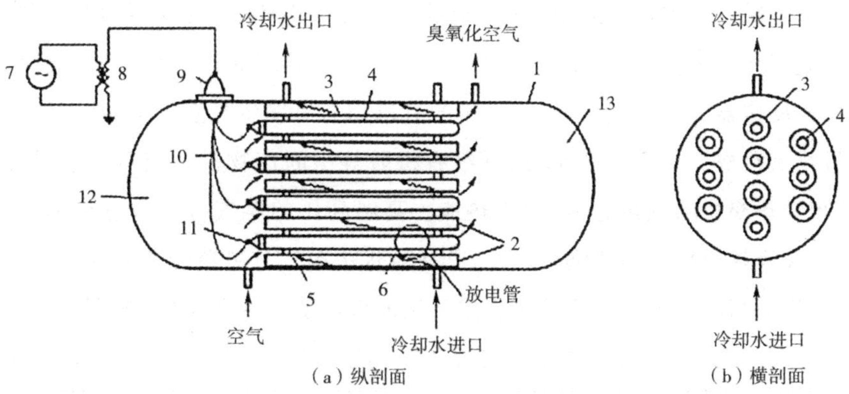

图 3-4-4　卧管式水冷臭氧发生器

1—金属圆筒；2—空板；3—不锈钢管；4—玻璃管；5—定位环；6—放电间隙；
7—电源；8—变压器；9—绝缘瓷瓶；10—导线；11—接线柱；12—进气分配室；13—臭氧化空气氧化室

臭氧氧化通常在混合反应器中进行，混合反应器（接触反应器）不仅要能促进气、水扩散混合，而且要能使气、水充分接触，迅速反应。当扩散速度较大、反应速度为整个臭氧化过程的速度控制步骤时，反应器常采用微孔扩散板式鼓泡塔（图 3-4-5），处理的污染物包括表面活性剂、焦油、COD、BOD、污泥、氨氮等；当反应速度较大、扩散速度为整个臭氧化过程的速度控制步骤时，常采用喷射接触池作为反应器（图 3-4-6），处理的污染物有铁（Ⅱ）、锰（Ⅱ）、氰、酚、亲水性染料、细菌等。还有一种反应器称为静态混合器，也叫管式混合器，在一段管子内安装了许多螺旋叶片，相邻两个螺旋叶片的方向相反，水流在旋转分割运动中与臭氧接触而产生许多微小的旋涡，使水、气得到充分混合。这种混合器的传质能力强，臭氧利用率可达 87%（微孔扩散板式为 73%），且耗能较少，设备费用低。

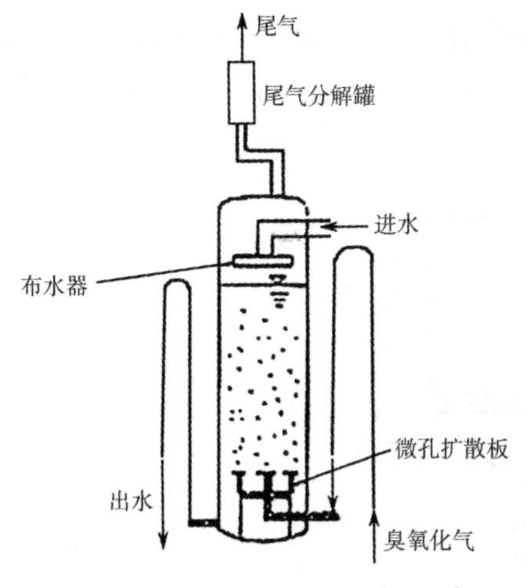

图 3-4-5　微孔扩散板式鼓泡塔

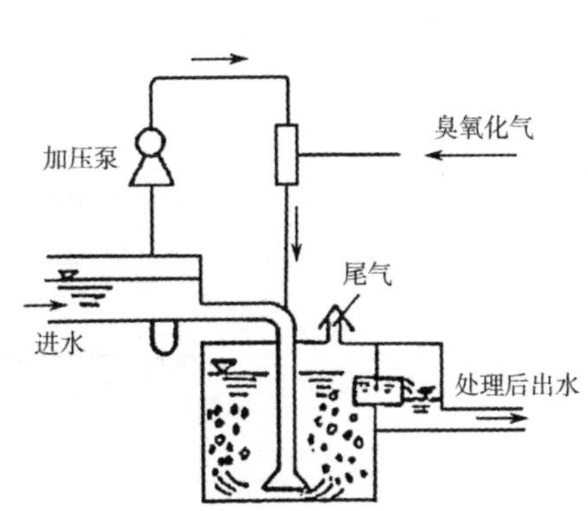

图 3-4-6　流量喷射接触池

3. 湿式氧化处理设备

湿式氧化系统的工艺流程如图 3-4-7 所示。废水通过储存罐由高压泵打入热交换器，与反应后的高温氧化液体换热，使温度上升到接近于反应温度后进入反应器。反应所需的氧由压缩机打入反应器。在反应器内，废水中的有机物与氧发生放热反应，在较高温度下将废水中的有机物氧化成二氧化碳和水，或低级有机酸等中间产物。反应后气液混合物经分离器分离，液相经热交换器预热进料，回收热能。高温高压的尾气首先通过再沸器（如废热锅炉）产生蒸汽或经热交换器预热锅炉进水，其冷凝水由第二分离器分离后通过循环泵再打入反应器，分离后的高压尾气送入透平机产生机械能或电能。因此，这一典型的工业化湿式氧化系统不但处理了废水，而且可对能量进行逐级利用，减少了有效能量的损失，能维持补充湿式氧化系统本身所需的能量。

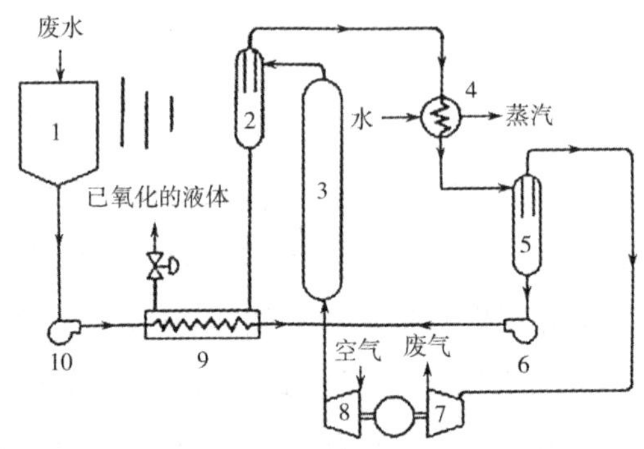

图 3-4-7　湿式氧化系统的工艺流程

1—储存罐；2—分离器；3—反应器；4—再沸器；5—分离器；6—循环泵；
7—透平机；8—空压机；9—热交换器；10—高压泵

（二）化学还原处理设备

常用的铁屑过滤池如图 3-4-8 所示。池中填以铁屑，含汞污水以一定的速度自下而上通过铁屑过滤池，经一定的接触时间后从滤池流出。铁屑还原产生的汞渣可定期排放。铁汞沉渣可用熔烧炉加热回收金属汞。

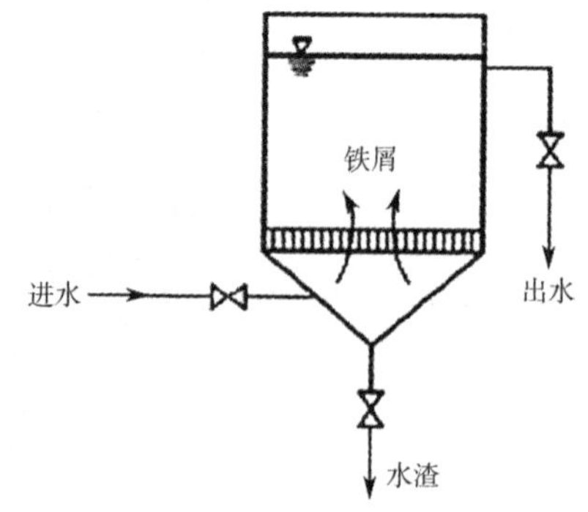

图 3-4-8　铁屑过滤池

第五节　电 解 法

一、电解处理方法

电解法是利用电解的基本原理，当污水流经电解槽时，污染物在电解槽的阳、阴两极上分别发生氧化和还原反应，转化为低毒或无毒物质，以实现污水净化的一种方法。含铬、银、氰以及酚废水均可用电解法处理。

根据净化作用机理，电解法可分为电解氧化法、电解还原法、电解凝聚法和电解浮上法；按作用方式不同，电解法可分为直接电解法和间接电解法，前者是污染物直接得到或失去电子被还原或氧化，后者是电极反应产物（如 Cl_2、ClO^-、O_2、H_2O_2 等）与污染物发生反应；按阳极的溶解特性不同，电解法又可分为不溶性阳极电解法和可溶性阳极电解法。

（一）电解氧化法

在电解氧化法中，污染物在电解槽阳极上可直接发生氧化反应，也可被某些阳极反应产物（Cl_2、ClO^-、O_2、H_2O_2 等）间接氧化降解。为了强化阳极的氧化作用，可投加适量食盐进行所谓“电氯化”，此时阳极的直接氧化作用和间接氧化作用同时起作用。电解氧化法主要用于去除污水中的氰、酚、COD、S^{2-}、有机农药（如马拉硫磷）等，还可利用阳极产物 Ag^+ 进行消毒处理。

电解氧化法处理含氰废水时，CN^- 可在阳极直接被氧化，其电极反应分两步进行：第一步将 CN^- 氧化为 CNO^-，第二步将 CNO^- 氧化为 N_2 和 CO_2（CO_3^{2-}）。CN^- 的阳极氧化需在碱性条件下（pH＝9～10）进行，因为酸性条件下生成的 HCN 在阳极上放电十分困难，而碱性条件下生成的 CN^- 易于在阳极放电，但 pH 太高，将发生 OH^- 放电析出 O_2 的副反应，虽与氰的氧化无关，却会使电流效率降低。阳极反应如下：

$$CN^- + 2OH^- - 2e \longrightarrow CNO^- + H_2O$$

$$CNO^- + 2H_2O \longrightarrow NH_4^+ + CO_3^{2-}$$

$$2CNO^- + 4OH^- - 6e \longrightarrow N_2\uparrow + 2CO_2\uparrow + 2H_2O$$

$$4OH^- - 2e \longrightarrow 2H_2O + O_2\uparrow \text{（副反应）}$$

如果水中有 Cl^- 存在（也可人为加入适量食盐），Cl^- 在阳极放电产生氯，强化了 CN^- 氧化，反应如下：

$$2Cl^- - 2e \longrightarrow 2[Cl]$$

$$CN^- + 2[Cl] + 2OH^- \longrightarrow CNO^- + 2Cl^- + H_2O$$

$$2CNO^- + 6[Cl] + 4OH^- \longrightarrow 2CO_2\uparrow + N_2\uparrow + 6Cl^- + 2H_2O$$

电解氧化法处理含氰废水时，阴极发生析氢反应：

$$2H^+ + 2e \longrightarrow H_2\uparrow$$

如果水中还含有其他重金属离子，则重金属离子也会在阴极还原析出，可以达到一次去除多种污染物的目的。

(二)电解还原法

在电解还原法中，利用电解槽阴极上发生还原反应，使污水中的重金属离子被还原，沉淀于阴极上(称为电沉积)，再加以回收利用。此法也可将五价砷(AsO_4^{3-})和六价铬(CrO_4^{2-}或$Cr_2O_7^{2-}$)分别还原为砷化氢(AsH_3)和Cr^{3+}，并予以去除或回收。

电解还原法处理含铬(Ⅵ)废水时，通常以铁作为阳极和阴极，在直流电作用下，Cr(Ⅵ)向阳极迁移，被铁阳极溶蚀产物Fe^{2+}离子还原。阳极反应如下：

$$Fe - 2e \longrightarrow Fe^{2+}$$

$$6Fe^{2+} + Cr_2O_7^{2-} + 14H^+ \longrightarrow 6Fe^{3+} + 2Cr^{3+} + 7H_2O$$

$$CrO_4^{2-} + 3Fe^{2+} + 8H^+ \longrightarrow Cr^{3+} + 3Fe^{3+} + 4H_2O$$

此外，阴极还直接还原部分Cr(Ⅵ)，阴极反应如下：

$$2H^+ + 2e \longrightarrow H_2\uparrow$$

$$Cr_2O_7^{2-} + 14H^+ + 6e \longrightarrow 2Cr^{3+} + 7H_2O$$

$$CrO_4^{2-} + 8H^+ + 3e \longrightarrow Cr^{3+} + 4H_2O$$

由于H^+离子在阴极放电，使水体pH逐渐提高，生成的Cr^{3+}和Fe^{3+}形成$Cr(OH)_3$和$Fe(OH)_3$沉淀，氢氧化铁有凝聚作用，能促进氢氧化铬迅速沉淀。

电解还原法处理含铬废水，操作管理比较简单，处理效果稳定可靠，六价铬含量可降至0.1 mg/L以下，水中其他重金属离子也可通过还原和共沉淀得以同步去除。

(三)电解浮上法

污水电解时，由于水的电解及有机物的电解氧化，在电极上会有气体(H_2、N_2、O_2、CO_2、Cl_2等)析出，借助于电极上析出的微小气泡而浮上分离疏水性杂质微粒的处理方法，称为电解浮上法。

电解产生的气泡粒径很小，氢气泡为10～30 μm，氧气泡为20～60 μm，而加压溶气气浮时产生的气泡粒径为100～150 μm，机械搅拌时产生的气泡粒径为800～1 000 μm；而且电解产生的气泡密度小，在20℃时的平均密度为0.5 g/L，而一般空气泡的平均密度为1.2 g/L，所以，电解产生的气泡不仅捕获杂质微粒的能力强，而且其浮载能力也很强，出水水质好。此外，电解时不仅有气泡浮上作用，而且兼有凝聚、共沉和电化学氧化还原作用，能

同时去除多种污染物。

(四)电解凝聚法

在电解凝聚法(也称电混凝)中,铝或铁阳极在直流电的作用下被溶蚀,产生 Al^{3+}、Fe^{2+} 等离子,经水解、聚合或亚铁的氧化过程,生成各种单核多羟基络合物、多核多羟基络合物以及氢氧化物,使污水中的胶体、悬浮杂质凝聚沉淀得以去除。同时,带电的污染物颗粒、胶体粒子在微电场的作用下产生泳动,促使中和而脱稳聚沉。

污水进行电解凝聚处理时,不仅对胶态杂质及悬浮颗粒有凝聚沉淀作用,而且由于阳极的氧化作用和阴极的还原作用,能同时去除水中多种污染物。与投加混凝剂的凝聚法相比,电解凝聚法具有可去除污染物范围广、反应迅速(阳极溶蚀产生 Al^{3+} 离子并形成絮凝体只需约 0.5 min)、适用 pH 范围宽、所形成的沉渣密实、澄清效果好等显著优点。

二、电解法处理设备

电解法处理废水所用的反应器为电解槽。电解槽的形式多为矩形,按水流方式可分为回流式、翻腾式及竖流式三种。

(一)回流式电解槽

回流式电解槽的结构如图 3-5-1 所示。其中的水流沿极板水平折流前进,路程长,离子能充分地向水中扩散,电解槽容积利用率高。其缺点是极板易弯曲变形,安装和检修也较困难。

(二)翻腾式电解槽

翻腾式电解槽的结构如图 3-5-2 所示。整个电解槽用隔板分成数段,在每段中水流顺着板面前进,并以上下翻腾的方式流过各段隔板。翻腾式的极板采取悬挂方式固定,防止极板与池壁接触,可减少漏电现象,更换极板较回流式方便,也便于施工维修。

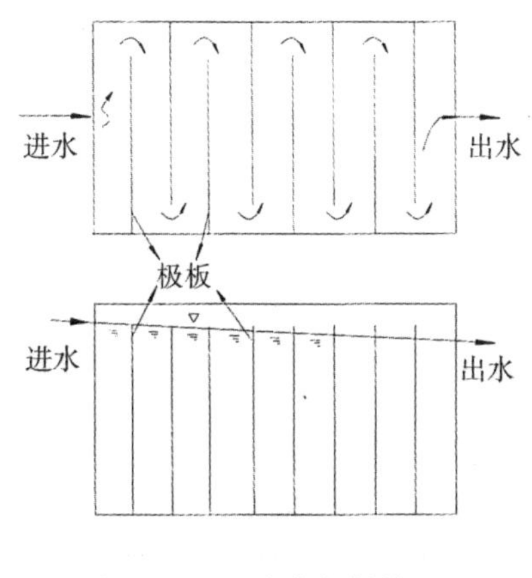

图 3-5-1　回流式电解槽

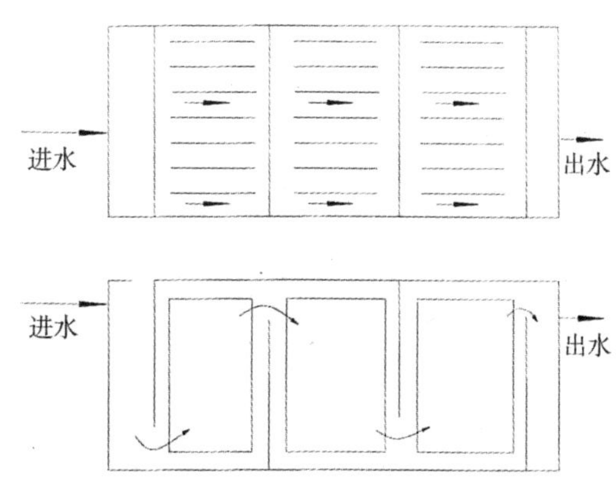

图 3-5-2　翻腾式电解槽

(三)竖流式电解槽

竖流式电解槽又可分为降流式和升流式两种，该电解槽水流路程短，为增加水流路程，应采用高度较大的极板。

在设计和选择电解槽时应注意以下几点：电解槽长宽比宜取(5～6)∶1，深宽比宜取(1～1.5)∶1；进出水端要有配水和稳流措施，以均匀布水并维持良好流态；冰冻地区的电解槽应设在室内，其他地区可设在棚内；空气搅拌可减少浓差极化，防止槽内积泥，但会增加 Fe^{2+} 的氧化，降低电解效率，因此空气量要适当；阳极在氧化剂和电流的作用下，会形成一层钝化膜，使电阻和电耗增加，可以通过投加适量 NaCl、增加水流速度等方法防止钝化；阳极消耗量主要与电解时间、pH、盐浓度、阳极电位等有关。

第四章　物理化学处理法

物化处理法是利用物理化学的原理或化工单元操作的相分离原理分离去除水中无机或有机的溶解态或胶态污染物的一大类污水处理方法的总称。常用的物化处理方法有吸附法、离子交换法、气浮法、膜分离法等。

第一节　吸附法

吸附法是利用固体物质将污水中一种或多种物质吸附在其表面使其与水分离，从而使污水得到净化的方法，其中具有吸附能力的固体物质称为吸附剂，污水中被吸附的物质称为吸附质。吸附法既可作为离子交换、膜分离等方法的预处理，以去除有机物、胶体物质及余氯等，也可用于污水深度处理，以保证回用水的质量。

一、吸附的基本理论

(一)吸附机理及分类

吸附是水、溶质和固体颗粒三者相互作用的结果，引起吸附的主要原因有：①溶质对水的疏水特性；②溶质对固体颗粒的高度亲和力。溶质的溶解度是确定第一种原因的重要因素，溶质的溶解度越大，向固体表面运动的可能性越小；相反，溶质的憎水性越大，向吸附界面移动的可能性越大。吸附作用的第二种原因主要由溶质与固体颗粒之间的静电引力、范德瓦尔斯力或化学键所引起，因此吸附可分为物理吸附、化学吸附和离子交换吸附三种基本类型。

1. 物理吸附

吸附质与吸附剂之间由于分子间引力(即范德瓦尔斯力)而产生的吸附，称为物理吸附。其特征为：①没有选择性；②可形成单分子或多分子吸附层；③吸附热较小，一般不超过41.9 kJ/mol；④吸附质不固定于吸附剂表面的特定位置，能在界面范围内自由移动，因此其吸附的牢固程度不高，较易解吸。

2. 化学吸附

吸附质与吸附剂之间发生了化学作用，生成化学键而引起的吸附，称为化学吸附。其特征为：①具有选择性，一种吸附剂只能对某种或几种吸附质发生化学吸附；②只能形成单分子吸附层；③吸附热较大，相当于化学反应热，为 84～420 kJ/mol；④吸附质分子不能在吸附剂表面自由移动，吸附较稳定，难解吸。

3. 离子交换吸附

一种吸附质的离子由于静电引力聚集在吸附剂表面的带电点上，并置换出原先固定在这些带电点上的其他离子，由此产生的吸附称为离子交换吸附。详细介绍见本章第二节。

在实际吸附过程中，上述几类吸附往往同时存在，难以明确区分。

（二）吸附平衡与吸附量

如果吸附过程是可逆的，当污水与吸附剂充分接触后，一方面吸附质被吸附剂吸附，另一方面部分已被吸附的吸附质能脱离吸附剂表面回到液相中，前者称为吸附，后者称为解吸。当吸附速度和解吸速度相等时，吸附质在溶液中的浓度和在吸附剂表面上的浓度都不再发生改变，则吸附与解吸达到动态平衡，此时吸附质在液相中的浓度称为平衡浓度。

吸附剂吸附能力的大小可用吸附量来衡量。所谓吸附量是指吸附达到平衡时，单位重量的吸附剂所吸附的吸附质的重量，单位为 g/g，常用 q 表示。吸附量 q 可按式(4-1)计算：

$$q = \frac{V(c_0 - c_e)}{W} \tag{4-1}$$

式中：V ——污水体积，L；

W ——吸附剂投加量，g；

c_0 ——吸附质的初始浓度，g/L；

c_e ——吸附质的平衡浓度，g/L。

显然，吸附量越大，单位吸附剂处理的水量越大，吸附周期越长，运转管理费用越少。吸附量是选择吸附剂和设计吸附设备的重要依据。

（三）等温吸附规律

在一定温度下，吸附量与溶液平衡浓度之间的关系，称为等温吸附规律，表达这一关系的曲线称为吸附等温线，描述吸附等温线的数学表达式称为吸附等温式。污水处理中常用以下三种吸附等温式来描述等温吸附规律。

1. 费兰德利希(Freundlich)等温式

Freundlich 等温式是通过实验所得的经验公式：

$$q = K\ (c_e)^{1/n} \tag{4-2}$$

式中：K ——Freundlich 吸附系数：

n ——常数，通常大于1。

将式(4-2)改写为对数式：

$$\lg q = \lg K + \frac{1}{n}\lg c_e \tag{4-3}$$

根据吸附实验数据，以 $\lg q$ 和 $\lg c_e$ 为坐标，即可绘出直线形式的吸附等温线，其截距为 $\lg K$，斜率为 $1/n$（称为吸附指数）。$1/n$ 越小，吸附性能越好，一般认为 $1/n = 0.1 \sim 0.5$ 时，容易吸附；$1/n$ 大于2时，则难以吸附。利用 $1/n$ 和 K 这两个常数，可以比较不同吸附剂的特性。

对于中等浓度的溶液，应用 Freundlich 方程处理试验数据简便而准确，因此应用较多。

2. 朗格缪尔(Langmuir)等温式

Langmuir 认为固体表面由大量的吸附活性中心点构成，吸附只发生在这些中心点上，每个活性中心只能吸附一个分子，吸附是单分子层，当表面吸附活性中心全被占满时，吸附达饱和，吸附量达到最大值。Langmuir 吸附等温式如下：

$$q = q^0 \frac{c_e}{a + c_e} \tag{4-4}$$

式中：q^0 ——单分子层饱和吸附量，g/g；

a ——与吸附能有关的常数。

Langmuir 吸附等温线如图 4-1-1 所示，当溶液浓度很小，即 $c_e \ll a$ 时，式(4-4)可简化为 $q = \frac{q^0}{a} c_e$，即 q 与 c_e 成正比，等温线近似于直线；当 $c_e = a$ 时，有 $q = q^0/2$；当溶液浓度很大，即 $c_e \gg a$ 时，式(4-4)可简化为 $q = q^0$，即平衡吸附量接近于定值（饱和吸附量），等温线趋向水平，此时的溶液平衡浓度近似为饱和浓度 c_S。

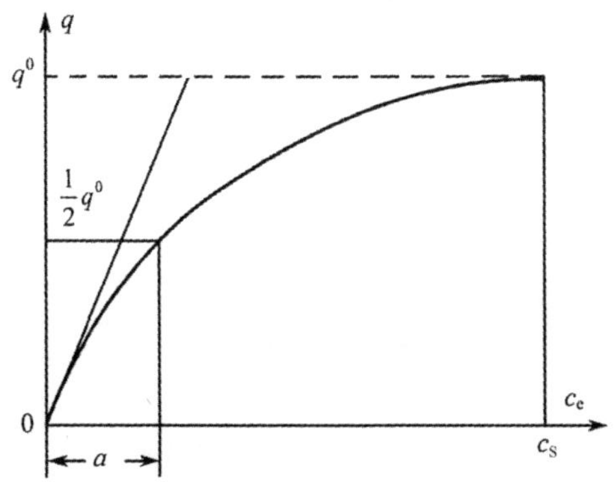

图 4-1-1　Langmuir 吸附等温线

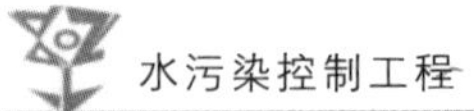

如将式(4-4)改写为直线式：

$$\frac{1}{q}=\frac{a}{q^0}\frac{1}{c_e}+\frac{1}{q^0} \tag{4-5}$$

根据吸附实验数据，以 $1/c_e$ 为横坐标、$1/q$ 为纵坐标作图可得到一条直线，由该直线的斜率和截距可求出常数 a 和 q^0。

根据单分子层吸附理论导出的 Langmuir 等温吸附规律，尽管只能解释单分子层化学吸附的情况，但适用于各种浓度条件，而且式中各参数都有明确的物理意义，因而应用更广泛。

3. BET 等温式

Brunauer、Emmett 和 Teller 在 Langmuir 单分子层吸附理论的基础上提出了多分子层吸附理论，认为单分子吸附层可以成为吸附剂表面的活性中心，继续吸附第二层分子，第二层分子又可吸附第三层……从而形成多分子吸附层，并且不一定要第一层吸附满后才吸附第二层，总吸附量等于各层吸附量之和。根据该理论推导出如下 BET 等温式：

$$q=\frac{Bq^0c_e}{(c_S-c_e)[1+(B-1)(c_e/c_S)]} \tag{4-6}$$

式中：q^0 ——单分子层饱和吸附量，g/g；

c_S ——吸附质的饱和浓度，mg/L；

B ——与表面作用能有关的常数。

按式(4-6)绘制的 BET 吸附等温线如图 4-1-2 所示，等温线为一条 S 形曲线，曲线拐点 A 以前的吸附等温线与 Langmuir 等温线相同，表明此部分相当于 Langmuir 单分子层吸附平衡区段，此时以第一层吸附为主，$c_e \ll c_S$，若令 $B=c_S/a$，则 BET 等温式可简化为 Langmuir 等温式。因此，可以认为 BET 等温式可适应更广泛的吸附现象。

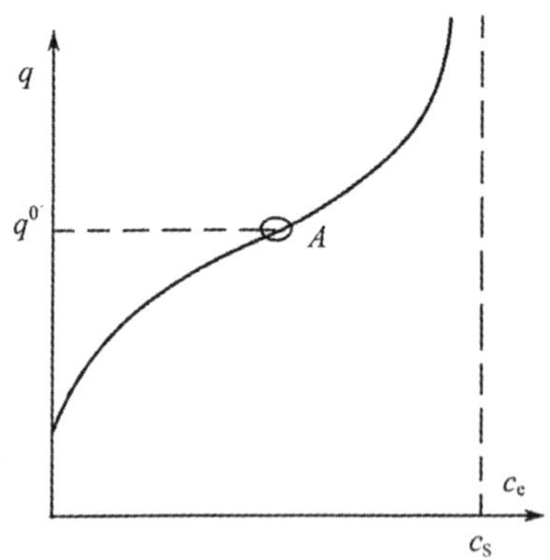

图 4-1-2　BET 吸附等温线

为了计算方便，可将式(4-6)改为如下直线式：

$$\frac{c_e}{q(c_S - c_e)} = \frac{1}{q^0 B} + \frac{B-1}{q^0 B} \cdot \frac{c_e}{c_S} \tag{4-7}$$

由吸附实验数据，以 $\frac{c_e}{q(c_S - c_e)}$ 和 $\frac{c_e}{c_S}$ 为坐标作图得到一直线，根据直线斜率和截距可求出常数 q^0 和 B。当 c_S 未知时，需要预估不同的 c_S 值，作图数次才能得到直线，当 c_S 估计值偏低时，为一条向上凹的曲线；当 c_S 估计值偏高时，则为一条向下凹的曲线。

(四)吸附速度

吸附剂对吸附质的吸附效果用吸附量和吸附速度来衡量。吸附速度是指单位时间内单位重量吸附剂所吸附的吸附质的量。吸附速度越快，则达到吸附平衡所需的时间越短，所需吸附设备容积也越小。

吸附速度取决于吸附剂对吸附质的吸附过程。多孔吸附剂对溶液中吸附质的吸附过程基本上可分为三个连续阶段：①颗粒外部扩散(又称膜扩散)阶段，吸附质从溶液中扩散到吸附剂表面；②孔隙扩散阶段，吸附质在吸附剂孔隙中继续向吸附点扩散；③吸附反应阶段，吸附质被吸附在吸附剂孔隙内表面上。通常吸附反应速度非常快，总的吸附速度主要由膜扩散或孔隙扩散速度决定，在一般情况下，吸附过程开始时往往由膜扩散速度控制，而在吸附终了时，孔隙扩散起决定作用。

颗粒外部膜扩散速度与溶液浓度、吸附剂外表面积(即膜表面积)大小成正比，还与溶液搅动程度有关。孔隙扩散速度与吸附剂孔隙的大小及结构、吸附质颗粒大小及结构等因素有关。吸附剂颗粒越小，孔隙扩散速度越快，因此，采用粉状吸附剂比粒状吸附剂有利。另外，吸附剂内孔径大可使孔隙扩散速度加大，但会降低吸附量。

(五)影响吸附的因素

1. 吸附剂性质

吸附剂的种类不同，则吸附效果不一样。一般是极性分子(或离子)型的吸附剂容易吸附极性分子(或离子)型的吸附质，非极性分子型的吸附剂容易吸附非极性分子型的吸附质。

由于吸附作用发生在吸附剂的表面上，因此吸附剂的比表面积越大，其吸附能力越强，吸附容量也越大。此外，吸附剂的颗粒大小、孔隙构造及分布、表面化学特性等对吸附也有较大影响。

2. 吸附质性质

对于一定的吸附剂，吸附质性质不同，吸附效果也不一样。通常吸附质在污水中的溶解度越低，越容易被吸附；吸附质的浓度增加，吸附量也随之增加，但浓度增加到一定程度后，吸附量增加缓慢；如果吸附质是有机物，其分子尺寸越小，吸附就进行得越快。

3. 操作条件

(1)pH。溶液 pH 对吸附质在污水中的存在形态（分子、离子、络合物等）和溶解度均有影响，因而对吸附效果也有影响。

(2)温度。吸附反应通常是放热过程，因此温度越低对吸附越有利。但在污水处理中，通常在常温下进行吸附操作，一般温度变化不大，因而温度对吸附过程影响小。

(3)接触时间。吸附质与吸附剂要有足够的接触时间以达到吸附平衡，从而充分利用吸附剂的吸附能力。最佳接触时间宜通过实验确定。

(4)共存物质。共存物质对主要吸附质的影响比较复杂，有的会相互诱发吸附，有的能独立地被吸附，有的会起干扰作用。当多种吸附质共存时，吸附剂对某一种吸附质的吸附能力通常要比只含这种吸附质时的吸附能力低。此外，悬浮物会阻塞吸附剂的孔隙，油类物质会浓集于吸附剂表面形成油膜，它们均对吸附有很大影响。因此在吸附操作之前，必须将它们除去。

二、吸附剂及其再生

(一)吸附剂

吸附剂的种类很多，包括活性炭、活化煤、白土、硅藻土、活性氧化铝、焦炭、树脂吸附剂、炉渣、木屑、煤灰、腐殖酸等，污水处理中应用较多的有活性炭、树脂吸附剂和腐殖酸类吸附剂三类。

1. 活性炭

活性炭是用以碳为主的物质（如木材、煤）做原料，经高温炭化和活化制成的疏水性吸附剂，其主要成分除碳外，还含有少量的氧、氢、硫等元素以及水分和灰分，外观呈暗黑色，有粒状和粉状两种。粉状的吸附能力强、制备容易、成本低，但再生困难、不易重复使用；粒状的吸附能力比粉状的低，生产成本较高，但再生后可重复使用，并且使用时劳动条件良好，操作管理方便，因此污水处理中大多采用粒状活性炭。

活性炭比表面积大，通常高达 800～2 000 m^2/g，这是活性炭吸附能力强、吸附容量大的主要原因。但是，比表面积相同的活性炭，对同一物质的吸附容量并不一定相同，这是因为吸附容量不仅与比表面积有关，还与孔隙结构和分布情况有关。活性炭的孔隙分微孔（孔径 2 nm 以下）、过渡孔（孔径 2～100 nm）和大孔（孔径 100 nm 以上）三种，其中微孔比表面积占总比表面积的 95%以上，对吸附量影响最大。活性炭的吸附中心点有两类：一类是物理吸附活性点，其数量很多，没有极性，是构成活性炭吸附能力的主体部分；另一类是化学吸附活

性点，主要是在制备过程中形成的一些具有专属反应性能的含氧官能团，如羧基（—COOH）、羟基（—OH）、羰基（—CO）等，它们对活性炭的吸附特性有一定的影响。

活性炭是目前污水处理中普遍采用的吸附剂，具有良好的吸附性能和稳定的化学性质，可以耐强酸、强碱，能经受水浸、高温、高压作用，不易破碎。

2. 树脂吸附剂

树脂吸附剂又称吸附树脂，是一种新型有机吸附剂。它具有立体网状结构，呈多孔海绵状，加热不熔化，可在150℃下使用，不溶于酸、碱及一般溶剂，比表面积可达800 m^2/g。根据其结构特性，吸附树脂可分为非极性、弱极性、中极性和强极性四类。常见产品有日本HP系列、美国Amberlite XAD系列、国产TXF型吸附树脂（炭质吸附树脂）。其中，TXF型吸附树脂的比表面积为35～350 m^2/g，是含氯有机化合物的特效吸附剂。

树脂吸附剂的结构易人为控制，因而它具有适应性强、应用范围广、吸附选择性强、稳定性高等优点，并且再生简单，多数为溶剂再生。在应用上它介于活性炭等吸附剂与离子交换树脂之间，而兼具它们的优点。树脂吸附剂最适合于吸附处理污水中微溶于水、极易溶于甲醇和丙酮等有机溶剂、分子量略大的有机物，如脱酚、除油、脱色等。

3. 腐殖酸类吸附剂

腐殖酸是一组芳香结构的、性质与酸性物质相似的复杂混合物，约由10个分子大小的微结构单元组成，每个微结构单元由核、连接核的桥键以及核上的活性基团所组成。据测定，活性基团有酚羟基、羧基、醇羟基、甲氧基、羰基、醌基、氨基、磺酸基等，这些基团决定了腐殖酸的阳离子吸附性能。

用作吸附剂的腐殖酸类物质有两大类：一类是天然的富含腐殖酸的风化煤、泥煤、褐煤等，它们可直接或者经简单处理后用作吸附剂；另一类是把富含腐殖酸的物质用适当的黏合剂制备成腐殖酸类树脂，造粒成型后使用。

腐殖酸类物质能吸附工业废水中的许多金属离子，例如汞、锌、铅、铜、镉等，吸附率可达90%～99%。吸附重金属离子后的腐殖酸类物质，容易解吸再生、重复使用，常用的解吸剂有 H_2SO_4、HCl、NaCl、$CaCl_2$等。

（二）吸附剂再生

吸附剂吸附饱和后，必须进行再生才能重复使用。再生是吸附的逆过程，即在吸附剂结构不变或者变化极小的情况下，用某种方法将吸附质从吸附剂微孔中除去，恢复它的吸附能力。通过再生和重复使用，可以降低处理成本，减少废渣排放，同时回收吸附质。

吸附剂的再生方法主要有加热法、药剂法、化学氧化法和生物法等，见表4-1-1。在选择再生方法时，主要考虑吸附质的理化性质、回收价值、吸附机理三方面因素。

表 4-1-1　吸附剂的再生过程

再生过程		处理温度	主要条件
加热再生	低温加热再生	100～200℃	水蒸气、惰性气体
	高温加热再生	750～950℃	水蒸气、燃烧气体、CO_2
药剂再生	无机药剂	常温～80℃	H_2SO_4、HCl、NaOH 等
	有机药剂(萃取)		有机溶剂(苯、丙酮、甲醇)
化学氧化再生	湿式氧化再生	180～220℃	O_2、空气、氧化剂;加压
	电解氧化再生	常温	O_2
生物再生		常温	好氧微生物、厌氧微生物

三、吸附工艺及设备

(一)吸附工艺

吸附工艺过程为:①污水与固体吸附剂进行充分接触,使污水中的吸附质被吸附在吸附剂上;②分离吸附了吸附质的吸附剂和污水;③失效吸附剂的再生或更换新的吸附剂。因此,在吸附工艺流程中,除吸附操作本身外,一般都须具有脱附及再生操作,在此仅介绍吸附操作。吸附操作分为静态吸附(间歇式)和动态吸附(连续式)两种。

1. 静态吸附

静态吸附是在污水不流动的条件下进行的吸附操作,其装置是一带有搅拌的吸附池(槽),工作时把污水和吸附剂加入池内,不断地进行搅拌,达到吸附平衡后,再通过静置沉淀或过滤分离污水和吸附剂。当经一次吸附后的出水水质达不到要求时,往往采取多次静态吸附操作。由于多次吸附操作麻烦,故此方式多用于实验研究或小型污水处理站。此外,因操作间歇进行,所以生产上一般要用两个或两个以上的吸附池交替工作。

2. 动态吸附

动态吸附是在污水流动条件下进行的吸附操作,即污水不断地流进吸附床,与吸附剂接触,当污染物浓度降至处理要求时,排出吸附柱。它是污水处理中常用的吸附操作方式。

(二)吸附设备

吸附设备中常用的是动态吸附设备,按照吸附剂的充填方式,动态吸附设备分固定床、移动床和流化床三种。

1. 固定床

固定床是污水吸附处理中最常用的一种设备。当污水连续流过吸附剂层时，吸附质便不断地被吸附，若吸附剂数量足够，出水中吸附质的浓度即可降低至接近于零，但随着运行时间的延长，出水中吸附质的浓度会逐渐增加，当增加到某一数值时，应停止通水，将吸附剂进行再生。吸附和再生可在同一设备内交替进行，也可将失效的吸附剂卸出，送到再生设备进行再生。因为这种动态吸附操作中吸附剂在设备中是固定不动的，所以叫固定床。

根据水流方向的不同，固定床吸附设备分为降流式和升流式两种。降流式固定床（图 4-1-3）的水流由上而下穿过吸附剂层，过滤速度为 4～20 m/h，接触时间一般不大于 30 min。降流式出水水质较好，但经过吸附剂层的水头损失较大，特别是处理含悬浮物较高的污水时，为了防止悬浮物堵塞吸附剂层，需定期进行反冲洗。此外，滤层容易滋长细菌，恶化水质。升流式固定床吸附塔的水流由下而上穿过吸附剂层，其水头损失小，运行时间较长，允许污水含悬浮物稍高，对污水预处理要求较低，而且可通过适当提高水流流速使填充层稍有膨胀（上下层不能互混）来进行自清，但滤速较小，对污水入口处（底层）吸附层的冲洗难于降流式，且操作失误时易使吸附剂流失。

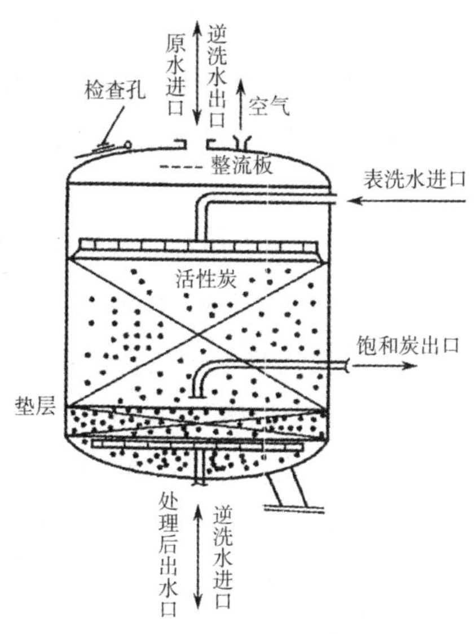

图 4-1-3 降流式固定床型吸附塔构造示意图

固定床吸附塔的工作过程如图 4-1-4 所示，当吸附质浓度为 C_0 的污水自上方连续进入吸附塔后，首先与第一层吸附剂接触，吸附质的浓度被降低；吸附质浓度降低了的污水接着进入第二层吸附剂，其浓度进一步降低；污水依次流下，当流到某一深度时，该层出水中吸附质浓度 C 为 0，在此深度以下的吸附剂暂未起作用。随着运行时间的增加，上部吸附剂层中的吸附质浓度将逐渐增大，直到饱和，从而失去继续吸附的能力。实际发挥吸附作用的吸附

剂层高度 δ 称为吸附带，在正常运行情况下，δ 值是一个常数。随着运行时间的推移，吸附带逐步下移，上部饱和区高度不断增加，下部新鲜吸附剂层高度则不断减小，当吸附带的前沿下移到整个吸附剂层底端时，出水浓度 C 不再为 0，开始出现污染物质，此时称为吸附塔工作的穿透点。此后出水浓度迅速增加，当吸附带上端下移到吸附剂层底端时，全部吸附剂达饱和，出水浓度与进水浓度相等，此时称为吸附塔工作的耗竭点。以出水量 V（或通水时间 t）为横坐标，出水浓度 C 为纵坐标作图，得到的曲线称为穿透曲线（图 4-1-4）。

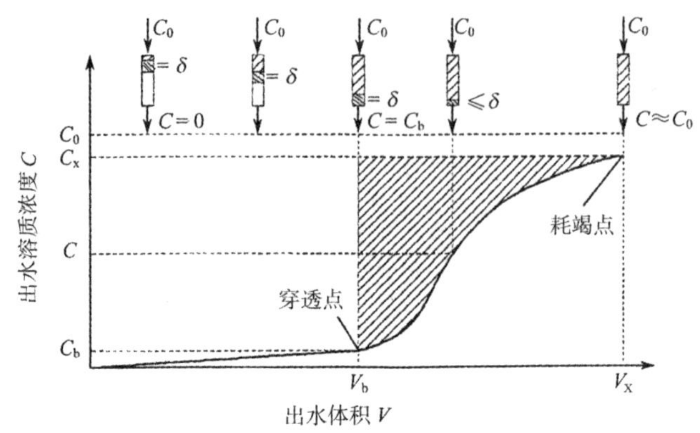

图 4-1-4　固定床吸附塔的工作过程

吸附床的设计及运行方式的选择，在很大程度上取决于穿透曲线。由穿透曲线可以了解床层吸附负荷的分布、穿透点和耗竭点，穿透曲线越陡，表明吸附速度越快，吸附带越短。

根据处理水量、原水水质和处理要求，固定床可分为单床和多床系统。一般单床使用较少，多床分并联与串联两种，前者适于大规模处理，出水要求较低；后者适于处理流量较小、出水要求较高的场合。在实际操作中，吸附塔达到完全饱和及出水浓度达到与进水浓度相等都是不可能的。通常耗竭点出水浓度 C_X 取 $(0.9\sim0.95)C_0$，穿透点出水浓度 C_b 取 $(0.05\sim0.1)C_0$ 或根据排放要求确定。当运行达到穿透点时，吸附塔应停止工作，进行吸附剂的更换或再生。由图 4-1-4 可知，对于单床吸附系统，处理水量只有 V_b；对于多床串联系统，处理水量可增到 V_X，通水倍数就由 V_b/M（M 为炭的重量）增加到 V_X/M[m^3/kg（炭）]。利用穿透曲线可用图解积分法计算吸附质的总去除量、吸附达到穿透点及耗竭点时的活性炭吸附容量等设计资料。

2. 移动床

移动床吸附塔构造如图 4-1-5 所示。工作时，污水从吸附塔底部流入，与吸附剂呈逆流接触，处理后的水从塔顶排出。在操作过程中，定期将一部分接近饱和的吸附剂从塔底排出，送去再生，同时将等量的新鲜吸附剂由塔顶加入，因而这种吸附操作方式称为移动床。

移动床比固定床能更充分地利用吸附剂的吸附能力，因此吸附剂用量少，设备占地面积小。此外，由于污水从塔底进入，水中夹带的悬浮物可随饱和活性炭排出，因而不需要反冲洗设备，对原水预处理要求较低，操作管理方便，而且出水水质好。目前较大规模污水处理大多采用此设备。

3. 流化床

吸附剂在流化床吸附塔内处于膨胀状态或流化状态，与被处理的污水逆流接触。由于吸附剂在水中处于膨胀状态，与水接触面积大，传质效果好，因此流化床具有吸附效率高、设备小、基建费用低、生产能力大、对污水预处理要求低、不需反冲洗等优点，适合于处理含悬浮物较多的污水。但运行操作要求严格，对吸附剂的机械强度要求高，从而限制了它的应用。

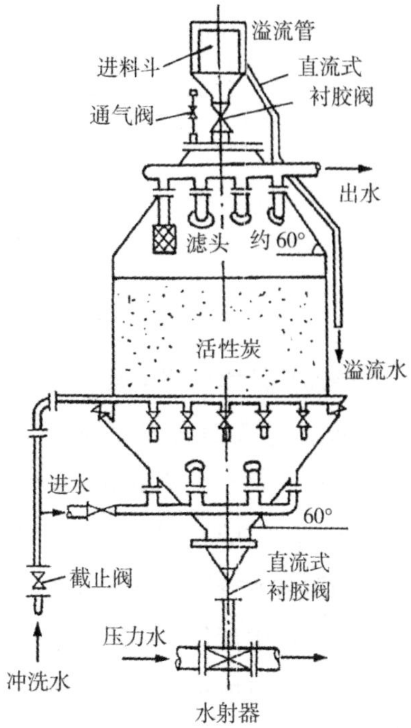

图 4-1-5　移动床吸附塔构造示意图

(三)吸附法在污水处理中的应用

由于吸附法对进水的预处理要求高，吸附剂价格贵，因此在污水处理中，吸附法主要用于：①污水深度处理，脱除污水中的微量污染物，包括脱色除臭、脱除重金属离子、难生物降解的有机物或用一般氧化法难以氧化的溶解性有机物、放射性物质等；②从高浓度污水中吸附某些物质达到资源回收和处理目的。下面列举三个应用实例。

1. 脱除污水中的少量汞

活性炭能吸附汞和汞化合物，但其吸附能力有限，故只适于处理含汞量低的污水。

某厂吸附法深度脱汞流程如图 4-1-6 所示，活性炭吸附作为含汞污水的最终处理。原水汞含量较高，先用硫化钠沉淀法(同时加石灰和硫酸亚铁)处理，出水仍含汞约 1 mg/L，高峰时达 2～3 mg/L，达不到排放标准(≤0.05 mg/L)，所以用活性炭吸附做进一步处理；因水量较小(10～20 m^3/d)，采取静态间歇吸附池两个，交替工作，每池容积 40 m^3，内装 2.7 t 活性炭(相当于池水的 5%左右)；当吸附池中污水加满后，用压缩空气搅拌 30 min，然后静置沉淀 2 h，经取样测定含汞量符合排放标准后，放掉上清液，进行下一批处理。活性炭每年更换一次，采用加热再生法再生。

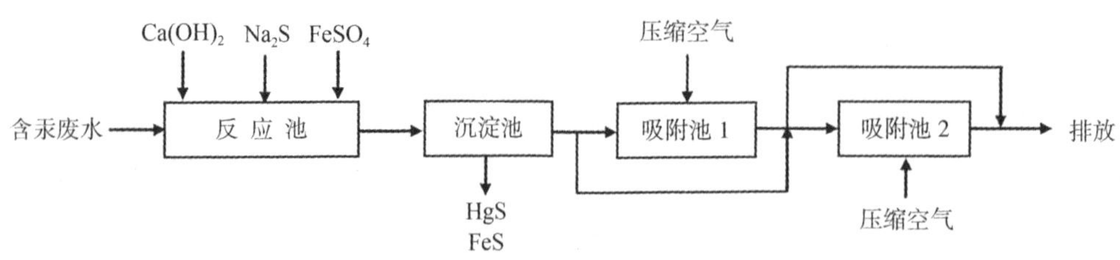

图 4-1-6 某厂吸附法深度脱汞流程

2. 炼油厂污水的深度处理

某炼油厂含油污水经隔油、气浮、生化、砂滤处理后，再用活性炭进行深度处理（600 m^3/h）。污水含酚量由 0.1 mg/L（生化处理后）降到 0.005 mg/L，氰由 0.19 mg/L 降到 0.048 mg/L，COD 由 85 mg/L 降到 18 mg/L，出水水质达到地表水标准。

3. 高浓度芳香胺类有机污水的处理与资源回收

某化工厂生产邻甲苯胺和对甲苯胺，它们都是重要的有机中间体，毒性很大，在其生产过程中产生大量废水，其 COD 浓度分别达到 37 000 mg/L 和 21 000 mg/L，色度高，且可生物降解性差。该废水经用氨基修饰复合功能吸附树脂处理后，COD 去除率达到 94%左右，并从废水中回收了大部分邻甲苯胺和对甲苯胺，平均每吨废水可回收邻甲苯胺产品 8～10 kg、对甲苯胺产品 4～6 kg，每年回收的产品价值达 180 万元，抵偿设备运行费用后还略有盈余。

第二节　离子交换法

离子交换法是一种借助于离子交换剂上的可交换离子和水中相同电性的离子进行交换反应而去除、分离或浓缩水中离子的方法，在给水处理中，用以制取软水或纯水；在污水处理中，主要用以回收贵重金属离子（如金、银、铜、镉、铬、锌等），也可用于放射性废水和有机废水的处理。

一、离子交换剂

离子交换剂可分为无机和有机两大类，前者包括天然沸石和人造沸石等，后者包括磺化煤和离子交换树脂，其中，离子交换树脂是使用最广泛的离子交换剂，故作重点介绍。

（一）离子交换树脂的结构

离子交换树脂是一类具有离子交换特性的有机高分子聚合电解质，为疏松的具有多孔结构的固体球形颗粒，其结构如图 4-2-1 所示，由不溶性树脂母体（骨架）和活性基团两部分

构成，母体是以线型高分子有机化合物为主，加上一定数量的交联剂，通过横键架桥作用构成的高分子共聚物，具有空间网状结构，是形成离子交换树脂的结构主体；活性基团由活动离子（可交换离子）和固定在树脂母体上的固定离子组成，二者电性相反、电荷相等，依靠静电引力结合在一起。

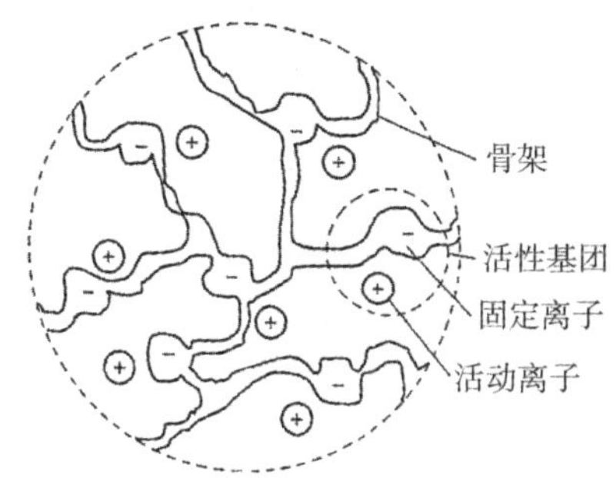

图 4-2-1 离子交换树脂结构示意图

（二）离子交换树脂的种类

按活性基团的性质，离子交换树脂可分为含有酸性基团的阳离子交换树脂、含有碱性基团的阴离子交换树脂、含有胺羧基团等的螯合树脂、含有氧化—还原基团的氧化—还原树脂（或称电子交换树脂）、两性树脂以及萃淋树脂（或称溶剂浸渍树脂）等。按活性基团电离的强弱程度，阳离子交换树脂又分为强酸性和弱酸性阳离子交换树脂，阴离子交换树脂又分为强碱性和弱碱性阴离子交换树脂。

按树脂类型和孔结构的不同，离子交换树脂可分为凝胶型树脂、大孔型树脂、多孔凝胶型树脂、巨孔型（MR 型）树脂和高巨孔型（超 MR 型）树脂等。

按树脂交联度（交联剂占单体质量分数）大小，离子交换树脂分为低交联度（2%～4%）树脂、一般交联度（7%～8%）树脂和高交联度（12%～20%）树脂三种。此外，习惯上还按活动离子名称，把交换树脂简称为 H 型、Na 型、OH 型、Cl 型树脂等。

（三）离子交换树脂的主要性能

1. 交换容量

交换容量是指单位重量干树脂或单位体积湿树脂所能交换的离子数量，用 E_W[mol/g（干树脂）]或 E_V[mol/L（湿树脂）]表示，因树脂总在湿态下使用，故常用 E_V 定量表示树脂的交换能力。E_V 与 E_W 可以按式（4-8）进行转换：

$$E_V = E_W \times (1-\text{含水量}) \times \text{湿视密度} \tag{4-8}$$

市售商品树脂所标的交换容量是总交换容量，即活性基团的总数。树脂在给定的工作条件下实际所发挥的交换能力称为工作交换容量。因受再生程度、进水中离子的种类和浓度、树脂层高度、水流速度、交换终点的控制指标等诸多因素的影响，一般工作交换容量只有总交换容量的 60%～70%。

2. 选择性

树脂对水中某种离子优先交换的性能称为选择性，它表征树脂对不同离子亲和力的差别。选择性与许多因素有关，在常温和稀溶液中，可归纳出如下几条经验规律。

（1）离子价数越高，选择性越好。如 $Th^{4+} > La^{3+} > Ca^{2+} > Na^{+}$。

(2)原子序数越大，即离子水合半径越小，选择性越好。如 $Ba^{2+}>Sr^{2+}>Ca^{2+}>Mg^{2+}$。

(3)离子浓度越高，选择性越强。高浓度的低价离子甚至可以把高价离子置换下来，这就是离子交换树脂能够再生的依据。

(4)H^+ 离子和 OH^- 离子的选择性取决于它们与固定离子所形成的酸或碱的强度，强度越大，选择性越小。

(5)金属在溶液中以络阴离子存在时，一般来说选择性降低。

3. 溶胀性

离子交换树脂含有极性很强的交换基团，这使其具有溶胀和收缩的性能。树脂溶胀或收缩的程度以溶胀率(溶胀前后的体积差/溶胀前体积)表示，溶胀率与树脂品种、活动离子形式、交联度以及外溶液等有关。溶胀性直接影响树脂的操作条件和使用寿命。

4. 物理与化学稳定性

树脂的物理稳定性是指树脂受到机械作用时(包括在使用过程中的溶胀和收缩)的磨损程度，还包括温度变化对树脂影响的程度；树脂的化学稳定性包括耐酸碱能力、抗氧化还原能力等。

5. 粒度和密度

树脂粒度对交换速度、水流阻力和床层压力有很大影响；密度是设计离子交换柱、确定反冲洗强度的重要指标，也是影响树脂分层的主要因素，常用树脂在湿态下的湿真密度或湿视密度表示，湿真密度是树脂在水中充分溶胀后的质量与真体积(包括颗粒孔隙体积)之比；湿视密度是树脂在水中充分溶胀后的质量与堆积体积之比。

综上所述，在选择和使用离子交换树脂以及进行离子交换柱设计时，必须考虑离子交换树脂的主要性能。

二、离子交换的基本理论

(一)离子交换平衡

离子交换平衡是离子交换的基本规律之一。利用质量作用定律解释离子交换平衡规律，既简单又具有实际应用价值。以 A 型阳离子交换树脂(以 RA 表示)交换溶液中的 B 离子的反应为例，离子交换反应式为：

$$Z_BRA+Z_AB \rightleftharpoons Z_ARB+Z_BA \tag{4-9}$$

若电解质溶液为稀溶液，各种离子的活度系数 Z_A、Z_B 接近于 1；又假定离子交换树脂中离子活度系数的比值为一常数，则交换反应的平衡关系可用式(4-10)表示：

$$K=\frac{[A]^{Z_B}[RB]^{Z_A}}{[B]^{Z_A}[RA]^{Z_B}} \tag{4-10}$$

式中，右边各项均以离子浓度表示，由于对活度系数做了上述假定，所以 K 值不应视作常数，因此把它称为平衡系数。但在稀溶液条件下，K 可近似为常数。

式(4-10)表明，K 值越大，交换量越大，即溶液中 B 离子的去除率越高。根据 K 值的大小，可以判断交换树脂对某种离子交换选择性的强弱，故又把 K 值称为离子交换平衡选择系数。

离子交换反应的平衡关系还可用平衡曲线表示。设反应开始时，树脂中的可交换离子全部为 A，[A]等于树脂总交换容量 q_0，[RB]＝0，水中[B]＝c_0（初始浓度），[A]＝0；当交换反应达到平衡时，水中[B]减少到 c_B，树脂上交换了 q_B 的 B，即[RB]＝q_B，则树脂上的[RA]＝q_0-q_B，水中的[A]＝c_0-c_B。由式(4-10)可得以下形式的平衡关系式：

$$K=\left(\frac{q_0}{c_0}\right)^{Z_B-Z_A}=\frac{\left(1-\dfrac{c_B}{c_0}\right)^{Z_B}}{(c_B/c_0)^{Z_A}}\cdot\frac{(q_B/q_0)^{Z_A}}{(1-q_B/q_0)^{Z_B}} \tag{4-11}$$

式中 q_0、c_0 和 Z_A、Z_B 已知，只要测定溶液中的[A]、[B]，即可由式(4-11)求得 K。

式(4-11)适用于各离子之间的交换，当 $Z_A=Z_B=1$ 时，式(4-11)可简化为：

$$\frac{q_B/q_0}{1-q_B/q_0}=K\cdot\frac{c_B/c_0}{1-c_B/c_0} \tag{4-12}$$

式中：q_B/q_0——树脂的失效度；

c_B/c_0——溶液中离子残留率。

若以 c_B/c_0 为横坐标，q_B/q_0 为纵坐标作图，可得某一 K 值下的等价离子交换理论等温平衡线（图 4-2-2）。

由图 4-2-2 可见，当 q_B/q_0 相同时，K 值越大，c_B/c_0 越小，即水中目的离子浓度越低，交换效果越好。当 $K>1$ 时，平衡线上的 $q_B/q_0>c_B/c_0$，曲线呈凸形，反应式(4-9)的平衡趋向右边，树脂对 B 有选择性，而且曲线越凸，选择性越强，此为有利平衡；当 $K<1$时，平衡线上的 $q_B/q_0<c_B/c_0$，曲线呈凹形，反应式(4-9)的平衡趋向左边，不利于 B 的交换，称为不利平衡。因此，从平衡曲线的形状可以定性地判断交换树脂对某种离子的选择性。

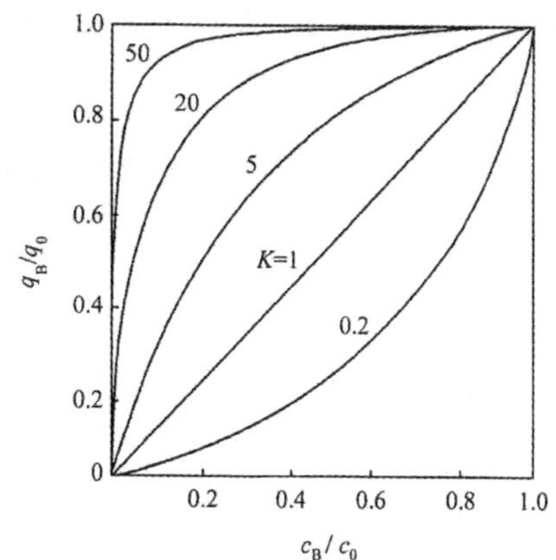

图 4-2-2　等价离子交换的理论等温平衡线

尽管实际等温平衡线与上述理论等温平衡线有差别，但可以利用平衡图来判断交换反应进行的方向和大致程度，以及估算去除一定量离子所需的树脂量。

(二)离子交换速度

离子交换速度取决于离子交换过程。通常离子交换过程可分为四个连续的步骤:①目的离子从溶液中扩散到树脂颗粒表面,并穿过颗粒表面液膜(液膜扩散);②离子在树脂颗粒内部孔隙中扩散到交换点(孔隙扩散);③离子在交换点进行交换反应;④被交换下来的离子沿相反方向迁移到溶液中去。其中离子交换反应可以认为是瞬间完成的,其余步骤都属于离子的扩散过程,因此离子交换速度实际上由扩散过程所控制。在污水处理的正常流速下,交换速度主要取决于液膜扩散和孔隙扩散,两者中哪种为速度控制因素,需要根据具体情况进行分析。一般而言,溶液中交换离子浓度低时,膜扩散为控制因素;浓度高时,孔隙扩散为控制因素。通常增大溶液的湍动程度或流速,会使膜扩散加速而促进交换过程;减小树脂粒度、颗粒粒径会使交换速度增加。此外,降低交换树脂交联度、提高交换体系温度等,也可以提高交换速度。

三、离子交换工艺及设备

(一)离子交换工艺过程

离子交换操作是在装有离子交换剂的交换柱中以过滤方式进行的,整个工艺过程一般包括交换、反洗、再生和清洗四个步骤。这四个步骤依次进行,形成不断循环的工作周期。

1. 交换

交换是利用离子交换树脂的交换能力,从污水中分离欲去除的离子的操作过程。以树脂(RA)交换污水中B离子为例来讨论,离子交换柱的工作过程如图4-2-3所示。

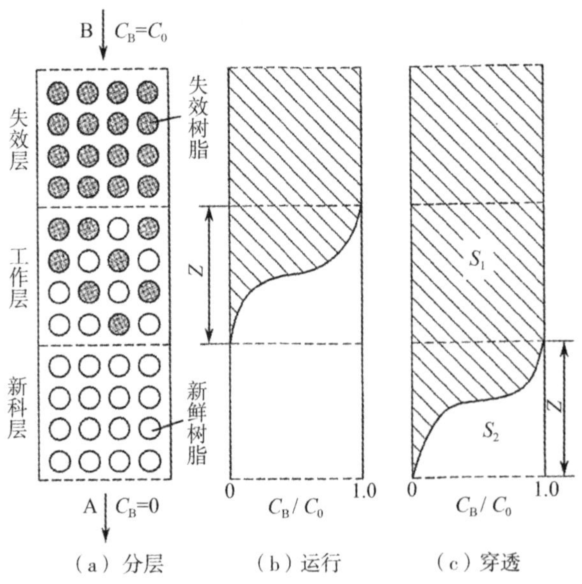

图4-2-3 离子交换柱工作过程

如图 4-2-3(a)所示，当含 B 浓度为 C_0 的废水自上而下通过 RA 树脂层时，上层树脂中 A 首先和 B 交换，达到交换平衡时，这层树脂被 B 饱和而失效。此后进水中的 B 不再和失效树脂交换，交换作用移至下一树脂层。在交换层内，每个树脂颗粒均交换部分 B，因上层树脂接触的 B 浓度高，故树脂的交换量大于下层树脂。经过交换层，B 浓度自 C_e 降至接近于 0。C_e 是与饱和树脂中 B 浓度呈平衡的液相 B 浓度，可视同 C_0。因流出交换层的水流中不含 B，故交换层以下的床层未发挥作用，是新鲜树脂。这样，交换柱在工作过程中，整个树脂层就形成了上部饱和(失效)层、中部工作层、下部新料层三个部分，而真正工作的只有交换层的树脂。此时，交换层中的液相 B 浓度曲线如图 4-2-3(b)所示。继续运行时，失效层逐渐扩大，交换层向下移动，新料层逐渐缩小。当交换层下缘到达树脂层底部时，液相 B 浓度曲线下端也下移到树脂层底部，见图 4-2-3(c)，出水中开始有 B 漏出，此时称为树脂层穿透。再继续运行，出水中 B 浓度迅速增加，直至与进水 C_0 相同，此时，全柱树脂饱和。

在实际污水处理中，一般交换柱到穿透点时就停止工作，需进行树脂再生。但为了充分利用树脂的交换能力，可采用“串联柱全饱和工艺”，即当交换柱达到穿透点时，仍继续工作，只是把该柱的出水引入另一个已再生后投入工作的交换柱，以便保证出水水质符合要求。

在图 4-2-3(c)中，曲线上部阴影面积 S_1 表示利用了的交换容量(即工作交换容量)，曲线下部面积 S_2 表示尚未用的交换容量，则树脂利用率 η 为：

$$\eta = \frac{S_1}{S_1 + S_2} \times 100\% \tag{4-13}$$

交换柱的树脂利用率主要取决于工作层厚度和整个树脂层的高宽尺寸比例。显然，当交换柱尺寸一定时，工作层厚度越小，树脂利用率越高。工作层厚度随工作条件而变化，主要取决于水流速度。当水流速度不超过交换速度(对一定的树脂基本上为常数)时，交换层厚度小，树脂利用率高；当水流速度大于交换速度时，交换层厚度大，树脂利用率低。合适的水流速度通常由试验确定，一般为 10～30 m/h。

2. 反洗

反洗是逆交换水流方向通入冲洗水，以松动树脂层，使再生液与交换剂颗粒能充分接触，同时清除杂物和破碎的树脂。冲洗水可用自来水或废再生液。

3. 再生

再生的目的是恢复树脂的交换能力，同时回收有用物质。再生是交换的逆过程，根据离子交换平衡式 $RA + B \rightleftharpoons RB + A$，如果显著增加 A 离子浓度，在浓差推动下，大量 A 离子向树脂内扩散，而树脂内的 B 则向溶液扩散，反应向左进行，从而达到树脂再生的目的。

再生操作是将再生剂以一定流速(4～8 m/h)通过反洗后的树脂层，再生一定时间(不少于 30 min)，直到再生液中 B 浓度低于某个规定值为止。再生效果与费用与再生剂种类、再生剂用量及再生方式等有关。

4. 清洗

清洗的目的是洗涤残留的再生液和再生产物。通常清洗的水流方向和交换时一样，故又称为正洗。清洗的水流速度应先小后大，用水量为树脂体积的4～13倍。清洗后期应特别注意掌握清洗终点的pH（尤其是弱性树脂转型之后的清洗），避免重新消耗树脂的交换容量。

（二）离子交换设备

离子交换设备与吸附设备相似，按操作方式可分为固定床和连续床两大类，而连续床又分移动床和流动床两种。

1. 固定床

固定床离子交换柱是最常用的离子交换设备，其上部和下部设有配水和集水装置，中部装填1.0～1.5 m厚的交换树脂。工作时，树脂床层固定不动，水流由上而下流动。

根据树脂层的组成，固定床分为单层床、双层床和混合床三种。单层床中只装一种树脂，可以单独使用，也可以串联使用。双层床是在同一个柱中装两种同性不同型的树脂，由于比重不同而分为两层。混合床是把阴、阳两种树脂混合装成一床使用。

固定床设备紧凑、操作简单、出水水质好，但再生费用较大、生产效率不高。

2. 连续床

（1）移动床。移动床离子交换设备包括交换柱和再生柱两个主要部分。工作时，定期从交换柱排出部分失效树脂，送到再生柱再生，同时补充等量的新鲜树脂参与工作。因在补充树脂时有短暂的停水，所以移动床实际上是一种半连续式的交换设备，整个交换树脂在间断移动中完成交换和再生。其优点是效率较高、树脂用量较少，且设备小、投资省；缺点是对进水变化的适应性较差，对自动化程度要求高。

（2）流动床。流动床交换设备的交换树脂在装置内连续循环流动，失效树脂在流动过程中经再生、清洗设备后恢复再生能力，连续定量补充到交换柱的出水端，以达到不间断生产的目的。其优点是树脂用量少、连续运行、效率高，缺点是设备较复杂、树脂磨损大。

第三节　萃取法

一、概述

化工上，用适当的溶剂分离混合物的过程叫萃取。萃取后的溶剂相，称为萃取相（液），主要由萃取剂和溶质组成。萃取后仍残留少量溶质的废水，则称为萃余相（液）。在废水处

理中，萃取主要用于从废水中分离或回收某些污染物质。萃取的实质是溶质在水中和溶剂中有不同的溶解度，溶质从水中转入溶剂中是传质过程，其推动力是废水中实际浓度与平衡浓度之差。在达到平衡浓度时，溶质在溶剂中及水中的浓度，呈一定的比例关系，见式(4-14)：

$$D=C_{溶}/C_{水} \tag{4-14}$$

式中：Q ——分配系数；

$C_{溶}$——在溶剂中的平衡浓度；

$C_{水}$——在废水中的平衡浓度。

注意：分配系数的值不是常数，不但受温度影响，而且还受浓度的影响。Q越大，即表示被萃取组分在有机相中的浓度越大，也就是它越容易被萃取。两相之间物质的转移速率G(kg/h)可用式(4-15)表示：

$$G = KF\Delta C \tag{4-15}$$

式中：F ——两相的接触面积，m^2；

ΔC——传质推动力，即废水中污染物质的实际浓度与平衡浓度之差值，kg/m^3；

K ——传质系数，m/h；它与两相的性质、浓度、温度、pH 等有关。

随着传质过程的进行，在一相中污染物的实际浓度逐渐减小，而在另一相中其浓度逐渐增高，因此，传质过程的推动力 ΔC 是一个变数。为了加快传质速率，萃取法多采用逆流操作，即气—液两相或液—液两相呈逆流流动，密度大的由上而下流动，密度小的由下而上流动。由于传质速率与两相之间的接触面积成正比，因此在工艺上应尽量使某一相呈分散状态。分散程度越高，两相之间的接触面积越大。另外传质速率还与其他因素有关，如增加两相的搅动程度，即增加传质系数，这样可以加速传质过程的进行。

二、萃取剂的选择和再生

1. 萃取剂的选择

萃取剂的性质直接影响萃取效果，也影响萃取费用。在选取萃取剂时，一般应考虑以下几个方面的因素。

(1)萃取剂应有良好的溶解性能。它包括两个含义：一是对萃取物的溶解度要高，亦即分配系数大；二是萃取剂本身在水中的溶解度要低。这样，分离效果就较好，相应的萃取设备也较小，萃取剂用量也较少。常用来萃取酚的萃取剂及其分配系数列于表 4-3-1。

表 4-3-1　某些萃取剂萃取酚的分配系数

萃取剂	苯	重苯	中油	杂醇油	异丙醚	三甲酚磷酸酯	醋酸丁酯
分配系数	2.2	2.5 左右	2.5 左右	8 左右	20	28	50

(2)萃取剂与水的密度差要大。二者的密度差异越大,两相就越容易分层分离。合适的萃取剂应该是与水混合后不大于 5 min 分层。

(3)萃取剂要易于回收和再生。要求与萃取物的沸点差要大,二者不能形成恒沸物。

(4)价格低廉、来源广、无毒、不易燃易爆、化学性质稳定。

2. 萃取剂的再生

萃取后的萃取相需经再生,将萃取物分离后,萃取剂继续使用。再生方法有以下两种。

(1)物理再生法(蒸馏或蒸发)。利用萃取剂与萃取物的沸点差来分离。例如,用醋酸丁酯萃取废水中的酚时,因酚的沸点为 181～202.5℃,醋酸丁酯的沸点为 116℃,二者的沸点差较大,控制适当的温度,采用蒸馏法即可将二者分离。

(2)化学再生法(反萃取)。投加某种化学药剂,使其与萃取物形成不溶于萃取剂的盐类,从而达到二者分离的目的。例如,用重苯或中油萃取废水中的酚时,向萃取相投加浓度为 12%～20%的苛性钠,使酚形成酚钠盐结晶析出,萃取剂便得到再生,返回流程循环使用。

三、萃取工艺过程

萃取工艺过程如图 4-3-1 所示。整个过程包括以下三个工序。

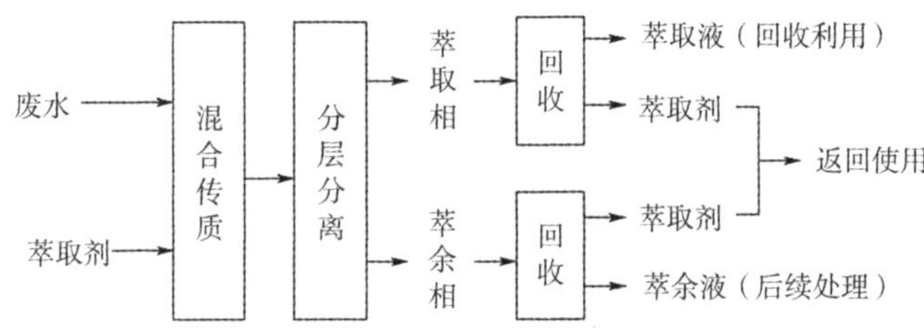

图 4-3-1　萃取工艺过程示意图

(1)混合。把萃取剂与废水进行充分接触,使溶质从废水中转移到萃取剂中。

(2)分离。使萃取相与萃余相分层分离。

(3)回收。分别从两相中回收萃取剂和溶质。

根据萃取剂(或称有机相)与废水(或称水相)接触方式的不同,萃取作业可分为间歇式和连续式两种。根据两相接触次数的不同,萃取流程可分为单级萃取和多级萃取两种,后者又分为错流和逆流两种方式。其中最常用的是多级逆流萃取流程。

多级逆流萃取流程,是将多次萃取操作串联起来,实现废水与萃取剂的逆流操作;在萃取过程中,废水和萃取剂分别由第一级和最后一级加入,萃取相和萃余相逆向流动,逐级接触传质,最终萃取相由进水端排出,萃余相从萃取剂加入端排出。

多级逆流萃取只在最后一级使用新鲜的萃取剂,其余各级都是与后一级萃取过的萃取剂接触,因此能够充分利用萃取剂的萃取能力。这种流程体现了逆流萃取传质推动力大、分

离程度高、萃取剂用量少的特点，因此也称为多级多效萃取，简称多效萃取。

四、萃取设备

萃取设备可分为箱式、塔式和离心式三大类。下面简要介绍废水处理中常用的两种塔式萃取设备。

1. 脉冲筛板萃取塔

脉冲筛板萃取塔如图 4-3-2 所示。塔分三段，中间为萃取段，段内上下排列着许多筛板，这是进行传质的主要部位。塔的上下两个扩大段是两相分层分离区。脉冲筛板萃取塔具有较高的萃取效率，结构较简单，能量消耗也不大，在废水脱酚时常采用这种设备，处理其他废水也能获得良好的效果。

2. 转盘萃取塔

转盘萃取塔如图 4-3-3 所示，塔的中部为萃取段，塔壁上水平装设一组等距离的固定环板，塔中心轴上连接一组水平圆形转盘，每一转盘的高度恰好位于两固定环板的中间。萃取时，重液（废水）由萃取段的上部流入、轻液（萃取剂）由萃取段下部供入，两相逆向流动于环板间隙中。当转盘旋转时，液流内产生很高的速度梯度和剪应力，使分散液滴被剪切变形和破碎，随之又碰撞聚集，从而强化了传质过程。

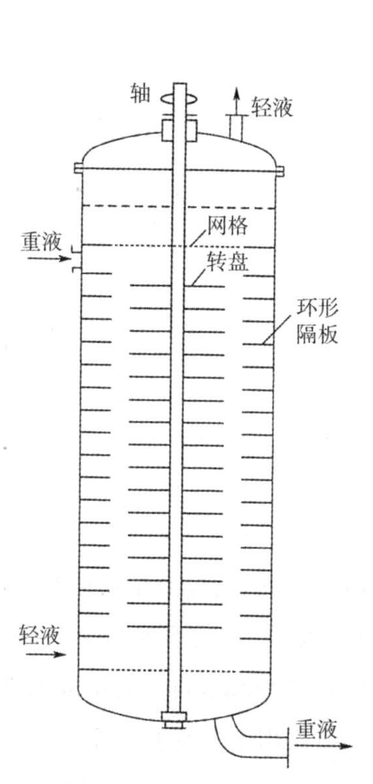

图 4-3-2　脉冲筛板萃取塔

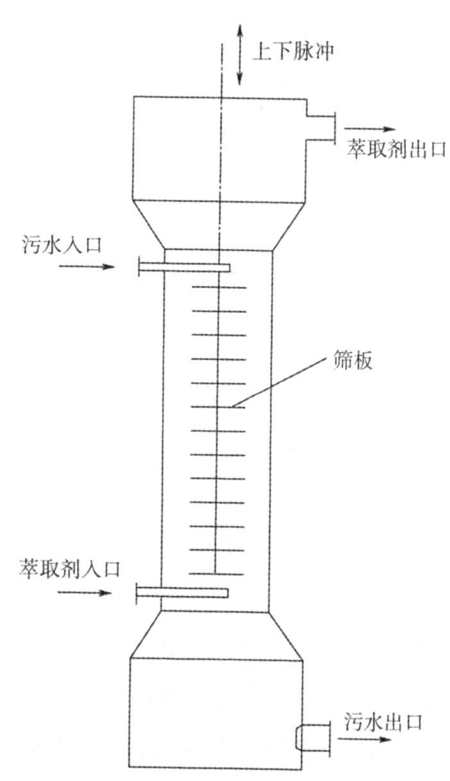

图 4-3-3　转盘萃取塔

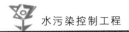

五、萃取法在废水处理中的应用实例

1. 萃取法处理含酚废水

焦化厂、煤气厂、石油化工厂排出的废水均含有较高浓度的酚，含酚浓度达 1 000 mg/L 以上，为避免高酚废水污染环境，同时回收有用的酚，常采用萃取法处理这类废水。

某焦化厂废水用萃取法脱酚的工艺流程如图 4-3-4 所示。废水先经除油、澄清和降温预处理后进入脉冲筛板塔（萃取设备），由塔底供入二甲苯（萃取剂）。该厂的处理水量为 16.3 m^3/h，含酚平均浓度为 1 400 mg/L，二甲苯用量与废水量之比为 1∶1。萃取后，出水含酚浓度为 100～150 mg/L，脱酚效率为 90%～93%，出水再进一步处理。含酚二甲苯自萃取塔顶送到碱洗塔进行再生脱酚，碱洗塔采用筛板塔，塔中装有浓度为 20%的氢氧化钠溶液。再生后萃取相可循环使用，从碱洗塔排出的酚盐含酚 30%左右，可作为回收酚的原料。

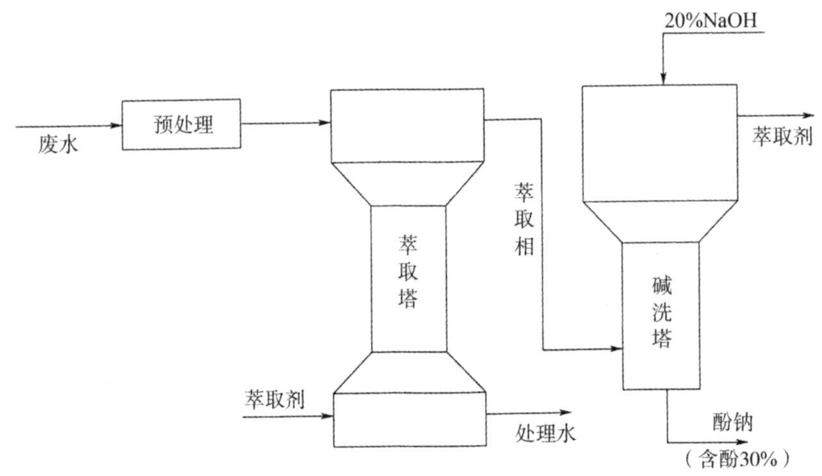

图 4-3-4　脉冲萃取塔脱酚工艺流程

2. 萃取法处理含重金属废水

各种重金属废水大多可以用萃取法处理，下面简要介绍一个含铜铁废水处理的实例。含铜铁废水萃取法处理流程如图 4-3-5 所示。

某铜矿废石场采选废水，含铜 230～1 600 mg/L，含铁 4 700～5 400 mg/L，含砷 10.3～300 mg/L，pH=0.1～3。含铜废水用 N-510 做复合萃取剂。以磺化煤油作稀释剂，煤油中 N-510 浓度为 162.5 g/L。在涡流搅拌池中进行六级逆流萃取，每级混合时间为 7 min。总萃取率在 90%以上。含铜萃取相用 1.5 mol/L 的 H_2SO_4 进行反萃取，再生后萃取剂重复使用，反萃取所得的硫酸铜溶液，送去电解沉积金属铜，硫酸回收用于反萃取工序。萃余相用氨水（NH_3/Fe=0.5）除铁，在 90～95℃下反应 2 h，除铁率达 90%，生成的固体黄铵铁矾，经

煅烧(800℃)后得到品位为95.8%的产品铁红(Fe_2O_3),可作涂料使用。过滤液经中和处理达到排放标准后,即可排放或回收利用。

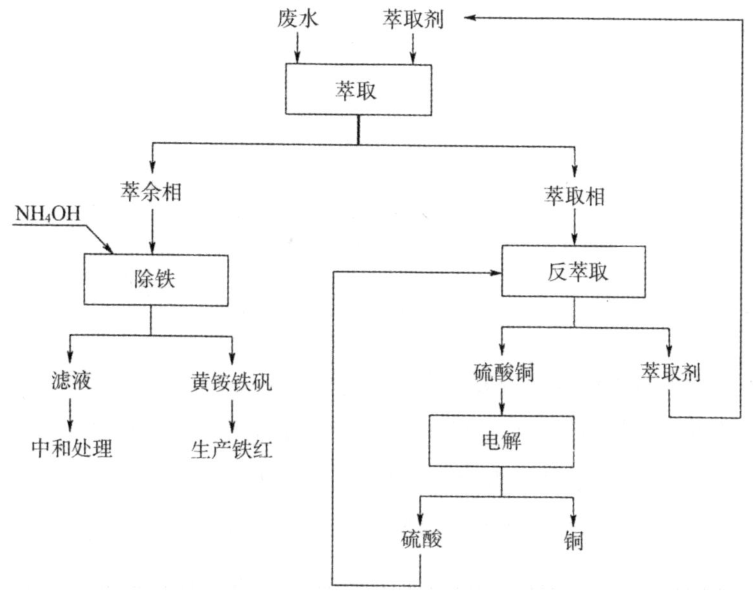

图4-3-5　含铜铁废水萃取法处理流程

第四节　渗透汽化

渗透汽化(Pervaporation,简称PV),是利用料液膜上下游某组分化学势差为推动力,依靠致密高聚物膜,根据液体混合物中组分的溶解扩散性能的不同,实现组分分离的一种新型膜分离技术。

与传统的蒸馏等分离技术相比,渗透汽化具有设备简单、高效、低能耗、无污染等优点,适用于一切液体混合物的分离,尤其是对共沸或近沸混合体系的分离、纯化具有特别的优势。

一、渗透汽化的基本原理

渗透汽化的分离,是利用液体中两种组分,在膜中溶解度与扩散系数的差别,通过渗透与汽化,将两种组分进行分离。在渗透汽化过程中,其质量、热量通过膜的传递,离开时物料浓度和温度都与加入时不同。

1. 渗透汽化的分离

渗透汽化分离过程如图4-4-1所示,液体混合物原料经加热器加热到一定温度后,在常压下送入膜分离器,与膜接触,在膜的下游侧,用抽真空或载气吹扫等方法维持低压。渗透物组分在膜两侧的蒸汽分压差(或化学位梯度)作用下透过膜,并在膜的下游侧汽化,被冷凝成液体而除去。不能透过膜的截留物流出膜分离器。

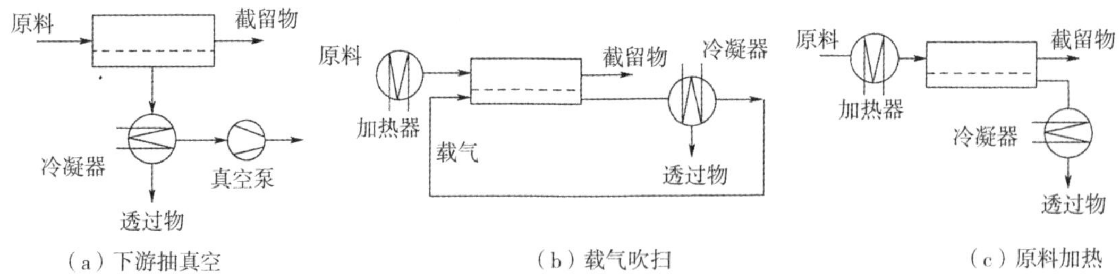

图 4-4-1　渗透汽化过程示意图

按照推动力的不同,渗透汽化可分三类。

(1)真空渗透汽化。如图 4-4-1(a)所示,在膜透过侧,用真空泵抽真空,以造成膜两侧组分的分压差,该方法简单,传质推动力大,适用于实验室研究。

(2)载气吹扫渗透汽化。如图 4-4-1(b)所示,用载气吹扫膜的透过侧,带走渗透组分,吹扫气冷凝回收透过组分,载气循环使用,若不需回收透过组分,载气可直接放空。载气吹扫渗透汽化,分为不凝性载体吹扫和可凝性载体吹扫。

(3)热渗透汽化。如图 4-4-1(c)所示,通过料液侧加热或通过浓侧冷凝的方法,形成膜两侧组分的蒸汽压差,传质推动力比真空渗透汽化小,工业上常与真空渗透汽化联合使用。

2. 渗透汽化过程的影响因素

渗透汽化过程中,涉及多种梯度变化(如浓度、压力、温度),主要影响因素有。

(1)膜材料、结构及被分离组分的物化性质。这是影响渗透汽化过程最重要的因素,它影响到组分在膜中的溶解性和扩散性。此外,膜材料和膜结构,还决定了膜的稳定性、寿命、抗化学腐蚀及耐污染的好坏,以及膜的成本。而被分离组分的分子量、化学结构及立体结构,将直接影响到它的溶解能力和扩散行为,组分之间存在的伴生效应,将影响最终的分离效果。

(2)温度。温度对渗透性的影响,可以由 Arrhenius 关系来描述。多数情况下,温度升高将加速分离溶液在膜中的扩散,以及在低压侧的充分汽化,使通量显著上升;另外,还将加大膜的溶胀度,并减弱水与膜的氢键相互作用,使分离系数在较高温度下略有下降。

(3)料液浓度。亲水膜对低料液浓度的溶液,往往具有较高的通量,但分离系数较低,随着料液浓度上升,亲水膜的通量下降而分离系数上升;疏水膜的情况完全相反,即通量较小而分离系数较大。

(4)上、下游压力。渗透汽化,受上游侧压力的影响不大,所以上游侧通常维持常压。下游侧压力的变化对分离过程有明显的影响。通常,随着下游侧压力的增加,渗透性下降,但

此时分离系数上升;反之,分离系数下降。

(5)膜厚度的影响。随着膜厚度的增加,传质阻力增加,渗透性降低,而分离系数与膜厚度无关,这是因为分离作用是由膜的极薄活性致密层决定的。

二、渗透汽化膜

1. 渗透汽化膜的种类

渗透汽化膜有很多种,按膜材料可以分为:有机高分子膜、无机膜和有机/无机复合膜;按结构可以分为:均质膜、非对称膜和复合膜;按分离体系可以分为:有机物优先透过膜、优先透水膜和有机—有机混合物分离膜;按膜的形态可以分为:玻璃态膜、橡胶态膜和离子型聚合物膜。

目前,优先透水膜材料研究非常广泛,应用最多的有壳聚糖、聚乙烯醇和聚氨酯等,它能优先透过水,适宜分离含水量低的醇/水混合物;有机物优先透过膜大多为硅橡胶、聚偏氯乙烯、聚丙烯之类的疏水膜,优先透过醇类,适宜分离含醇量低的醇水混合物。

2. 膜材料的选择原则

膜材料的选择,是渗透汽化过程能否实现节能、高效的关键,常用的膜材料的选择原则有极性相似和溶剂化原则,Flory-Huggins 相互作用参数 Ψ、溶解度参数原则。

(1)极性相似和溶剂化原则。极性相似和溶剂化原则,即通常所说的极性聚合物与极性溶剂互溶,非极性聚合物与非极性溶剂互溶。极性聚合物和极性溶剂混合时,由于聚合物的极性基团和极性溶剂间产生相互作用,而发生溶剂化作用,使聚合物链节松弛而被溶解。

在渗透汽化分离中,可按待分离混合液中各组分分子所带的基团,按上述原则选择适当的膜材料,如乙醇—苯体系,乙醇极性较强而苯无极性,为了分离乙醇,可选择含极性基团的高分子材料,如聚乙烯醇作为膜。

(2)Flory-Huggins 相互作用参数 Ψ。Flory-Huggins 相互作用参数 Ψ,表征了一个分子的纯溶剂,放入高分子纯溶液中所需的能量值。Ψ 值越大,溶剂与聚合物越不易互溶,通过实验可测出溶剂—聚合物之间的 Ψ 值,以判断该体系的互溶情况。

对渗透汽化过程,也可根据待分离混合液的各组分,与膜材料之间的 Ψ 值来判断各组分溶解透过的情况。此法与极性相似和溶剂化原则相比,选择膜材料的准确性较高,但参数测定复杂,混合液中各组分与高分子膜之间的相互作用随温度、混合液的浓度而变。

(3)溶解度参数原则。溶解度参数 δ,是由 Hildebrand 首先提出,定义为单位体积分子内聚能的平方根,它是表征简单液体相互作用强度特征的有用数据,也是选择渗透汽化膜材料的重要方法。物质的 δ 值,可用其三个分量(色散分量 δ_d、极性分量 δ_p、氢键分量 δ_b)表示。两种物质的溶解度参数越接近,则互溶性越好。

在 δ 的三个分量中，极性分量 δ_p 常是判断组分能否在膜中溶解的重要依据，如弱极性的聚苯乙烯，能溶解弱极性的组分苯、甲苯等，而强极性的聚甲基丙烯酸甲酯，能溶解的组分如丙酮也是强极性物质。可见，以极性分量表示组分和膜极性的大小，使极性相似和溶剂化原则具有定量的概念。溶解度参数原则估算聚合物和溶剂分子之间的相互作用极为便捷。

3. 渗透汽化膜性能的评价

一般用分离因子和渗透通量来衡量膜的性能。

(1)分离因子(α)。分离因子 α 反映膜的选择性，其定义式(4-16)为：

$$\alpha = \frac{\frac{y_i}{y_j}}{\frac{x_i}{x_j}} \tag{4-16}$$

式中：x_i，x_j ——原液中组分 i、j 的物质的量分率；

y_i，y_j ——透过液中组分 i、j 的物质的量分率。

通常，i 表示透过速率快的组分，因此，α 的数值大于 1。α 越大，表示两组分的透过速率相差越大，膜的选择性越好。

(2)渗透通量(J)。单位时间内，通过单位膜面积的组分的量，称为该组分的渗透通量，它反映膜的渗透性。其定义式为式(4-17)：

$$J_i = \frac{M_i}{A \cdot t} \tag{4-17}$$

式中：J_i ——渗透通量，g/(m^3 · h)；

M_i——组分 i 的透过量，g；

A ——膜面积，m^2；

t ——操作时间，h。

三、渗透汽化膜的传递机理

渗透汽化膜的分离，同时包括传质和传热的过程，涉及渗透物与膜的结构和性质，渗透物组分之间、渗透物和膜之间复杂的相互作用，目前主要用溶解扩散模型和孔流模型来描述其传递过程。

1. 溶解扩散模型

溶解扩散模型是目前应用最广的一种模型，根据该模型(图 4-4-2)，渗透汽化过程是液体传递和气体传递的串联耦合过程，其传质过程可分三步：渗透物组分在进料侧膜表面溶解；渗透物组分在浓度梯度或活度梯度的作用下穿膜扩散；渗透物组分在透过侧膜表面解吸。其中第三步速度很快，对整个传质过程影响不大，因而溶解扩散模型归结为前两步，即

对渗透物小分子在膜中的溶解和扩散过程的描述。

一般研究者都认为，渗透汽化的溶解过程达到了平衡，可以根据渗透物组分和膜材料之间的相互作用力，及相互作用力的强弱来选取不同的模型，计算得到渗透物组分在膜表面的溶解度。计算方法主要有三种。

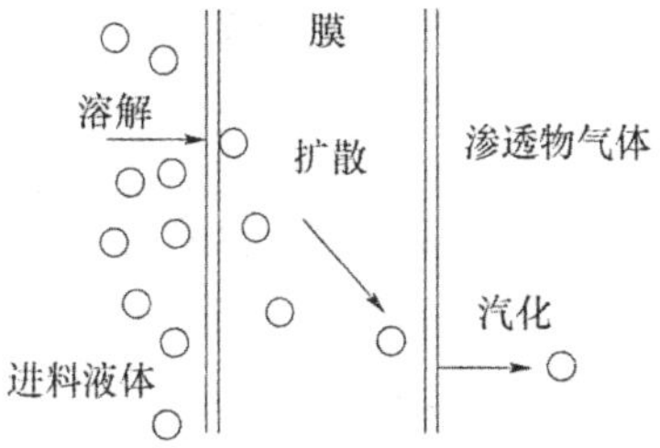

(1)Henry 定律：渗透物组分和膜材料之间无相互作用力的理想情形。

(2)双吸附模型：渗透物小分子和膜材料之间存在较弱相互作用力的情形。

图 4-4-2　溶解扩散模型示意图

(3)Flory-Huggins 模型：渗透物小分子和膜材料之间存在较强相互作用力的情形。

扩散过程基本分为两类：正常扩散(Fick 型扩散)和反常扩散(非 Fick 型扩散)。渗透汽化过程中，渗透物小分子在膜中的扩散大多属于反常扩散。研究者通常的做法是，用各种理论和经验关联式，主要模型包括：浓度或活度依赖型扩散系数的经验模型、从自由体积理论出发得到扩散系数、采用双吸附模型描述扩散过程、从分子动力学模拟出发求算扩散系数。

溶解扩散模型适用于描述非溶胀膜中的渗透行为，但对于渗透汽化过程中的溶胀耦合效应和相变的发生有其局限性。

2. 孔流模型

孔流模型最初由 Matsuura 等提出，该模型假定，膜中存在大量贯穿膜的长度为 δ 的圆柱小管(图 4-4-3)，所有的孔处在等温操作条件下，渗透物组分通过三个过程完成传质：液体组分由 Poiseuille 流动通过孔道传输到液—汽相界面；组分在液—汽相界面汽化；气体由表面流动从界面处沿孔道传输出去。孔流模型中的孔是高聚物网络结构中链间未相互缠绕的空间，其大小为分子尺寸。

孔流模型的典型特征在于膜内存在液—汽相界面，孔流模型认为，渗透汽化过程在稳定状态下，膜中可能存在浓差极化。该模型和溶解扩散模型有本质上的不同，孔流模型定义的“通道”是固定的，而溶解扩散模型定义的“通道”是高分子链段随机热运动的结果。

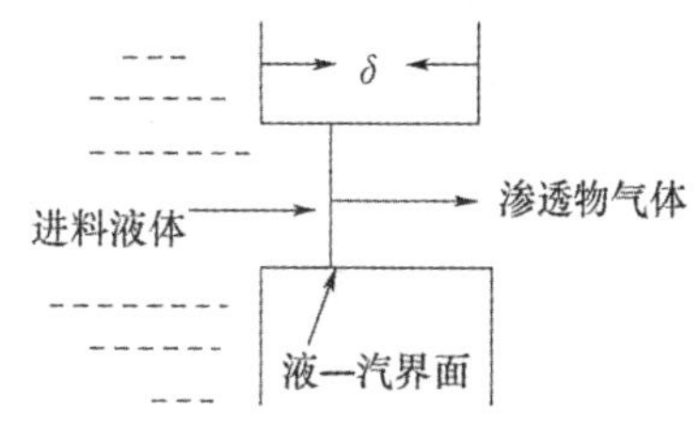

图 4-4-3　孔流模型示意图

溶解扩散模型和孔流模型，都是以膜厚和单推动力来表示渗透通量，有其局限性，有研究者提出了虚拟相变溶解扩散模型、不可逆热力学模型等，渗透汽化的传递机理在不断地发展和完善中。

四、渗透汽化膜分离技术的应用

目前，渗透汽化的应用包括有机物脱水、水中回收贵重有机物、有机—有机体系分离等三个方面，在石油化工、医药、食品、环保等工业领域中也显示出广阔的应用前景。

1. 制取无水乙醇

乙醇等有机物与水形成恒沸物，制取高纯度溶剂时，需要恒沸精馏、萃取精馏、分子筛脱水等，费用高，分离效果不理想。1982 年，德国 GFT 公司率先将渗透汽化技术成功应用于无水乙醇的生成，到目前，渗透汽化的应用领域遍及醇、酮、醚、醋等多种有机物水溶液脱水。

Tidbali R. A. 等用发酵—蒸馏—渗透汽化组合工艺制取无水乙醇，其工艺流程如图 4-4-4所示。PV-1 膜组件与发酵釜构成一个生物反应器，其中 PV-1 膜组件起到两方面的作用：一方面是提高进入蒸馏塔中乙醇的浓度，减轻蒸馏塔的运行负荷，提高操作运行效果；另一方面是连续地带走发酵产物乙醇，减少乙醇对反应的抑制作用，提高发酵过程产率。从 PV-2 单元膜下游侧透出的蒸汽被冷凝后进入蒸馏塔。

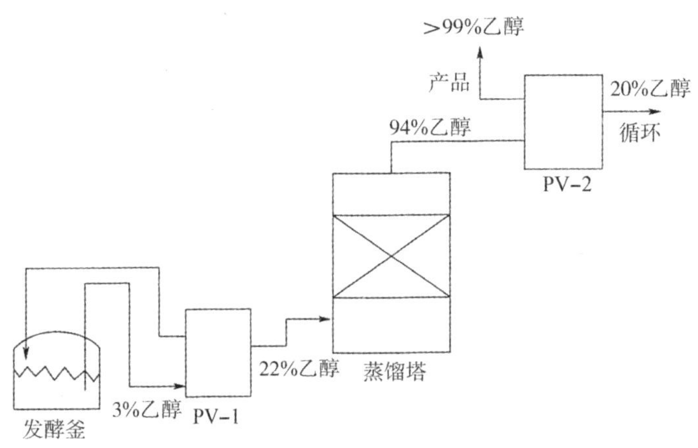

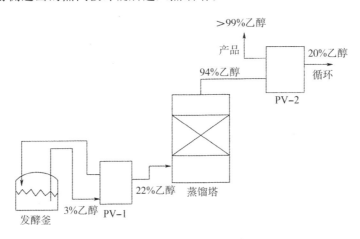

图 4-4-4　渗透汽化制取无水乙醇工艺流程

工艺中 PV-1 膜组件采用的是疏水膜(或称透醇膜)，PV-2 膜组件是亲水膜(或称透水膜)，目的是使在低浓度阶段少量醇透过膜，高浓度段少量水透过膜，以节约能耗。渗透汽化适用于含水量为 0.1%～10%的有机溶剂脱水。

2. 苯脱除微量水

苯是重要的化工原料，在其应用过程中，许多情况下需要将苯中的微量水脱至 0.005%以下。渗透汽化技术可将苯中的微量水，从质量分数为 0.05%左右脱除到 0.003%以下，过程简单，易于控制，在经济上和技术上有明显的优势。

某公司渗透汽化苯脱水中试流程如图 4-4-5 所示。料液从料槽流出，由计量泵输送到电加热器，经加热升温后，通过过滤器进入膜组件，流经膜表面脱水后回到料槽。为保证料液中的水含量，需定期向料液中加水。真空系统中，透过物蒸汽自真空罩中被抽出，经冷凝后通过真空泵进入二次冷却系统，得到苯水渗透液。

该系统处理能力达到年产苯 1 320 t，用 3 个板框式膜组件串联使用，总有效膜面积为 24.9 m^2。在超过 1 000 h 的连续稳定运行期间，当进料苯中平均水含量在 0.06%，料液温度为 60～75℃，产品中水含量均在 0.003%以下，用渗透汽化法脱除苯中的微量水，比恒沸精馏法节能 2/3。

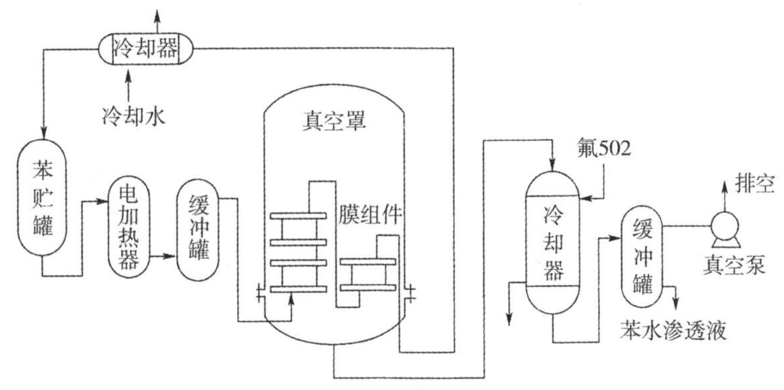

图 4-4-5　渗透汽化苯脱水中试流程

第五节　膜法水处理

一、概述

利用具有选择透过性能的薄膜，在外界能量或化学位差推动下，对双组分或多组分溶质和溶剂进行分离、提纯、浓缩的方法，统称为膜分离法。溶剂透过膜的过程称为渗透，溶质透过膜的过程称为渗析。常用的膜分离方法有渗析、电渗析、反渗透、微滤、超滤、液膜分离等。

近年来，膜分离技术发展速度极快，在污水、化工、生化、医药、造纸等领域广泛应用。与传统的分离技术相比，膜分离技术具有以下特点。

(1)效率高。传统分离技术的分离极限是微米(μm)，而膜分离技术分离的最低极限可达 0.1 nm。

(2)能耗低。膜分离过程不发生相变，与其他方法相比能耗较低。例如在海水淡化过程中，反渗透法耗能最低。主要原因是：膜分离过程中，被分离的物质大都不发生相的变化。相比之下，蒸发、蒸馏、萃取、吸附等分离过程，都伴随着从液相或吸附相至气相的变化。

(3)应用范围广。膜分离技术不仅适用于有机物、无机物、细菌和病毒的分离，而且还适用于诸如溶液中大分子与无机盐的分离、一些共沸物或近沸物等特殊溶液体系的分离。

(4)占地小。作为一种新型的水处理方法，与常规水处理方法相比，膜分离法的设备紧凑、占地面积小。

(5)操作方便。容易实现自动化操作，便于运行管理，可以频繁启动或停止。

(6)缺点是处理能力较小；除扩散渗析外，需消耗相当的能量。

二、扩散渗析法

1. 基本原理

扩散渗析，是使高浓度溶液中的溶质透过薄膜向低浓度溶液中迁移的过程。扩散渗析的推动力是薄膜两侧的浓度差。

扩散渗析使用的薄膜由惰性材料做成，大多用于高分子物质的提纯。使用离子交换膜进行扩散渗析时，利用膜的选择透过性分离电解质。离子交换膜扩散渗析器，除了没有电极以外，其他构造与电渗析器基本相同。下面用回收酸洗钢铁废水中的硫酸为例，说明扩散渗析的原理，如图 4-5-1 所示。

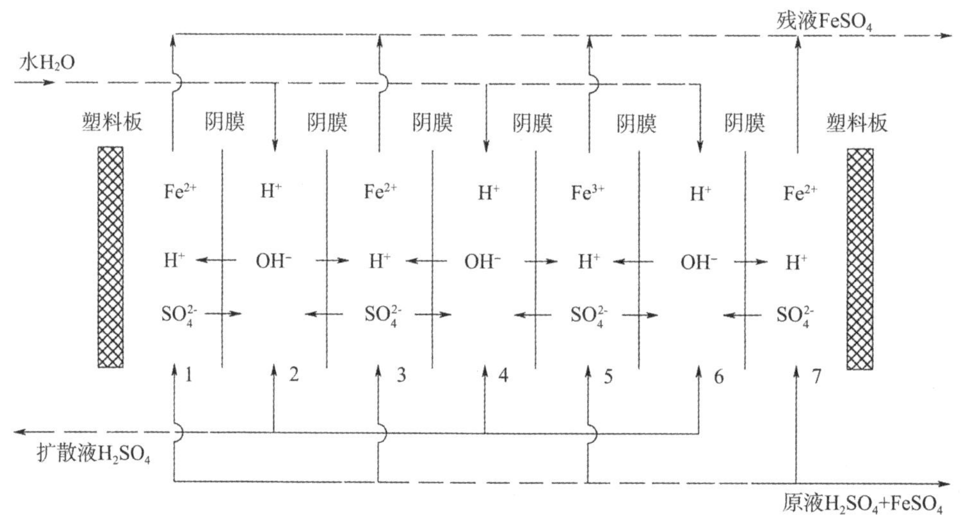

图 4-5-1 扩散渗析原理

在回收硫酸的扩散渗析器中，全部使用阴离子交换膜。含酸原液自下而上通入(1、3、5、7)隔室中，这些隔室称为原液室。水自上而下地通入(2、4、6)隔室中，这些隔室称为回收室。原液室的含酸废液中 Fe^{2+}、H^+、SO_4^{2-} 离子的浓度较高，三种离子都有向两侧回收室的水中扩散的趋势。由于阴膜的选择透过性，SO_4^{2-} 极易通过阴膜，而 Fe^{2+}、H^+ 则难以通过。又由于回收室中 OH^- 离子的浓度比原液室中高，则回收室中的 OH^- 离子极易通过阴膜进入原液室，与原液室中的 H^+ 离子结合成水。为了保持电中性，SO_4^{2-} 渗析的当量数与 OH^- 渗析的当量数相等。在回收室得到硫酸，由下端流出。原液脱除硫酸后，从原液室的上端排出，成为主要含 $FeSO_4$ 的残液。

扩散渗析的渗析速度与膜两侧溶液的浓度差成正比，只有当原液中硫酸的浓度不小于

10%时，扩散渗析的回收效果才显著，才有实用价值。为了提高膜两侧的浓度差，水与原液在阴膜的两侧相向而流。为了便于操作、安全、节能，一般均采用高位液槽重力流。扩散渗析器需要使用耐酸的阴离子交换膜，阴膜之间放置隔板。根据流量确定并联的隔板数目。将数十张至上百张隔板按要求叠放，用压紧装置紧固成一个整体。

扩散渗析的特点是：渗析过程不耗电，运转费用省，但是分离效率低，设备投资较大。

2. 扩散渗析的应用实例

某五金厂进行过用扩散渗析法从酸洗钢材废液中回收硫酸的生产性试验，其工艺流程如图 4-5-2 所示。包括扩散渗析器在内的全部设备投资，可以在两年内由回收硫酸和回收硫酸亚铁的收入来偿还。

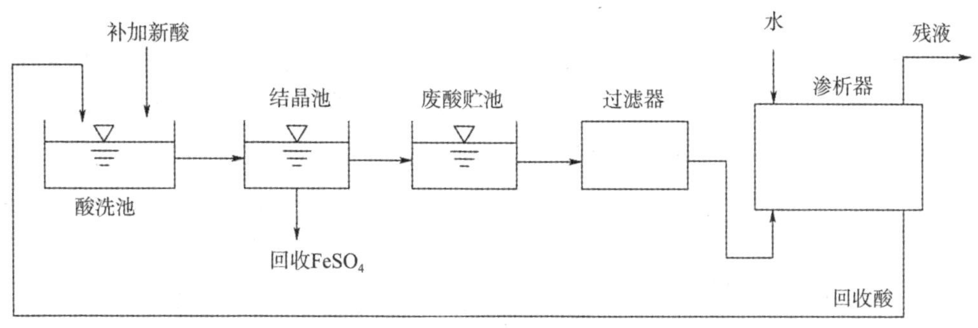

图 4-5-2　扩散渗析回收硫酸的工艺流程

三、电渗析法

1. 原理

电渗析是在直流电场的作用下，利用阴、阳离子交换膜对溶液中阴、阳离子的选择透过性（即阳膜只允许阳离子通过、阴膜只允许阴离子通过），使溶液中的溶质与水分离的一种物理化学过程。电渗析器的基本组装形式如图 4-5-3 所示。

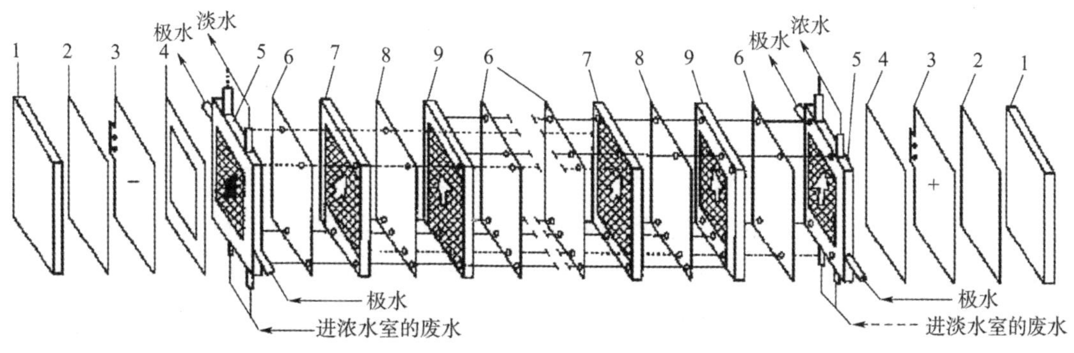

图 4-5-3　电渗析器的基本组装形式

1—压紧板；2—垫板；3—电极；4—垫圈；5—极框；6—阳膜；7—淡水隔板框；8—阴膜；9—浓水隔板框

电渗析器中交替排列着许多阳膜和阴膜，分隔成水室。当原水进入这些水室时，在直流电场的作用下，溶液中的离子就做定向迁移。阳膜只允许阳离子通过而把阴离子截留下来；阴膜只允许阴离子通过而把阳离子截留下来。结果使这些水室的一部分变成含离子很少的淡水室，出水称为淡水。而与淡水室相邻的水室，则变成聚集大量离子的浓水室，出水称为浓水。与电极板接触的水室为极水室，其出水为极水。通过电渗析器使离子得到了分离和浓缩，水便得到了净化。对于一般的给水处理，得到的为淡水，浓水排走；对于工业废水处理，淡水可无害化排放或重复利用；浓水则可回收有用物质。

电渗析和离子交换相比，有以下异同点。

(1)分离离子的工作介质虽均为离子交换树脂的薄膜，但前者是呈片状的薄膜，后者则为圆球形的颗粒。

(2)从作用机理来说。离子交换属于离子转移置换，离子交换树脂在过程中发生离子交换反应：而电渗析属于离子截留置换，离子交换膜在过程中起离子选择透过和截阻作用。因此更精确地说，应该把离子交换膜称为离子选择性透过膜。

(3)电渗析的工作介质不需要再生，但消耗电能；而离子交换的工作介质必须再生，但不消耗电能。

电渗析法处理废水的特点是：不需要消耗化学药品，设备简单，操作方便。

2. 离子交换膜

(1)离子交换膜的分类。按活性基团的不同，分为阳离子交换膜、阴离子交换膜和特殊离子交换膜。

①阳离子交换膜。指能离解出阳离子的离子交换膜，或者说在膜结构中含有酸性活性基团的膜。它能选择性地透过阳离子，而不让阴离子透过。这些酸性基团按离解能力的强弱可分为：强酸性，如磺酸型($—SO_3H$)；中强酸性，如磷酸型($—PO_3H_2$)；弱酸性，如羧酸型($—COOH$)、酚型($—ArOH$)。

②阴离子交换膜。指能离解出阴离子的离子交换膜，或者说在膜结构中含碱性活性基团的膜。它能选样性透过阴离子，而不让阳离子透过。这些碱性基团按离解能力的强弱可分为：强碱性，如季铵型[$—N(CH_3)_3OH$]；弱碱性，如伯胺型($—NH_2$)、仲胺型($—NHR$)、叔胺型($—NR_2$)。

③特殊离子交换膜(复合膜)。这种膜由一张阳膜和一张阴膜复合而成。两层之间可以隔一层网布(如尼龙布等)，也可以直接粘贴在一起。工作时，阴膜对阳极，阳膜对阴极。由于膜外的离子无法进入膜内，致使膜间的水分子被电离，H^+离子透过阳膜，趋向阴极；OH^-离子透过阴膜，趋向阳极，以此完成传输电流的任务。另外，在废水处理中，还可以利用复合膜产生的H^+或OH^-离子，与废水中的其他离子结合，来制取某些产品。

根据膜体结构(或按制造工艺)的不同，离子交换膜分为异相膜、均相膜和半均相膜

三种。

(2)离子交换膜的性能要求。离子交换膜的性能要求包括:选择透过性在95%以上,导电能力应大于溶液的导电能力,交换容量大,溶胀率和含水率适当,化学稳定性强,机械强度大。

3. 电渗析器

利用电渗析原理进行脱盐或处理废水的装置,称为电渗析器。

(1)电渗析器的构造。电渗析器由膜堆、极区和压紧装置三大部分构成。

①膜堆。其结构单元包括阳膜、隔板、阴膜,一个结构单元也叫一个膜对。一台电渗析器由许多膜对组成,这些膜对总称为膜堆。隔板常用0.2～2 mm的聚丙烯板材制成,板上开有配水孔、布水槽、流水道、集水槽和集水孔。其作用是使两层膜间形成水室,构成流水通道,并起配水和集水的作用。

②极区。极区的主要作用是给电渗析器供给直流电,将原水导入膜堆的配水孔,将淡水和浓水排出电渗析器,并通入和排出极水。极区由托板、电极、极框和弹性垫板组成。电极托板的作用,是加固极板和安装进出水接管。电极的作用是接通内外电路,在电渗析器内造成均匀的直流电场。阳极常用石墨、铅、钛丝涂钌等材料;阴极可用不锈钢、石墨等材料制成。极框用来在极板和膜堆之间保持一定的距离,构成极室,也是极水的通道。极框常用厚5～7 mm的粗网多水道式塑料板制成。垫板起防止漏水和调整厚度不均的作用,常用橡胶或软聚氯乙烯板制成。

③压紧装置。其作用是把极区和膜堆组成不漏水的电渗析器整体。多采用压板和螺栓拉紧,也可采用液压压紧。

(2)电渗析器的组装。电渗析器的基本组装形式,如图4-5-3所示。

在实践中,通常用“级”“段”和“系列”等术语来区别各种组装形式。电渗析器内一对正、负电极之间的膜堆称为一级,两对电极的叫作二级,依此类推。具有同一水流方向的并联膜堆称为“一段”,水流方向每改变一次,“段”的数目就增加1。一台电渗析器分为几级的原因在于降低两个电极间的电压,分为几段的原因是为了使几段串联起来。

4. 电渗析法在废水处理中的应用

电渗析法最先用于海水淡化制取饮用水和工业用水,海水浓缩制取食盐,以及与其他单元技术组合制取高纯水,后来在废水处理方面也得到较广泛应用。

在废水处理中,根据工艺特点,电渗析操作有两种类型:一种是由阳膜和阴膜交替排列而成的普通电渗析工艺,主要用来从废水中单纯分离污染物离子,或者把废水中的污染物离子和非电解质污染物分离开来,再用其他方法处理;另一种是由复合膜与阳膜构成的特殊电渗析分离工艺,利用复合膜中的极化反应和极室中的电极反应,以产生H^+离子和OH^-离子,从废水中制取酸和碱。

目前,电渗析法在废水处理实践中应用最普遍的有以下几种情况。

(1)处理碱法造纸废液,从浓液中回收碱,从淡液中回收木质素。

(2)从含金属离子的废水中分离和浓缩重金属离子,然后对浓缩液进一步处理或回收利用。

(3)从放射性废水中分离放射性元素。

(4)从芒硝废液中制取硫酸和氢氧化钠。

(5)从酸洗废液中制取硫酸及沉积重金属离子。

(6)处理电镀废水和废液等,含 Cu^{2+}、Zn^{2+}、Cr(Ⅵ)、Ni^{2+} 等金属离子的废水,都适宜用电渗析法处理,其中应用较广泛的是从镀镍废液中回收镍,许多工厂实践表明,用这种方法可以实现闭路循环。

四、反渗透法

1. 基本原理

如果将纯水和某种溶液用半透膜隔开,水分子就会自动地透过半透膜进到溶液一侧去,这种现象叫作渗透[图 4-5-4(a)]。在渗透进行过程中,纯水一侧的液面不断下降,溶液一侧的液面则不断上升。当液面不再变化时,渗透便达到了平衡状态[图 4-5-4(b)]。此时,两侧液面差称为该种溶液的渗透压。任何溶液都具有相应的渗透压,其值依一定溶液中溶质的分子数目而定,与溶质的本性无关,溶液的渗透压与溶质的浓度及溶液的绝对温度成正比。

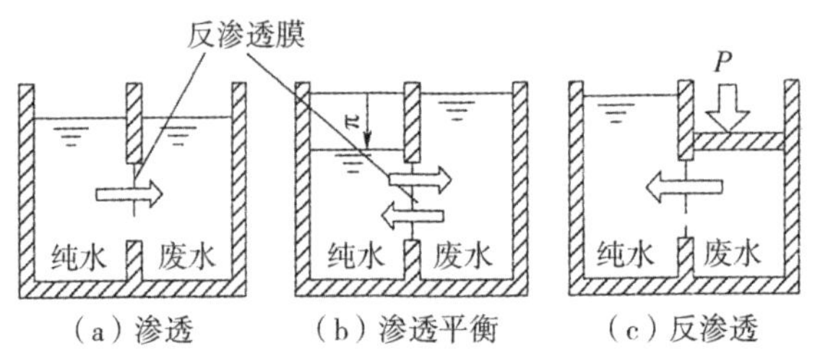

图 4-5-4 渗透和反渗透

如果在溶液一侧施加大于渗透压的压力,则溶液中的水就会透过半透膜,流向纯水一侧,溶质则被截留在溶液一侧,这种作用称为反渗透[图 4-5-4(c)]。

主要有两种理论来解释反渗透过程的机理,即溶解扩散理论和选择吸附—毛细流理论。

(1)溶解扩散理论。该理论是把反渗透膜视为一种均质无孔的固体溶剂,各种化合物在膜中的溶解度各不相同。溶解性差异的来源,对醋酯纤维素膜而言,有人认为是氢键结合。溶液中的水分子能与醋酯纤维素膜上的羰基形成氢键而结合$\left(\rangle C{=}\cdots H{-}O{-}H\cdots O{=}C\langle\right)$,然后在反渗透压力的推动下,水分子由一个氢键位置断裂转移到另一个位置,通过一连串氢键的

形成和断裂而透过膜去。

(2)选择性吸附—毛细流理论。该理论是把反渗透膜看作一种微细多孔结构物质,它有选择吸附水分子,而排斥溶质分子的化学特性。当水溶液同膜接触时,膜表面优先吸附水分子,在界面上形成水的分子层。在反渗透压力作用下,界面水层在膜孔内产生毛细流动,连续地透过膜层而流出,溶质则被膜截留下来。

这些理论都反映了部分实验结果,但均不够完善,尚待进一步研究和充实。

2. 反渗透膜

反渗透膜的种类很多,通常以制膜材料和膜的形式或其他方式加以命名。目前研究得比较多和应用比较广的是醋酸纤维素膜和芳香族聚酰胺膜两种,其他类型的膜材料也不断地研制出来。

3. 反渗透装置

反渗透装置主要有板框式、管式、螺旋卷式和中空纤维式四种。

(1)板框式反渗透装置。在多孔透水板的单侧或两侧贴上反渗透膜,即构成板式反渗透元件。再将元件紧粘在用不锈钢或环氧玻璃钢制作的承压板两侧。然后将几块或几十块元件成层叠合(图 4-5-5),用长螺栓固定,装入密封耐压容器中,按压滤机形式制成板式反渗透器。这种装置的优点是结构牢固、能承受高压、占地面积不大;其缺点是液流状态差、易造成浓差极化、设备费用较大、清洗维修不太方便。

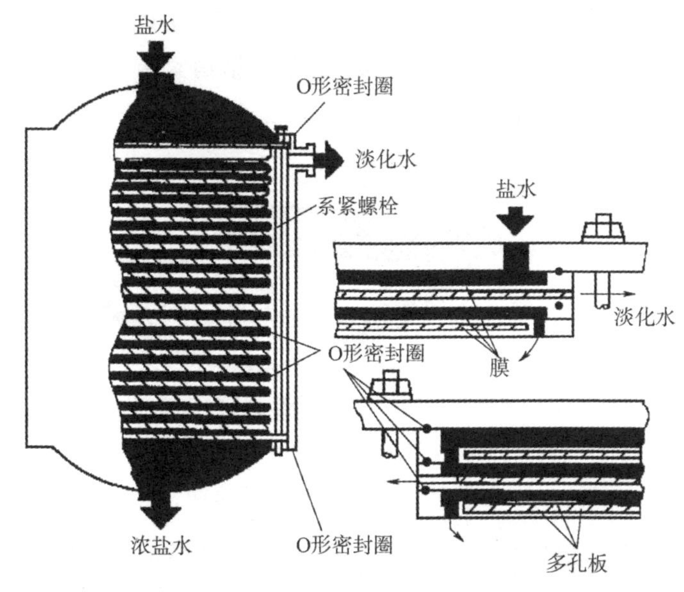

图 4-5-5　板框式反渗透器

(2)管式反渗透装置。这种装置是把膜装在(或者将铸膜液直接涂在)耐压微孔承压管内侧或外侧,制成管状膜元件,然后再装配成管式反渗透器(图 4-5-6)。这种装置的优点是水力条件好，适当调节水流状态就能防止膜的玷污和堵塞，能够处理含悬浮物的溶液，安装、清洗、维修都比较方便。它的缺点是单位体积的膜面积小，装置体积大，制造费用较高。

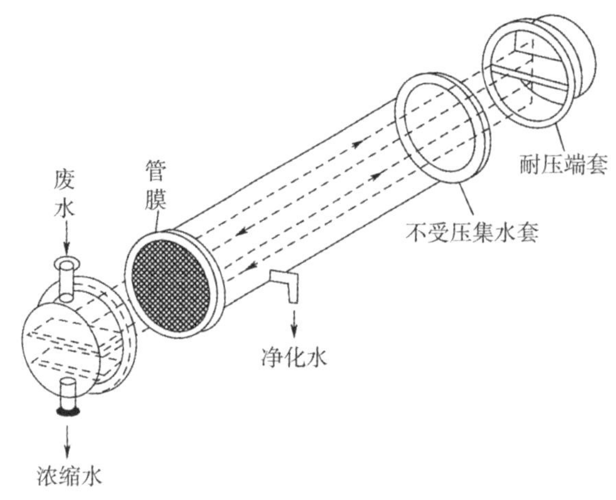

图 4-5-6　管式反渗透器

(3)螺旋卷式反渗透装置。这种装置如图 4-5-7 所示。它是在两层反渗透膜中间夹一层多孔支撑材料(柔性格网)，并将它们的三端密封起来，再在下面铺上一层供废水通过的多孔透水格网，然后将它们的一端粘贴在多孔集水管上，绕管卷成螺旋卷筒，便形成一个卷式反渗透组件，最后把几个组件串联起来，装入圆筒形耐压容器中，便组成螺旋卷式反渗透器。这种反渗透器的优点是单位体积内膜的装载面积大、结构紧凑、占地面积小；缺点是容易堵塞、清洗困难，因此，对原液的预处理要求严格。

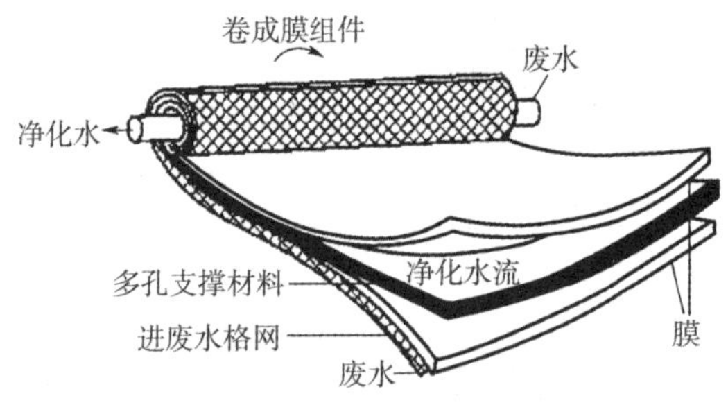

图 4-5-7　螺旋卷式反渗透器

(4)中空纤维式反渗透装置。这种装置中装有由制膜液空心纺丝而成的中空纤维管，管的外径为 50～100 μm，壁厚 12～25 μm，管的外径与内径之比约为 2∶1。将几十万根中空纤维膜弯成 U 字形装在耐压容器中，即可组成反渗透器，如图 4-5-8 所示。这种装置的优点是单位体积的膜表面积大、装置紧凑；缺点是原液预处理要求严，难以发现损坏了的膜。

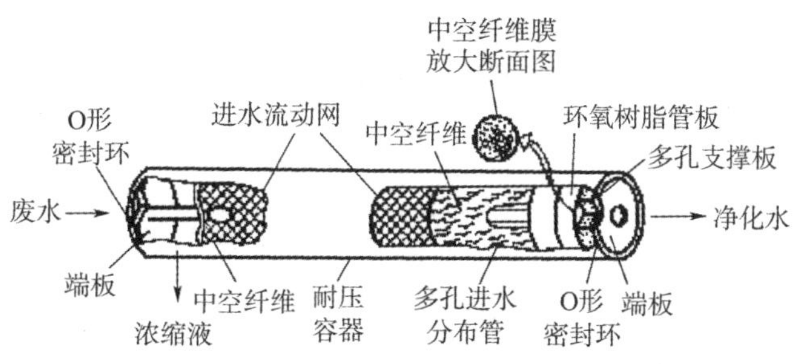

图 4-5-8　中空纤维式反渗透器

五、微滤

1. 基本原理

微滤膜的分离机理主要分为以下四种。

(1)筛分截留。即过筛截留,指微滤膜将尺寸大于其孔径的固体颗粒或液体颗粒聚集体截留,筛分作用是微滤膜截留溶质的主要机理。

(2)吸附截留。微滤膜将尺寸小于其孔径的固体颗粒通过物理或化学作用吸附而截留。

(3)架桥截留。固体颗粒在膜的微孔入口因架桥作用而被截留。

(4)网络截留。这种截留发生在膜的内部,往往是由于膜孔的曲折而形成。

2. 微滤膜的特点

微滤膜指孔径介于 0.1～10 μm,膜厚度均匀,具有筛分过滤作用的多孔固体连续介质。依据微孔形态的不同,微滤膜可分为两类:弯曲孔膜和柱状孔膜。弯曲孔膜的微孔结构为交错连接的曲折孔道形成的网络,而柱状孔膜的微孔结构为几乎平行的贯穿膜壁的圆柱状毛细孔结构。

微滤膜的另一个重要指标为孔径分布,图 4-5-9 给出了某一种微孔膜的孔径分布示意图。膜的孔径可以用标称孔径或绝对孔径来表征。绝对孔径表明,等于或大于该孔径的粒子或大分子均会被截留,而标称值则表示该尺寸的粒子或大分子以一定的百分数被截留。

与深层过滤介质,如硅藻土、砂、非织造布相比,微滤膜有以下几个特点。

(1)精度高。微滤膜主要以筛分机理实现分离目的,使所有比膜孔径绝对值大的粒子全面截留。

(2)通量大。由于微滤膜的孔隙率高,因此在同等过滤精度下,流体的过滤速度比常规过滤介质高几十倍。

(3)厚度薄,吸附量少。微滤膜的厚度一般为 10～200 μm,对过滤对象的吸附量小,因此贵重物料的损失较小。

(4)易堵塞。微滤膜内部的比表面积小,颗粒容纳量小,易被物料中与膜孔大小相近的微粒堵塞。

由于上述特点，所以微孔膜主要用于从气相或液相流体中截留细菌、固体颗粒等杂质，以达到净化、分离和浓缩的目的。

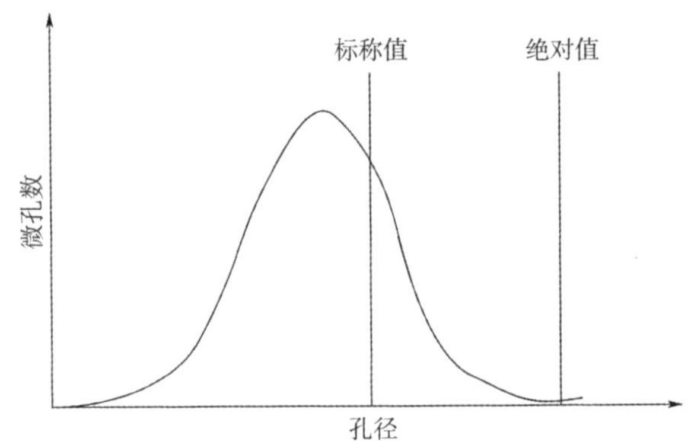

图 4-5-9　微孔膜孔径分布示意图

3. 微滤膜的材质

能用来做微滤膜的材质有很多种，但目前国内外已商品化的主要有以下几类。

(1)纤维素酯类。如二醋酯纤维素(CA)、三醋酯纤维素(CTA)、硝化纤维素(CN)、乙基纤维素(EC)、混合纤维素(CN-CA)微滤膜等。

(2)聚酰胺类。如尼龙 6(PA6)和尼龙(PA66)微滤膜。

(3)聚砜类。如聚砜(PS)和聚醚砜(PES)微滤膜。

(4)含氟材料类。如聚偏氟乙烯(PVDE)和聚四氟乙烯膜(PTFE)微滤膜。

(5)聚烯烃类。如聚丙烯(PP)拉伸式微孔膜和聚丙烯(PP)纤维式深层过滤膜。

(6)无机材料。如陶瓷微孔膜、玻璃微孔膜、各类金属微孔膜等。无机膜具有耐高温、耐有机溶剂、耐生物降解等优点。特别在高温气体分离和膜催化反应器及食品加工等行业中，有良好的应用前景。

4. 微滤膜的应用

微滤膜的应用，主要包括以下几个方面。

(1)去除废水中的悬浮物以及细菌等其他颗粒物。

(2)去除食品、饮料及酒类中的悬浊物、微生物和异味杂质。

(3)去除组织液、抗生素、血清、血浆蛋白质等多种溶液中的菌体。

六、超滤法

1. 基本原理

一般认为超滤是一种筛孔分离过程，主要用来截留分子量高于 500 道尔顿的物质。超

滤过程如图 4-5-10 所示，在静压差的作用下，原料液中溶剂和小分子的溶质粒子，从高压的料液侧透过膜到低压侧，通常称为滤出液或透过液；而大分子的溶质粒子组分被膜所阻截，使它们在滤剩液（或称浓缩液）中浓度增大。按照这种分离机理，超滤膜具有选择性的主要原因是，形成了具有一定大小和形状的孔，而聚合物的化学性质，对膜的分离特性影响相对较小。因此，可以用细孔模型表示超滤的传递过程。

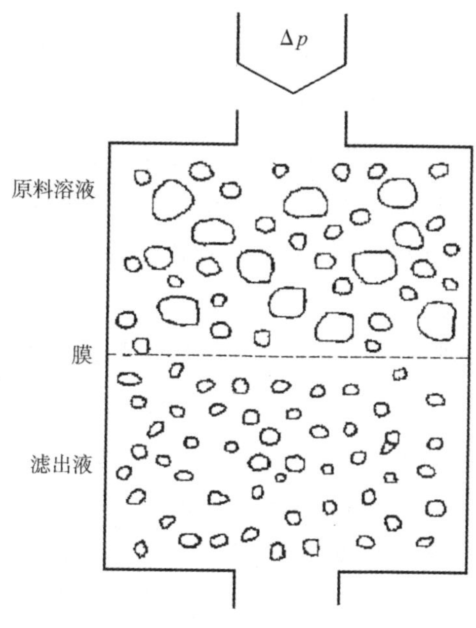

图 4-5-10　超滤过程原理示意图

2. 超滤膜

大多数超滤膜都是聚合物或共聚物的合成膜，主要有醋酯纤维超滤膜、聚偏氟乙烯超滤膜、聚砜类超滤膜和聚砜酰胺超滤膜。此外，聚丙烯腈也是一种很好的超滤膜材料。

超滤膜的透过能力，以纯水的透过速率表示，并标明测定条件。通常用相对分子质量代表分子大小，以表示超滤膜的截留特性，即膜的截留能力以切割分子量表示。切割分子量的定义和测定条件不很严格，一般用相对分子质量差异不大的溶质，在不易形成浓差极化的操作条件下，测定截留率，将表观截留率为 90%～95%的溶质的相对分子质量定义为切割分子量。另外，要求超滤膜耐高温，pH 适用范围要大，对有机溶剂具有化学稳定性，以及具有足够的机械强度。

3. 超滤设备和超滤工艺流程

超滤膜通常是由生产厂家将其组件组装成配套设备供应市场。

超滤工艺流程，可分为间歇操作、连续超滤过程和重过滤三种。间歇操作具有最大透过率，效率高，但处理量小。连续超滤过程常在部分循环下进行，回路中循环量常比料液量大得多，主要用于大规模处理厂。重过滤常用于小分子和大分子的分离。

4. 超滤技术的应用

在废水处理中，超滤技术可以用来去除废水中的淀粉、蛋白质、树胶、油漆等有机物，以及黏土、微生物等致浊物质；此外，超滤还可用于污泥脱水，以及用来代替澄清池等。

(1)电泳漆废水的处理。汽车、家具等金属制品，在用电泳法将涂料沉淀到金属表面上后，要用水将制品上的多余涂料冲洗掉，这种清洗水一般含1%～2%的涂料，污水中的漆料是使用漆料总量的10%～50%，需进行回收利用。

启动超滤泵，将电泳槽内漆液抽出，经袋式过滤器初滤后进行超滤，超滤器采用新型的内压膜管式超滤器，超滤分离后的浓缩液返回到电泳槽；滤过液流入滤过液贮槽，喷淋清洗泵把流入喷淋清洗槽中的滤过液抽至喷淋管，经喷嘴喷出，电泳涂漆后的工件吊入槽内进行喷淋清洗，清洗液可多次循环使用。用超滤法处理这种清洗水，不仅可以回收涂料，而且滤液可循环利用。

除了用于电泳漆废水处理，超滤还可以用来净化电泳漆的槽液，使其中的无机盐从膜中透过，把漆料截留下来，因而漆料得到净化，返回电泳槽重新使用。

(2)含油废水的处理。在机械加工中，排放出的含乳化油废水水量虽不大，但含油浓度很高，可达10 000～125 000 mg/L，可以采用超滤或反渗透与超滤联合工艺进行处理。钢铁压延清洗废水中含0.2%～1%的油，油粒直径0.1～1 μm，用超滤分离处理，得到的浓缩液含油5%～10%，可直接用于金属切割，过滤水重新用作压延清洗水。

(3)超滤技术还可用于纸浆和造纸废水、洗毛废水、还原染料废水、聚乙烯退浆废水、食品工业废水以及高层建筑物的生活污水处理，既可回收各种有用物质，也可以使处理后的水用于生产或生活。

七、液膜分离技术

液膜分离技术是一种高效、快速，并能达到专一分离目的的新分离技术，已在废水处理、湿法冶金、石油化工等许多领域内，显示出极为宽广的应用前景。本节主要介绍与水污染控制密切相关联的乳状液型液膜。

1. 液膜的结构与液膜的形成

液膜是一层很薄的液体膜，它可以把两个不同组分的溶液隔开，并通过渗透现象起着迁移分离一种或一类物质的作用。当被隔开的两种溶液是水相时，液膜应是油型（油，泛指与水不相混溶的有机相）；当被隔开的两个溶液是有机相时，液膜应是水型。

水膜和油膜的结构是不相同的，下面着重讨论油膜结构。乳化液型油膜的结构如图4-5-11所示，它是一个呈球形的液珠，由有机溶剂、表面活性剂和流动载体三部分组成，构成一个与水互不相溶的混合相。有机溶剂（或称为膜溶剂，简称为油）是成膜的基体成分（占

90%以上)，具有一定的黏度，保持成膜所需的机械强度；表面活性剂占1%～3%，它具有亲水基和疏水基(亲油基)，能定向排列于油和水两相界面，用以稳定膜形，固定油水分界面；流动载体(占1%～2%)的作用，是选择性携带欲分离的溶质或离子进行迁移。乳状液膜的直径为0.1～0.5 mm；膜厚从几个分子到0.05 mm，一般是10 μm。

液膜分离体系的形成：先将液膜材料与一种作为接受相的试剂水溶液混合，形成含有许多小水滴(内水相)的油包水乳状液，再将此乳状液分散在水溶液连续相中，于是便形成了由外水相、膜相和内水相组成的“水包油包水”液膜分离体系。外水相的分离对象透入液膜后，由流动载体将其输送至内水相而得以分离。

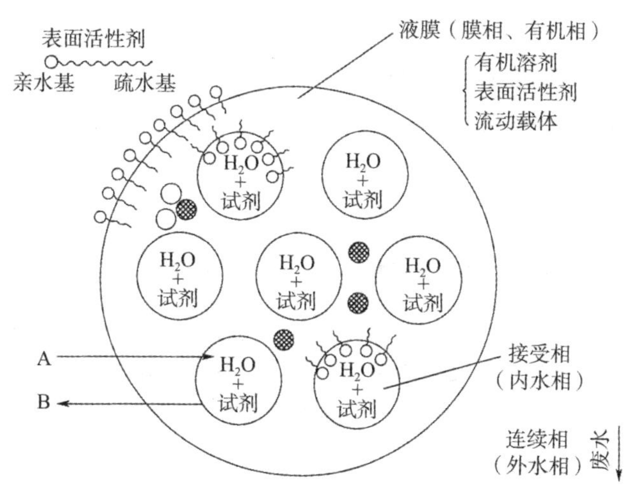

图4-5-11　油膜结构与液膜分离体系示意图

2. 液膜材料的选择与液膜分离操作

(1)液膜材料的选择。液膜分离技术的关键在于，制备合乎要求的液膜和构成合适的液膜分离体系，其核心是选择最合适的流动载体、表面活性剂和有机溶剂等液膜材料，要求流动载体对需迁移物质的选择性要高和通量要大。流动载体按电性可分为带电载体与中性载体。一般说来，中性载体的性能比带电载体(离子型载体)好。中性载体中又以大环化合物为佳。许多研究认为，大环化醚(皇冠醚)能与各种金属阳离子络合，选择具有合乎要求的中心空腔半径的皇冠醚作流动载体，能够有效地分离任何两种半径稍有差别的阳离子，或者把它从其他大小不同的离子中分离出来。由于皇冠醚的结构可以认为是无限组合的，所以对每种金属离子都可以设计出适宜作载体的大环多元醚。

(2)液膜分离操作。一般的操作程序如下。

①乳状液型液膜的制备。首先将含有载体的有机溶液相与含有试剂的水溶液相快速混合搅拌，制得油包水乳状液，再加入油溶性表面活性剂稳定该乳状液。为了防止液膜破裂，还需配入具有适当黏度的有机溶液作为液膜增强剂，从而得到一个合适的含流动载体的乳

状液膜。

②接触分离。在适度搅拌下，在上述乳状液中加入第二水相(如废水)，使其在混合接触器中，构成由外水相(连续相)、膜相、内水相(接受相)三重乳液分离体系，对料液(即废水相)中给定溶质进行迁移分离。

③沉降分离。在乳液分离器中，对上述混合液进行沉降澄清，把乳状液与处理后的料液分开。

④破乳(反乳化)。在破乳中通过加热或者使用静电聚结剂等手段，使液膜破裂，排放出所包含的浓集物，并回收液膜组分，然后将液膜组分返回，以制备乳状液膜，供下一操作周期使用。

3. 液膜分离技术在处理废水方面的应用

液膜分离技术是处理工业废水的重要手段之一，可用以脱除铜、汞、铵、银、铬、镉等阳离子；也可用以脱除磷酸根、硝酸根、氰根等阴离子，还可用以分离酚、烃类、胺、有机酸等有机物。

(1)重金属离子废水的处理。实践证明，含有各种不同的流动载体(液态离子交换剂)的液膜系统，能从废水中有效地去除和回收各种重金属离子。处理含铬废水时，使用叔胺或季铵盐作为载体，以 NaOH 或 H_2SO_4 溶液为接受相，可得到很好的效果。处理含铜废水时，最常用的载体是 Lix 型萃取剂(肟类化合物)，此外，P507、SME529、Kelex100、D_2EHPA、苯酰丙酮等都可以作为载体。表面活性剂(乳化剂)可用 ENJ3029、Span80。

(2)用液膜法从废水中脱酚。与处理含重金属离子废水的方法不同，处理含酚废水时，所用的液膜为不含流动载体的乳状液膜。首先用膜溶液(煤油)和 0.5%的 NaOH 溶液、1%的表面活性剂溶液(用 Span80 或其他表面活性剂)混合制成油包水型乳液，然后在混合器中将乳液与含酚废水搅拌混合(常温、常压、转速为 100 rad/s)，构成“水包油包水”三重乳液体系。这时，废水中的酚很快溶于膜相，再扩散进入内水相和膜相界面与 NaOH 作用，生成不溶于膜相的酚钠。由于反应是不可逆的，所以酚源源不断地从废水相迁移至内水相，直到废水的含酚趋于零。最后将混合相在澄清器中沉降分离，已脱酚的净化水排放或回用。

第五章　生物膜处理法

生物膜法是好氧生化处理方法。主要依靠固着于载体表面的微生物膜来净化有机物。生物膜法设备类型很多，按生物膜与废水的接触方式不同，可分为填充式和浸渍式两类。在填充式生物膜法中，废水和空气沿固定的填料或转动的盘片表面流过，与其上生长的生物膜接触，典型设备有生物滤池和生物转盘。在浸渍式生物膜法中，生物膜载体完全浸没在水中，通过鼓风曝气供氧。如载体固定，称为接触氧化法；如载体流化则称为生物流化床。

第一节　生物膜法的基本原理

一、生物膜的结构及净化机理

1. 生物膜的形成及结构

微生物细胞在水环境中，能在适宜的载体表面牢固附着，生长繁殖，细胞胞外多聚物使微生物细胞形成纤维状的缠结结构，称为生物膜。

污水处理生物膜法中，生物膜是指附着在惰性载体表面生长的，以微生物为主，包含微生物及其产生的胞外多聚物和吸附在微生物表面的无机及有机物等，并具有较强的吸附和生物降解性能的结构。提供微生物附着生长的惰性载体称为滤料或填料。生物膜在载体表面分布的均匀性以及生物膜的厚度随着污水中营养底物浓度、时间和空间的改变而发生变化。图 5-1-1 是生物滤池滤料上生物膜的基本结构。

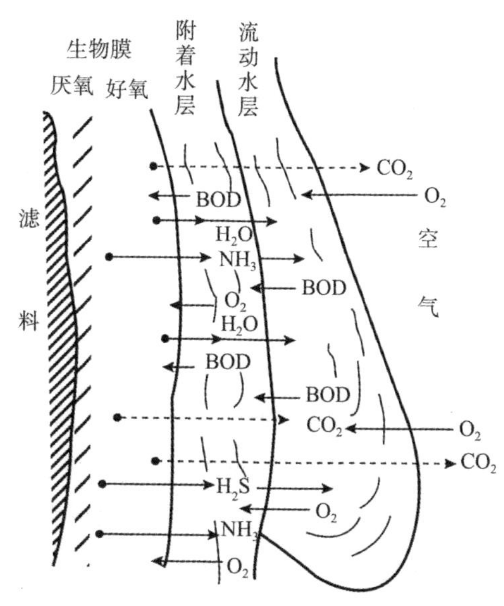

图 5-1-1　生物滤池滤料上生物膜的基本结构

早期的生物滤池中，污水通过布水设备均匀地喷洒到滤床表面上，在重力作用下，污水以水滴的形式向下渗沥，污水、污染物

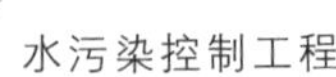

和细菌附着在滤料表面上，微生物便在滤料表面大量繁殖，在滤料表面形成生物膜。

污水流过生物膜生长成熟的滤床时，污水中的有机污染物被生物膜中的微生物吸附、降解，从而得到净化。生物膜表层生长的是好氧和兼性微生物，在这里，有机污染物经微生物好氧代谢而降解，终产物是 H_2O、CO_2 等。由于氧在生物膜表层基本耗尽，生物膜内层的微生物处于厌氧状态，此时，进行的是有机物的厌氧代谢，终产物为有机酸、醇、醛和 H_2S 等。由于微生物的不断繁殖，生物膜不断增厚，超过一定厚度后，吸附的有机物在传递到生物膜内层的微生物以前，已被代谢掉。此时，内层微生物因得不到充分的营养而进入内源代谢，失去其黏附在滤料上的性能，脱落下来随水流出滤池，滤料表面再重新长出新的生物膜。生物膜脱落的速率与有机负荷、水力负荷等因素有关。

2. 生物膜的组成

填料表面的生物膜中生物种类相当丰富，一般由细菌（好氧、厌氧、兼性）、真菌、原生动物、后生动物、藻类以及一些肉眼可见的蠕虫、昆虫的幼虫等组成，生物膜中的生物相组成情况如下。

(1)细菌与真菌。细菌对有机物氧化分解起主要作用，生物膜中常见的细菌种类有球衣菌、硫杆菌属、假单胞菌属、诺卡氏菌属、八叠球菌属、粪链球菌、大肠埃希氏杆菌、亚硝化单胞菌属和硝化杆菌属等。

除细菌外，真菌在生物膜中也较为常见，其可利用的有机物范围很广，有些真菌可降解木质素等难降解有机物，对某些人工合成的难降解有机物也有一定的降解能力。丝状菌也易在生物膜中滋长，它们具有很强的降解有机物的能力，在生物滤池内丝状菌的增长繁殖有利于提高污染物的去除效果。

(2)原生动物与后生动物。原生动物与后生动物都是微型动物中的一类，栖息在生物膜的好氧表层内。原生动物以吞食细菌为生（特别是游离细菌），在生物滤池中，对改善出水水质起着重要的作用。生物膜内经常出现的原生动物有鞭毛类、肉足类、纤毛类，后生动物主要有轮虫类、线虫类及寡毛类。在运行初期，原生动物多为豆形虫一类的游泳型纤毛虫；在运行正常、处理效果良好时，原生动物多为钟虫、独缩虫、等枝虫、盖纤虫等附着型纤毛虫。

例如，在生物滤池内经常出现的后生动物主要是轮虫、线虫等，它们以细菌、原生动物为食料，在溶解氧充足时出现。线虫及其幼虫等后生动物有软化生物膜、促使生物膜脱落的作用，从而使生物膜保持活性和良好的净化功能。

与活性污泥法一样，原生动物和后生动物可以作为指示生物，来检查和判断工艺运行情况及污水处理效果。当后生动物出现在生物膜中时，表明水中有机物含量很低并已稳定，污水处理效果良好。

另外，与活性污泥法系统相比，在生物膜反应器中是否有原生动物及后生动物出现与反应器类型密切相关。通常，原生动物及后生动物在生物滤池及生物接触氧化池的载体表面

出现较多,而对于三相流化床或是生物流动床这类生物膜反应器,生物相中原生动物及后生动物的量则非常少。

(3)滤池蝇。在生物滤池中,还栖息着以滤池蝇为代表的昆虫。这是一种体形较一般家蝇小的苍蝇,它的产卵、幼虫、成蛹、成虫等过程全部在滤池内进行。滤池蝇及其幼虫以微生物及生物膜为食料,故可抑制生物膜的过度增长,具有使生物膜疏松,促使生物膜脱落的作用,从而使生物膜保持活性,同时在一定程度上防止滤床的堵塞。但是,由于滤池蝇繁殖能力很强,大量产生后飞散在滤池周围,会对环境造成不良的影响。

(4)藻类。受阳光照射的生物膜部分会生长藻类,如普通生物滤池表层滤料生物膜中可出现藻类。一些藻类如海藻是肉眼可见的,但大多数只能在显微镜下才能观察到。由于藻类的出现仅限于生物膜反应器表层的很小部分,对污水净化所起作用不大。

生物膜的微生物除了含有丰富的生物相这一特点外,还有着其自身的分层分布特征。例如,在正常运行的生物滤池中,随着滤床深度的逐渐下移,生物膜中的微生物逐渐从低级趋向高级,种类逐渐增多,但个体数量减少。生物膜的上层以菌胶团等为主,而且由于营养丰富,繁殖速率快,生物膜也最厚。往下的层次,随着污水中有机物浓度的下降,可能会出现丝状菌、原生动物和后生动物,但是生物量即膜的厚度逐渐减少。到了下层,污水浓度大大下降,生物膜更薄,生物相以原生动物、后生动物为主。滤床中的这种生物分层现象,是适应不同生态条件(污水浓度)的结果,各层生物膜中都有其特征的微生物,处理污水的功能也随之不同。特别在含多种有害物质的工业废水中,这种微生物分层和处理功能变化的现象更为明显。若分层不明显,说明上下层水质变化不显著,处理效果较差,所以生物膜分层观察对处理工艺运行具有一定指导意义。

3. 生物膜法的净化过程

生物膜法去除污水中污染物是一个吸附、稳定的复杂过程,包括污染物在液相中的紊流扩散、污染物在膜中的扩散传递、氧向生物膜内部的扩散和吸附、有机物的氧化分解和微生物的新陈代谢等过程。

生物膜表面容易吸取营养物质和溶解氧,形成由好氧和兼性微生物组成的好氧层,而在生物膜内层,由于微生物利用和扩散阻力,制约了溶解氧的渗透,形成由厌氧和兼性微生物组成的厌氧层。

在生物膜外,附着一层薄薄的水层,附着水流动很慢,其中的有机物大多已被生物膜中的微生物所摄取,其浓度要比流动水层中的有机物浓度低。与此同时,空气中的氧也扩散转移进入生物膜好氧层,供微生物呼吸。生物膜上的微生物利用溶入的氧气对有机物进行氧化分解,产生无机盐和二氧化碳,达到水质净化的效果。有机物代谢过程的产物沿着相反方向从生物膜经过附着水层排到流动水或空气中去。

污水中溶解性有机物可直接被生物膜中微生物利用,而不溶性有机物先是被生物膜吸附，然后通过微生物胞外酶的水解作用，降解为可直接生物利用的溶解性小分子物质。由于水解过程比生物代谢过程要慢得多，水解过程是生物膜污水处理速率的主要限制因素。

二、影响生物膜法污水处理效果的主要因素

影响生物膜法处理效果的因素很多，在各种影响因素中主要的有：进水底物的组分和浓度、营养物质、有机负荷及水力负荷、溶解氧、生物膜量、pH、温度和有毒物质等。在工程实际中，应控制影响生物膜法运行的主要因素，创造适于生物膜生长的环境，使生物膜法处理工艺达到令人满意的效果。

1. 进水底物

污水中污染物组分、含量及其变化规律是影响生物膜法工艺运行效果的重要因素。若处理过程以去除有机污染物为主，则底物主要是可生物降解有机物。在用以去除氮的硝化反应工艺过程中，则底物是微生物利用的氨氮。底物浓度的改变会导致生物膜的特性和剩余污泥量的变化，直接影响到处理水的水质。季节性水质变化、工业废水的冲击负荷等都会导致污水进水底物浓度、流量及组成的变化，虽然生物膜法具有较强的抗冲击负荷的能力，但亦会因此造成处理效果的改变。因此，与其他生物处理法一样，掌握进水底物组分和浓度的变化规律，在工程设计和运行管理中采取对应措施，是保证生物膜法正常运行的重要条件。

2. 营养物质

生物膜中的微生物需不断地从外界环境中汲取营养物质，获得能量以合成新的细胞物质。与好氧微生物一般要求一致，生物膜法对营养物质要求的比例为 BOD_5 ∶N∶P＝100∶5∶1。因此，在生物膜法中，污水所含的营养组分应符合上述比例才有可能使生物膜正常发育。在生活污水中，含有各种微生物所需要的营养元素（如碳、氮、磷、硫、钾、钠等），一般不需要额外投加碳源、氮源或者磷源，故生物膜法处理生活污水的效果良好。在工业废水中，营养元素往往不齐全，营养组分也不符合上述的比例，有时需要额外添加营养物质。例如，对于含有大量淀粉、纤维素、糖、有机酸等有机物的工业废水，碳源过于丰富，故需投加一定的氮和磷。有时候需对工业废水进行必要的预处理以去除对微生物有害的物质，然后将其与生活污水合并，以补充氮、磷营养源和其他营养元素。

3. 有机负荷及水力负荷

生物膜法与活性污泥法一样，是在一定的负荷条件下运行的。负荷是影响生物膜法处理能力的首要因素，是集中反映生物滤池膜法工作性能的参数。例如，生物滤池的负荷分有机负荷和水力负荷两种，前者通常以污水中有机物的量（BOD_5）来计算，单位为 kgBOD_5/[m^3（滤床）·d]，后者是以污水量来计算的负荷，单位为 m^3（污水）/[m^2（滤床）·d]，相当于 m/d，故又称滤率。有机负荷和滤床性质关系极大，如采用比表面积大、孔隙率高的滤料，加上供氧良好，则负荷可提

高。对于有机负荷高的生物滤池，生物膜增长较快，需增加水力冲刷的强度，以利于生物膜增厚后能适时脱落，此时应采用较高的水力负荷。合适的水力负荷是保证生物滤池不堵塞的关键因素。提高有机负荷，出水水质相应下降。生物滤池生物膜法设计负荷值的大小取决于污水性质和所用的滤料品种。表 5-1-1 是几种生物膜法工艺的负荷比较。

表 5-1-1　几种生物膜法工艺的负荷比较

生物膜法类型	有机负荷 [$kgBOD_5/(m^3 \cdot d)$]	水力负荷 [$m^3/(m^2 \cdot d)$]	BOD_5处理效率(%)
普通低负荷生物滤池	0.1～0.3	1～5	85～90
普通高负荷生物滤池	0.5～1.5	9～40	80～90
塔式生物滤池	1.0～2.5	90～150	80～90
生物接触氧化池	2.5～4.0	100～160	85～90
生物转盘	0.02～0.03	0.1～0.2	85～90

4. 溶解氧

对于好氧生物膜来说，必须有足够的溶解氧供给好氧微生物利用。如果供氧不足，好氧微生物的活性受到影响，新陈代谢能力降低，对溶解氧要求较低的微生物将滋生繁殖，正常的生化反应过程将会受到抑制，处理效果下降。严重时还会使厌氧微生物大量繁殖，好氧微生物受到抑制而大量死亡，从而导致生物膜的恶化和变质。但供氧过高，不仅造成能量浪费，微生物也会因代谢活动增强，营养供应不足而使生物膜自身发生氧化(老化)而使处理效果降低。

5. 生物膜量

衡量生物膜量的指标主要有生物膜厚度与密度，生物膜密度是指单位体积湿生物膜被烘干后的质量。生物膜的厚度与密度由生物膜所处的环境条件决定。膜的厚度与污水中有机物浓度成正比，有机物浓度越高，有机物能扩散的深度越大，生物膜厚度也越大。水流搅动强度也是一个重要的因素，搅动强度高，水力剪切力大，促进膜的更新作用强。

6. pH

虽然生物膜反应器具有较强的耐冲击负荷能力，但 pH 变化幅度过大，也会明显影响处理效率，甚至产生毒性而使反应器失效。这是因为 pH 的改变可能会引起细胞膜电荷的变化，进而影响微生物对营养物质的吸收和微生物代谢过程中酶的活性。当 pH 变化过大时，可以考虑在生物膜反应器前设置调节池或中和池来均衡水质。

7. 温度

水温也是生物膜法中影响微生物生长及生物化学反应的重要因素。例如，生物滤池的滤床温度在一定程度上会受到环境温度的影响，但主要还是取决于污水温度。滤床内温度过高不利于微生物的生长，当水温达到40℃时，生物膜将出现坏死和脱落现象。若温度过低，则影响微生物的活力，物质转化速率下降。一般而言，生物滤床内部温度最低不应小于5℃。在严寒地区，生物滤池应建于有保温措施的室内。

8. 有毒物质

有毒物质如酸、碱、重金属盐、有毒有机物等会对生物膜产生抑制甚至杀害作用，使微生物失去活性，发生膜大量脱落现象。尽管生物膜中的微生物具有被逐步驯化和适应的能力，但如果高毒物负荷持续较长时间，会使毒性物质完全穿透生物膜，生物膜代谢能力必然会受到较大的影响。

三、生物膜法污水处理特征

与传统活性污泥法相比，生物膜法处理污水技术因为操作方便、剩余污泥少、抗冲击负荷等特点，适合于中小型污水处理厂工程，在工艺上有如下几方面特征。

1. 微生物方面的特征

(1)微生物种类丰富，食物链长。相对于活性污泥法，生物膜载体(滤料、填料)为微生物提供了固定生长的条件以及较低的水流、气流搅拌冲击，利于微生物的生长增殖。因此，生物膜反应器为微生物的繁衍、增殖及生长栖息创造了更为适宜的生长环境，除大量细菌以及真菌生长外，线虫类、轮虫类及寡毛虫类等出现的频率也较高，还可能出现大量丝状菌，不仅不会发生污泥膨胀，还有利于提高处理效果。另外，生物膜上能够栖息高营养水平的生物，在捕食性纤毛虫、轮虫类、线虫类之上，还栖息着寡毛虫和昆虫，在生物膜上形成长于活性污泥的食物链。

较多种类的微生物、较大的生物量、较长的食物链，有利于提高处理效果和单位体积的处理负荷，也可以使系统内剩余污泥量的减少。

(2)存活世代时间较长的微生物，有利于不同功能的优势菌群分段运行。由于生物膜附着生长在固体载体上，其生物固体平均停留时间(污泥龄)较长、在生物膜上能够生长世代时间较长、增殖速率慢的微生物，如硝化细菌、某些特殊污染物降解专属菌等，为生物处理分段运行及分段运行作用的提高创造了更为适宜的条件。

生物膜处理法多分段进行，每段繁衍与进入本段污水水质相适应的微生物，并形成优势菌群，有利于提高微生物对污染物的生物降解效率。硝化细菌和亚硝化细菌也可以繁殖生长，因此生物膜法具有一定的硝化功能，采取适当的运行方式，具有反硝化脱氮的功能。分段进行也有利于难降解污染物的降解去除。

2. 处理工艺方面的特征

(1)对水质、水量变动有较强的适应性。生物膜反应器内有较多的生物量、较长的食物链，使得各种工艺对水质、水量的变化都具有较强的适应性，耐冲击负荷能力较强，对毒性物

质也有较好的抵抗性。一段时间中断进水或遭到冲击负荷破坏，处理功能不会受到致命的影响，恢复起来也较快。因此，生物膜法更适合于工业废水及其他水质水量波动较大的中小规模污水处理厂。

(2)适合低浓度污水的处理。在处理水污染物浓度较低的情况下，载体上的生物膜及微生物能保持与水质一致的数量和种类，不会发生在活性污泥法处理系统中，污水浓度过低会影响活性污泥絮凝体的形成和增长的现象。生物膜处理法对低浓度污水，能够取得良好的处理效果，正常运行时可使 BOD_5 为 20～30 mg/L(污水)，出水 BOD_5 值降至 10 mg/L 以下。因此，生物膜法更适用于低浓度污水处理和要求优质出水的场合。

(3)剩余污泥产量少。生物膜中较长的食物链，使剩余污泥量明显减少。特别在生物膜较厚时，厌氧层的厌氧菌能够降解好氧过程合成的剩余污泥，使剩余污泥量进一步减少，污泥处理与处置费用随之降低。通常，生物膜上脱落下来的污泥，相对密度较大，污泥颗粒个体也较大，沉降性能较好，易于固液分离。

(4)运行管理方便。生物膜法中的微生物是附着生长，一般无须污泥回流，也不需要经常调整反应器内污泥量和剩余污泥排放量，且生物膜法没有丝状菌膨胀的潜在威胁，易于运行维护与管理。另外，生物转盘、生物滤池等工艺，动力消耗较低，单位污染物去除耗电量较少。

生物膜法的缺点在于滤料增加了工程建设投资，特别是处理规模较大的工程，滤料投资所占比例较大，还包括滤料的周期性更新费用。生物膜法工艺设计和运行不当可能发生滤料破损、堵塞等现象。

第二节　生物滤池

生物滤池是生物膜法处理污水的传统工艺，在 19 世纪末发展起来，先于活性污泥法。早期的普通生物滤池水力负荷和有机负荷都很低，虽净化效果好，但占地面积大，易于堵塞。后来开发出采用处理水回流、水力负荷和有机负荷都较高的高负荷生物滤池，以及污水、生物膜和空气三者充分接触，水流紊动剧烈，通风条件改善的塔式生物滤池。而在生物滤池基础上发展起来的曝气生物滤池，已成为一种独立的生物膜法污水处理工艺。

一、生物滤池的构造

图 5-2-1 是典型的生物滤池示意图，其构造由滤床及池体、布水设备和排水系统等部分组成。

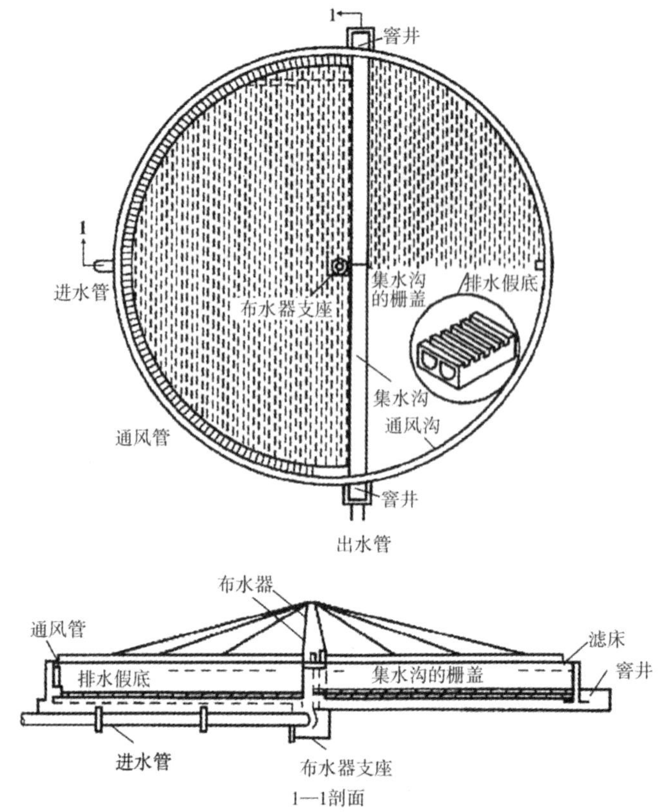

图 5-2-1 采用旋转布水器的普通生物滤池

1. 滤床及池体

滤床由滤料组成，滤料是微生物生长栖息的场所，理想的滤料应具备下述特性：①能为微生物附着提供大量的表面积；②使污水以液膜状态流过生物膜；③有足够的孔隙率，保证通风（即保证氧的供给）和使脱落的生物膜能随水流出滤池；④不被微生物分解，也不抑制微生物生长，有良好的生物化学稳定性；⑤有一定机械强度；⑥价格低廉。早期主要以拳状碎石为滤料，此外，碎钢渣、焦炭等也可作为滤料，其粒径在 3～8 cm，孔隙率在 45%～50%，比表面积（可附着面积）在 65～100 m^2/m^3。从理论上，这类滤料粒径越小，滤床的可附着面积越大，则生物膜的面积将越大，滤床的工作能力也越大。但粒径越小，空隙就越小，滤床越易被生物膜堵塞，滤床的通风也越差，可见滤料的粒径不宜太小。经验表明，在常用粒径范围内，粒径略大或略小些，对滤池的工作没有明显的影响。

20 世纪 60 年代中期，塑料工业快速发展之后，塑料滤料开始被广泛采用。图 5-2-2 是两种常见的塑料滤料，环状塑料滤料比表面积为 98～340 m^2/m^3，孔隙率为 93%～95%，波纹状塑料滤料比表面积为 81～195 m^2/m^3，孔隙率为 93%～95%。国内目前采用的玻璃钢

蜂窝状块状滤料，孔心间距在 20 mm 左右，孔隙率为 95%左右，比表面积在 200 m^2/m 左右。

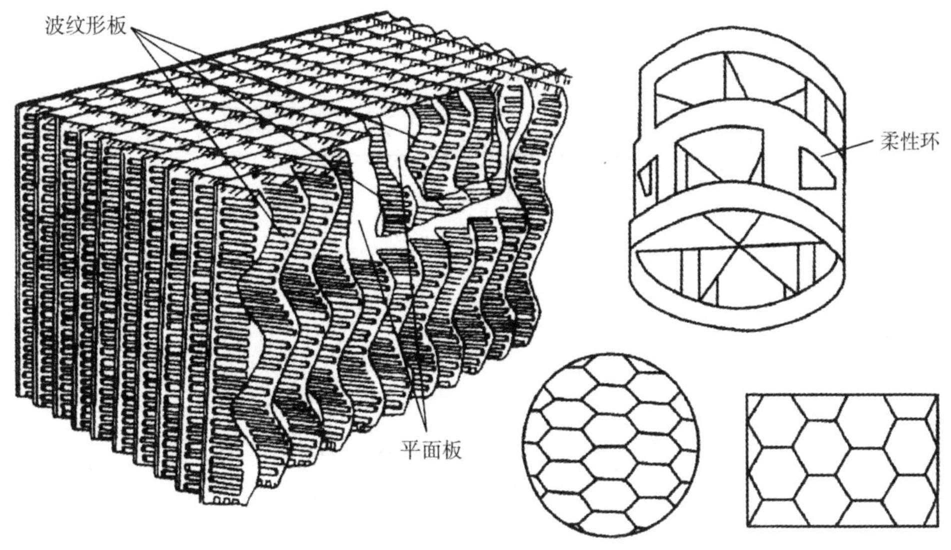

图 5-2-2 常见的塑料滤料

滤床高度同滤料的密度有密切关系。石质拳状滤料组成的滤床高度一般为 1～2.5 m。一方面由于孔隙率低，滤床过高会影响通风；另一方面由于质量太大(每立方米石质滤料达 1.1～1.4 t)，过高将影响排水系统和滤池基础的结构。而塑料滤料每立方米仅为 100 kg 左右，孔隙率则高达 93%～95%，滤床高度不但可以提高而且可以采用双层或多层构造。国外采用的双层滤床，高 7 m 左右；国内常采用多层的塔式结构，高度常在 10 m 以上。

滤床四周为生物滤池池壁，起围护滤料作用，一般为钢筋混凝土结构或砖混结构。

2. 布水设备

设置布水设备的目的是为了使污水能均匀地分布在整个滤床表面上。生物滤池的布水设备分为两类：旋转布水器和固定布水器。

旋转布水器如图 5-2-3 所示，中央是一根空心立柱，底端与设在池底下面的进水管衔接。布水横管的一侧开有喷水孔口，孔口直径为 10～15 mm，间距不等，越近池心间距越大，使滤池单位面积接受的污水量基本上相等。布水器的横管可为两根(小池)或四根(大池)，对称布置。污水通过中央立柱流入布水横管，由喷水孔口分配到滤池表面。污水喷出孔口时，作用于横管的反作用力推动布水器绕立柱旋转，转动方向与孔口喷嘴方向相反。所需水头在 0.6～1.5 m。如果水头不足，可用电动机转动布水器。

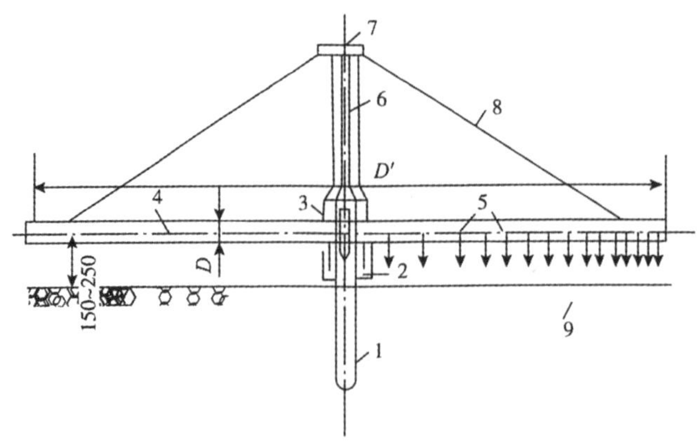

图 5-2-3　旋转布水器

1—进水竖管；2—水银封；3—配水短管；4—布水横管；5—布水小孔；6—中央旋转柱；7—上部转承；8—钢丝绳；9—滤料

3. 排水系统

池底排水系统的作用是：①收集滤床流出的污水与生物膜；②保证通风；③支承滤料。池底排水系统由池底、排水假底和集水沟组成，见图 5-2-4。排水假底是用特制砌块或栅板铺成，滤料堆在假底上面，见图 5-2-5。早期都是采用混凝土栅板作为排水假底，自从塑料填料出现以后，滤料质量减轻，可采用金属栅板作为排水假底。假底的空隙所占面积不宜小于滤池平面的 5%～8%，与池底的距离不应小于 0.6 m。

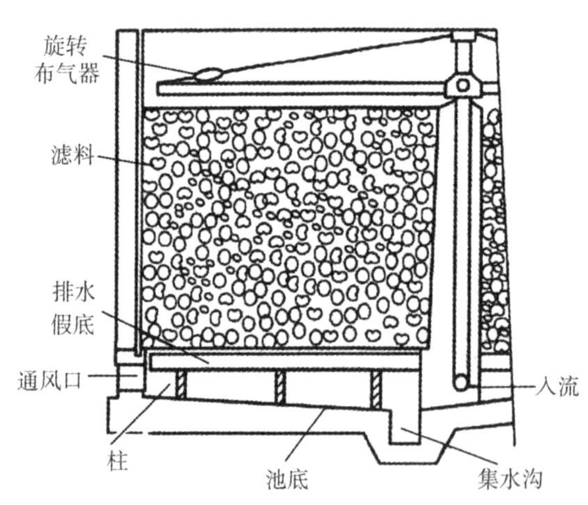

图 5-2-4　生物滤池池底排水系统示意图

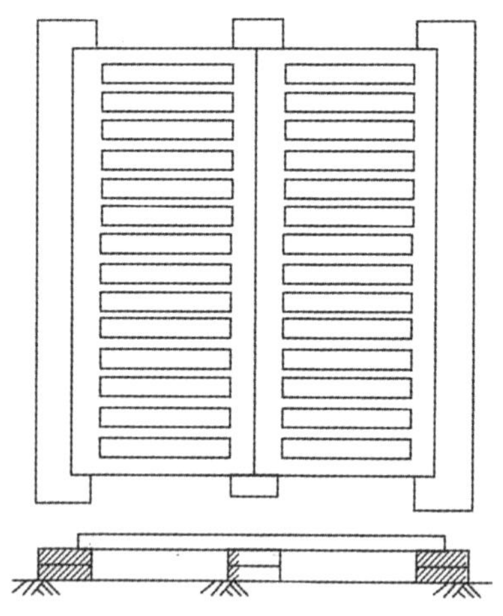

图 5-2-5　混凝栅板式排水假底

池底除支承滤料外，还要排泄滤床上的来水，池底中心轴线上设有集水沟，两侧底面向集水沟倾斜，池底和集水沟的坡度为 1%～2%。集水沟要有充分的高度，并在任何时候不会满流，确保空气能在水面上畅通无阻，使滤池中的孔隙充满空气。

二、生物滤池法的工艺流程

1. 生物滤池法的基本流程

生物滤池法的基本流程是由初沉池、生物滤池、二沉池组成。进入生物滤池的污水，必须通过预处理，去除悬浮物、油脂等会堵塞滤料的物质，并使水质均化稳定。一般在生物滤池前设初沉池，但也可以根据污水水质而采取其他方式进行预处理，达到同样的效果。生物滤池后面的二沉池，用以截留滤池中脱落的生物膜，以保证出水水质。

2. 高负荷生物滤池

低负荷生物滤池又称普通生物滤池，在处理城市污水方面，普通生物滤池有长期运行的经验。普通生物滤池的优点是处理效果好，BOD_5去除率可达90%以上，出水BOD_5可下降到25 mg/L以下，硝酸盐含量在10 mg/L左右，出水水质稳定。缺点是占地面积大，易于堵塞，灰蝇很多，影响环境卫生。后来，人们通过采用新型滤料，革新流程，提出多种形式的高负荷生物滤池，使负荷比普通生物滤池提高数倍，池子体积大大缩小。回流式生物滤池、塔式生物滤池属于这样类型的滤池。它们的运行比较灵活，可以通过调整负荷和流程，得到不同的处理效率(65%～90%)。负荷高时，有机物转化较不彻底，排出的生物膜容易腐化。

图5-2-6是交替式二级生物滤池工作流程。运行时，滤池是串联工作的，污水经初沉池后进入一级生物滤池，出水经相应的中间沉淀池去除残膜后用泵送入二级生物滤池，二级生物滤池的出水经过沉淀后排出污水处理厂。工作一段时间后，一级生物滤池因表层生物膜的累积，即将出现堵塞，改作二级生物滤池，而原来的二级生物滤池则改作一级生物滤池。运行中每个生物滤池交替作为一级滤池和二级滤池使用。这种方法在英国曾广泛采用。交替式二级生物滤池法流程比并联流程负荷可提高2～3倍。

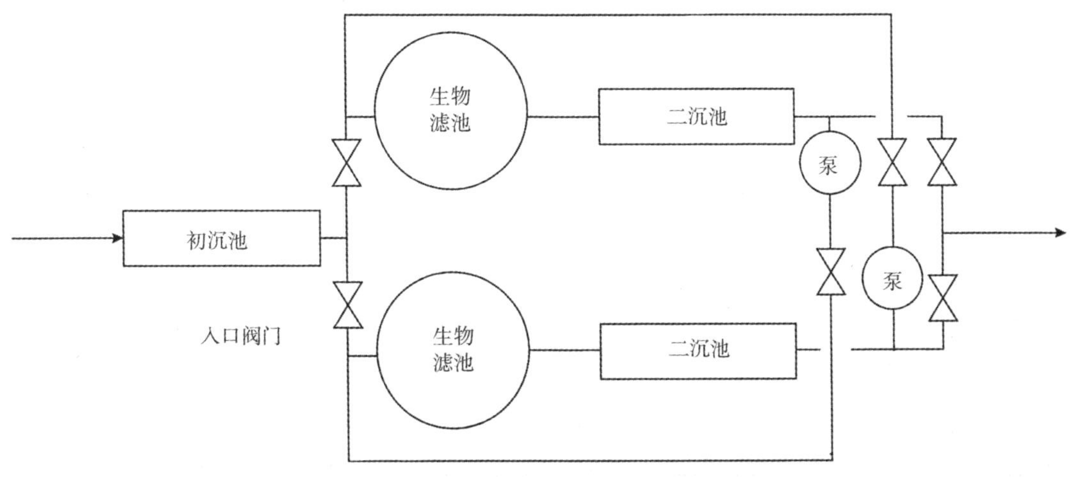

图5-2-6　交替式二级生物滤池工作流程

图 5-2-7 所示是几种常用回流式生物滤池法流程。当条件（水质、负荷、总回流量与进水量之比）相同时，它们的处理效率不同。图中次序基本上是按效率从较低到较高排列的，符号 Q 代表污水量，R 代表回流比。当污水浓度不太高时，回流系统可采用图 5-2-7(a)、(b)流程，回流比可以通过回流管线上的闸阀调节，当入流水量小于平均流量时，增大回流量；当入流水量大时，减少或停止回流。图 5-2-7(c)、(d)是二级生物滤池，系统中有两个生物滤池。这种流程用于处理高浓度污水或出水水质要求较高的场合。

生物滤池的一个主要优点是运行简单，因此，适用于小城镇和边远地区。一般认为，它对入流水质水量变化的承受能力较强，脱落的生物膜密实，较容易在二沉池中被分离。

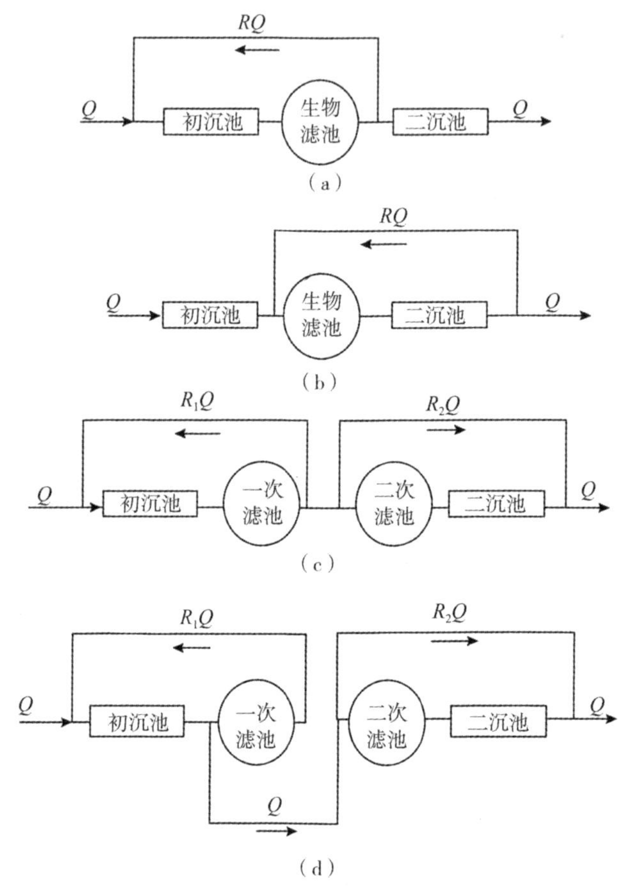

图 5-2-7　常用回流式生物滤池法流程

3. 塔式生物滤池

塔式生物滤池是在普通生物滤池的基础上发展起来的，如图 5-2-8(a)所示。塔式生物滤池的污水净化机理与普通生物滤池一样，但是与普通生物滤池相比具有负荷高（比普通生物滤池高 2～10 倍）、生物相分层明显、滤床堵塞可能性减小、占地小等特点。工程设计中，

塔式生物滤池直径宜为 1～3.5 m，直径与高度之比宜为(1∶6)～(1∶8)，塔式生物滤池的填料应采用轻质材料。塔式生物滤池填料应分层，每层高度不宜大于 2 m，填料层厚度宜根据试验资料确定，一般宜为 8～12 m。

图 5-2-8(b)所示的是分两级进水的塔式生物滤池，把每层滤床作为独立单元时，可看作是一种带并联性质的串联布置。同单级进水塔式生物滤池相比，这种方法有可能进一步提高负荷。

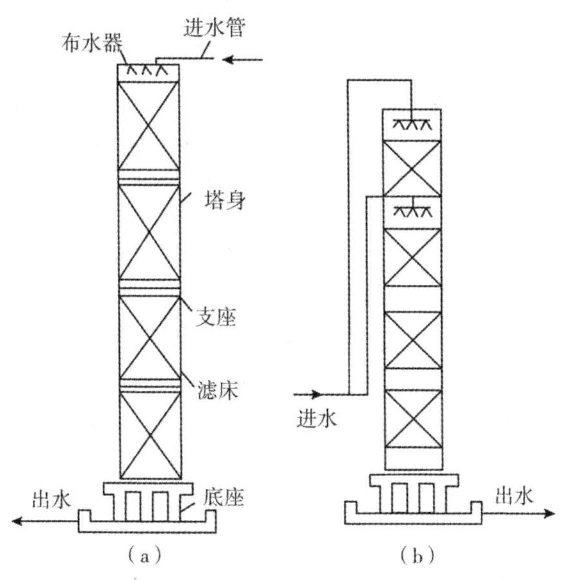

图 5-2-8　塔式生物滤池

4. 影响生物滤池性能的主要因素

(1)滤池高度。滤床的上层和下层相比，生物膜量、微生物种类和去除有机物的速率均不相同。滤床上层，污水中有机物浓度较高，微生物繁殖速率高，种属较低级，以细菌为主，生物膜量较多，有机物去除速率较高。随着滤床深度增加，微生物从低级趋向高级，种类逐渐增多，生物膜量从多到少。滤床中的这一递变现象，类似污染河流在自净过程中的生物递变。因为微生物的生长和繁殖同环境因素息息相关，所以当滤床各层的进水水质互不相同时，各层生物膜的微生物就不相同，处理污水(特别是含多种性质相异的有害物质的工业废水)的功能也随之不同。

由于生化反应速率与有机物浓度有关，而滤床不同深度处的有机物浓度不同，自上而下递减。因此，各层滤床有机物去除率不同，有机物的去除率沿池深方向呈指数形式下降。研究表明，生物滤池的处理效率，在一定条件下是随着滤床高度的增加而增加，在滤床高度超过某一数值(随具体条件而定)后，处理效率的提高很小，是不经济的。研究还表明，滤床不同深度处的微生物种群不同，反映了滤床高度对处理效率的影响同污水水质有关。对水质比较复杂的工业废水来讲，这一点是值得注意的。

(2)负荷。生物滤池的负荷是一个集中反映生物滤池工作性能的参数，同滤床的高度一样，负荷直接影响生物滤池的工作。

生物滤池的负荷以水力负荷和有机负荷表示。由于一定的滤料具有一定的比表面积，滤料体积可以间接表示生物膜面积和生物数量，所以有机负荷实质上表征了 F/M 值。普通生物滤池的有机负荷范围为 0.15～0.3 $kgBOD_5/(m^3 \cdot d)$，高负荷生物滤池在 1.1 $kgBOD_5/(m^3 \cdot d)$左右。在此负荷下，BOD_5 去除率可达 80%～90%。为了达到处理目的，有机负荷不能超过生物膜的分解能力。据日本城市污水试验结果，BOD_5 负荷的极限值为 1.2 $kg/(m^3 \cdot d)$，提高有机负荷，出水水质将相应有所下降。水力负荷表征滤池的接触时间和水流的冲刷能力。水力负荷太大，接触时间短，净化效果差；水力负荷太小，滤料不能完全利用，冲刷作用小。一般地，普通生物滤池的水力负荷为 1～4 $m^3/(m^2 \cdot d)$，高负荷生物滤池为 5～28 $m^3/(m^2 \cdot d)$。

(3)回流。利用污水厂的出水或生物滤池出水稀释进水的做法称回流，回流水量与进水量之比叫回流比。

在高负荷生物滤池的运行中，多用处理水回流，其优点是：①增大水力负荷，促进生物膜的脱落，防止滤池堵塞；②稀释进水，降低有机负荷，防止浓度冲击；③可向生物滤池连续接种，促进生物膜生长；④增加进水的溶解氧，减少臭味；⑤防止滤池滋生蚊蝇。但缺点是：缩短废水在滤池中的停留时间；降低进水浓度，从而减慢生化反应速度；回流水中难降解的物质会产生积累，冬天使池中水温降低等。

(4)供氧。生物滤池中，微生物所需的氧一般直接来自大气，靠自然通风供给。影响生物滤池通风的主要因素是滤床自然拔风和风速。自然拔风的推动力是池内温度与气温之差以及滤池的高度。温度差越大，通风条件越好。当水温较低，滤池内温度低于气温时（夏季），池内气流向下流动；当水温较高、池内温度高于气温时（冬季），气流向上流动。若池内外无温差时，则停止通风。正常运行的生物滤池，自然通风可以提供生物降解所需的氧量。

入流污水有机物浓度较高时，供氧条件可能成为影响生物滤池工作的主要因素。为保证生物滤池正常工作，根据试验研究和工程实践，有人建议滤池进水 COD 应小于 400 mg/L；当进水浓度高于此值时，可以通过回流的方法，降低滤池进水有机物浓度，以保证生物滤池供氧充足，正常运行。

三、生物滤池的设计计算

生物滤池处理系统包括生物滤池和二沉池，有时还包括初沉池和回流泵。生物滤池的设计一般包括：①滤池类型和流程的选择；②滤池尺寸和个数的确定；③布水设备计算；④二沉池的形式、个数和工艺尺寸的确定。由于污水水质的复杂性，生物滤池的设计计算往往要

通过试验来确定设计参数，或借鉴经验数据进行设计。

1. 滤池类型的选择

目前，大多采用高负荷生物滤池，低负荷生物滤池仅在污水量小、地区比较偏僻、石料不贵的场合选用。高负荷生物滤池主要有两种类型：回流式和塔式（多层式）生物滤池。滤池类型的选择，需要对占地面积、基建费用和运行费用等关键指标进行分析，并通过方案比较，才能得出合理的结论。

2. 流程的选择

在确定流程时，通常要解决的问题是：①是否设初沉池；②采用几级滤池；③是否采用回流，并确定回流方式和回流比。

当废水含悬浮物较多，采用拳状滤料时，需有初沉池，以避免生物滤池阻塞。处理城市污水时，一般都设置初沉池。

下述三种情况应考虑用二沉池出水回流：①进水入流有机物浓度较高，可能引起供氧不足时，有研究提出生物滤池的进水 BOD 应小于 400 mg/L；②水量很小，无法维持水力负荷在最小经验值以上时；③污水中某种污染物在高浓度时可能抑制微生物生长的情况。

3. 滤池尺寸和个数的确定

生物滤池的工艺设计内容是确定滤床总体积、滤床高度、滤池个数、单个滤池的面积以及滤池其他尺寸。

(1)滤床总体积(V)。一般用容积负荷(L_V)计算滤池滤床的总体积，负荷可以经过试验取得，或采用经验数据。对于城镇污水处理，《室外排水设计规范》(GB 50014—2006)提出了采用碎石类填料时，采用的负荷见表 5-2-1。

表 5-2-1　城镇污水处理生物滤池负荷取值

	低负荷生物滤池	高负荷生物滤池	塔式生物滤池
L_V[$kgBOD_5/(m^3 \cdot d)$]	0.15～0.3	≥1.8	1～3
q[$m^3/(m^2 \cdot d)$]	1～3	10～36	80～200

注　表中为低负荷和高负荷生物滤池采用碎石类填料，塔式生物滤池采用塑料等轻质填料时滤池负荷的建议值。

滤床总体积计算公式如下：

$$V = \frac{QS_0}{L_V} \times 10^{-6} \tag{5-1}$$

式中：S_0——污水进滤池前的 BOD_5，mg/L；

Q——污水日平均流量，m^3/d，采用回流式生物滤池时，回流比 R 可根据经验确定，此项应为 $Q(1+R)$；

L_V——容积负荷，$kgBOD_5/(m^3 \cdot d)$。

滤床计算时，应注意下述几个问题。

①计算时采用的负荷应与设计处理效率相应。通常，负荷是影响处理效率的主要因素。

②影响处理效率的因素很多，除负荷之外，主要还有污水的浓度、水质、温度、滤料特性和滤床高度。对于回流滤池，则还有回流比。因此，同类生物滤池，即使负荷相同，处理效率也可能有差别。

③没有经验可以引用的工业废水，应经过试验确定其设计的负荷。试验生物滤池的滤料和滤床高度应与设计相一致。

(2)滤床高度。滤床高度一般根据经验或试验结果确定。对于没有类似水质和处理要求的经验可以参照时，可以通过试验，按照滤床高度动力学计算方法确定。

对于城市污水处理，生物滤池采用碎石类填料时，低负荷生物滤池一般下层填料粒径宜为 60～100 mm，厚 0.2 m，上层填料粒径为 30～50 mm，厚 1.3～1.8 m；高负荷生物滤池一般下层填料粒径宜为 70～100 mm，厚 0.2 m；上层填料粒径为 40～70 mm，厚度不宜大于 1.8 m。塔式生物滤池的填料应采用轻质材料，滤层厚度根据试验资料确定，一般为 8～12 m，填料分层布置，每层高度不大于 2 m，便于安装和养护。

(3)滤池面积和个数。滤床总体积和高度确定之后，即可算出滤床的总面积，但需要核算水力负荷，看它是否合理，规范建议的水力负荷见表 5-2-1。回流生物滤池池深较浅时，水力负荷一般不超过30 $m^3/(m^2 \cdot d)$，其水力负荷的确定与进水 BOD_5 有关，见表 5-2-2。

表 5-2-2 回流生物滤池的水力负荷

进水 BOD_5(mg/L)	120	150	200
水力负荷[$m^3/(m^2 \cdot d)$]	25	20	15

与其他处理构筑物一样，生物滤池的个数一般情况下应大于 2 个，并联运行。当处理规模很小，滤池总面积不大时，也可采用 1 个滤池。根据滤池的总面积和滤池个数，即可算得单个滤池的面积，确定滤池直径(或边长)。

(4)其他构造要求。滤池通风好坏是影响处理效率的重要因素，生物滤池底部空间的高度不应小于 0.6 m，并沿滤池池壁四周下部设置自然通风孔，总面积大于滤池表面积的 1%。另外，生物滤池的池底有 1%～2%的坡度，坡向集水沟，集水沟再以 0.5%～2%的坡度坡向总排水沟，并有冲洗底部排水渠的措施。

【例】 某城市设计人口 $N=75\ 000$ 人，排水量标准 $q=100$ L/(人·d)，BOD_5 排出量 $L_a'=20$ g/(人·d)。市内另有一工厂，其废水量 $Q_i=2\ 500\ m^3/d$，BOD_5 浓度 $L_a''=520$ mg/L，归入城市排水系统后一同用高负荷生物滤池处理。填料层高度 $H=2$ m。设计高负荷生物滤池，处理后出水 BOD_5 浓度 L_e 要求不大于 25 mg/L。混合污水冬季平均温度为 14℃，总变化系数 $K_z=1.60$。当地年平均气温为 8℃。假设所设计高负荷生物滤池稀释

后进水与出水的 BOD_5 浓度比例系数 $K=4.4$。

解：(1)混合污水平均日流量 Q。

$$Q=\frac{qN}{1\ 000}+Q_i=100\times\frac{75\ 000}{1\ 000}+2\ 500=10\ 000(m^3/d)$$

(2)混合污水的 BOD_5 浓度 L_a。

$$L_a=\frac{L'_aN+L_a''Q_i}{Q}=\frac{20\times 75\ 000+520\times 2\ 500}{10\ 000}=280(mg/L)$$

令 $L_a>200$ mg/L，所以必须用出水回流的方式稀释进水，使其浓度降低至 200 mg/L。

(3)经回流稀释后污水应达到的 BOD_5 浓度 L_{a1}。

稀释后进水 BOD_5 浓度 L_{a1} 是与要求的出水 BOD_5 浓度成比例的，由已知可得该比例系数 $K=4.4$，则：

$$L_{a1}=KL_e=4.4\times 25=110(mg/L)$$

(4)回流稀释倍数 n。

$$n=\frac{L_a-L_{a1}}{L_{a1}-L_e}=\frac{280-110}{110-25}=2$$

(5)滤池所需总面积 A。

滤池面积负荷 q 一般为 1 100～2 000 $gBOD_5/(m^2\cdot d)$，取 $q=1\ 700\ gBOD_5/(m^2\cdot d)$，则：

$$A=\frac{Q(n+1)L_{a1}}{q}=\frac{10\ 000\times(2+1)\times 110}{1\ 700}=1\ 941(m^2)$$

(6)填料总体积 V。

$$V=AH=1\ 941\times 2=3\ 882\ (m^3)$$

(7)每个滤池的面积 A_1。

采用滤池数 $n'=4$，则：

$$A_1=\frac{A}{n'}=\frac{1\ 941}{4}=485\ (m^2)$$

(8)滤池直径 D。

$$D=\sqrt{\frac{4A_1}{\pi}}=\sqrt{\frac{4\times 485}{\pi}}=24.8\ (m)$$

(9)校核水力负荷 q'。

$$q'=\frac{Q(n+1)}{A}=\frac{q}{L_{a1}}=\frac{1\ 700}{110}=15.5\ m^3/(m\cdot d)>10\ m^3/(m^2\cdot d)$$

若 $q'<10\ m^3/(m^2\cdot d)$，应采取措施：加大回流量以提高水力负荷，或减少填料高度以减少堵塞的可能。

第三节　生物接触氧化

一、概述

生物接触氧化法又称浸没式曝气生物滤池，是在生物滤池的基础上发展演变而来的。早在19世纪末就开始了生物接触氧化法污水处理技术的试验研究，之后经过长时期的技术改进和工艺完善，生物接触氧化法在欧洲、美国、日本及苏联等地区获得了广泛应用。我国从1975年开始生物接触氧化法污水处理的试验工作，之后，国内在生物接触氧化法方面的试验研究和工程实践方面尤其在应用领域的拓宽、生物接触氧化池形式的改进、填料的研究开发等方面，取得了重要突破和技术进步。目前，生物接触氧化法在国内的污水处理领域，特别在有机工业废水生物处理、小型生活污水处理中得到广泛应用，成为污水处理的主流工艺之一。

生物接触氧化池内设置填料，填料淹没在污水中，填料上长满生物膜，污水与生物膜接触过程中，水中的有机物被微生物吸附、氧化分解和转化为新的生物膜。从填料上脱落的生物膜，随水流到二沉池后被去除，污水得到净化。空气通过设在池底的布气装置进入水流，随气泡上升时向微生物提供氧气，见图5-3-1。

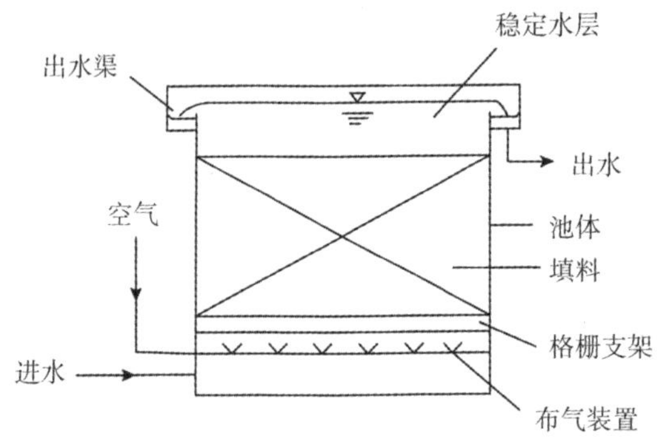

图5-3-1　接触氧化池构造示意图

生物接触氧化法是介于活性污泥法和生物滤池二者之间的污水生物处理技术，兼有活性污泥法和生物膜法的特点，具有下列优点。

(1)由于填料的比表面积大，池内的充氧条件良好。生物接触氧化池内单位容积的生物固体量高于活性污泥法曝气池及生物滤池。因此，生物接触氧化池具有较高的容积负荷。

(2)生物接触氧化法不需要污泥回流，不存在污泥膨胀问题，运行管理简便。

(3)由于生物固体量多，水流又属完全混合型，因此生物接触氧化池对水质水量的波动

有较强的适应能力。

(4)生物接触氧化池有机容积负荷较高时，其 F/M 保持在较低水平，污泥产率较低。

二、生物接触氧化池的构造

生物接触氧化池平面形状一般采用矩形，进水端应有防止短流措施，出水一般为堰式出水，图 5-3-1 为接触氧化池构造示意图。

接触氧化池的构造主要由池体、填料和进水布气装置等组成。

池体用于设置填料、布水布气装置和支承填料的支架。池体可为钢结构或钢筋混凝土结构。从填料上脱落的生物膜会有一部分沉积在池底，必要时，池底部可设置排泥和放空设施。

生物接触氧化池填料要求对微生物无毒害、易挂膜、质轻、高强度、抗老化、比表面积大和孔隙率高。目前常采用的填料主要有聚氯乙烯塑料、聚丙烯塑料、环氧玻璃钢等做成的波纹板状填料、蜂窝状填料、纤维组合填料、立体弹性填料等(图 5-3-2)。

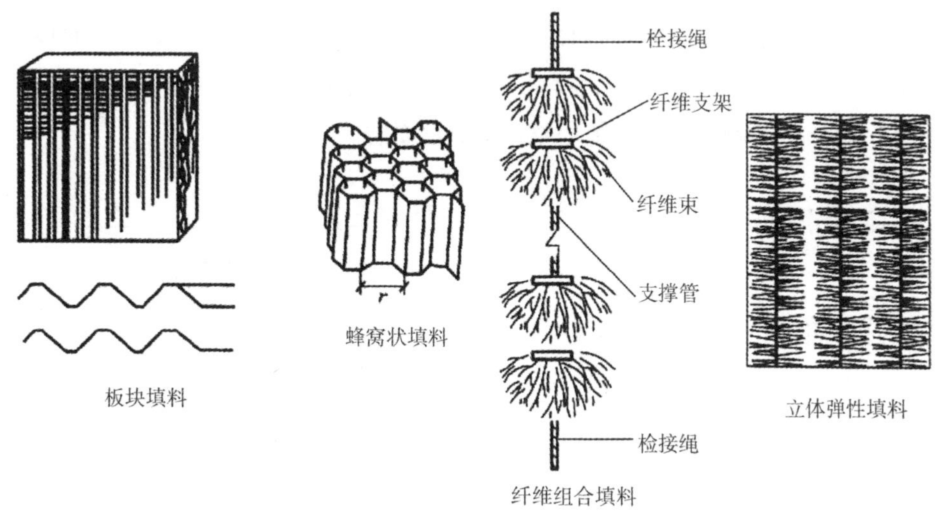

图 5-3-2　常用的生物接触氧化池填料

纤维状填料是用尼龙、维纶、腈纶、涤纶等化学纤维编结成束，呈绳状连接。用尼龙绳直接固定纤维束的软性填料，易发生纤维填料结团(俗称“起球”)问题，现在已较少采用。实践表明，采用圆形塑料盘作为纤维填料支架，将纤维固定在支架四周，可以有效解决纤维填料结团问题，同时保持纤维填料比表面大、来源广、价格较低的优势，得到较为广泛的应用。为安装检修方便，填料常以料框组装，带框放入池中，或在池中设置固定支架，用于固定填料。

近年国内开发的空心塑料体(聚乙烯、聚丙烯等材料，球状或柱状)，如图 5-3-3 所示，其相对密度近于 1，并可按工艺要求，在加工制造时调节相对密度，称悬浮填料。运行时，由于悬浮填料在池内均匀分布，并不断切割气泡，使氧利用率、动力效率得到提高。

图 5-3-3　空心塑料体悬浮填料

生物接触氧化池中的填料可采用全池布置，底部进水，整个池底安装布气装置，全池曝气，如图 5-3-1 所示；两侧布置，底部进水，布气管布置在池子中心，中心曝气，如图 5-3-4 所示；或单侧布置，上部进水，侧面曝气，如图 5-3-5 所示。填料全池布置、全池曝气的形式，由于具有曝气均匀、填料不易堵塞、氧化池容积利用率高等优势，是目前生物接触氧化法采用的主要形式。但不管哪种形式，曝气池的填料应分层安装。

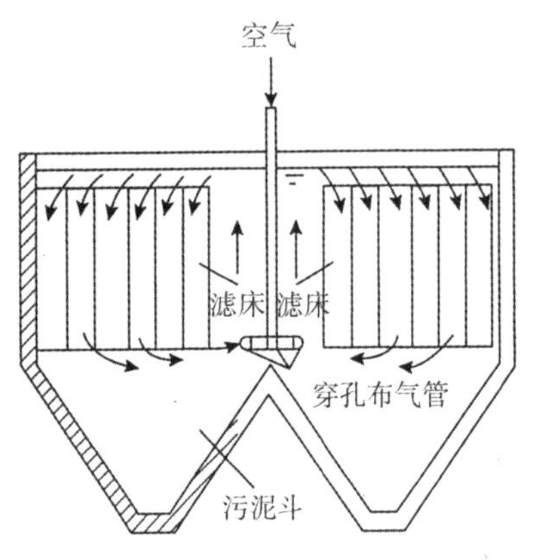

图 5-3-4　中心曝气的生物接触氧化池

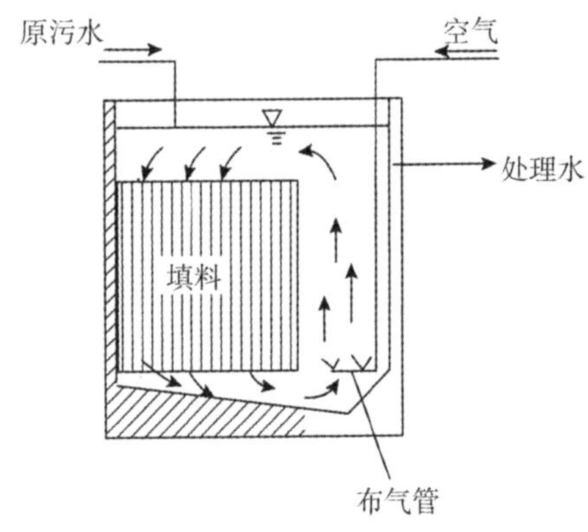

图 5-3-5　侧面曝气的生物接触氧化池

三、生物接触氧化法的工艺流程

生物接触氧化池应根据进水水质和处理程度确定采用单级式、二级式或多级式，图 5-3-6～图 5-3-8 是生物接触氧化法常见的几种基本流程。在一级处理流程中，原污水经预处理（主要为初沉池）后进入接触氧化池，出水经过二沉池分离脱落的生物膜，实现泥水分离。在二级处理流程中，两级接触氧化池串联运行，必要时中间可设中间沉淀池（简称中沉

池)。多级处理流程中串联三座或三座以上的接触氧化池。第一级接触氧化池内的微生物处于对数增长期和减速增长期的前段,生物膜增长较快,有机负荷较高,有机物降解速率也较大;后续的接触氧化池内微生物处在生长曲线的减速增长期后段或生物膜稳定期,生物膜增长缓慢,处理水水质逐步提高。

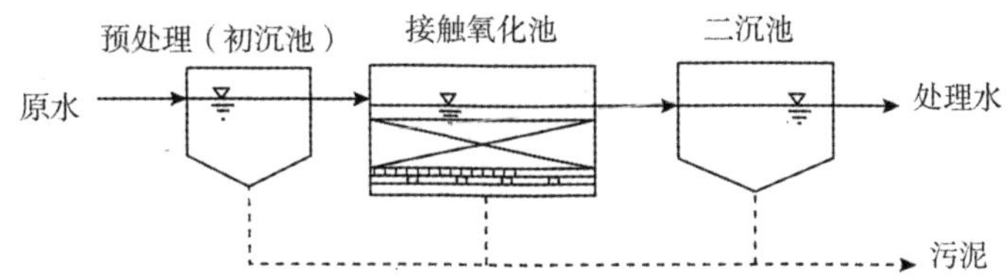

图 5-3-6 单级生物接触氧化法工艺流程

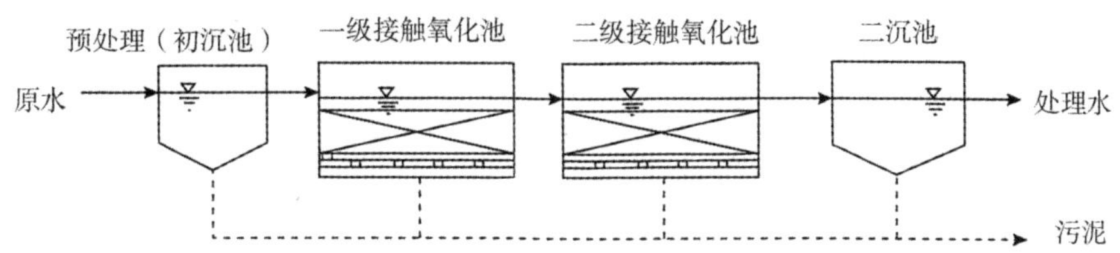

图 5-3-7 二级生物接触氧化法工艺流程

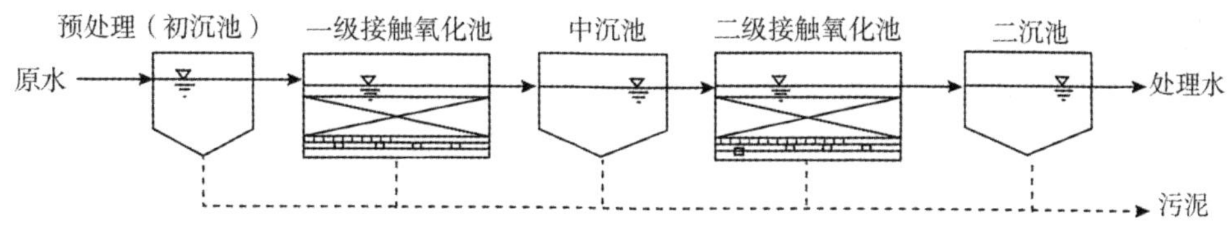

图 5-3-8 二级生物接触氧化法工艺流程(设中沉池)

四、生物接触氧化法的设计计算

生物接触氧化池工艺设计的主要内容是计算填料的有效容积和池子的尺寸,计算空气量和空气管道系统。目前一般是在用有机负荷计算填料容积的基础上,按照构造要求确定池子具体尺寸、池数以及池的分级。对于工业废水,最好通过试验确定有机负荷,也可审慎地采用经验数据。

1. 有效容积(即填料体积)(V)

$$V=\frac{Q(S_0-S_e)}{L_V} \tag{5-2}$$

式中: Q——设计污水处理量,m_3/d;

S_0、S_e——进水、出水 BOD_5,mg/L;

L_V ——填料容积负荷，$kgBOD_5/[m^3(填料)\cdot d]$。

生物接触氧化池的五日生化需氧量容积负荷，宜根据试验资料确定，无试验资料时，城镇污水碳氧化处理一般取 2.0～5.0 $kgBOD_5/(m^3\cdot d)$，碳氧化/硝化一般取 0.2～2.0 $kg BOD_5/(m^3\cdot d)$。

2. 总面积(A)和池数(N)

$$A=\frac{V}{h_0} \tag{5-3}$$

$$N=\frac{A}{A_1} \tag{5-4}$$

式中：h_0——填料高度，一般采用 3.0 m；

A_1——每座池子的面积，m^2。

3. 池深(h)

$$h=h_0+h_1+h_2+h_3 \tag{5-5}$$

式中：h_1——超高，0.5～0.6 m；

h_2——填料层上水深，0.4～0.5 m；

h_3——填料至池底的高度，一般采用 0.5 m。

生物接触氧化池池数一般不少于 2 个，并联运行，每池由二级或二级以上的氧化池组成。

4. 有效停留时间(t)

$$t=\frac{V}{Q} \tag{5-6}$$

5. 供气量(D)和空气管道系统计算

$$D=Q_0D \tag{5-7}$$

式中：D_0——1 m^3污水需气量，m^3/m^3，根据水质特性、试验资料或参考类似工程运行经验数据确定。

生物接触氧化法的供气量，要同时满足微生物降解污染物的需氧量和氧化池的混合搅拌强度。满足微生物需氧所需的空气量，可参照活性污泥法计算。为保持氧化池内一定的搅拌强度，满足营养物质、溶解氧和生物膜之间的充分接触，以及老化生物膜的冲刷脱落，D_0 值宜大于 10，一般取 15～20。

空气管道系统的计算方法与活性污泥法曝气池的空气管道系统计算方法基本相同。

第四节 曝气生物滤池

一、概述

曝气生物滤池(Biological Aerated Filter,BAF),又称颗粒填料生物滤池,是在20世纪70年代末80年代初出现于欧洲的一种生物膜法处理工艺。曝气生物滤池最初用于污水二级处理后的深度处理,由于其良好的处理性能,应用范围不断扩大。与传统的活性污泥法相比,曝气生物滤池中活性微生物的浓度要高得多,反应器体积小,且不需二沉池,占地面积少,还具有模块化结构、便于自动控制和臭气少等优点。

20世纪90年代初曝气生物滤池得到了较大发展,在法国、英国、奥地利和澳大利亚等国已有较成熟的技术和设备产品,部分大型污水厂也采用了曝气生物滤池工艺。目前,我国曝气生物滤池主要用于城市污水处理、某些工业废水处理和污水回用深度处理。曝气生物滤池的主要优点及缺点如下。

1. 优点

(1)从投资费用上看,曝气生物滤池不需设二沉池,水力负荷、容积负荷远高于传统污水处理工艺,停留时间短,厂区布置紧凑,可以节省占地面积和建设费用。

(2)从工艺效果上看,由于生物量大以及滤料截留和生物膜的生物絮凝作用,抗冲击负荷能力较强,耐低温,不发生污泥膨胀,出水水质高。

(3)从运行上看,曝气生物滤池易挂膜,启动快。根据运行经验,在水温10~15℃时,2~3周可完成挂膜过程。

(4)曝气生物滤池中氧的传输效率高,曝气量小,供氧动力消耗低,处理单位污水电耗低。此外,自动化程度高,运行管理方便。

2. 缺点

(1)曝气生物滤池对进水的悬浮固体要求较高,需要采用对悬浮固体有较高处理效果的预处理工艺,而且进水的浓度不能太高,否则容易引起滤料结团、堵塞。

(2)曝气生物滤池水头损失较大,加上大部分都建于地面以上,进水提升水头较大。

(3)曝气生物滤池的反冲洗是决定滤池运行的关键因素之一,滤料冲洗不充分,可能出现结团现象,导致工艺运行失效。操作中,反冲洗出水回流入初沉池,对初沉池有较大的冲击负荷。此外,设计或运行管理不当会造成滤料随水流失等问题。

(4)产泥量略大于活性污泥法,污泥稳定性稍差。

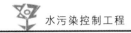

二、曝气生物滤池的构造及工作原理

曝气生物滤池分为上向流式和下向流式，下面以下向流式为例介绍其工作原理。如图5-4-1 所示，曝气生物滤池由池体、布水系统、布气系统、承托层、滤层、反冲洗系统等组成，池底设承托层，上部为滤层。

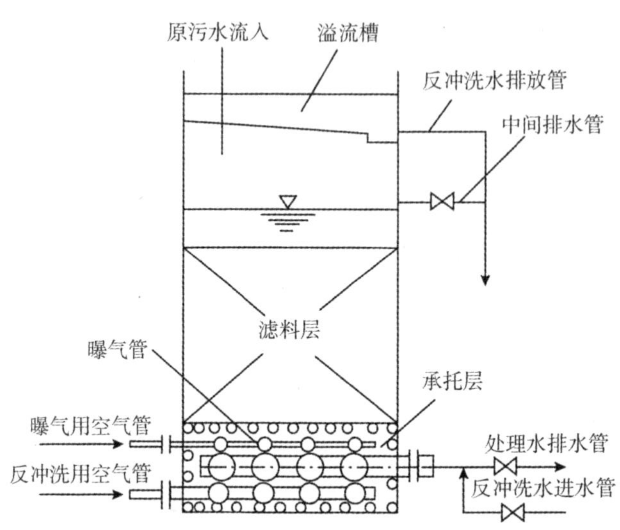

图 5-4-1　曝气生物滤池构造示意图

曝气生物滤池承托层采用的材质应具有良好的机械强度和化学稳定性，一般选用卵石作承托层，其级配自上而下为：卵石直径 2～4 mm、4～8 mm、8～16 mm；卵石层高度分别为 50 mm、100 mm、100 mm。曝气生物滤池的布水布气系统有滤头布水布气系统、栅型承托板布水布气系统和穿孔管布水布气系统，城市污水处理一般采用滤头布水布气系统。曝气用的空气管、布水布气装置及处理水集水管兼作反冲洗水管，可设置在承托层内。

污水从池上部进入滤池，并通过由滤料组成的滤层，在滤料表面形成有微生物栖息的生物膜。在污水滤过滤层的同时，空气从滤料处通入，并由滤料的间隙上升，与下向流的污水相向接触，空气中的氧转移到污水中，向生物膜上的微生物提供充足的溶解氧和丰富的有机物。在微生物的代谢作用下，有机污染物被降解，污水得到净化。

运行时，污水中的悬浮物及由于生物膜脱落形成的生物污泥，被滤料所截留，因此，滤层具有二沉池的功能。运行一定时间后，因水头损失的增加，需对滤池进行反冲洗，以释放截留的悬浮物并更新生物膜，一般采用汽水联合反冲洗，反冲洗水通过反冲洗水排放管排出后，回流至初沉池。

滤料是生物膜的载体，同时兼有截留悬浮物质的作用，直接影响曝气生物滤池的效能。

滤料费用在曝气生物滤池处理系统建设费用中占有较大的比例，所以滤料的优劣直接关系到系统的合理与否。曝气生物滤池滤料有以下要求。

(1)质轻，堆积容重小，有足够的机械强度；

(2)比表面积大，孔隙率高，属多孔惰性载体；

(3)不含有害于人体健康的物质，化学稳定性良好；

(4)水头损失小，形状系数好，吸附能力强。

根据资料和工程运行经验，粒径为 5 mm 左右的均质陶粒及塑料球形颗粒能达到较好的处理效果。常用滤料的物理特性见表 5-4-1。

表 5-4-1　常用滤料的物理特性

名称	物理特性							
	比表面积 (m^3/g)	总孔体积 (cm^3/g)	堆积容重 (g/L)	磨损率 (%)	堆积密度 (g/cm^3)	堆积空隙率(%)	粒内孔隙率(%)	粒径 (mm)
黏土陶粒	4.89	0.39	875	≤3	0.7～1.0	>42	>30	3～5
页岩陶粒	3.99	0.103	976	—	—	—	—	—
沸石	0.46	0.026 9	830	—	—	—	—	—
膨胀球形黏土	3.98	—	1 550	1.5	—	—	—	3.5～6.2

三、曝气生物滤池工艺流程

如图 5-4-2 所示，曝气生物滤池污水处理工艺由预处理设施、曝气生物滤池及滤池反冲洗系统组成，可不设二沉池。预处理一般包括沉砂池、初沉池或混凝沉淀池、隔油池等设施。污水经预处理后使悬浮固体浓度降低，再进入曝气生物滤池，有利于减少反冲洗次数和保证滤池的正常运行。如进水有机物浓度较高，污水经沉淀后可进入水解调节池进行水质水量的调节，同时也提高了污水的生物可降解性。曝气生物滤池的进水悬浮固体浓度应控制在 60 mg/L 以下，并根据处理程度不同，可分为碳氧化、硝化、后置反硝化或前置反硝化等。碳氧化、硝化和反硝化可在单级曝气生物滤池内完成，也可在多级曝气生物滤池内完成。

根据进水流向的不同，曝气生物滤池的池型主要有下向流式(滤池上部进水，水流与空气逆向运行)和上向流式(滤池底部进水，水流与空气同向运行)。

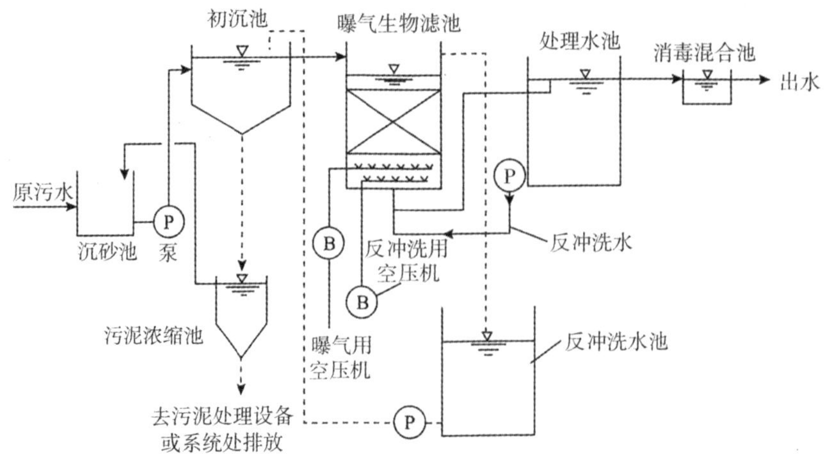

图 5-4-2　曝气生物滤池污水处理工艺系统

1. 下向流式

早期开发的一种下向流式曝气生物滤池称作 BIOCARBONE。这种曝气生物滤池的缺点是负荷不够高，大量被截留的 SS 集中在滤池上端几十厘米处，此处水头损失占了整个滤池水头损失的绝大部分；滤池纳污率不高，容易堵塞，运行周期短。图 5-4-3 是法国 Antibes 污水厂下向流曝气生物滤池工艺流程。

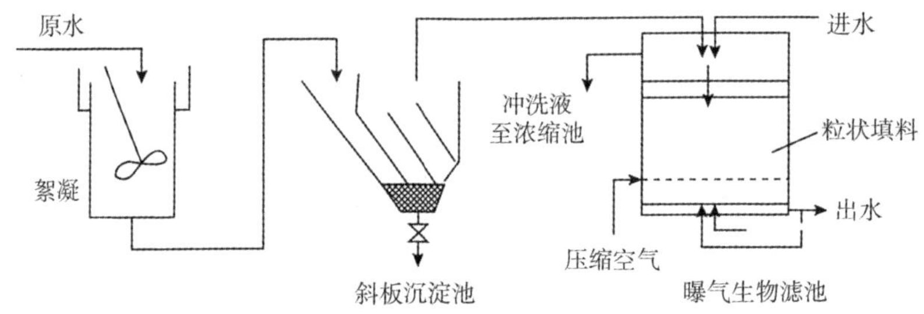

图 5-4-3　Antibes 污水厂下向流曝气生物滤池工艺流程

2. 上向流式

(1)BIOFOR。BIOFOR 为典型的上向流式(汽水同向流)曝气生物滤池。如图 5-4-4 所示，其底部为气水混合室，其上为长柄滤头、曝气管、承托层、滤料。所用滤料密度大于水，自然堆积，滤层厚度一般为 2～4 m。BIOFOR 运行时，污水从底部进入气水混合室，经长柄滤头配水后通过承托层进入滤料，在此进行有机物、氨氮和悬浮固体的去除。反冲洗时，气水同时进入气水混合室，经长柄滤头进入滤料，反冲洗出水回流入初沉池，与原污水合并处理。采用长柄滤头的优点是简化了管路系统，便于控制；缺点是增加了对滤头的强度要求，滤头的使用寿命会受影响。上向流曝气生物滤池的主要优点有：①同向流可促使布气布水均匀，

若采用下向流，则截留的悬浮固体主要集中在滤料的上部，运行时间一长，滤池内会出现负水头现象，进而引起沟流，采用上向流可避免这一缺点；②采用上向流，截留在底部的悬浮固体可在气泡的上升过程中被带入滤池中上部，加大滤料的纳污率，延长反冲洗间隔时间；③气水同向流有利于氧的传递与利用。

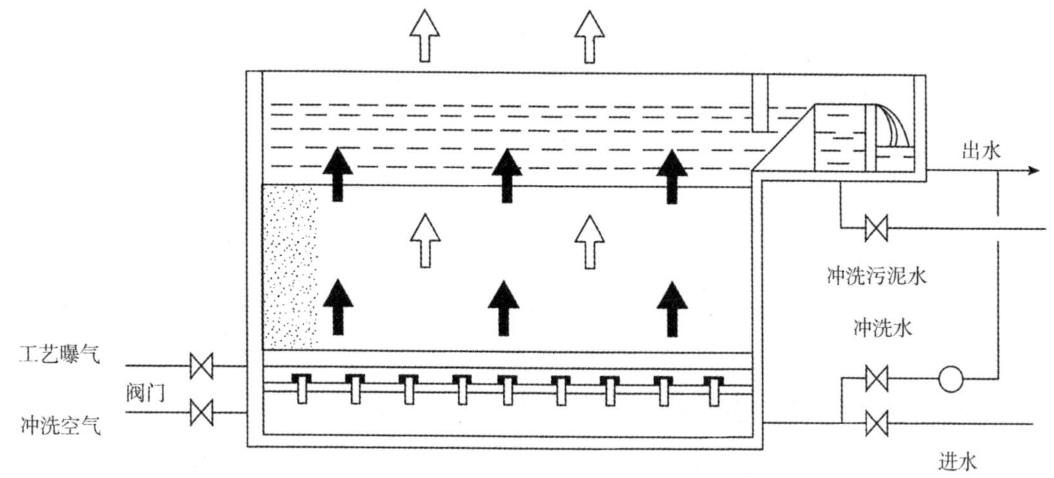

图 5-4-4　BIOFOR 滤池结构示意图

(2)BIOSTYR，即具有脱氮功能的上向流式生物滤池。如图 5-4-5 所示，其主要特点为：①采用了新型轻质悬浮滤料——Biostyrene(主要成分是聚苯乙烯，密度小于1.0 g/cm^3)；②将滤床分为两部分，上部分为曝气的生化反应区，下部为非曝气的过滤区。

如图 5-4-5 所示，滤池底部设有进水和排泥管，中上部是滤料层，厚度一般为 2.5～3.0 m，滤料顶部装有挡板或隔网，防止悬浮滤料的流失。在上部挡板上均匀安装有出水滤头。挡板上部空间用作反冲洗水的储水区，可以省去反冲洗水池，其高度根据反冲洗水水头而定，该区设有回流泵，将滤池出水泵送至配水廊道，继而回流到滤池底部实现反硝化。滤料底部与滤池底部的空间留作反洗再生时滤料膨胀之用。

经预处理的污水与经过硝化的滤池出水按照一定回流比混合后，通过滤池进水管进入滤池底部，并向上首先经滤料层的缺氧区，此时反冲洗用空气管处于关闭状态。在缺氧区内，滤料上的微生物利用进水中有机物作为碳源将滤池进水中的硝酸盐氮转化为氮气，实现反硝化脱氮和部分 BOD_5 的降解，同时悬浮固体被生物膜吸附和截留。然后污水进入好氧区，实现硝化和 BOD_5 的进一步降解。流出滤料层的净化后污水通过滤池挡板上的出水滤头排出滤池。出水分为三部分，一部分排出系统外，一部分按回流比与原污水混合后进入滤池，另一部分用作反冲洗水。反冲洗时可以采用气水交替反冲。滤池顶部设置格网或滤板可以阻止滤料流出。

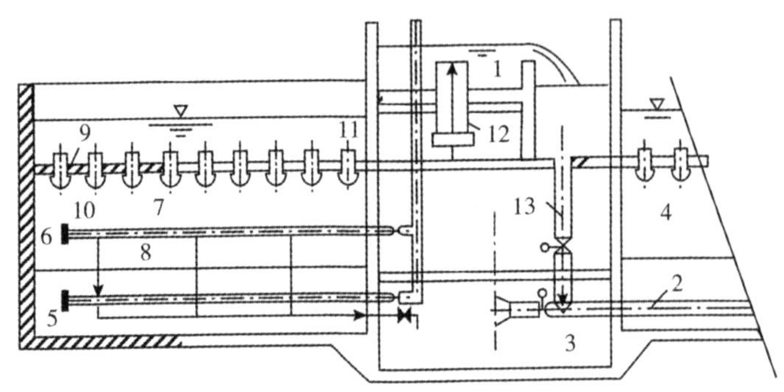

图 5-4-5　BIOSTYR 滤池结构示意图

1—配水廊道；2—滤池进水和排泥管；3—反冲洗循环闸门；4—滤料；5—反冲洗用空气管；6—工艺曝气管；7—好氧区；8—缺氧区；9—挡板；10—出水滤头；11—处理后水的储存和排出；12—回流泵；13—进水管

四、曝气生物滤池的主要工艺设计参数

曝气生物滤池的工艺设计参数主要有水力负荷、容积负荷、滤料高度、滤料粒径、单池面积以及反冲洗周期、反冲洗强度、反冲洗时间和反冲洗气水比等。

根据《室外排水设计规范》[GB 50014—2006(2014 年版)]要求，曝气生物滤池的容积负荷宜根据试验资料确定，无试验资料时，对于城镇污水处理，曝气生物滤池的五日生化需氧量容积负荷宜为 3～6 $kgBOD_5/(m^3 \cdot d)$，硝化容积负荷(以 NH_3—N 计)宜为 0.3～0.8 kg(NH_3—N)/(m^3·d)，反硝化容积负荷(以 NO_3^-—N 计)宜为 0.8～4.0 kg(NO_3^-—N)/(m^3·d)。在碳氧化阶段，曝气生物滤池的污泥产率系数可为 0.75 $kgVSS/kgBOD_5$，表 5-4-2 为曝气生物滤池的典型负荷。

表 5-4-2　曝气生物滤池的典型负荷

负荷类别	碳氧化	硝化	反硝化
水力负荷[$m^3/(m^2 \cdot h)$]	2～10	2～10	—
最大容积负荷[$kgX/(m^3 \cdot d)$]	3～6 3～6	<1.5(10℃) <2.0(20℃)	<2(10℃) <5(20℃)

注　碳氧化、硝化和反硝化时，X 分别代表五日生化需氧量、氨氮和硝酸盐氮。

曝气生物滤池的池体高度一般为 5～7 m，由配水区、承托层、滤料层、清水区的高度和超高等组成。反冲洗一般采用气水联合反冲洗，由单独气冲洗、气水联合反冲洗、单独水冲洗三个过程组成，通过滤板或固定其上的长柄滤头实现。反冲洗空气强度为 10～15 L/(m^2·s)，反冲洗水强度不宜超过 8 L/(m^2·s)。反冲洗周期根据水质参数和滤料层阻力加以控制，一般设 24 h 为 1 周期。

第五节　生物转盘法

生物转盘是生物膜法的一种，是在生物滤池的基础上发展起来的。1954 年在联邦德国的 Heilbronn 建成世界上第一座生物转盘污水处理厂。至 20 世纪 70 年代，仅在欧洲就已有 1 000 多座生物转盘。生物转盘由于具有净化效果好和能源消耗低等优点，在世界范围内都得到广泛的研究与应用，并在相应方面取得很大进展。我国于 20 世纪 70 年代开始进行研究，在印染、造纸、皮革和石油化工等行业的工业废水处理中得到应用，效果较好。

一、生物转盘的净化机理与组成

1. 净化机理

生物转盘处理废水的机理与生物滤池基本相同，不同的是生物转盘处理装置中的生物膜附着生长在一系列转动的盘片上，而不是生长在固定的填料上。

如图 5-5-1 所示为生物转盘工作情况示意图，当圆盘缓慢转动浸没于污水中时，污水中的有机物被盘片上的生物膜吸附，当圆盘离开污水时，盘片表面形成薄薄一层水膜。水膜从空气中吸收氧气，同时生物膜分解被吸附的有机物。这样，圆盘每转动一圈，即进行一次吸附—吸氧—氧化分解过程。圆盘不断转动，污水得到净化，同时盘片上的生物膜不断生长、增厚，生物膜的厚度为 0.5～2.0 mm，老化的生物膜靠圆盘旋转时产生的剪切力脱落下来，生物膜得到更新。老化、剥落、脱落的生物膜由二沉池沉降去除。

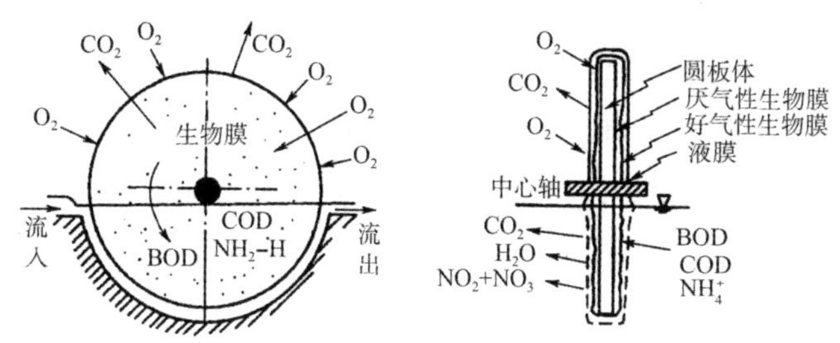

图 5-5-1　生物转盘工作情况示意图

2. 生物转盘的组成

生物转盘主要由旋转圆盘、转动横轴、动力及减速装置和氧化槽等几部分组成。

生物转盘的主体是垂直固定在中心轴上的一组圆形盘片和一个同其配合的半圆形水槽，转轴以下 40%～50%的盘面浸没在废水中。

生物转盘的盘体材料应质轻、强度高、耐腐蚀、抗老化、易挂膜、比表面积大以及方便安装、养护和运输。目前多采用聚乙烯硬质塑料或玻璃钢制作盘片，一般是由直管蜂窝填料或波纹板填料等组成，盘片直径一般是 2～3 m，最大为 5 m。盘片净距，进水端宜为 25～35 mm，出水端宜为 10～20 mm，轴长通常小于 7.6 m。当系统要求的盘片总面积较大时，可分组安装，一组称一级，串联运行。转盘分级布置使其运行较灵活，可以提高处理效率。

水槽可以用钢筋混凝土或钢板制作，断面直径比转盘略大（一般为 20～40 mm），使转盘既可以在槽内自由转动，脱落的残膜又不至于留在槽内。

生物转盘的转轴强度和挠度必须满足盘体自重和运行过程中附加荷重的要求，轴的强度和刚度必须经过力学计算以防断裂，挠曲转轴中心高度应高出水位 150 mm 以上。

驱动装置通常采用附有减速装置的电动机。根据具体情况，也可以采用水轮驱动或空气驱动。为防止转盘设备遭受风吹雨打和日光曝晒，应设置在房屋或雨棚内或用罩覆盖，罩上应开孔，以促进空气流通。

3. 生物转盘处理废水主要特点

（1）效率高。生物转盘上的微生物浓度高，特别是最初几级的生物转盘。据测定统计，生物转盘上的生物膜量如折算成曝气池的 MLVSS，可达 40 000～60 000mg/L，F/M 比为 0.05～0.1，净化率高。

（2）适应性强，耐冲击负荷。对于高浓度有机污水 BOD＞10 000 mg/L，出水水质仍然较好。

（3）生物相分级，在每级转盘生长着适应于流入该级污水性质的生物相。

（4）污泥龄长，生物膜上生物的食物链长，污泥产量少，为活性污泥法的 1/2 左右；具有硝化、反硝化的功能。

（5）动力消耗低，不需要曝气，污泥也无须回流。

（6）维护管理简单，功能稳定可靠，无噪声，无灰蝇。

（7）所需的场地面积一般较大，建设投资较高；受气候影响较大，顶部需要覆盖，有时需要保暖。

二、工艺流程

生物转盘法的工艺流程如图 5-5-2 所示。根据转盘和盘片的布置形式，生物转盘可分为单轴单级式、单轴多级式（图 5-5-3）和多轴多级式（图 5-5-4），级数多少主要取决于污水水量与水质、处理水应达到的处理程度和现场条件等因素。

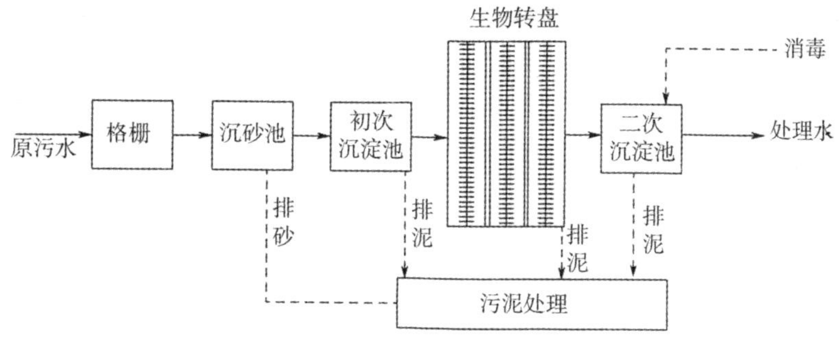

图 5-5-2　生物转盘法工艺流程图

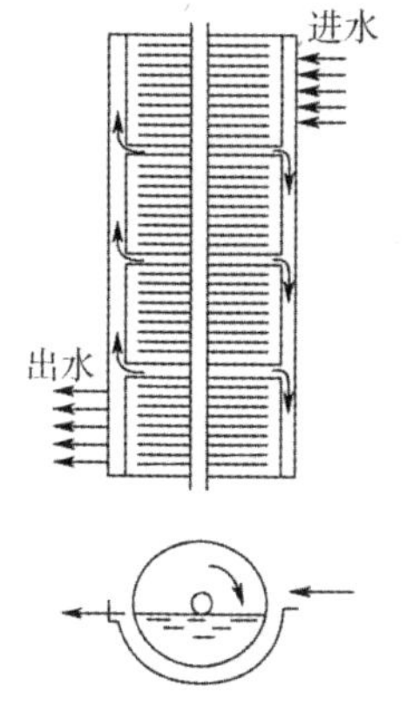

图 5-5-3　单轴多级式(四级)生物转盘

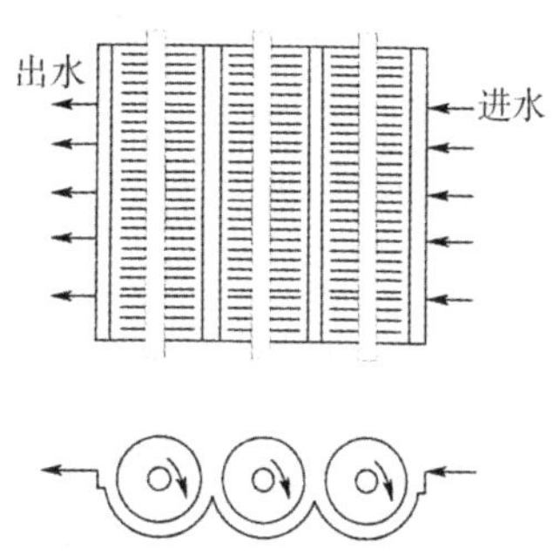

图 5-5-4　多轴多级式生物转盘

三、生物转盘的设计计算

生物转盘工艺设计的主要内容是计算转盘的总面积。表示生物转盘处理能力的指标是水力负荷和有机负荷。水力负荷可以表示为每单位体积水槽每天处理的水量，即 m^3(水)/[m^3(槽)・d]，也可以表示为每单位面积转盘每天处理的水量，即 m^3(水)/[m^2(盘片)・d]。有机负荷的单位是 $kgBOD_5$/[m^3(槽)・d]或 $kgBOD_5$/[m^2(盘片)・d]。生物转盘的负荷与污水性质、污水浓度、气候条件及构造、运行等多种因素有关，设计时可以通过试验或根据经验值确定。

1. 生物转盘的设计计算方法

(1)通过试验求得需要的设计参数。设计参数如有机负荷、水力负荷、停留时间等可通过试验求得。威尔逊等人根据生活污水做的试验研究，建议当采用 0.5 m 直径转盘做试验，对所得参数进行设计时，转盘面积宜比试验值增加 25%；当试验采用的转盘直径为 2 m 时，则宜增加 10%的面积。

(2)根据试验资料或其他方法确定设计负荷。无试验资料时，城镇污水 5 日生化需氧量表面有机负荷，以盘片面积计，一般为 0.005～0.020 $kgBOD_5/(m^2 \cdot d)$，首级转盘不宜超过 0.030～0.040 $kgBOD_5/(m^2 \cdot d)$；表面水力负荷以盘片面积计，一般为 0.04～0.20 $m^3/(m^2 \cdot d)$。

2. 设计参数计算

(1)转盘总面积 A。

$$A = \frac{QS_o}{L_A} \tag{5-8}$$

式中：Q ——处理水量，m^3/d；

S_o ——进水 BOD_5，mg/L；

L_A ——生物转盘的 BOD_5 面积负荷，$g/(m^2 \cdot d)$。

(2)转盘盘片数 m 。

$$m = \frac{4A}{2\pi D^2} = 0.64\frac{A}{D^2} \tag{5-9}$$

式中：Q——转盘直径，m。

(3)污水处理槽有效长度 L。

$$L = m(a+b)K \tag{5-10}$$

式中：a ——盘片净间距，m；

b ——盘片厚度，视材料强度确定，m；

m ——盘片数；

K ——系数，一般取 1.2。

(4)废水处理槽有效容积 V。

$$V=(0.294 \sim 0.335)(D+2\delta)^2 \cdot L \tag{5-11}$$

净有效容积 V_1 为：

$$V_1=(0.294 \sim 0.335)(D+2\delta)^2 \cdot (L-mb) \tag{5-12}$$

当 $r/D=0.1$ 时，系数取 0.294；$r/D=0.06$ 时，系数取 0.335。

式中：r ——中心轴与槽内水面的距离，m；

δ ——盘片边缘与处理槽内壁的间距，m，不小于 150 mm，一般取 δ=200～400 mm。

(5)转盘的转速(n_0，单位为 r/min)。

$$n_0 = \frac{6.37}{D}\left(0.9 - \frac{V_1}{Q_1}\right) \tag{5-13}$$

式中：Q_1 ——每个处理槽的设计水量，m^3/d；

V_1 ——每个处理槽的容积，m^3。

生物转盘转速宜为 2.0～4.0 r/min，盘体外缘线速度宜为 15～19 m/min。

实践证明，水力负荷、转盘的转速、级数、水温和溶解氧等因素都影响生物转盘的设计和操作运行，设计运行过程应重视这些参数的影响。

四、生物转盘法的研究进展

以往生物转盘主要用于水量较小的污水处理工程，近年来的实践表明，生物转盘也可用于一定规模的污水处理厂。生物转盘可用作完全处理、不完全处理和工业废水的预处理。

生物转盘的主要优点是动力消耗低、抗冲击负荷能力强、无须回流污泥、管理运行方便。缺点是占地面积大、散发臭气，在寒冷的地区需作保温处理。

为降低生物转盘法的动力消耗、节省工程投资和提高处理设施的效率，近年来对生物转盘工艺进行了改进和发展，产生了空气驱动式生物转盘，还有将生物转盘与沉淀池合建的、与曝气池组合的生物转盘和藻类转盘等。

空气驱动式生物转盘(图 5-5-5)是在盘片外缘周围设空气罩，在转盘下侧设曝气管，管上装有空气扩散器，空气从扩散器吹向空气罩，产生浮力，使转盘转动，同时具有曝气作用。

与沉淀池合建的生物转盘(图 5-5-6)是把平流沉淀池做成二层，上层设置生物转盘，下层是沉淀区。生物转盘用于初沉池时可起生物处理作用，用于二沉池可进一步改善出水水质、节约池体。

与曝气池组合的生物转盘是在活性污泥法曝气池中设生物转盘，以提高原有设备的处理效果和处理能力。

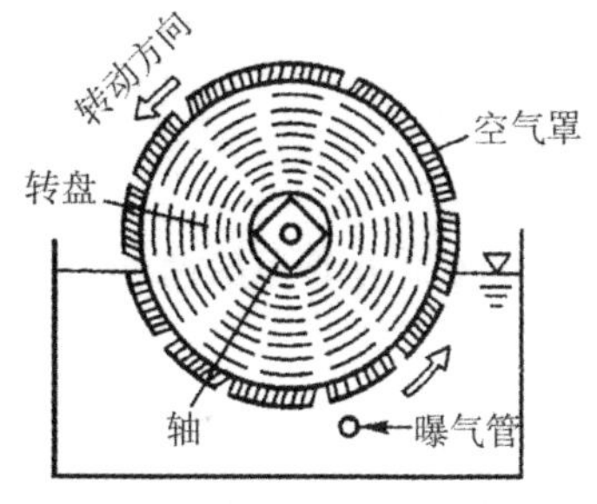

图 5-5-5　空气驱动式生物转盘

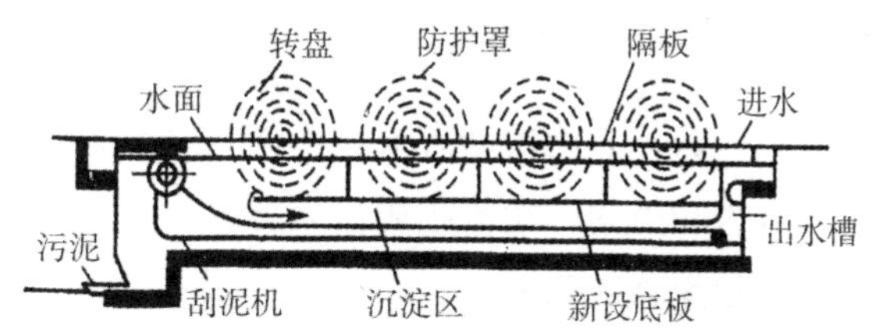

图 5-5-6　与沉淀池合建的生物转盘

第六节　生物流化床

生物流化床诞生于 20 世纪 70 年代的美国，自问世以来，受到世界各国的普遍重视。生物流化床处理技术是借助流体(液体、气体)使表面生长着微生物的固体颗粒(生物颗粒)呈流态化，同时进行有机污染物降解的生物膜法处理技术。生物流化床是一种强化生物处理、提高微生物降解有机物能力的高效工艺。

一、生物流化床的构造

生物流化床由床体、载体、布水装置、充氧装置和脱膜装置等部分组成。

1. 床体

生物流化床床体平面多呈圆形，多由钢板焊接而成，需要时也可以由钢筋混凝土浇灌而成。

2. 载体

生物流化床载体是生物流化床的核心部件，通常采用细石英石、颗粒活性炭、焦炭、无烟煤球、聚苯乙烯等。一般颗粒直径为 0.6～1.0 mm，所提供的表面积很大。例如用直径为 1 mm的砂粒作载体，其比表面积为 3 300 m^2/m^3粒径，是一般生物滤池的 50 倍。

3. 布水装置

生物流化床布水装置一般位于滤床的底部，它能起到均匀布水和承托载体颗粒的作用。目前在生物流化床的应用中通常采用的形式有：多孔板、多孔板上设砾石粗砂承托层、圆锥布水结构及泡罩分布板。

4. 脱膜装置

及时脱除老化的生物膜，使生物膜经常保持一定的活性，是生物流化床维持正常净化功能的重要环节。目前应用较多的有叶轮搅拌器、振动筛和刷形脱膜机等。

二、流化床的类型

按照使载体流化的动力来源不同，生物流化床一般可分为以液流为动力的两相流化床和以气流为动力的三相流化床两大类。

1. 两相生物流化床

以氧气或空气为氧源的液固两相流化床流程如图 5-6-1 所示。污水与部分回流水在充氧设备中与氧混合，使污水中的溶解氧达到 32～40 mg/L，然后从底部通过布水装置进入生物流化床，缓慢均匀地沿床体横断面上升，同时与生物膜接触，发生生物氧化反应。处理后的污水从上部流出床体，进入二沉池，分离脱落的生物膜，处理水得到澄清。为了及时脱除载体上老化的生物膜，应在流程中设脱膜装置。

2. 三相生物流化床

以空气为氧源的三相流化床的工艺流程如图 5-6-2 所示。本工艺的流化床由三部分组成，在床体中心设输送混合管，其外侧为载体沉降区，上部为载体分离区。空气由输送混合管的底部进入，在管内形成气液固混合体，混合液在空气的搅拌作用下载体之间产生强烈的搅拌摩擦作用，外层生物膜自动脱落，因此不需要特别的脱膜装置。但载体易流失，气泡易聚集变大，影响充气效果。为了控制气泡大小，可以采用减压释放空气的方式充氧或射流曝

气充氧。

生物流化床除用于好氧生物处理外，还可用于生物脱氮和厌氧生物处理。

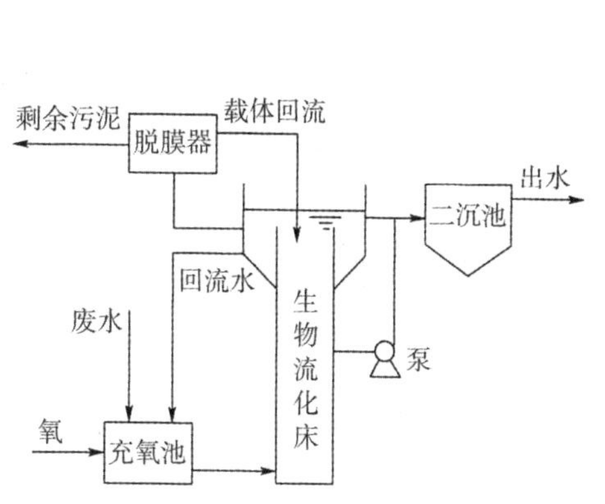

图 5-6-1　两相生物流化床工艺流程图

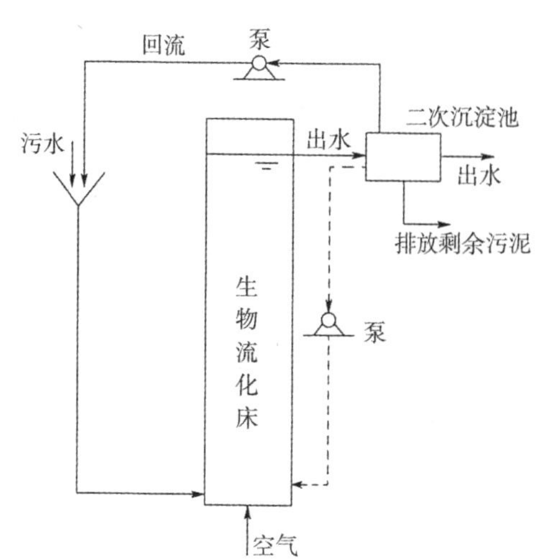

图 5-6-2　三相生物流化床工艺流程图

三、生物流化床的优缺点

1. 生物流化床的主要优点

(1)容积负荷高，抗冲击负荷能力强。由于生物流化床是采用小粒径固体颗粒作为载体，且载体在床内呈流态化，因此其每单位体积表面积比其他生物膜法大很多。这就使其单位床体的生物量很高(10～14 g/L)，加上传质速率快，污水一进入床内，很快地被混合和稀释，因此生物流化床的抗冲击负荷能力较强，容积负荷也较其他生物处理法高。

(2)微生物活性高。由于生物颗粒在床体内不断相互碰撞和摩擦，其生物膜厚度较薄，一般在 0.2 μm 以下，且较均匀。据研究，对于同类污水，在相同处理条件下，其生物膜的呼吸率约为活性污泥的两倍，可见其反应速率快，微生物的活性较强。这也是生物流化床负荷较高的原因之一。

(3)传质效果好。由于载体颗粒在床体内处于剧烈运动状态，气—固—液界面不断更新，因此传质效果好，这有利于微生物对污染物的吸附和降解，加快了生化反应速率。

2. 生物流化床的主要缺点

其主要缺点是设备的磨损较固定床严重，载体颗粒在湍流过程中会被磨损变小。此外，设计时还存在着生产放大方面的问题，如防堵塞、曝气方法、进水配水系统的选用和生物颗粒流失等。因此，目前我国污水处理中应用较少，上述问题的解决，有可能使生物流化床获得较广泛的工程规模应用。

第七节　生物膜法的运行与管理

一、生物膜的培养与驯化

生物膜的培养常称为挂膜。挂膜菌种大多数采用生活粪便污水或生活粪便水和活性污泥的混合液。由于生物膜中微生物固着生长，适宜于特殊菌种的生存，所以挂膜有时也可采用纯培养的特异菌种菌液。特异菌种可单独使用，也可以同活性污泥混合使用，由于所用的特异菌种比一般自然筛选的微生物更适宜废水环境，因此在与活性污泥混合使用时仍可保持特异菌种在生物相中的优势。

挂膜过程必须使微生物吸附在固体支承物上，同时还应不断供给营养物，使附着的微生物能在载体上繁殖，不被水流冲走。单纯的菌液或活性污泥混合液接种，即使固相支承物上吸附有微生物，但还是不牢固，因此，在挂膜时应将菌液和营养液同时投加。

挂膜方法一般有两种，一种是闭路循环法，即将菌液和营养液从设备的一端流入（或从顶部喷淋下来），从另一端流出，将流出液收集在一水槽内，槽内不断曝气，使菌与污泥处于悬浮状态，曝气一段时间后，进入分离池进行沉淀 0.5～1 h，去掉上清液，适当添加营养物或菌液，再回流入生物膜反应设备，如此形成一个闭路系统。直到发现载体上长有黏状污泥，即开始连续进入废水。这种挂膜方法需要菌种及污泥数量大，而且由于营养物缺乏，代谢产物积累，因而成膜时间较长，一般需要十天。另一种挂膜法是连续法，即在菌液和污泥循环1～2 次后即连续进水，并使进水量逐步增大。这种挂膜法由于营养物供应良好，只要控制挂膜液的流速（在转盘中控制转速），保证微生物的吸附。在塔式滤池中挂膜时的水力负荷可采用 $4\sim7\ m^3/(m^3\cdot d)$，为正常运行的 50%～70%。待挂膜后再逐步提高水力负荷至满负荷。

为了能尽量缩短挂膜时间，应保证挂膜营养液及污泥量具有适宜细菌生长的 pH、温度、营养比等。

挂膜后应对生物膜进行驯化，使之适应所处理工业废水的环境。

在挂膜过程中，应经常采样进行显微镜检验，观察生物相的变化。

挂膜驯化后，系统即可进入试运转，测定生物膜反应设备的最佳工作运行条件，并在最佳条件转入正常运行。

二、生物膜法的日常管理

生物膜法的操作简单，一般只要控制好进水量、浓度、温度及所需投加的营养（N、P）等，处理效果一般比较稳定，微生物生长情况良好。在废水水质变化，形成负荷冲击情况下，出水水质恶化，但很快就能够恢复，这是生物膜法的优点。例如某维尼纶厂的塔式生物滤池，

进水甲醛浓度超过正常值的2～3倍，连续进水6天，仍有50%的去除率，而且冲击后3～4天内即可恢复正常。又如某化纤厂塔式生物滤池，进水的NaSCN浓度从正常的50 mg/L增到600 mg/L，丙烯腈从200 mg/L增到800 mg/L，连续进水2 h，生物膜受到冲击，处理效率有所下降，但短期内即能恢复。生物转盘的使用情况也相似。

生物滤池的运行中还应注意检查布水装置及滤料是否有堵塞现象。布水装置堵塞往往是由于管道锈蚀或者是由于废水中悬浮物质沉积所致，滤料堵塞是由于膜的增长量大于排出量所形成的。所以，对废水水质、水量应加以严格控制。膜的厚度一般与水温、水力负荷、有机负荷和通风量等有关，水力负荷应与有机负荷相配合，使老化的生物膜能不断冲刷下来，被水带走。当有机负荷高时，可加大风量，在自然通风情况下，可提高喷淋水量。

当发现滤池堵塞时，应采用高压水表面冲洗，或停止进入废水，让其干燥脱落。有时也可以加入少量氯或漂白粉，破坏滤料层部分生物膜。

生物转盘一般不产生堵塞现象，但也可以用加大转盘转速控制膜的厚度。

在正常运转过程中，除了应开展有关物理、化学参数的测定外，应对不同层厚、级数的生物膜进行微生物检验，观察分层及分级现象。

生物膜设备检修或停产时，应保持膜的活性。对生物滤池，只需保持自然通风，或打开各层的观察孔，保持池内空气流动；对生物转盘，可以将氧化槽放空，或用人工营养液循环。停产后，膜的水分会大量蒸发，一旦重新开车，可能有大量膜质脱落，因此，开始投入工作时，水量应逐步增加，防止干化生物膜脱落过多。一旦微生物适应后，即可得到恢复。

第八节　生物膜法的进展

随着污水处理技术的快速发展，近年来研究开发出许多生物膜法新型工艺方法，并在工程实践中得到应用。

1. 生物膜—活性污泥法联合处理工艺

这类工艺综合发挥生物膜法和活性污泥法的特点，克服各自的不足，使生物处理工艺发挥出更高的效率。工艺形式包括活性污泥—生物滤池、生物滤池—活性污泥法串联处理工艺、悬浮滤料活性污泥法等。

2. 生物脱氮除磷工艺

应用硝化—反硝化生物脱氮原理，组合生物膜反应器的运行方式，使生物膜法具备生物脱氮能力。同时，采取在出水端或反应器内少量投药的方法，进行化学除磷，使整个工艺系统具备脱氮除磷的能力，满足当今污水处理脱氮除磷的要求。

3. 生物膜反应器

包括微孔膜生物反应器、复合式生物膜反应器、移动床生物膜反应器、序批式生物膜反应器等。

第六章　厌氧生化处理法

废水厌氧生化处理是环境工程与能源工程中的一项重要技术，是有机废水强有力的处理方法之一。过去，它多用于城市污水处理厂的污泥、有机废料以及部分高浓度有机废水的处理，在构筑物形式上主要采用普通消化池。由于存在水力停留时间长、有机负荷低等缺点，较长时期限制了它在废水处理中的应用。20 世纪 70 年代以来，世界能源短缺日益突出，能产生能源的废水厌氧生化技术受到重视，研究与实践不断深入，开发了各种新型工艺和设备，大幅度提高了厌氧反应器内活性污泥的持留量，使处理时间大大缩短，效率提高。目前，厌氧生化法不仅可用于处理有机污泥和高浓度有机废水，也用于处理中、低浓度有机废水，包括城市污水。厌氧生化法与好氧生化法相比具有下列优点。

(1)应用范围广。好氧法因供氧限制一般只适用于中、低浓度有机废水的处理，而厌氧法既适用于高浓度有机废水，又适用于中、低浓度有机废水。有些有机物对好氧生物处理法来说是难降解的，但对厌氧生物处理是可降解的，如固体有机物、着色剂蒽醌和某些偶氮染料等。

(2)能耗低。好氧法需要消耗大量能量供氧，曝气费用随着有机物浓度的增加而增大，而厌氧法不需要充氧，并且产生的沼气可作为能源。废水有机物达一定浓度后，沼气能量可以抵偿消耗能量。

(3)负荷高。通常好氧法的有机容积负荷为 2～4 kgBOD/(m^3 · d)，而厌氧法为 2～10 kgCOD/(m^3 · d)，高的可达 50 kgCOD/(m^3 · d)。

(4)剩余污泥量少。好氧法每去除 1 kgCOD 将产生 0.4～0.6 kg 生物量，而厌氧法去除 1 kgCOD 只产生 0.02～0.1 kg 生物量，其剩余污泥量只有好氧法的 5%～20%。同时，消化污泥在卫生学上和化学上都是稳定的。因此，剩余污泥处理和处置简单、运行费用低，甚至可作为肥料、饲料或饵料利用。

(5)氮、磷营养需要量少。好氧法一般要求 BOD∶N∶P 为 100∶5∶1，而厌氧法的 BOD∶N∶P 为 100∶2.5∶0.5，对氮、磷缺乏的工业废水所需投加的营养盐量较少。

但是，厌氧生物处理法也存在以下缺点：①厌氧微生物增殖缓慢，因而厌氧设备启动和处理时间比好氧设备长；②出水往往达不到排放标准，需要进一步处理，故一般在厌氧处理后串联好氧处理；③厌氧处理系统操作控制因素较为复杂；④密闭，沼气易燃易爆，安全要求高。

第一节 厌氧生化法基本原理

一、基本原理

废水厌氧生化处理是指在无分子氧条件下通过厌氧微生物(包括兼氧微生物)的作用,将废水中的各种复杂有机物分解转化成甲烷和二氧化碳等物质的过程,也称为厌氧消化。与好氧过程的根本区别在于不以分子态氧作为受氢体,而以化合态氧、碳、硫、氮等为受氢体。有机物($C_nH_aO_bN_c$)厌氧消化过程的化学反应通式可表达为:

$$C_nH_aO_bN_c + \left(2n+c-b-\frac{9sd}{20}-\frac{ed}{4}\right)H_2O \longrightarrow \frac{ed}{8}CH_4 + \left(n-c-\frac{sd}{5}-\frac{ed}{8}\right)CO_2 + \frac{sd}{20}C_5H_7O_2N + \left(c-\frac{sd}{20}\right)NH_4^+ + \left(c-\frac{sd}{20}\right)HCO_3^- \tag{6-1}$$

式(6-1)中,括号内的符号和数值为反应的平衡系数,其中:$d=4n+a-2b-3c$ 。s 值代表转化成细胞的部分有机物,e 值代表转化成沼气的部分有机物。

厌氧生化处理是一个复杂的微生物化学过程,依靠三大主要类群的细菌,即水解产酸细菌、产氢产乙酸细菌和产甲烷细菌的联合作用完成。因而粗略地将厌氧消化过程划分为三个连续的阶段,即水解酸化阶段、产氢产乙酸阶段和产甲烷阶段,如图 6-1-1 所示。

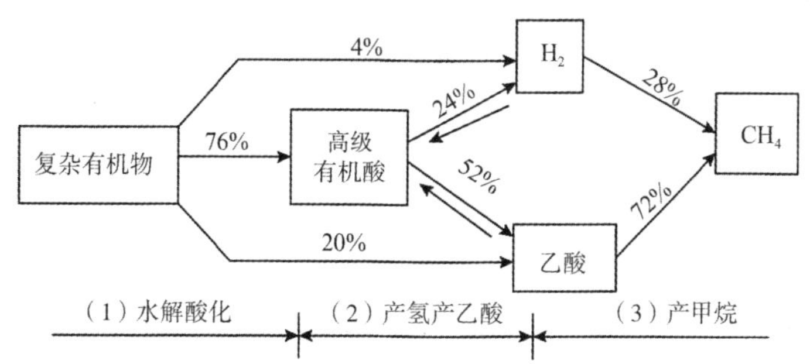

图 6-1-1 厌氧消化的三个阶段和 COD 转化率

第一阶段为水解酸化阶段。复杂的大分子、不溶性有机物先在细胞外酶的作用下水解为小分子、溶解性有机物,然后渗入细胞体内,分解产生挥发性有机酸、醇类、醛类等。这个阶段主要产生较高级脂肪酸。

碳水化合物、脂肪和蛋白质的水解酸化过程分别为:

多糖(如纤维素)低聚糖$\xrightarrow[\text{细胞外酶}]{\text{水解}}$单糖$\xrightarrow[\text{产酸细菌}]{\text{酸化}}$脂肪酸醇类、$CO_2$、$H_2$

脂肪$\xrightarrow[\text{细胞外酶}]{\text{水解}}$长链脂肪酸甘油$\xrightarrow[\text{产酸细菌}]{\text{酸化}}$短链脂肪酸丙酮酸、$CH_4$、$CO_2$

$$\text{蛋白质}\xrightarrow[\text{细胞外酶}]{\text{水解}}\text{氨基酸}\xrightarrow[\text{产酸细菌}]{\text{酸化}}\text{脂肪酸胺、}NH_3\text{、}CH_4\text{、}CO_2\text{、}H_2S$$

$$\text{蛋白质}\downarrow\quad \text{脲}\longrightarrow\text{胨}\longrightarrow\text{多肽}\longrightarrow\text{二肽}\uparrow\text{氨基酸}$$

由于简单碳水化合物的分解产酸作用，要比含氮有机物的分解产氨作用迅速，故蛋白质的分解在碳水化合物分解后产生。

含氮有机物分解产生的 NH_3，除了提供合成细胞物质的氮源外，在水中部分电离，形成 NH_4HCO_3，具有缓冲消化液 pH 的作用，故有时也把继碳水化合物分解后的蛋白质分解产氨过程称为酸性减退期，反应式为：

$$NH_3 \xrightleftharpoons{+H_2O} NH_4^+ + OH^- \xrightarrow{+CO_2} NH_4HCO_3$$

$$NH_4HCO_3 + CH_3COOH \longrightarrow CH_3COONH_4 + H_2O + CO_2\uparrow$$

第二阶段为产氢产乙酸阶段。在产氢产乙酸细菌的作用下，第一阶段产生的各种有机酸被分解转化成乙酸和 H_2，在降解奇数碳有机酸时还形成 CO_2，如：

$$\underset{\text{（戊酸）}}{CH_3CH_2CH_2CH_2COOH} + 2H_2O \longrightarrow \underset{\text{（丙酸）}}{CH_3CH_2COOH} + \underset{\text{（乙酸）}}{CH_3COOH} + 2H_2\uparrow$$

$$\underset{\text{（丙酸）}}{CH_3CH_2COOH} + 2H_2O \longrightarrow \underset{\text{（乙酸）}}{CH_3COOH} + 3H_2\uparrow + CO_2\uparrow$$

第三阶段为产甲烷阶段。产甲烷菌将乙酸、乙酸盐、CO_2 和 H_2 等转化为甲烷。此过程由两组生理上不同的产甲烷菌完成，一组把氢和二氧化碳转化成甲烷，另一组从乙酸或乙酸盐脱羧产生甲烷，前者约占总量的 1/3，后者约占 2/3，反应为：

$$4H_2 + CO_2 \xrightarrow{\text{产甲烷菌}} CH_4 + 2H_2O \qquad \text{（占 1/3）}$$

$$\left.\begin{aligned} &CH_3COOH \xrightarrow{\text{产甲烷菌}} CH_4 + CO_2\uparrow \\ &CH_3COONH_4 + H_2O \xrightarrow{\text{产甲烷菌}} CH_4 + NH_4HCO_3 \end{aligned}\right\} \qquad \text{（占 2/3）}$$

上述三个阶段的反应速率依废水性质而异，在含纤维素、半纤维素、果胶和脂类等污染物为主的废水中，水解易成为速度限制步骤；简单的糖类、淀粉、氨基酸和一般的蛋白质均能被微生物迅速分解，对含这类有机物为主的废水，产甲烷易成为限速阶段。

虽然厌氧消化过程可分为以上三个阶段，但是在厌氧反应器中三个阶段是同时进行的，并保持某种程度的动态平衡，这种动态平衡一旦被 pH、温度、有机负荷等外加因素所破坏，则首先将使产甲烷阶段受到抑制，其结果会导致低级脂肪酸的积存和厌氧进程的异常变化，甚至会导致整个厌氧消化过程停滞。

二、影响因素

厌氧法对环境条件的要求比好氧法更严格。一般认为，控制厌氧处理效率的基本因素

有两类：一类是基础因素，如微生物量(污泥浓度)、营养比、混合接触状况、有机负荷等；另一类是环境因素，如温度、pH、氧化还原电位、有毒物质等。

由厌氧法的基本原理可知，厌氧过程要通过多种生理上不同的微生物类群联合作用来完成。如果把产甲烷阶段以前的所有微生物统称为不产甲烷菌，则它包括厌氧细菌和兼性细菌，尤以兼性细菌居多。与产甲烷菌相比，不产甲烷菌对 pH、温度、厌氧条件等外界环境因素的变化具有较强的适应性，且其增殖速度快。而产甲烷菌是一类非常特殊的、严格厌氧的细菌，它们对生长环境条件的要求比不产甲烷菌更严格，而且其繁殖的世代期更长。因此，产甲烷细菌是决定厌氧消化效率和成败的主要微生物，产甲烷阶段是厌氧过程速率的限制步骤。

1. 温度

温度是影响微生物生长及生物化学反应最重要的因素之一。各类微生物适宜的温度范围是不同的，一般认为，产甲烷菌的温度范围为 5～60℃，在 35℃和 53℃上下可以分别获得较高的消化效率，温度为 40～45℃时，厌氧消化效率较低，如图 6-1-2 所示。

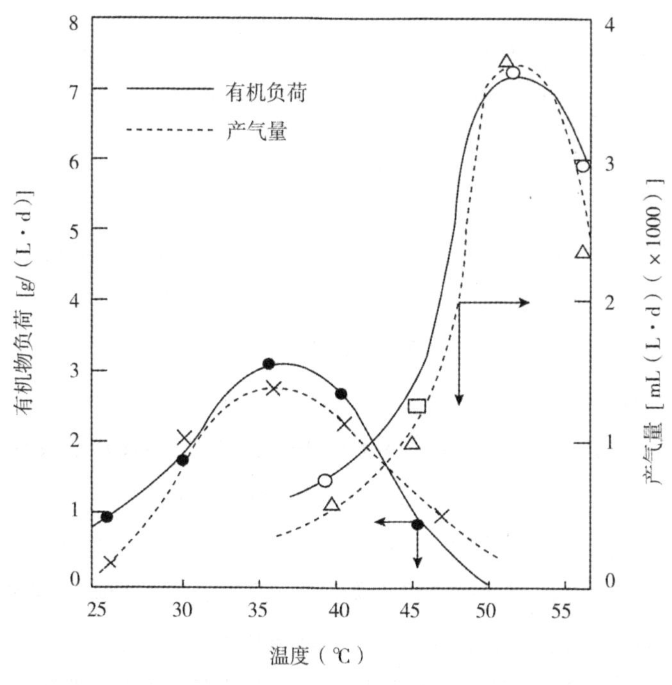

图 6-1-2　温度对厌氧消化效率的影响

由此可见，各种产甲烷菌的适宜温度区域不一致，而且最适温度范围较小。根据产甲烷菌适宜温度条件的不同，厌氧法可分为常温消化、中温消化和高温消化三种类型。

(1)常温消化，指在自然气温或水温下进行废水厌氧生化处理的工艺，适宜温度10～30℃。

(2)中温消化,适宜温度35～38℃,若低于32℃或者高于40℃,厌氧消化的效率即趋向明显降低。

(3)高温消化,适宜温度50～55℃。

上述适宜温度有时因其他工艺条件的不同而有所差异,如反应器内较高的污泥浓度,即较高的微生物酶浓度,则使温度的影响不易显露出来。在一定温度范围内,温度提高,有机物去除率提高,产气量提高。一般认为,高温消化比中温消化沼气产量约高一倍。温度的高低不仅影响沼气的产量,而且影响沼气中甲烷的含量和厌氧消化污泥的性质,对不同性质的底物影响程度不同。

温度对反应速率的影响同样是明显的。一般地说,在其他工艺条件相同的情况下,温度每上升10℃,反应速率就增加2～4倍。因此,高温消化期比中温消化期短。

温度的急剧变化和上下波动不利于厌氧消化作用。短时内温度升降5℃,沼气产量明显下降,波动的幅度过大时,甚至停止产气。温度的波动,不仅影响沼气产量,还影响沼气中的甲烷含量,尤其高温消化对温度变化更为敏感。因此在设计消化反应器时常采取一定的控温措施,尽可能使其在恒温下运行,温度变化幅度不超过2～3℃/h。然而,温度的暂时性突然降低不会使厌氧消化系统遭受根本性的破坏,温度一经恢复到原来水平,处理效率和产气量也随之恢复,只是温度降低持续的时间较长时,恢复所需时间也相应延长。

2. pH

每种微生物可在一定的pH范围内活动,产酸细菌对酸碱度不及甲烷细菌敏感,其适宜的pH范围较宽,在4.5～8.0。产甲烷菌要求环境介质pH在中性附近,最适pH为7.0～7.2,pH为6.6～7.4时较为适宜。pH对产甲烷菌活性的影响见图6-1-3。在厌氧生化法处理废水的应用中,由于产酸和产甲烷大多在同一构筑物内进行,故为了维持平衡,避免过多的酸积累,常保持反应器内的pH在6.5～7.5(最好在6.8～7.2)的范围内。

pH条件失常首先使产氢产乙酸作用和产甲烷作用受抑制,使产酸过程所形成的有机酸不能被正常地代谢降解,从而使整个消化过程各阶段间的协调平衡丧失。若pH降到5以下,对产甲烷菌毒性较大,同时产酸作用本身也受抑制,整个厌氧消化过程即停滞。即使pH恢复到7.0左右,厌氧装置的处理能力仍不易恢复;而在稍高pH时,只要恢复中性,产甲烷菌能较快地恢复活性。因此,厌氧装置适宜在中性或稍偏碱性的状态下运行。

在厌氧消化过程中,pH的升降变化除了外界因素的影响之外,还取决于有机物代谢过程中某些产物的增减。产酸作用产物有机酸的增加,会使pH下降;含氮有机物分解产物氨的增加,会引起pH升高。

在pH为6～8范围内,控制消化液pH的主要化学系统是二氧化碳—碳酸氢盐缓冲系统,它们通过下列平衡式而影响消化液的pH:

$$CO_2 + H_2O \rightleftharpoons H_2CO_3 \rightleftharpoons H^+ + HCO_3^-$$

$$pH = pK_1 + \lg\frac{[HCO_3^-]}{[H_2CO_3]} = pK_1 + \lg\frac{[HCO_3^-]}{K_2[CO_2]} \tag{6-2}$$

式中：K_1 ——碳酸的一级电离常数；

K_2 ——H_2CO_3 与 CO_2 的平衡常数。

在厌氧反应器中，pH、碳酸氢盐碱度及 CO_2 之间的关系如图 6-1-4 所示。

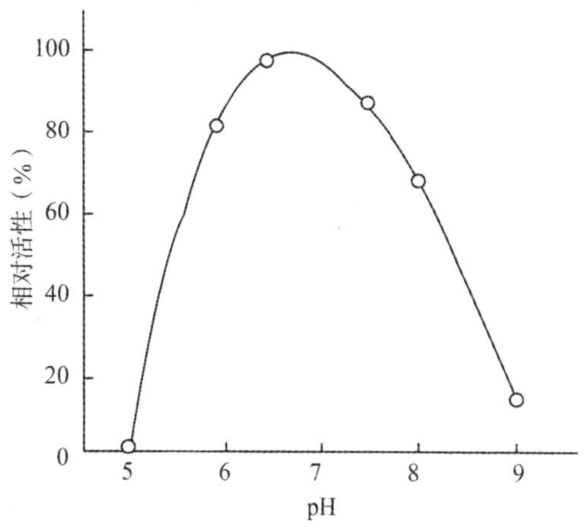

图 6-1-3　pH 对产甲烷菌活性的影响

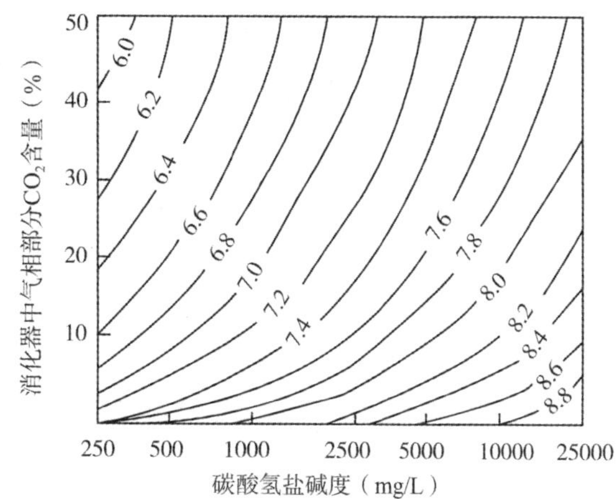

图 6-1-4　pH 与碳酸氢盐碱度之间的关系

由图 6-1-4 可以看出，在厌氧处理中 pH 除受进水的 pH 影响外，主要取决于代谢过程中自然建立的缓冲平衡，取决于挥发酸、碱度、CO_2、氨氮、氢之间的平衡。

由于消化液中存在氢氧化铵、碳酸氢盐等缓冲物质，通过 pH 难以判断消化液中的挥发酸积累程度，一旦挥发酸的积累量足以引起消化液 pH 下降时，系统中碱度的缓冲能力已经丧失，系统工作已经相当紊乱。因此，在生产运转中常把挥发酸浓度及碱度作为管理指标。

3. 氧化还原电位

无氧环境是严格厌氧的产甲烷菌繁殖的最基本条件之一。对厌氧反应器介质中的氧浓度可根据浓度与电位的关系判断，即由氧化还原电位表达。氧化还原电位与氧浓度的关系可用 Nernst 方程确定。研究表明，产甲烷菌初始繁殖的环境条件是氧化还原电位不能高于 −330 mV，按 Nernst 方程计算，相当于 2.36×10^{56} L 水中有 1 mol 氧，可见产甲烷菌对介质中分子态氧极为敏感。

在厌氧消化全过程中，不产甲烷阶段可在兼氧条件下完成，氧化还原电位为 +0.1～−0.1 V；而在产甲烷阶段，氧化还原电位需控制为 −0.3～−0.35 V（中温消化）与 −0.56～−0.6 V（高温消化），常温消化与中温相近。产甲烷阶段氧化还原电位的临界值为 −0.2V。

氧是影响厌氧反应器中氧化还原电位条件的主要因素，但不是唯一因素。挥发性有机酸的增减、pH 的升降以及铵离子浓度的高低等因素均影响系统的还原强度。

4. 有机负荷

在厌氧法中，有机负荷通常指容积有机负荷，简称容积负荷，即消化器单位有效容积每天接受的有机物量[kgCOD/(m^3 · d)]。对悬浮生长工艺，也有用污泥负荷表达的，即kgCOD/(kg 污泥 · d)；在污泥消化中，有机负荷习惯上以投配率或进料率表达，即每天所投加的湿污泥体积占消化器有效容积的百分数。由于各种湿污泥的含水率、挥发组分不尽一致，投配率不能反映实际的有机负荷，为此，又引入反应器单位有效容积每天接受的挥发性固体重量这一参数，即 kgMLVSS/(m^3 · d)。

有机负荷是影响厌氧消化效率的一个重要因素，直接影响产气量和处理效率。在一定范围内，随着有机负荷的提高，产气率即单位重量物料的产气量趋向下降，而消化器的容积产气量则增多，反之亦然。对于具体应用场合，进料的有机物浓度是一定的，有机负荷或投配率的提高意味着停留时间缩短，则有机物分解率将下降，势必使单位重量物料的产气量减少。但因反应器相对的处理量增多了，单位容积的产气量将提高。

如前所述，厌氧处理系统正常运转取决于产酸与产甲烷反应速率的相对平衡。一般产酸速度大于产甲烷速度，若有机负荷过高，则产酸率将大于用酸(产甲烷)率，挥发酸将累积而使 pH 下降，破坏产甲烷阶段的正常进行，严重时产甲烷作用停顿，系统失败，并难以调整复苏。此外，有机负荷过高，则过高的水力负荷还会使消化系统中污泥的流失速率大于增长速率而降低消化效率。这种影响在常规厌氧消化工艺中更加突出。相反，若有机负荷过低，物料产气率或有机物去除率虽可提高，但容积产气率降低，反应器容积将增大，使消化设备的利用效率降低，投资和运行费用提高。

有机负荷值因工艺类型、运行条件以及废水废物的种类及其浓度而异。在通常的情况下，常规厌氧消化工艺中温处理高浓度工业废水的有机负荷为 2～3 kgCOD/(m^3 · d)，在高温下为 4～6 kgCOD/(m^3 · d)。上流式厌氧污泥床反应器、厌氧滤池、厌氧流化床等新型厌氧工艺的有机负荷在中温下为 5～15 kgCOD/(m^3 · d)，可高达 30 kgCOD/(m^3 · d)。

5. 厌氧活性污泥

Ⅰ Ⅱ Ⅲ Ⅳ厌氧活性污泥主要由厌氧微生物及其代谢的和吸附的有机物、无机物组成。厌氧活性污泥的浓度和性状与消化的效能有密切的关系。性状良好的污泥是厌氧消化效率的基础保证。厌氧活性污泥的性质主要表现为它的作用效能与沉淀性能，前者主要取决于活微生物的比例及其对底物的适应性和活微生物中生长速率低的产甲烷菌的数量是否达到与不产甲烷菌数量相适应的水平。活性污泥的沉淀性能是指污泥混合液在静止状态下的沉降速度，它与污泥的凝聚性有关，与好氧处理一样，厌氧活性污泥的沉淀性能也以 SVI 衡量。G. Lettinga认为在上流式厌氧污泥床反应器中，当活性污泥的 SVI 为 15～20 时，污泥具有良好的沉淀性能。

厌氧处理时废水中的有机物主要靠活性污泥中的微生物分解去除，故在一定的范围内，

活性污泥浓度越高，厌氧消化的效率也越高。但至一定程度后，效率的提高不再明显。这主要因为：①厌氧污泥的生长率低、增长速度慢，积累时间过长后，污泥中无机成分比例增高，活性降低；②污泥浓度过高，有时易于引起堵塞而影响正常运行。

6. 搅拌和混合

混合搅拌也是提高消化效率的工艺条件之一。没有搅拌的厌氧消化池，池内料液常有分层现象。通过搅拌可消除池内梯度，增加食料与微生物之间的接触，避免产生分层，促进沼气分离。在连续投料的消化池中，还使进料迅速与池中原有料液相混匀，如图 6-1-5 所示。

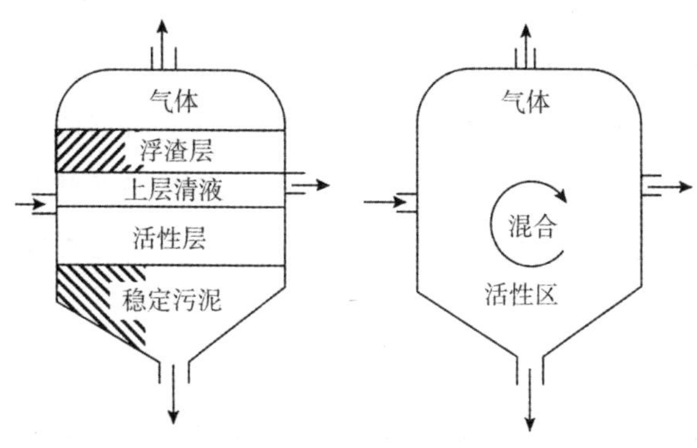

图 6-1-5　消化池的静止与混合状态

采用搅拌措施能显著提高消化效率，故在传统厌氧消化工艺中，也将有搅拌的消化器称为高效消化器。搅拌的方法有机械搅拌器搅拌法、消化液循环搅拌法、沼气循环搅拌法等。其中沼气循环搅拌，还有利于使沼气中的 CO_2 作为产甲烷的底物被细菌利用，提高甲烷的产量。厌氧滤池和上流式厌氧污泥床等新型厌氧消化设备，虽没有专设搅拌装置，但以上流的方式连续投入料液，通过液流及其扩散作用，也起到一定程度的搅拌作用。

7. 废水的营养比

厌氧微生物的生长繁殖需按一定的比例摄取碳、氮、磷以及其他微量元素。工程上主要控制进料的碳、氮、磷比例，因为其他营养元素不足的情况较少见。不同的微生物在不同的环境条件下所需的碳、氮、磷比例不完全一致。一般认为，厌氧法中碳：氮：磷控制为（200～300）：5：1 为宜，此比值大于好氧法中 100：5：1，这与厌氧微生物对碳素养分的利用率较好氧微生物低有关。

在厌氧处理时提供氮源除满足合成菌体所需之外，还有利于提高反应器的缓冲能力。若氮源不足，即碳氮比太高，则不仅厌氧菌增殖缓慢，而且消化液的缓冲能力降低，pH 容易下降。相反，若氮源过剩，即碳氮比太低，氮不能被充分利用，将导致系统中氨的过分积累，

pH 上升至 8.0 以上，而抑制产甲烷菌的生长繁殖，使消化效率降低。

8. 有毒物质

厌氧系统中的有毒物质会不同程度地对过程产生抑制作用，这些物质可能是进水中所含成分，也可能是厌氧菌代谢的副产物，通常包括有毒有机物、重金属离子和一些阴离子等。

对有机物来说，带醛基、双键、氯取代基、苯环等结构，往往具有抑制性。重金属被认为是使反应器失效的最普通及最主要的因素，它通过与微生物酶中的巯基、氨基、羧基等相结合，而使酶失活，或者通过金属氢氧化物凝聚作用使酶沉淀。氨是厌氧过程中的营养物和缓冲剂，但高浓度时也产生抑制作用，其机理与重金属不同，是由 NH_4^+ 浓度增高和 pH 上升两方面所产生的，主要影响产甲烷阶段，抑制作用是可逆的。过量的硫化物存在也会对厌氧过程产生强烈的抑制。首先，由硫酸盐等还原为硫化物的反硫化过程与产甲烷过程争夺有机物氧化脱下来的氢；其次，当介质中可溶性硫化物积累后，会对细菌细胞的功能产生直接抑制，使产甲烷菌的种群减少。但当与重金属离子共存时，因形成硫化物沉淀而使毒性减轻。

有毒物质的最高容许浓度与处理系统的运行方式、污泥驯化程度、废水特性、操作控制条件等因素有关。

第二节　厌氧生化处理工艺

厌氧生化处理工艺有多种分类方法。按微生物生长状态分为厌氧活性污泥法和厌氧生物膜法；按投料、出料及运行方式分为分批式、连续式和半连续式；根据厌氧消化中物质转化反应的总过程是否在同一反应器中并在同一工艺条件下完成，又可分为一步厌氧消化与两步厌氧消化等。

厌氧活性污泥法包括普通消化池、厌氧接触工艺、上流式厌氧污泥床反应器、膨胀颗粒污泥床等。厌氧生物膜法包括厌氧生物滤池、厌氧流化床、厌氧生物转盘等。

一、普通厌氧消化池

普通厌氧消化池又称传统或常规消化池，已有百余年的历史。消化池常用密闭的圆柱形池，如图 6-2-1 所示。废水定期或连续进入池中，经消化的污泥和废水分别由消化池底和上部排出，所产的沼气从顶部排出。池径从几米至三四十米，柱体部分的高度约为直径的 1/2，池底是圆锥形，以利排泥。一般都有盖子，以保证良好的厌氧条件，收集沼气和保持池内温度，并减少池面的蒸发。为了使进料和厌氧污泥充分接触、使所产的沼气气泡及时逸出而设有搅拌装置，如图 6-2-2 所示为循环消化液搅拌式消化池。此外，进行中温和高温消化时常需对消化液进行加热。一般情况下每隔 2～4 h 搅拌一次。在排放消化液时，通常停止搅拌经沉淀分离后排出上清液。

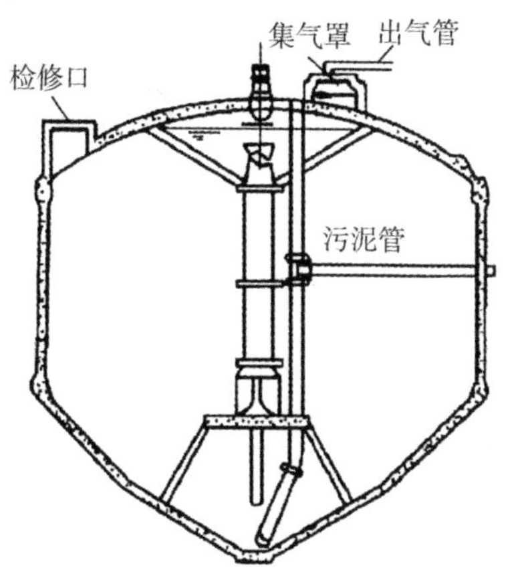

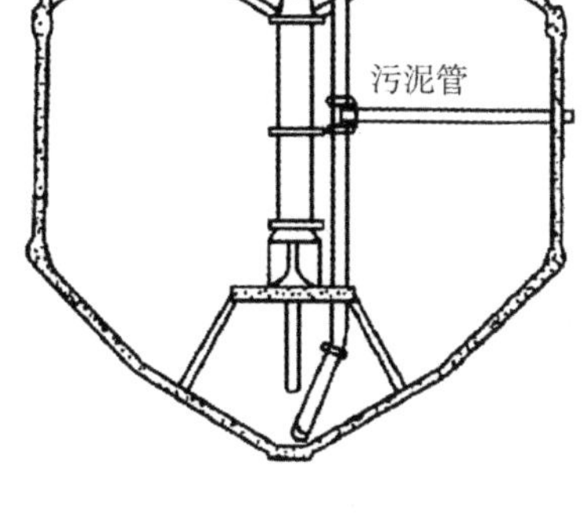

图 6-2-1　普通厌氧消化池结构示意图

图 6-2-2　循环消化液搅拌式消化池

常用加热方式有三种:①废水在消化池外先经热交换器预热到定温再进入消化池;②热蒸汽直接在消化器内加热;③在消化池内部安装热交换管。①和③两种方式可利用热水、蒸汽或热烟气等废热源加热。

普通消化池一般的负荷,中温为 2～3 kgCOD/(m^3 · d),高温为 5～6 kgCOD/(m^3 · d)。

普通消化池的特点是:可以直接处理悬浮固体含量较高或颗粒较大的料液。厌氧消化反应与固液分离在同一个池内实现,结构较简单。但缺乏持留或补充厌氧活性污泥的特殊装置,消化器中难以保持大量的微生物细胞;对无搅拌的消化器,还存在料液分层现象严重,微生物不能与料液均匀接触,温度也不均匀,消化效率低等缺点。

二、厌氧接触工艺

为了克服普通消化池不能持留或补充厌氧活性污泥的缺点,在消化池后设沉淀池,将沉淀污泥回流至消化池,形成了厌氧接触法,其工艺流程如图 6-2-3 所示。该系统既可使污泥不流失、出水水质稳定,又可提高消化池内污泥浓度,从而提高设备的有机负荷和处理效率。

然而,从消化池排出的混合液在沉淀池中进行固液分离有一定的困难。其原因一方面由于混合液中污泥上附着大量的微小沼气泡,易于引起污泥上浮;另一方面,由于混合液中的污泥仍具有产甲烷活性,在沉淀过程中仍能继续产气,从而妨碍污泥颗粒的沉降和压缩。为了提高沉淀池中混合液的固液分离效果,目前采用以下几种方法脱气:①真空脱气,由消化池排出的混合液经真空脱气器,将污泥絮体上的气泡除去,改善污泥的沉淀性能;②热交换器急冷法脱气,将从消化池排出的混合液进行急速冷却,如中温消化液 35℃冷却到 15～25℃,可以控制污泥继续产气,使厌氧污泥有效沉淀,图 6-2-4 是设真空脱气器和热交换器的厌氧接触法工艺流程;③絮凝沉淀脱气,向混合液中投加絮凝剂,使厌氧污泥易凝聚成大颗粒，加速沉降；④用超滤器代替沉淀池脱气，以改善固液分离效果。此外，为保证沉淀池分离效果，在设计时，沉淀池内表面负荷比一般废水沉淀池表面负荷应小，一般不大于 1 m/h，混合液在沉淀池内停留时间比一般废水沉淀时间要长，可采用 4 h。

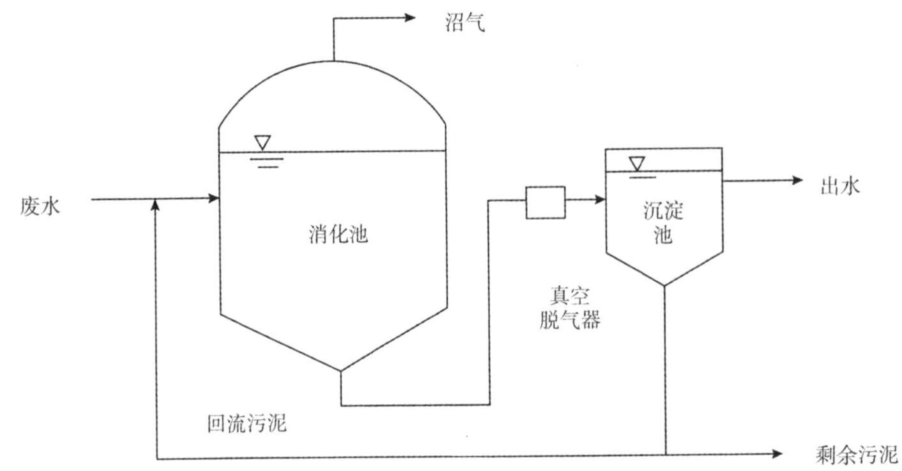

图 6-2-3　厌氧接触法工艺流程

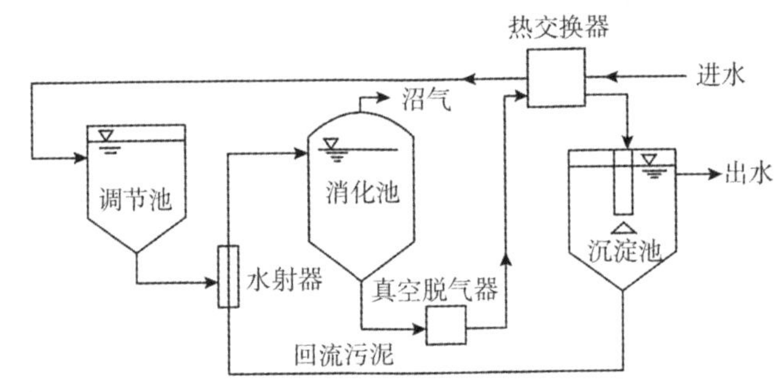

图 6-2-4　设真空脱气器和热交换器的厌氧接触法工艺流程

厌氧接触法的特点：①通过污泥回流，保持消化池内污泥浓度较高，一般为 10～15 g/L，耐冲击能力强；②消化池的容积负荷较普通消化池高，中温消化时，一般为 2～10 kgCOD/(m^3 · d)，水力停留时间比普通消化池大大缩短，如常温下，普通消化池为 15～30 天，而接触法小于 10 天；③可以直接处理悬浮固体含量较高或颗粒较大的料液，不存在堵塞问题；④混合液经沉淀后，出水水质好，但需增加沉淀池、污泥回流和脱气等设备。厌氧接触法还存在混合液难于在沉淀池中进行固液分离的缺点。

三、上流式厌氧污泥床反应器

上流式厌氧污泥床反应器，简称 UASB 反应器，是由荷兰的 G. Lettinga 等在 20 世纪

70 年代初研制开发的。UASB 反应器内没有载体，是一种悬浮生长型的消化器，其构造如图 6-2-5 所示。

UASB 反应器由反应区、沉淀区和气室三部分组成。在反应器的底部是浓度较高的污泥层，称为污泥床，在污泥床上都是浓度较低的悬浮污泥层，通常把污泥层和悬浮层统称为反应区，在反应区上部设有气液固三相分离器。废水从污泥床底部进入，与污泥床中的污泥进行混合接触，微生物分解废水中的有机物产生沼气，微小沼气泡在上升过程中，不断合并逐渐形成较大的气泡。由于气泡上升产生较强烈的搅动，在污泥床上部形成悬浮污泥层。气、水、泥的混合液上升至三相分离器内，沼气气泡碰到分离器下部的反射板时，折向气室而被有效地分离排出；污泥和水则经孔道进入三相分离器的沉淀区，在重力作用下，水和泥分离，上清液从沉淀区上部排出，沉淀区下部的污泥沿斜壁返回到反应区内。在一定的水力负荷下，绝大部分污泥颗粒能保留在反应区内，使反应区具有足够的污泥量。

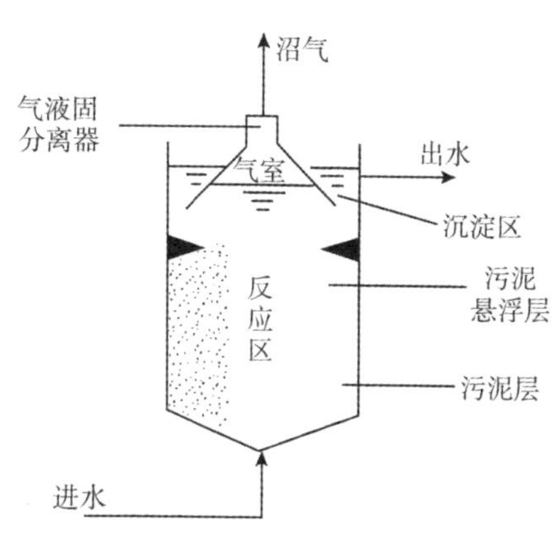

图 6-2-5　UASB 反应器构造示意图

反应区中污泥层高度约为反应区总高度的 1/3，但其污泥量约占全部污泥量的 2/3 以上。由于污泥层中的污泥量比悬浮层大，底物浓度高，酶的活性也高，有机物的代谢速度较快，因此，大部分有机物在污泥层被去除。研究结果表明，废水通过污泥层已有 80%以上的有机物被转化，余下的再通过污泥悬浮层处理，有机物总去除率达 90%以上。虽然悬浮层去除的有机物量不大，但是其高度对混合程度、产气量和过程稳定性至关重要。因此，应保证适当的悬浮层乃至反应区高度。

上流式厌氧污泥床反应器池形有圆形、方形、矩形。小型装置常为圆柱形，底部呈锥形或圆弧形，大型装置为便于设置气液固三相分离器，则一般为矩形，高度一般为 3～8 m，其中污泥床 1～2 m，污泥悬浮层 2～4 m，多用钢结构或钢筋混凝土结构，三相分离器可由多个单元组合而成。当废水流量较小，浓度较高时，需要的沉淀区面积小，沉淀区的面积和池形可与反应区相同；当废水流量较大，浓度较低时，需要的沉淀面积大，为使反应区的过流面积不致太大，可采用沉淀区面积大于反应区，即反应器上部面积大于下部面积的池形。

设置气液固三相分离器是上流式厌氧污泥床的重要结构特性，它对污泥床的正常运行和获得良好的出水水质起着十分重要的作用。上流式厌氧污泥床的三相分离器构造有多种形式，图 6-2-6 是几种气液固三相分离器示意图。

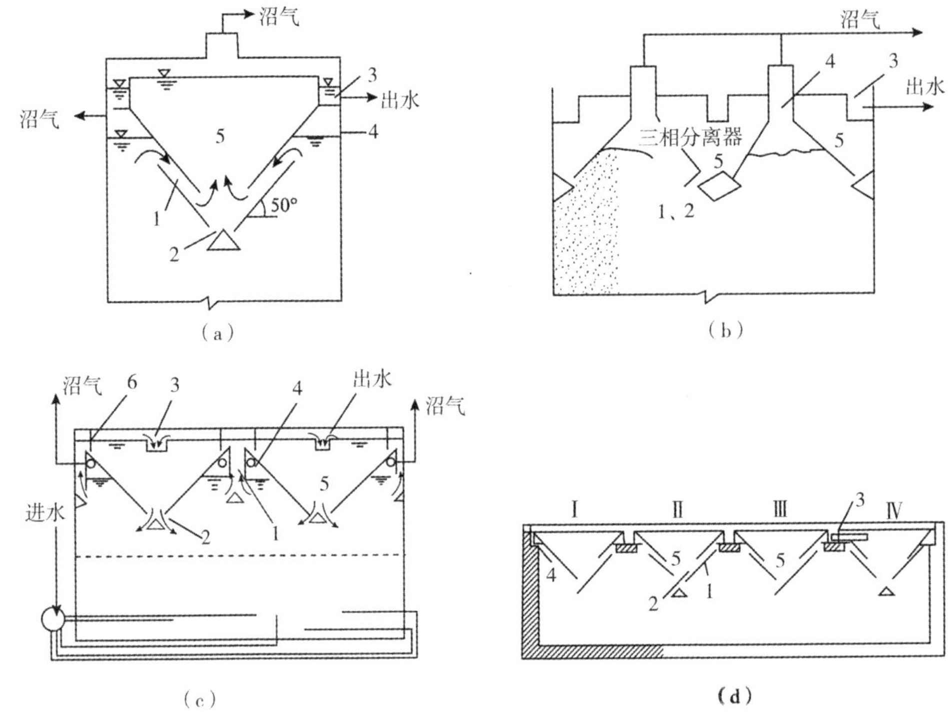

图 6-2-6　几种气液固三相分离器示意图

1—液、固混合液通道；2—污泥回流口；3—集水槽；4—气室；5—沉淀区；6—浮泥挡板

一般来说，三相分离器应满足以下条件：①沉淀区斜壁角度为 50°，使沉淀在斜底上的污泥不积聚，尽快滑回反应区内；②沉淀区的表面负荷应在 0.7 $m^3/(m^2 \cdot h)$以下，混合液进入沉淀区前，通过入流孔道(缝隙)的流速不大于 2 m/h；③应防止气泡进入沉淀区影响沉淀；④应防止气室产生大量泡沫，并控制好气室的高度，防止浮渣堵塞出气管，保证气室出气管畅通无阻。从实践来看，气室水面上总是有一层浮渣，其厚度与水质有关。因此，在设计气室高度时，应考虑浮渣层的高度。此外还需考虑浮渣的排放。

上流式厌氧污泥床反应器的特点是：①反应器内污泥浓度高，一般平均污泥浓度为 30～40 g/L，其中底部污泥床污泥浓度 60～80 g/L，污泥悬浮层污泥浓度 5～7 g/L；②有机负荷高，水力停留时间短，中温消化，COD 容积负荷一般为 10～20 kgCOD/($m^3 \cdot d$)；③反应器内设三相分离器，被沉淀区分离的污泥能自动回流到反应区，一般无污泥回流设备；④无混合搅拌设备，投产运行正常后，利用本身产生的沼气和进水来搅动；⑤污泥床内不填载体，以节省造价及避免堵塞问题。但反应器内有短流现象，影响处理能力；进水中的悬浮物应比普通消化池低得多，特别是难消化的有机物固体含量不宜太高，以免对污泥颗粒化不利或减少反应区的有效容积，甚至引起堵塞；运行启动时间长，对水质和负荷突然变化比较敏感。

四、膨胀颗粒污泥床反应器

膨胀颗粒污泥床反应器(Expanded Granular Sludge Bed,简称 EGSB)是 UASB 反应器的变形,是厌氧流化床与 UASB 反应器两种技术的成功结合。EGSB 反应器通过采用出水循环回流获得较大的表面液体升流速度。这种反应器典型特征是具有较大的高径比,较大的高径比也是提高升流速度所需要。EGSB 反应器液体的升流速度可达 5~10 m/h,这比 UASB 反应器的升流速度(一般在 1.0 m/h 左右)要高得多。

EGSB 反应器的基本构造与流化床类似,如图 6-2-7所示,高径比一般可达 3~5,生产性装置反应器的高可达 15~20 m。EGSB 反应器顶部可以是敞开的,也可是封闭的,封闭的优点是防止臭味外溢,如在压力下工作,甚至可替代气柜作用。EGSB 反应器一般做成圆形,废水由底部配水管系统进入反应器,向上升流过膨胀的颗粒污泥床区,使废水中的有机物与颗粒污泥均匀接触被转化成甲烷和二氧化碳等。混合液升流至反应器上部,通过设在反应器上部的三相分离器,进行气、固、液分离。分离出来的沼气通过反应器顶或集气室的导管排出,沉淀下来的污泥自动返回膨胀床区,上清液通过出水渠排出反应器外。

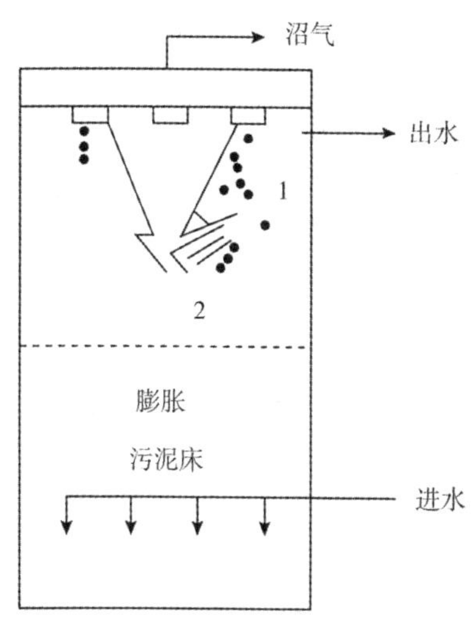

图 6-2-7　EGSB 反应器构造示意图

1—泥水混合区;2—沉淀污泥

EGSB 反应器可以在较低的温度下处理浓度较低的废水。Rebac 等在温度 13~20℃下进行了容积为 225.5 L 的 EGSB 反应器处理麦芽废水的中试研究,进水 COD 的去除率平均可达 56%。在温度为 20℃时进水有机负荷率为 8.8 kgCOD/(m^3 · d)和 14.6 kgCOD/(m^3 · d)时,相应的水力停留时间为 1.5 h,COD 去除率分别为 66%和 72%。

EGSB 反应器不仅适于处理低浓度废水,而且可处理高浓度有机废水。但在处理高浓度废水时,为了维持足够的液体升流速度,使污泥床有足够大的膨胀率,必须加大出水的回流量,其回流比大小与进水浓度有关,一般进水 COD 浓度越高,所需回流比越大。EGSB 反应器通过出水回流,使其具有抗冲击负荷的能力,使进水中的毒物浓度被稀释至对微生物不再具有毒害作用,所以 EGSB 反应器可处理含有有毒物质的高浓度有机废水。出水回流可充分利用厌氧降解过程,通过致碱物质(如有机氮和硫酸盐等)产生的碱度提高进水的碱度和 pH,保持反应器内 pH 的稳定,减少为了调整 pH 的投碱量,从而有助于降低运行费用。

EGSB 反应器启动的接种污泥通常采用现有 UASB 反应器的颗粒污泥,接种污泥量以

30 gVSS(颗粒污泥)/L 左右为宜。为减少启动初期反应器细小污泥的流失，可对种泥在接种前进行必要的淘洗，先去除絮状的细小污泥，提高污泥的沉降性能，提高出水水质。

五、厌氧生物滤池

厌氧生物滤池又称厌氧固定膜反应器，是 20 世纪 60 年代末开发的新型高效厌氧处理装置，其工艺如图 6-2-8 所示。滤池呈圆柱形，池内装放填料，池底和池顶密封。厌氧微生物附着于填料的表面生长，当废水通过填料层时，在填料表面的厌氧生物膜作用下，废水中的有机物被降解；并产生沼气，沼气从池顶部排出。滤池中的生物膜不断地进行新陈代谢，脱落的生物膜随出水流出池外。废水从池底进入，从池上部排出，称升流式厌氧生物滤池；废水从池上部进入，以降流的形式流过填料层，从池底部排出，称降流式厌氧生物滤池。

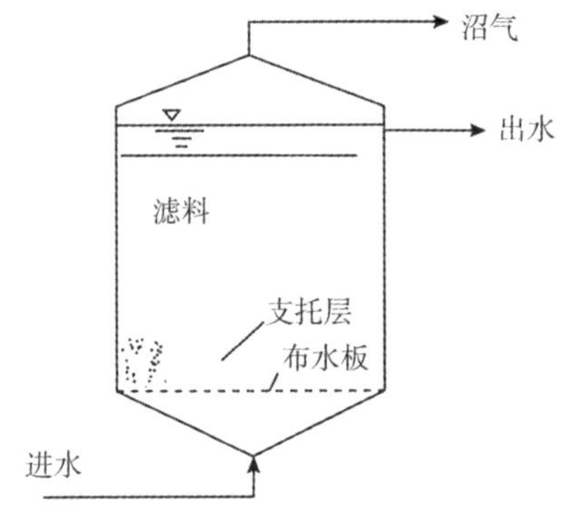

图 6-2-8 升流式厌氧生物滤池

厌氧生物滤池填料的比表面积和空隙率对设备处理能力有较大影响。填料比表面积越大，可以承受的有机物负荷越高，空隙率越大，滤池的容积利用系数越高，堵塞减小。因此，与好氧生物滤池类似，对填料的要求为：比表面积大，填充后空隙率高，生物膜易附着，对微生物细胞无抑制和毒害作用，有一定强度，且质轻、价廉、来源广。填料层高度，对于拳状滤料，高度以不超过 1.2 m 为宜，对于塑料填料，高度以 1～6 m为宜。填料的支撑板采用多孔板或竹子板。进水系统需考虑易于维修而又使布水均匀，且有一定的水力冲刷强度。对直径较小的滤池常用短管布水，对直径较大的滤池多用可拆卸的多孔管布水。

在厌氧生物滤池中，厌氧微生物大部分存在生物膜中，少部分以厌氧活性污泥的形式存在于滤料的孔隙中。厌氧微生物总量沿池高度分布是很不均匀的，在池进水部位高，相应的有机物去除速度快。当废水中有机物浓度高时，特别是进水悬浮固体浓度和颗粒较大时，进水部位容易发生堵塞现象。为此，对厌氧生物滤池采取如下改进：①出水回流，使进水有机物浓度得以稀释，同时提高池内水流的流速，冲刷滤料空隙中的悬浮物，有利于消除滤池的堵塞，此外，对某些酸性水，出水回流起到中和作用，减少中和药剂的用量；②部分充填载体，为了避免堵塞，仅在滤池底部和中部各设置一填料薄层，空隙率大大提高，处理能力增大；③采用平流式厌氧生物滤池，其构造示意如图 6-2-9 所示。滤池前段下部进水，后段上部溢流出水，顶部设气室，底部设污泥排放口，使沉淀悬浮物得到连续排除；④采用软性填料，软性填料空隙率大，可克服堵塞现象。

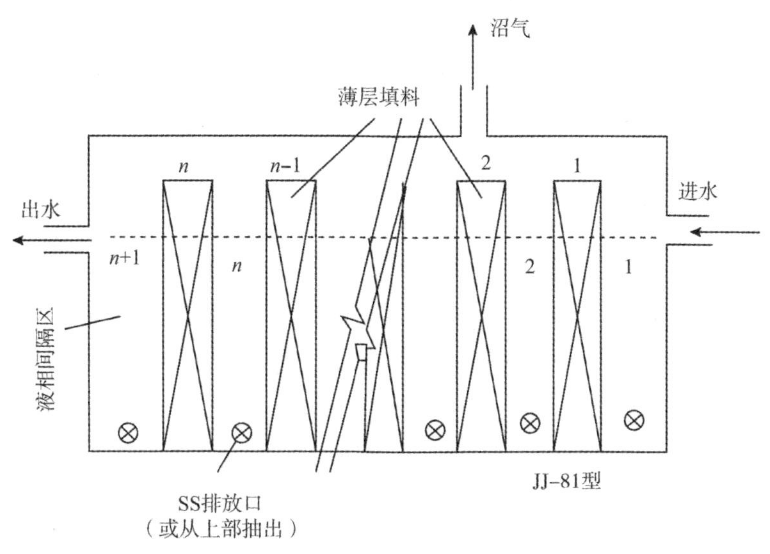

图 6-2-9　平流式厌氧生物滤池构造示意图

厌氧生物滤池的特点是：①由于填料为微生物附着生长提供了较大的表面积，滤池中的微生物量较高，且生物膜停留时间长，平均停留时间长达100天左右，因而可承受的有机容积负荷高，COD容积负荷为2～16 kgCOD/(m^3·d)，且耐冲击负荷能力强；②废水与生物膜两相接触面大，强化了传质过程，因而有机物去除速度快；③微生物以固着生长为主，不易流失，因此不需污泥回流和搅拌设备；④启动或停止运行后再启动比前述厌氧工艺时间短。但该工艺也存在一些问题，如处理含悬浮物浓度高的有机废水易发生堵塞，尤以进水部位更严重。滤池的清洗也还没有简单有效的方法等。

六、厌氧流化床

厌氧流化床工艺是借鉴流态化技术的一种生物反应装置，它以小粒径载体为流化粒料，废水作为流化介质，当废水以升流式通过床体时，与床中附着于载体上的厌氧微生物膜不断接触反应，达到厌氧生物降解目的，产生沼气，于床顶部排出，其工艺流程如图6-2-10所示。床内填充细小固体颗粒载体，废水以一定流速从池底部流入，使填料层处于流态化，每个颗粒可在床层中自由运动，而床层上都保持一个清晰的泥水界面。为使填料层流态化，一般需用循环泵将部分出水回流，以提高床内水流的上升速度。为降低回流循环的动力能耗，宜取质轻、粒细的载体。常用的填充载体有石英砂、无烟煤、活性炭、聚氯乙烯颗粒、陶粒和沸石等，粒径

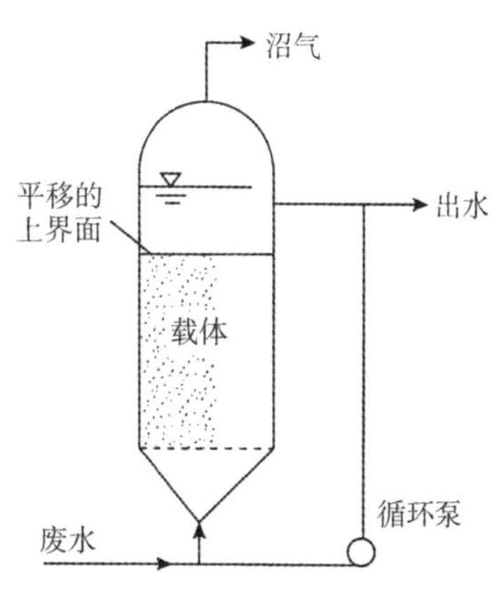

图 6-2-10　厌氧流化床工艺流程

一般为 0.2～1 mm，大多在 300～500 μm。流化床操作的首要满足条件是：上升流速即操作速度必须大于临界流态化速度，而小于最大流态化速度。一般来说，最大流态化速度要比临界流化速度大 10 倍以上，所以上升流速的选定具有充分的余地。实际操作中，上升流速只要控制在 1.2～1.5 倍临界流化速度即可满足生物流化床的运行要求。最大流化速度即颗粒被带出的最低流速，其值接近于固体颗粒的自由沉降速度。

厌氧流化床特点：①载体颗粒细，比表面积大，可高达 2 000～3 000m^2/m^3，使床内具有很高的微生物浓度，因此有机物容积负荷大，一般为 10～40 kgCOD/(m^3 · d)，水力停留时间短，具有较强的耐冲击负荷能力，运行稳定；②载体处于流化状态，无床层堵塞现象，对高、中、低浓度废水均表现出较好的效能；③载体流化时，废水与微生物之间接触面大，同时两者相对运动速度快，强化了传质过程，从而具有较高的有机物净化速度；④床内生物膜停留时间较长，剩余污泥量少；⑤结构紧凑、占地少以及基建投资省。但载体流化耗能较大，且对系统的管理技术要求较高。

为了降低动力消耗和防止床层堵塞，可采取：①间歇性流化床工艺，即以固定床与流化床间歇性交替操作。固定床操作时，不需回流，在一定时间间歇后，又启动回流泵，回流化床运行；②尽可能取质轻、粒细的载体，如粒径 20～30 μm、相对密度 1.05～1.2 g/cm^3 的载体，保持低的回流量，甚至免除回流，就可实现床层流态化。

七、厌氧生物转盘和挡板反应器

厌氧生物转盘的构造与好氧生物转盘相似，不同之处在于盘片大部分(70%以上)或全部浸没在废水中，为保证厌氧条件和收集沼气，整个生物转盘设在一个密闭的容器内。厌氧生物转盘由盘片、密封的反应槽、转轴及驱动装置等组成，其构造如图 6-2-11 所示。对废水的净化靠盘片表面的生物膜和悬浮在反应槽中的厌氧菌完成，产生的沼气从反应槽顶排出。由于盘片的转动，作用在生物膜上的剪切力可将老化的生物膜剥落，在水中呈悬浮状态，随水流出槽外。

厌氧生物转盘的特点：①厌氧生物转盘内微生物浓度高，因此有机物容积负荷高，水力停留时间短；②无堵塞问题，可处理较高浓度的有机废水；③一般不需回流，所以动力消耗低；④耐冲击能力强，运行稳定，运转管理方便。但盘片造价高。

厌氧挡板反应器是从厌氧生物转盘发展而来的，生物转盘不转动即变成厌氧挡板反应器。挡板反应器与生物转盘相比，可减少盘的片数和省去转动装置，其工艺流程如图 6-2-12 所示。在反应器内垂直于水流方向设多块挡板来维持较高的污泥浓度。挡板把反应器分为若干上向流和下向流室，上向流室比下向流室宽，便于污泥的聚集。通往上向流的挡板下部边缘处加 50°的导流板，便于将水送至上向流室的中心，使泥水充分混合。因而无须混合搅拌装置，避免了厌氧滤池和厌氧流化床的堵塞问题和能耗较大的缺点，启动期比上流式厌氧

污泥床短。

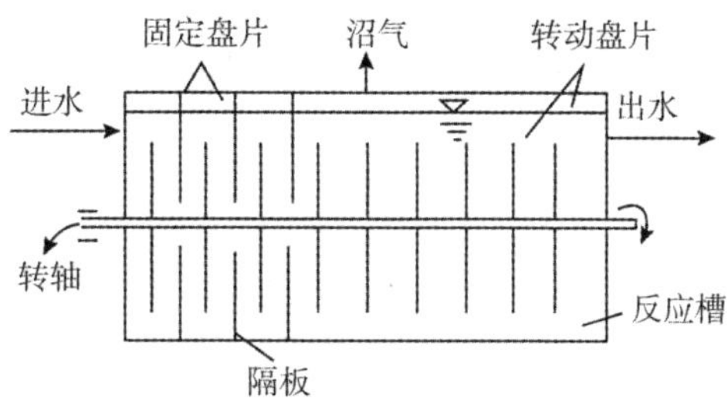

图 6-2-11　厌氧生物转盘

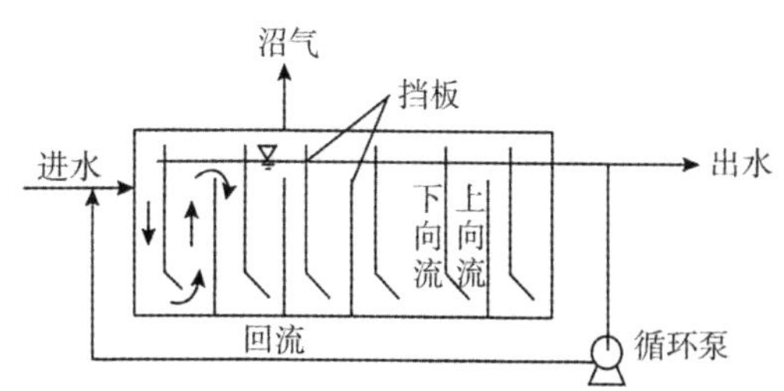

图 6-2-12　厌氧挡板反应器

八、两步厌氧法和复合厌氧法

两步厌氧法是一种由上述厌氧反应器组合的工艺系统。厌氧消化反应分别在两个独立的反应器中进行，每一反应器完成一个阶段的反应，比如一为产酸阶段，另一为产甲烷阶段，故又称两段式厌氧消化法。根据不产甲烷菌与产甲烷菌代谢特性及适应环境条件不同，第一步反应器可采用简易非密闭装置，在常温、较宽 pH 范围条件下运行；第二步反应器则要求严格密封、严格控制温度和 pH 范围。如对悬浮固体含量多的高浓度有机废水，第一步反应器可选不易堵塞、效率稍低的反应装置，经水解产酸阶段后的上清液中悬浮固体浓度降低，第二步反应器可采用新型高效消化器，流程见图 6-2-13。

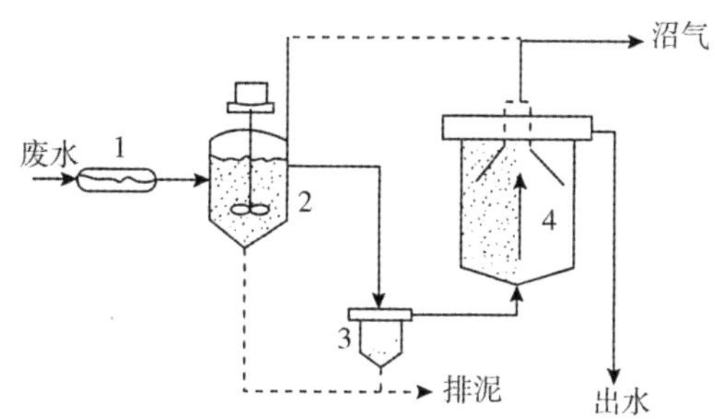

图 6-2-13　接触消化池—上流式污泥床两步厌氧法工艺流程

1—热交换器；2—水解产酸；3—沉淀分离；4—产甲烷

两步厌氧法具有如下特点：①耐冲击负荷能力强，运行稳定，避免了一步法不耐高有机酸浓度的缺陷；②两阶段反应不在同一反应器中进行，互相影响小，可更好地控制工艺条件；③消化效率高，尤其适于处理含悬浮固体多、难降解的高浓度有机废水。但两步法设备较多，流程和操作复杂。

两步厌氧法是由两个独立的反应器串联组合而成，而复合厌氧法是在一个反应器内由两种厌氧法组合而成。如厌氧生物滤池与上流式厌氧污泥床反应器组成的复合厌氧法，如

图 6-2-14 所示。设备的上部为厌氧生物滤池，下部为上流式厌氧污泥床反应器，可以集两者优点于一体，反应器下部即进水部位，由于不装填料，可以减少堵塞，上部装设固定填料，充分发挥滤层填料有效截留污泥的能力，提高反应器内的生物量，对水质和负荷突然变化和短流现象起缓冲和调节作用，使反应器具有良好的工作特性。

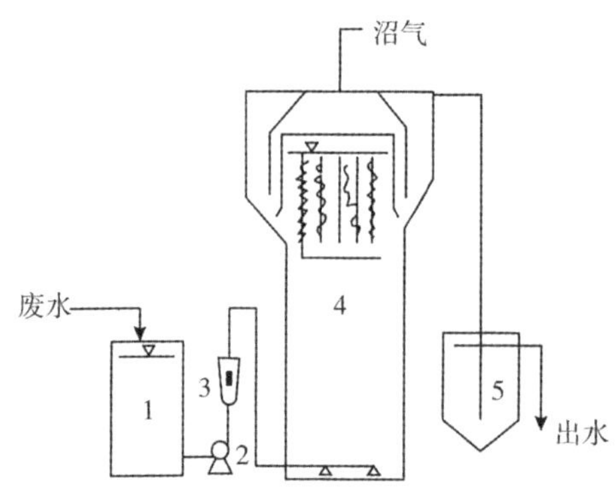

图 6-2-14 厌氧生物滤池—上流式厌氧污泥床复合厌氧法工艺流程

1—废水箱；2—进水泵；3—流量计；4—复合厌氧反应器；5—沉淀池

第三节 厌氧生化法的设计计算

厌氧生化处理系统的设计包括：流程和设备的选择，反应器、构筑物的构造和容积的确定，需热量和厌氧产气量的计算等。

一、流程和设备的选择

流程和设备的选择包括：处理工艺和设备选择、消化温度、采用单级或两级(段)消化等。表 6-3-1 列举了几种厌氧生化处理方法的一般性特点和优缺点，表 6-3-2 是几种厌氧生化处理方法的运行数据，在工艺选择和设计中可供参考。

表 6-3-1 几种厌氧生化处理方法的一般性特点和优缺点

方法或反应器	特点	优点	缺点
传统消化法	在一个消化池内进行酸化，甲烷化和固液分离	设备简单	反应时间长，池容积大，污泥易随水流带走
厌氧生物滤池	微生物固着生长在滤料表面，适用于悬浮固体量低的污水	设备简单，能承受较高负荷，出水悬浮固体含量低，能耗小	底部易发生堵塞，填料费用较高

续表

方法或反应器	特点	优点	缺点
厌氧接触法	用沉淀池分离污泥并进行回流，消化池内进行适当搅拌，池内呈完全混合，能适应高有机物浓度和高悬浮固体的污水	能承受较高负荷，有一定抗冲击能力，运行较稳定，不受进水悬浮固体含量的影响，出水悬浮固体含量低	负荷高时污泥会流失，设备较多，操作要求高
升流式厌氧污泥床反应器	消化和固液分离在一个池内，微生物量很高	负荷高，总容积小，能耗低，不需搅拌	如设计不善，污泥会大量流失，池的构造复杂
两相厌氧处理法	酸化和甲烷化在两个反应器进行，两个反应器内可以采用不同反应温度	能承受较高负荷，耐冲击，运行稳定	设备较多，运行操作较复杂

表 6-3-2　几种厌氧生化处理方法的运行数据

方法	污水种类	有机负荷[kg/(m^3·d)]	水力停留时间(h)	温度(℃)	去除率(%)	规模
厌氧接触法	肉类加工	3.2(BOD_5)	12	30	95	小试
	肉类加工	2.5(BOD_5)	12.3	35	90	生产
	小麦淀粉	2.5(COD)	3.6(d)	—	—	中试
	朗姆酒蒸馏	4.5(COD)	2.0(d)	—	63.5	—
厌氧生物滤池	有机合成污水	2.5(COD)	96	35	92	小试
	制药污水	3.5(COD)	48	35	98	小试
	酒精上清液	7.3(COD)	20.8	28	85	小试
	Guar 树胶	7.4(COD)	24	37	60	生产
	小麦淀粉废水	3.8(COD)	22	35	65	生产
	食品加工	6(COD)	1.3(d)	35	81	生产
升流式厌氧污泥床	糖厂	22.5(COD)	6	30	94	小试
	土豆加工	25～45(COD)	4	35	93	小试
	蘑菇加工	15.0(COD)	6.8	30	91	生产
	啤酒废水	10.0(COD)	9.0	30	90	生产
	食品加工	10～20(COD)	—	30～35	80～90	生产
	屠宰废水	2.5(COD)	—	常温	77	生产

二、厌氧反应器的设计

厌氧反应的速率显著低于好氧反应；由于厌氧反应大体上分为酸化和甲烷化两个阶段，甲烷化阶段的反应速率明显低于酸化阶段的反应速率。因此，整个厌氧反应的总速率主要取决于甲烷化阶段的速率。但是在一般的单级完全混合反应器中，各类细菌是混合生长、相互协调的，酸化过程和甲烷化过程同时存在，因此在进行厌氧过程的动力学分析时，也可以将反应器作为一个系统进行分析。

反应器的设计可以在模型试验的基础上，按照所得的参数值进行计算，也可以按照类似污水的经验值选择采用。

计算确定反应器容积的常用参数是负荷 L 和消化时间 t ，公式为：

$$V = Qt \tag{6-3}$$

$$V = \frac{QS_0}{L} \tag{6-4}$$

式中：V ——反应（消化）区的容积，m^3；

Q ——污水的设计流量，m^3/d；

t ——消化时间，d；

S_0 ——污水有机物的浓度，$gBOD_5/L$ 或 gCOD/L；

L ——反应区的设计负荷，$kgBOD_5/(m^3 \cdot d)$ 或 $kgCOD/(m^3 \cdot d)$。

在设计升流式厌氧污泥床反应器时，通常上部有一个气体储存空间（一般在 2.5～3.0 m），下部是液相区，但实际污泥床（消化区）只占液相区中的一部分，因此在设计升流式厌氧污泥床时考虑一个 0.8～0.9 的比例系数，故总设计液相反应区容积为：

$$V_T = \frac{V}{E} \tag{6-5}$$

式中：V_T ——反应器的总容积，m^3；

V ——反应（消化）区的容积，m^3；

E ——比例系数。

采用中温消化时，对于传统消化法，消化时间在 1～5 d，有机负荷在 1～3 $kgCOD/(m^3 \cdot d)$，BOD_5 去除率可达 50%～90%。对于厌氧生物滤池和厌氧接触法，消化时间可缩短至 0.5～3 d，有机负荷可提高到 3～10 $kgCOD/(m^3 \cdot d)$。对于升流式厌氧污泥床反应器，有时甚至可采用更高的负荷，但上部的三相分离器应缜密设计，避免上升的消化气影响固液分离，造成污泥流失。

消化气的产气量一般可按 0.4～0.5 $m^3/kgCOD$ 进行估算。

第四节　厌氧设备的运行管理

一、厌氧设备的启动

厌氧设备在进入正常运行之前应进行污泥的培养和驯化。

厌氧处理工艺的缺点之一是微生物增殖缓慢，设备启动时间长，若能取得大量的厌氧活性污泥就可缩短投产期。

厌氧活性污泥可以取自正在工作的厌氧处理构筑物或江河湖泊沼泽底，下水道及污水集积腐臭处等厌氧生境中的污泥，最好选择同类物料厌氧消化污泥；如果采用一般的未经消化的有机污泥自行培养，所需时间更长。一般来说，接种污泥量为反应器有效容积的10%～90%，依消化污泥的来源方便情况酌定，原则上接种量比例增大，使启动时间缩短，其次是接种污泥中所含微生物种类的比例也应协调，特别要求含丰富的产甲烷细菌，因为它繁殖的世代时间较长。

在启动过程中，控制升温速度为1℃/h，达到要求温度即保持恒温；注意保持pH在6.8～7.8；此外，有机负荷常常成为影响启动成功的关键性因素。

启动的初始有机负荷因工艺类型、废水性质、温度等工艺条件以及接种污泥的性质而异。常取较低的初始负荷，继而通过逐步增加负荷而完成启动。有的工艺对负荷的要求格外严格，例如厌氧污泥床反应器启动时，初始负荷仅为0.1～0.2 kgCOD/(kgVSS·d)(相应的容积负荷则依污泥的浓度而异)，至可降解的COD去除率达到80%，或者反应器出水中挥发性有机酸的浓度已较低(低于1 000 mg/L)的时候，再以每一步按原负荷的50%递增幅度增加负荷。如果出水中挥发性有机酸浓度较高，则不宜再提高负荷，甚至应酌情降低。其他厌氧消化反应器对初始负荷以及随后负荷递增过程的要求，不如厌氧污泥床反应器严格，故启动所需的时间往往较短些。此外，当废水的缓冲性能较佳时(如猪粪液类)，可取较高的负荷下完成启动，如1.2～1.5 kgCOD/(kgVSS·d)，这种启动方式时间较短，但对含碳水化合物较多、缺乏缓冲性物质的料液，需添加一些缓冲物质，才能高负荷启动，否则启动难以成功。

正常的成熟污泥呈深灰到黑色，带焦油气，无硫化氢臭，pH在7.0～7.5，污泥易脱水和干化。当进水量达到要求，并取得较高的处理效率，产气量大，含甲烷成分高时，可认为启动基本结束。

二、欠平衡现象及其原因

厌氧消化系统启动后，其操作与管理主要是通过对产气量、气体成分、池内碱度、pH、有机物去除率等进行检测和监督，调节和控制好各项工艺条件，保持厌氧消化作用的平衡性，使系统符合设计的效率指标稳定运行。

保持厌氧消化作用的平衡性是厌氧消化系统运行管理的关键。厌氧消化过程易于出现酸化，即产酸量与用酸量不协调，这种现象称为欠平衡。厌氧消化系统欠平衡时显示出如下症状：①消化液挥发性有机酸浓度增高；②沼气中甲烷含量降低；③消化液pH下降；④沼气产量下降；⑤有机物去除率下降。诸症状中最先显示的是挥发性有机酸浓度增高，故它是一项最有用的监视参数，有助于尽早察觉欠平衡状态的出现。其他症状则因其显示的滞缓性，或者因其并非专一的欠平衡症状，故不如前者那样灵敏。

厌氧消化作用欠平衡的原因是多方面的，如有机负荷过高；进水 pH 过低或过高；碱度过低，缓冲能力差；有毒物质抑制；反应温度急剧波动；池内有溶解氧及氧化剂存在等。

一经检测到系统处于欠平衡状态时，就必须立即控制并加以纠正，以避免欠平衡状态进一步发展到消化作用停顿的程度。可暂时投加石灰乳以中和积累的酸，但过量石灰乳能起杀菌作用。解决欠平衡的根本办法是查明失去平衡的原因，有针对性地采取纠正措施。

三、运行管理中的安全要求

厌氧设备的运行管理很重要的问题是安全问题。沼气中的甲烷比空气密度小、非常易燃，空气中甲烷含量为5%～15%时，遇明火即发生爆炸。因此消化池、贮气罐、沼气管道及其附属设备等沼气系统，都应绝对密封，无沼气漏出；并且不能使空气有进入沼气系统的可能，周围严禁明火和电气火花。所有电气设备应满足防爆要求。沼气中含有微量有毒的硫化氢，但低浓度的硫化氢就能被人们所察觉。硫化氢比空气密度大，必须预防它在低凹处积聚。沼气中的二氧化碳也比空气密度大，同样应防止在低凹处积聚，因为它虽然无毒，却能使人窒息。因此，凡需因出料或检修进入消化池之前，务必以新鲜空气彻底置换池内的消化气体，以确保安全。

第七章　自然净化处理

污水排入自然环境后，在水体或土壤微生物作用下，其中的有机污染物被氧化分解，污水得到净化。利用这种生物化学转化的自净原理对有机污水进行净化处理的方法称为自然生物处理法或自然条件下的生物处理法，通常包括水体净化处理（稳定塘）和土地净化处理两大类型。

第一节　稳 定 塘

稳定塘又称为氧化塘或生物塘，是一种天然的或经过一定人工修整的污水处理构筑物。稳定塘对污水的净化过程与自然水体的自净过程相似，是一种利用天然净化环境或简单工程，主要依靠自然生物净化工程使污水得到净化的一种生物处理技术。

一、稳定塘的净化原理

稳定塘是由生物和非生物两部分构成的复杂的半人工生态系统，其中生物生态系统部分主要由细菌、藻类、原生动物、后生动物、水生植物和高等水生动物等组成，这些生物在稳定塘中生存，并对污水起净化作用；非生物部分主要包括光照、风力、温度、有机负荷、pH、溶解氧、二氧化碳、氮和磷等营养元素等。

稳定塘内存在不同类型的生物，构成了不同特点的生态系统，最基本的生态结构为菌藻共生体系，其他水生植物和水生动物都只是起到辅助净化作用。正是菌藻共生关系的存在，使得生物塘中可以同时进行有机物的好氧氧化分解、厌氧消化和光合过程，前两个过程是在以好氧细菌和厌氧细菌为主的作用下进行，而后者则是在以藻类和水生植物为主的作用下进行。水中的溶解性有机物被好氧细菌分解，其所需的溶解氧通过大气扩散作用进入水体或通过人工曝气方式加以补充，还有相当一部分溶解氧是由藻类和水生植物进行光合作用释放提供。藻类光合作用所需的二氧化碳则可由细菌分解有机物过程中的代谢产物提供。悬浮状的有机物和稳定塘中生物残骸沉积到塘底形成污泥，在厌氧细菌作用下分解成有机酸、醇、氨等，其中一部分可进入上层好氧层被继续氧化分解，另一部分被污泥中的甲烷细菌分解成甲烷。

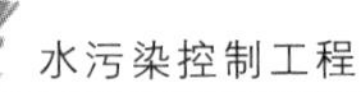

稳定塘生态系统中的非生物组成部分也起着重要作用，光照影响藻类的生长及水中溶解氧的浓度，温度会影响微生物的代谢作用，有机负荷则对塘内细菌的繁殖及氧、二氧化碳含量产生影响，pH、营养元素等其他因子也可能成为制约因素。

总的来说，污水在稳定塘停留过程中，污染物质（主要是有机污染物）经过稀释、沉淀、絮凝、好氧微生物的氧化或厌氧微生物分解作用以及浮游生物的作用而被去除或稳定。

二、稳定塘的类型

根据水中溶解氧状况不同，以及其中主体微生物属性及相应生物化学反应的不同，稳定塘可分为好氧塘、兼性塘、厌氧塘和曝气塘四种类型，而由不同类型稳定塘组合成的塘称为复合稳定塘。

（一）好氧塘

好氧塘是一类在有氧状态下净化污水的稳定塘，依靠藻类光合作用和塘表面风力搅动自然复氧供氧，全部塘水呈好氧状态，塘内的好氧型异养细菌利用水中的氧，通过好氧代谢氧化分解有机污染物并合成本身的细胞质（细胞增殖），其代谢产物 CO_2 则是藻类光合作用的碳源。其净化机理如图 7-1-1 所示。

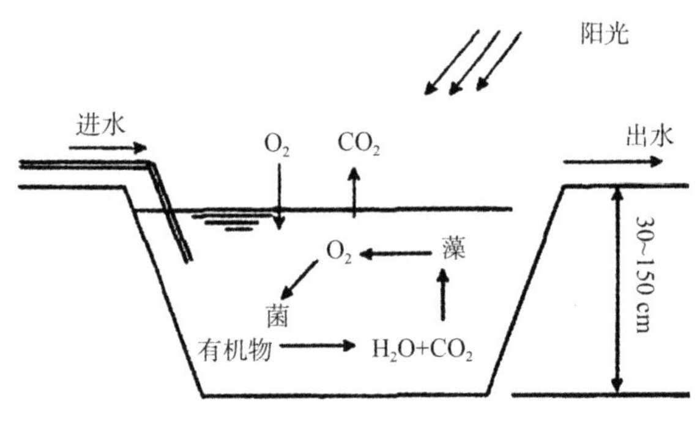

图 7-1-1　好氧塘作用机理示意图

藻类光合作用使塘水的溶解氧和 pH 呈昼夜变化。白昼，藻类光合作用释放的氧超过细菌降解有机物的需氧量，此时塘水的溶解氧浓度高，可达到饱和状态；夜间，藻类停止光合作用，且由于生物的呼吸消耗氧，水中的溶解氧浓度下降，凌晨时达到最低。好氧塘的 pH 与水中 CO_2 浓度有关，白天，藻类光合作用使 CO_2 降低，pH 上升；夜间，藻类停止光合作用，细菌降解有机物的代谢没有中止，CO_2 累积，pH 下降。

通常好氧塘水深一般为 0.5 m 左右，不大于 1 m，污水停留时间一般为 2～6 d，适用于处理 BOD_5 小于 100 mg/L 的污水，其出水溶解性 BOD_5 低而藻类固体含量高，因而往往需要补充除藻处理工程。

（二）兼性塘

兼性塘是指在上层有氧、下层无氧的条件下净化污水的稳定塘，是最常用的塘型。兼性塘的有效水深一般为 1.0～2.0 m，通常由三层组成，上部好氧层、中部兼性层和底部厌氧

层，如图 7-1-2 所示。

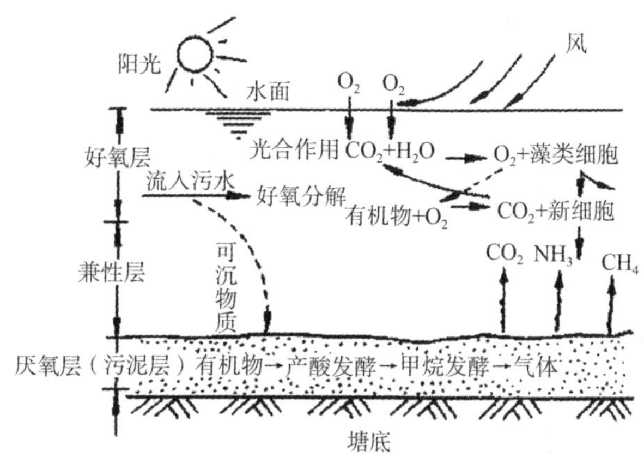

图 7-1-2　兼性塘净化机理示意图

阳光对塘水的透射深度小于 0.5 m，上层阳光可透入，藻类的生长不受限制，藻类光合作用供氧充足，水中溶解氧含量较高，尤其在白天能达到饱和，为好氧生物的生命活动提供了良好的环境条件，形成好氧微生物活动带，称为好氧层；而底层为沉淀物和藻类及细菌等生物残体形成的污泥层，由于缺氧，主要发生厌氧发酵反应，称为厌氧层；在好氧层和厌氧层中间存在兼性层，此层存活兼性微生物，既能利用分子氧进行好氧反应，又能在无分子氧条件下无氧代谢。兼性区的塘水溶解氧较低，且时有时无，一般白天光合作用较强时有溶解氧存在，而在夜间处于厌氧状态。

兼性塘中的上述三个区域之间并不是截然分开的，而是通过物质与能量的转化形成相互利用的关系。在厌氧层产生的代谢产物向上扩散运动经过其他两层时，所生成的有机酸可被兼性菌和好氧菌吸收降解，CO_2 被好氧层的藻类利用，CH_4 则逸散进入大气；好氧层的藻类死亡之后沉淀到厌氧层，由厌氧菌对其进行分解。

兼性塘去除污染物的范围比好氧塘广，它不仅可去除一般的有机污染物，还可有效地去除氮、磷等营养物质和某些难降解的有机污染物，常被用于处理小城镇的原污水以及中小城市污水处理厂一级沉淀处理后出水或二级生化处理后的出水，也可用于处理石油化工、有机化工、印染、造纸等工业污水，接在曝气塘或厌氧塘之后作为二级处理塘使用。

（三）厌氧塘

厌氧塘是一类在无氧状态下净化污水的稳定塘，其净化机理与污水的厌氧生物处理相同，如图 7-1-3 所示。厌氧塘对有机污染物的降解，与所有的厌氧生物处理工艺相同，是由两类厌氧菌通过产酸发酵和甲烷发酵两个阶段来完成。厌氧塘的设计和运行也应以甲烷发酵阶段的要求作为控制条件。影响厌氧塘处理效率的因素有气温、水温、进水水质、浮渣、营养比、污泥成分等，其中气温和水温是影响厌氧塘处理效率的主要因素。

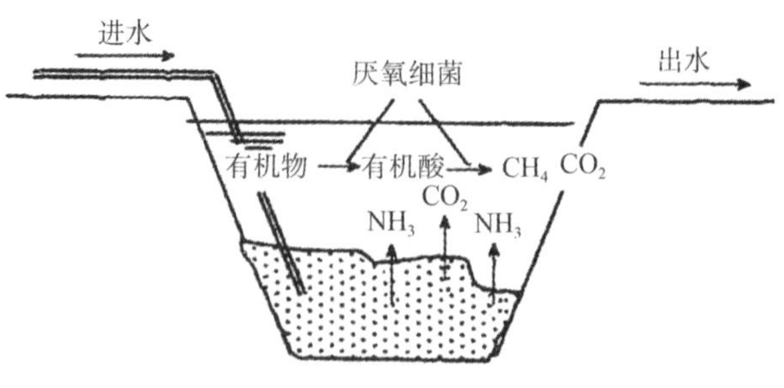

图 7-1-3 厌氧塘作用机理示意图

厌氧塘深度一般在 2.5 m 以上，有的深达 4～5 m，一般作为预处理工段与其他稳定塘组成厌氧—好氧（兼性）稳定塘系统，即厌氧塘通常设置于稳定塘系统的首端，以减少后续处理单元的有机负荷。厌氧塘主要用于处理水量小、浓度高的有机污水，如屠宰污水、禽蛋污水、制浆造纸污水等，也可以用于处理城市污水。

（四）曝气塘

曝气塘采用人工曝气向塘内供氧，塘深在 2 m 以上，全部塘水具有溶解氧，由好氧微生物起净化作用，污水停留时间较短，是一种人工强化和自然净化相结合的形式，适用于土地面积有限，不足以建成完全以自然净化为特征的塘系统。曝气塘 BOD_5 的去除率为 50%～90%，但由于出水中常含有大量活性或惰性微生物体，因而曝气塘出水不宜直接排放，一般需后接其他类型的稳定塘或生物固体沉淀分离设施进一步处理。

以上四种稳定塘的特点和适用条件见表 7-1-1。

表 7-1-1 常用稳定塘的比较

项目	好氧塘	兼性塘	厌氧塘	曝气塘
优点	池塘浅、溶解氧高，菌藻共生、活跃；基建投资少，运行费用低处理效果较好；管理方便	基建投资和运行费用低；塘中分不同区域，有不同的作用，耐冲击负荷；处理效果较好；管理简便	耐冲击负荷；占地少；所需动力少；储泥多，起到一定的浓缩消化作用	耐冲击负荷较强；体积较小，占地少；产生的气味小；处理程度高
缺点	池面大、占地多；出水中藻类含量高，需进行后处理；产生一定臭味	池面大、占地较多；出水水质不稳定，夏季运行常有漂浮污泥；产生一定臭味	对温度要求较高；产生臭味大	出水中含固体物质高；运行费用高；易起泡沫
使用条件	去除营养物；去除溶解性有机物；处理生化二级出水	适于城市污水和工业污水；适于小城镇污水处理	适宜处理温度高、有机物浓度高的污水	适宜处理城市污水和工业污水

三、稳定塘的设计

（一）稳定塘的设计要点

（1）城市规划或现状中有池塘、洼地等可供污水处理利用，且在城镇水体下游，并应设在

居民区下风向 200 m 以外，以防止散发的臭气影响居民区。此外，不应设在距机场 2 km 以内的地方，以防鸟类到塘中觅食、聚集，对飞机航行构成危险。

(2)稳定塘至少应分为两格。

(3)污水进入稳定塘前，宜经过一定预处理。

(4)稳定塘可接在其他生物处理工序之后，也可用作二级生物处理，稳定塘可单塘运行，也可多级串联运行。

(5)当稳定塘多级串联运行时，未经过沉淀处理后的污水，串联级数一般不少于 3 级；经过处理后的污水，串联运行可为 1～3 级。

(6)稳定塘的超高不小于 0.9 m，稳定塘应采用防止污染地下水源和周围环境的防渗措施，并应妥善处理污泥。

(7)塘的衬砌应在设计水位上下各 0.5 m 以上，若需防止雨水冲刷时，塘的衬砌应做到堤顶。

(8)在有冰冻的地区，背阴面的衬砌应注意防冻。若筑堤土为黏土时，在结冰水位以上应置换为非黏性土。

(9)设计时应注意配水、集水均匀，避免短流、沟流及混合死区。为此可采用多点进水和出水，并使进口、出口之间的直线距离尽可能大，进口、出口的方向避开当地主导风向等。

(二)设计参数

设计参数的选择应根据试验或相近地区污水氧化塘的运行资料；在无资料的情况下，则要结合本地区具体实际，参考以下所列参数进行选择。

1. 好氧塘设计参数

典型好氧塘相关设计参数见表 7-1-2。

表 7-1-2　典型好氧稳定塘设计参数

项　目	普通好氧塘	高负荷好氧塘	熟化好氧塘(深度处理塘)
BOD_5负荷[kg/(10^4 m^2 · d)]	40～120	80～160	<5
水力停留时间(d)	10～40	4～6	5～20
水深(m)	0.5～1	0.3～0.45	0.5～1
pH	6.5～10.5	60.5～10.5	6.5～10.5
温度范围(℃)	0～30	5～30	0～30
BOD_5去除率(%)	80～95	80～90	60～80
藻类浓度(mg/L)	40～100	100～260	5～10
出水悬浮固体(mg/L)	80～140	150～300	10～30

2. 兼性塘设计参数

采用兼性塘处理城市污水时，设计参数见表 7-1-3。

表 7-1-3　兼性塘面积负荷与水力停留时间

冬季最冷月年均气温(℃)	>15	10～15	0～10	−10～0	−20～−10	<−20
BOD_5负荷[$kg/(10^4 m^2 \cdot d)$]	70～100	50～70	30～50	20～30	10～20	<10
水力停留时间(d)	≥7	20～7	40～20	120～40	150～120	180～150

3. 厌氧塘设计参数

厌氧塘作为预处理与好氧塘或兼性塘组成稳定塘系统，能较好地应用于处理小量高浓度有机污水。BOD_5面积负荷 200～2 000 $kg/(10^4\ m^2 \cdot d)$[一般选用 200～400 $kg/(10^4\ m^2 \cdot d)$]，BOD_5去除率为 50%～70%。城市污水在厌氧塘的水力停留时间为2～6 d，有效水深为3～6 m。

第二节　土地处理系统

土地处理系统也称土地灌溉系统和草地灌溉系统，此系统是将经适当预处理的污水有控制地投配到土地上，利用土壤—微生物—植物生态系统的自净功能和自我调控机制，通过一系列物理、化学和生物化学等过程，使污水达到预定处理效果的一种污水处理系统。该系统由污水预处理、水量调节与贮存、配水与布水、土地处理田间工程、排水和监测等六部分组成，其中土地处理田间工程是其核心环节。土地处理系统具有以下优点：①处理成本低廉，基建投资少，运行费用低；②运行简便，易于操作管理，节省能源；③污水处理与农业利用相结合，能够充分利用水肥资源；④能绿化土地，促进生态系统的良性循环；⑤污泥得到充分利用，二次污染小。

一、土地处理的机理及过程

(一)净化机理

污水流经土壤得以净化的过程极为复杂，其净化机理是多种作用、多种过程的综合过程。

1. 土壤的物理作用

(1)过滤。污水流经土壤，其中的悬浮态污染物质被土壤团聚颗粒间的孔隙所截留，污水得到净化。影响土壤物理过滤效果的因素有团聚颗粒的大小、颗粒间孔隙的形状和大小、孔隙的分布以及污水中悬浮颗粒的性质、多少与大小等。

(2)沉淀。土层本身相当于一个有巨大比表面积的沉淀池，因此污水中的污染物可以在土壤团聚颗粒表面上沉淀而被去除。

(3)吸附。在非极性分子间范德瓦尔斯力的作用下，土壤中黏粒能吸附土壤溶液中的中性分子；污水中的部分重金属离子可因阳离子交换作用而被置换，吸附并生成难溶性物质被固定在矿物晶格中；土壤中的黏粒、腐殖质和矿物质具有强烈的吸附活性，能吸附污水中多种溶解性污染物。

2. 土壤的化学作用

土壤层是一个能容纳各种物质和催化剂的化学反应器，并始终保持动态平衡。当污水进入土壤层，污染物导致土层中的平衡体系被破坏，则土层内发生一系列的氧化还原、吸附、离子交换、络合等反应，使进入的污染物质或被氧化、还原，或被吸附、吸收，或变为难溶性的沉淀等，重新建立新的平衡，在这一过程中，污水得以净化。例如，金属离子可与土壤中的无机和有机胶体颗粒生成螯合化合物；有机物与无机物复合生成复合物；调整、改变土壤的氧化还原电位，能够生成难溶性硫化物；改变 pH，能够生成金属氢氧化物；某些化学反应还能够生成金属磷酸盐等物质，沉积于土壤之中。

3. 土壤的物理化学作用

土壤中的黏土、腐殖质构成了复杂的胶体颗粒体系，而各种污染物大多是以胶体状态存在于污水中，当污水进入土层，原来两个各自独立的体系便构成新的胶体体系。由于电解质平衡体系的破坏和土壤层中腐殖质等高分子物质的不饱和特性，导致在新的体系中发生一系列的胶体颗粒的脱稳、凝聚、絮凝和相互吸附等物理化学过程，从而使污水得到净化。

4. 土壤的生物作用

在土壤环境中生长着大量的细菌、真菌、酵母菌、原生动物、后生动物、腔肠动物、各种昆虫等，并存在一个丰富的土壤微生物酶系，通过微生物的降解和吸收，污水中的有机质及氮和磷等营养素部分转化为有机质储存在生物体内，从而与水分离。

(二)主要污染物的去除途径

1. BOD_5 的去除

BOD_5 的去除机理包括过滤、吸附和生物氧化作用。污水进入土地处理系统以后，BOD_5 经过土壤表层区的过滤、吸附作用被截留下来，然后通过土层中的微生物(如细菌、真菌、原生动物、后生动物等)氧化作用将其降解，并合成微生物新细胞。

2. 氮和磷的去除

在土地处理中，氮主要通过植物吸收、微生物脱氮(氨化、硝化、反硝化)、挥发、渗出(氨在碱性条件下逸出、硝酸盐的渗出)等方式被去除，其去除率受作物的类型、生长期、对氮的吸收能力以及土地处理工艺等因素影响。

磷主要通过植物吸收、化学反应和沉淀(与土壤中的钙、铝、铁等离子形成难溶的磷酸盐)、物理吸附和沉积(土壤中的黏土矿物对磷酸盐的吸附和沉积)、物理化学吸附(离子交换、络合吸附)等方式被去除,其去除效果受土壤结构、阳离子交换容量、铁铝氧化物和植物对磷的吸收等因素影响。

3. 悬浮物质的去除

污水中的悬浮物质是依靠作物和土壤颗粒间的孔隙截留、过滤去除的。土壤颗粒的大小,颗粒间孔隙的形状、大小、分布和水流通道,以及悬浮物的性质、大小和浓度等都影响对悬浮物的截留过滤效果。

4. 病原体的去除

污水经土壤过滤后,水中大部分的病菌和病毒可被去除,去除率可达92%~97%。其去除率与选用的土地处理系统工艺有关,其中地表漫流的去除率略低,但若有较长的漫流距离和停留时间,可达到较高的去除效率。

5. 重金属的去除

重金属主要通过物理化学吸附、化学反应与沉淀等途径被去除,重金属离子在土壤胶体表面进行阳离子交换而被置换、吸附,并生成难溶性化合物被固定于矿物晶格中;重金属与某些有机物生成可吸性螯合物被固定于矿物晶格中;重金属离子与土壤的某些组分进行化学反应,生成金属磷酸盐和有机重金属等沉积于土壤中。

二、土地处理的工艺类型

土地处理工艺类型较多,主要有慢速渗滤系统、快速渗滤系统、地表漫流系统、地下渗滤系统等,其中湿地处理系统在本章第三节中介绍。

(一)慢速渗滤系统

慢速渗滤系统(SR)是将污水投配到种有作物的土壤表面,污水在流经地表土壤—植物系统时得到充分净化的一种土地处理工艺类型,如图7-2-1所示。在慢速渗滤系统中,植物可吸收污水中的水分和营养成分,通过土壤—微生物—作物对污水进行净化,部分污水蒸发和渗滤,流出处理场地的水量一般为零,是土地处理技术中经济效益最大、水和营养成分利用率最高的一种类型。

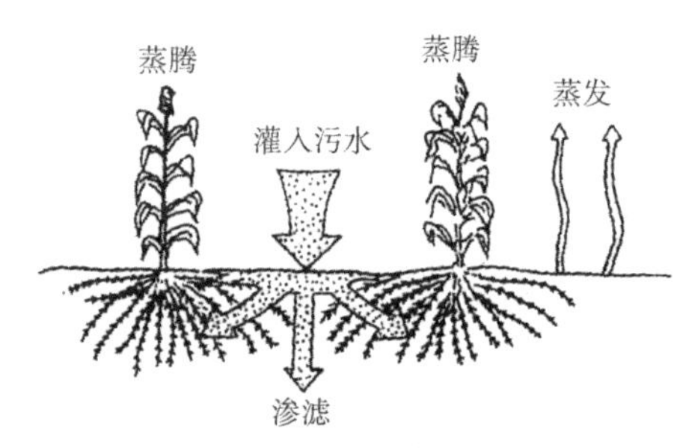

图7-2-1 慢速渗滤系统

慢速渗滤系统有农业型和森林型两种,适用于渗水性良好的土壤、砂质土壤及蒸发量小、气候湿润的

地区，对于村镇生活污水和季节性排放的有机工业污水的处理比较合适。慢速渗滤系统的污水投配负荷一般较低，投配方式可采用畦灌、沟灌及可升降的或可移动的喷灌系统，渗滤速度慢，故污水净化效果好，出水水质优良。

（二）快速渗滤系统

快速渗滤系统（RI）是将污水有控制地投配到具有良好渗滤性的土壤表面，污水在向下渗滤过程中，借生物氧化、沉淀、过滤、氧化还原和硝化、反硝化等过程而得到净化的一种污水土地处理系统，如图 7-2-2 所示。

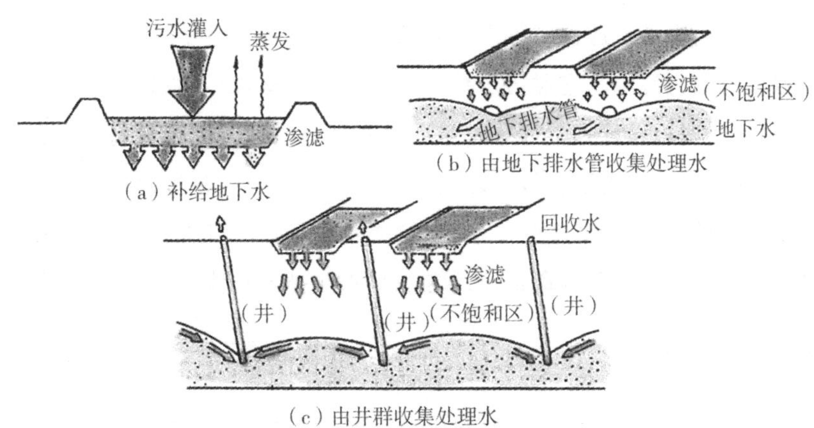

图 7-2-2 快速渗滤系统

快速渗滤的作用机理与间歇运行的“生物砂滤池”相似，通常淹水、干化交替运行，以便使渗滤池处于厌氧和好氧交替运行状态，依靠土壤微生物将被土壤截留的溶解性和悬浮有机物进行分解，使污水得以净化。污水快速渗滤系统是污水土地处理系统的一种基本类型，对 BOD_5、COD、氨氮及磷的去除率都比较高，而且系统的水力负荷和有机负荷较其他类型的土地处理系统高得多，且投资少，管理方便，土地面积需求量小，可常年运行。但其对水文水质条件的要求更为严格，场地和土壤条件决定了快速渗滤系统的适用性；而且它对总氮的去除率不高，处理出水中的硝态氮可能导致地下水污染，因此污水应进行适当预处理。

（三）地表漫流系统

地表漫流系统（OF）是将污水有控制地投配在生长着茂密植物、具有和缓坡度且土壤渗透性较低的土地表面上，污水呈薄层缓慢而均匀地在地表上流经一段距离后得到净化的一种污水处理工艺，如图 7-2-3 所示。

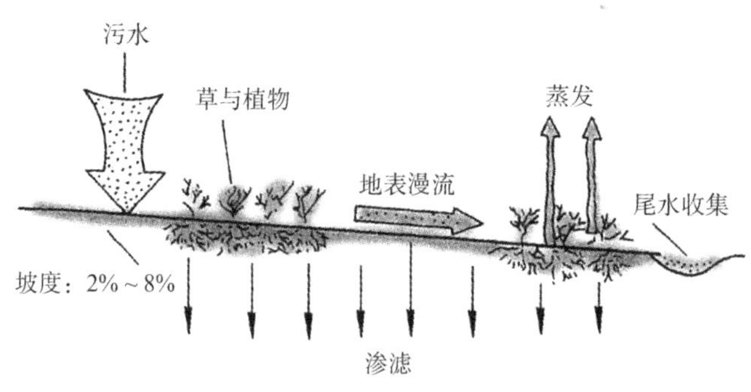

图 7-2-3 地表漫流系统

地表漫流系统适用于渗透性低的黏土或亚黏土，用于处理分散居住地区的生活污水和季节性排放的有机工业污水。它对污水预处理程度要求低，出水以地表径流收集为主，对地下水的影响最小，处理过程只有少部分水量因蒸发和渗入地下而损失，大部分径流水汇入集水沟；出水水质可达二级或高于二级处理的出水水质；投资省，管理简单；地表可种植经济作物，处理出水也可回用。但该系统受气候、作物需水量、地表坡度的影响大；气温降至冰点和雨季期间，其应用受到限制；而且通常还需考虑出水在排入水体以前的消毒问题。

(四)地下渗滤系统

地下渗滤系统(SWI)是将污水有控制地投配到距地表一定深度(约 0.5 m)、具有一定构造和良好扩散性能的土层中，使污水在土壤的毛细管浸润和渗滤作用下，向周围运动且达到净化污水要求的土地处理系统。

地下渗滤系统适用于无法接入城市排水管网的小水量污水处理，如分散的居民点住宅、度假村、疗养院等，但污水进入处理系统前须经化粪池或酸化池预处理。该系统处理污水的负荷较低，停留时间长，因此净化效果好且稳定；可与绿化和生态环境的建设相结合，运行管理简单；氮磷去除能力强，出水水质好，可回用。缺点是受场地和土壤条件的影响较大；如果负荷控制不当，土壤会堵塞；进、出水设施埋设地下，工程量较大，投资相对于其他土地处理系统要高。

第三节 人工湿地系统

湿地是地球表层的地理综合体，是陆生生态与水生生态之间的过渡地带，是地球上的重要自然资源。湿地可以分为天然湿地和人工湿地两大类，天然湿地生态系统极其珍贵，其承担的污染负荷能力有极大的局限性，不能大规模开发利用。因此人工湿地越来越受到重视，在污水处理中已得到广泛应用。

人工湿地系统相对于传统的二级处理系统而言，具有以下优点：建造、操作及维护费用低；节省能源，无二次污染；处理过的水可循环再利用；提供许多湿地生物的栖息地；容易实现中水回用；可承受进水流量的大幅度变化；水资源的永续管理；具有一定的景观观赏功能；在海岸地区具有防风的功能；可提供一些非直接的效益，如绿色空间及教育研究等。但存在以下缺点：土地面积需求大；净化处理速度缓慢；污水需经过预处理；易滋生蚊蝇；关于人工湿地的设计、建设和运行还缺少统一的规范，缺乏精确的参数；生物组织对毒性化学物质敏感等。

一、人工湿地净化机理

人工湿地(Constructed Wetlands)也叫构建湿地，是人工建造的、可控制的和工程化的污水生态处理技术，由水、填料以及水生生物所组成。

(一)填料、植物和微生物在人工湿地系统中的作用

1. 填料

人工湿地常用填料有土壤、砾石、砂、沸石、碎瓦片、灰渣等。填料在人工湿地中不仅为植物提供生长介质，为各种化合物和复杂离子提供反应界面及对微生物提供附着载体，而且可通过离子交换、沉淀、过滤和专性与非专性吸附、整合等作用直接去除污染物。污水中磷和重金属的净化主要通过上述反应实现，其反应产物最终吸附或沉降在土壤内。

2. 水生植物

水生植物是人工湿地的重要组成部分，具有以下作用：①将污水中的部分污染物作为自身生长的养料而吸收；②能将某些有毒物质富集、转化、分解成无毒物质；③向根区输送氧气创造有利于微生物降解有机污染物的良好根区环境；④增加或稳定土壤的透水性。

可用于人工湿地的植物有芦苇、香蒲、灯芯草、风车草、水葱、香根草、浮萍等，其中芦苇应用最广。

3. 微生物

微生物是人工湿地净化污水不可缺少的重要部分，在湿地养分的生物化学循环过程中起核心作用，它们不仅对污染物起吸收和降解作用，而且还能捕获溶解性成分给自身或植物共生体利用。人工湿地系统中的微生物主要去除污水中的有机质和氮。

(二)人工湿地系统对污水的作用机理

人工湿地系统对污水的净化机理十分复杂，净化过程综合了物理、化学和生物的三重协同作用。物理作用，主要是对可沉固体、BOD_5、氮、磷、难溶有机物等的沉淀作用，填料和植物根系对污染物的过滤和吸附作用；化学作用是指人工湿地系统中由于植物、填料、微生物

及酶的多样性而发生的各种化学反应过程，包括化学沉淀、吸附、离子交换、氧化还原等；生物作用则主要是依靠微生物的代谢、细菌的硝化与反硝化、植物的代谢与吸收等作用，实现对污染物的去除。最后通过对湿地填料的定期更换或对栽种植物的收割，而使污染物质最终从系统中去除。下面分别对人工湿地系统中有机物、氮和磷的去除进行阐述。

1. 人工湿地对有机物的去除过程

人工湿地处理系统的显著特点之一就是对有机物有较强的降解能力。水体中的不溶性有机物通过湿地的沉淀、过滤作用，可以很快地被截留而被微生物利用，而出水中的可溶性有机物则可通过植物根系生物膜的吸附、吸收及生物代谢而被去除。因此湿地对有机物的去除是物理的截留沉淀和生物的吸收降解共同作用的结果。水中大部分有机物最终是被异养微生物转化为微生物体及 CO_2 和 H_2O，通过对填料床的定期更换及对湿地植物的收割而将新生的有机体从系统中去除。

2. 人工湿地对氮的去除过程

人工湿地系统对氮的去除作用包括填料的吸附、过滤、沉淀，氨的挥发，植物的吸收以及微生物硝化、反硝化作用。氮在湿地系统中呈现一个复杂的生物地球化学循环，它包括了七种价态的多种转换。水体中的氮通常是以有机氮和氨的形式存在，在土壤—植物系统中，有机氮首先被截留或沉淀，然后在微生物的作用下转化为氨态氮，由于土壤颗粒带有负电荷，氨离子很容易被吸附，土壤微生物通过硝化作用将氨离子转化为 NO_3^-，土壤又可恢复对氨离子的吸附功能。同时水中的无机氮可作为植物生长过程中不可缺少的物质而直接被植物摄取，并合成植物蛋白质等有机氮，通过植物的收割而从污水和湿地系统中去除。但氮的去除主要还是通过湿地中微生物的硝化和反硝化作用。研究表明，微生物的反硝化是人工湿地脱氮的主要途径，植物吸收总氮量仅占入水量的15%左右。通过选择有效的植物组合，能够对脱氮起到良好效果，研究报道表明，芦苇具有较强的输氧能力，茭白具有较强的吸收氮、磷的能力，将两种植物混种对总氮和氨氮的去除率可分别达到60.6%和80.9%。

3. 人工湿地对磷的去除过程

人工湿地系统对磷的去除是由植物吸收、微生物去除及填料的物理化学作用而完成的。如同无机氮一样，污水中的无机磷在植物吸收及同化作用下，可变成植物的有机成分（如ATP、DNA、RNA 等），通过植物的收割而得以去除。植物的生长状况直接影响去除效果的好坏，在春季和夏季，植物生长迅速，生物量增加，对磷的吸收加快，出水中磷含量减少；而在秋季植物枯萎后，吸收速度放慢；冬季死亡的植株会释放磷到湿地中，致使出水磷含量上升，无机磷含量甚至高于进水。因此，对植物的及时收割和填料的定期更换有助于延长湿地系统的处理寿命。

填料的物理化学作用主要是填料对磷的吸收、过滤和与磷酸根离子的化学反应，因填料不同而存在差异。填料中含有较多 Fe、Al 和 Ca 的离子时能有利于对磷的去除。研究报道

表明，以花岗石和黏性土壤为主要介质的湿地能高效去除水中的磷物质，就是因为土壤中含有较丰富的铁、铝离子，而花岗石含钙离子较多，能与磷酸根离子结合形成不溶性盐固定下来。但填料对磷的这种吸附和沉淀作用不是永久性的，而是可逆的。

微生物对磷的去除，包括对磷的正常同化作用（将磷纳入其分子组成）和对磷的过量积累。一般二级污水处理中，当进水磷含量为 10 mg/L 时，微生物对磷的正常同化去除仅是进水总量的 4.5%～19%，所以，微生物除磷主要是通过强化后对磷的过量积累来完成。对磷的过量积累，取决于湿地植物光合作用中光反应、暗反应，形成根毛输氧的多少，以及系统内部不同区域对氧消耗量的差异，从而导致系统中厌氧、好氧状态的交替出现。

二、人工湿地系统的类型

根据水在湿地中流动的方式不同，人工湿地系统分为地表流湿地（Surface Flow Wetland，SFW）、潜流湿地（Subsurface Flow Wetland，SSFW）。工程化应用时可以根据各种类型湿地的优缺点，结合不同污水的特点进行科学、合理的有机组合。

（一）地表流湿地系统

地表流湿地系统也称水面湿地系统，与自然湿地最为接近，但它受人工设计和监督管理的影响，其去污效果优于自然湿地系统，如图 7-3-1 所示。

污水在湿地的表面流动，水位较浅，为 0.1～0.9 m，通过植物生长在水下部分茎、秆上的生物膜去除污水中的大部分有机污染物，氧的来源主要靠水体表面扩散、植物根系的传输和植物的光合作用，但传输能力十分有限。这种类型的湿地系统具有投资少、操作简单、运行费用低等优点，但占地面积大负荷小，处理效果较差，易受气候影响，卫生条件差。

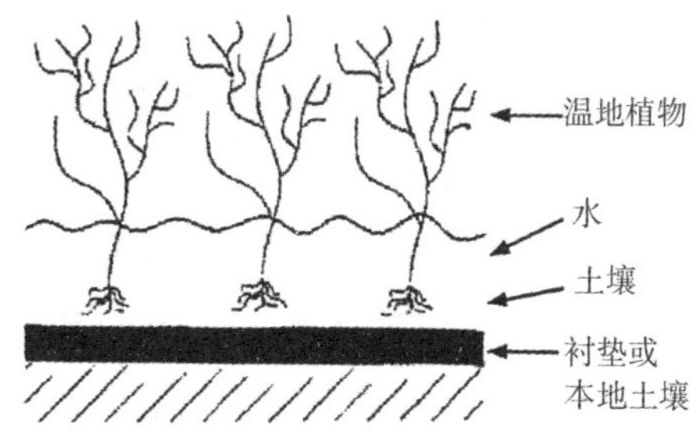

图 7-3-1　地表流湿地系统示意图

（二）潜流湿地系统

潜流湿地系统也称渗滤湿地系统，污水在填料表面下流动，填料床底层为小豆石，中层为砾石，上层覆盖表层土壤层，种植耐水植物，为保证潜流污水在床内的均匀流态，需布置合理的床内配水系统和集水系统，如图 7-3-2 所示。

污水在湿地床的内部流动，水位较深，它是利用填料表面生长的生物膜、丰富的植物根系及表层土和填料截留的作用来净化污水。由于水流在地表以下流动，因此，潜流湿地系统具有保温性能好、处理效果受气候影响小、卫生条件较好的特点。与水面流湿地相比，潜流湿地的水力负荷大、污染负荷大，对 BOD、COD、SS、重金属等污染指标的去除效果好，出水水质稳定，不需适应期，占地面积小，但投资要比水面湿地高，控制相对复杂。

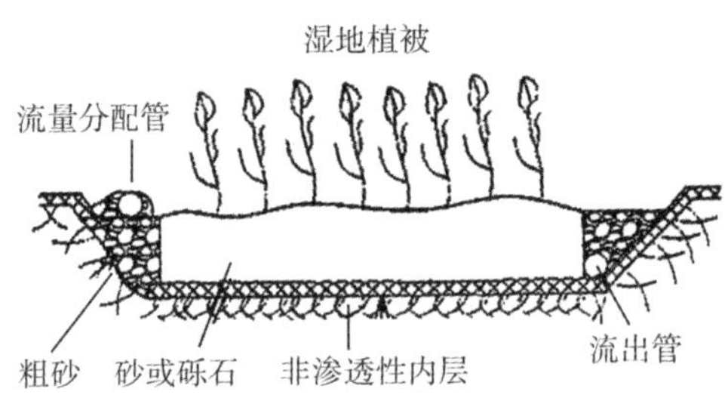

图 7-3-2　潜流湿地系统示意图

潜流湿地系统可分为水平流潜流系统、垂直流潜流系统和潮汐潜流系统。

(1)水平流潜流系统。水平流潜流人工湿地因污水从一端水平流过填料床而得名，与自由表面流人工湿地相比，水平流潜流人工湿地的水力负荷高，对 BOD、COD、SS、重金属等污染物的去处效果好，且很少有恶臭和滋生蚊蝇现象。但其脱氮除磷效果不及下述的垂直潜流人工湿地。

(2)垂直流潜流系统。垂直流潜流人工湿地中，污水从湿地表面垂直向下流过填料床的底部或从底部垂直向上流进表面，床体处于不饱和状态，氧可通过大气扩散和植物传输进入人工湿地。垂直流潜流人工湿地的硝化能力高于水平潜流人工湿地，用于处理氨氮浓度较高的污水更具优势，但对有机物的去除能力不如水平潜流湿地，控制相对复杂，基建要求较高，夏季有滋生蚊蝇的现象。

(3)潮汐潜流系统。潮汐潜流人工湿地的湿地床按时间顺序交替地被充满水和排干，床体出水过程中空气被挤出，给排水过程中新鲜的空气被带入床内。通过这种交替的进水和空气运动，氧的传输速率和消耗量大大提高，极大地提高了湿地床的处理效果。但潮汐流湿地运行一段时间后，床体可能会被大量的生物所堵塞，限制了水和空气在床体内的流动，降低了处理效果，因此设计中可考虑采用备用床交替运行。

第八章　工业废水处理

第一节　概　述

一、工业废水的来源与特点

工业废水指工业生产过程中排出的废水、废液。水在工业生产中充当着原料、载体和清洗剂等多种角色，排放的废水和废液中含有生产原料、中间产物、副产物、最终产品以及生产中的污染物。因此，工业废水的污染成分复杂，种类众多，含有较高浓度的有机污染物、氨氮、石油类污染物、重金属等有毒有害物质，如不加妥善处理，工业废水比生活污水对环境的影响更大。

（一）工业废水的来源

工业生产活动从环境取得资源，将资源加工和转化为生产资料与生活资料，同时又向环境输出废弃物（排放污染物）污染环境。当污染物排放量在环境自净能力允许的限度之内，环境可以自动恢复原有平衡，工业生产可以持续发展。如果工业生产对环境资源的开发和利用不合理，资源（即使是可再生资源）不但会逐渐枯竭，而且大量被浪费的资源，随着生产废物被排放至环境中，当其超过环境容量的允许极限，将造成严重的环境污染问题。

工业废水是我国水环境的主要污染源，其中不同行业对水污染的影响亦不同。根据国家环境保护部发布的《2011 年中国环境统计年报》，2011 年全国废水排放总量为 $659.2\times10^8\ m^3$，其中工业废水排放量为 $230.9\times10^8\ m^3$，位于前四位的行业依次为造纸与纸制品业，化学原料及化学制品制造业，纺织业，电力、热力生产和供应业，占重点调查统计企业废水排放总量的 50.3%；化学需氧量（COD）总排放量为 354.8×10^4 t，位于前四位的行业依次为造纸与纸制品业，农副食品加工业，化学原料及化学制品制造业，纺织业，占重点调查统计企业排放总量的 59.5%；氨氮总排放量为 28.1×10^4 t，位于前四位的行业依次为化学原料及化学制品制造业，造纸与纸制品业，农副食品加工业，纺织业，占重点调查统计企业排放总量的 60.6%；石油类污染物为 2.1×10^4 t，位于前四位的行业依次为煤炭开采和洗选业，黑色金属冶炼和压延加工业，石油加工、炼焦和核燃料加工业，化学原料和化学制品制造业，占重点调查统计企业石油类排放量的57.2%；砷的总排放量为145.2 t，铅为150.8 t，镉为35.1 t，汞为1.2 t，总铬为290.3 t，排放量位于前四位的行业依次为有色金属冶炼和压延加工业，皮革、毛皮、羽毛及其制品行业，金属制品业，制鞋业，占重点调查统计企业排放量的78.6%。

工业生产过程产生的废水因工业部门、生产工艺、设备条件与管理水平等不同，在水质、水量与排放规律等方面差异很大。即使生产同一产品的同类工厂所排放的废水，其水质、水量与排放规律也有所不同。废水中除含有不能被利用的废物外，常含有流失的原材料、中间产品、最终产品和副产品等，均能构成对环境的危害。影响工业废水所含污染物多少及其种类的因素主要有：①生产中所用的原材料；②工业生产中的工艺过程；③设备构造与操作条件；④生产用水的水质与水量。

(二)工业废水的分类

由于工业废水成分非常复杂，每一种工业废水都是多种杂质和若干项指标表征的综合体系，往往只能以起主导作用的一两项污染因素来对工业废水进行描述和分类。这样的分类有助于归纳处理方法，也便于废水处理技术的研究与总结。

1. 按污染物性质分类

根据废水中污染物的主要化学成分及其性质可有多种分类方法，通常分为有机废水、无机废水、重金属废水、放射性废水和热污染废水等。根据废水中主要污染物种类可以分为含酚废水、含氟废水、含氰废水、含氮废水、含汞废水、含丙烯腈废水和含铬废水等。根据废水的酸碱性，可将废水分为酸性废水、碱性废水和中性废水。根据污染物是否为有机物和是否具有毒性，可分为无机无毒、无机有毒、有机有毒和有机无毒废水等。不同类型的废水采用的处理技术不同。例如，低浓度有机废水常用好氧生物处理技术，高浓度有机废水常采用厌氧生物处理法与好氧生物处理法联合处理，有毒或难降解的有机废水有时需要采用化学与物理化学方法处理。酸、碱废水用中和法处理，重金属废水用化学沉淀、离子交换和吸附法等物化法处理。

2. 按产生废水的工业部门分类

按产生废水的工业部门通常分为冶金工业废水、化学工业废水、煤炭工业废水、石油工业废水、纺织工业废水、轻工业废水和食品工业废水等。有时也按产生废水的行业分类，如制浆造纸工业废水、印染工业废水、焦化工业废水、啤酒工业废水、乳品工业废水、制革工业废水等。这种分类方法主要便于对各工业部门、各行业的工业废水污染防治进行研究与管理。

3. 按废水的来源与受污染程度分类

根据工业企业废水的来源进行划分：①工艺废水，生产工艺产生的废水和废液，通常使

环境受到较严重的污染，是工业废水的主要污染源，需进行处理；②冷却水，来源于热交换器、真空泵、风机、压缩机的冷却水，在工业废水中占相当大的比例，一般情况下比较清洁，但因受到热污染，直接排放会增加受纳水体的水温，大多数工业部门都在工厂内通过冷却塔降温，将其循环再用，冷却水循环系统定期需要排放一定量的浓缩水，这部分废水含较高的盐分和缓蚀剂、杀菌剂，但一般能达到纳管排放要求，无须处理；③洗涤废水，来源于原材料、产品、设备与生产场地的冲洗。这类废水的水量较大，通常受到污染，处理后或可循环再用；④地表径流（雨水），许多工业企业（如炼油工业、化学工业、铸造冶炼工业等）厂区的地表径流常受到污染，含有的污染物与工业废水一样，需考虑进行处理（如初期雨水）。

上述废水分类方法只能作为初步了解污染源的参考。实际的工业生产中，一种工业可能排出几种不同性质的废水，而一种废水中又可能含有多种不同的污染物，必须进行深度调查后，根据不同的水质、水量特征确定处理方案。

（三）工业废水的主要特点

工业废水对环境造成的污染危害，以及相应的防治对策，取决于工业废水的特性。工业废水的特点主要表现为以下几点。

1. 工业废水类型复杂，排放量大

由于不同工业部门生产的产品不同，生产原料及生产工艺也不相同，产生的废水差异很大，类型复杂，涉及的处理技术比城市污水复杂得多。

2. 工业废水处理难度大

工业废水含有的污染物质具有种类多、成分复杂、浓度高、可生物降解性差、有毒性等特征。除了悬浮物、化学需氧量、生化需氧量和酸碱度等常规指标外，还含有多种有害成分，如油、酚、农药、染料、多环芳烃、重金属等。据统计，目前工业生产涉及的有机物达 400 万种，人工合成有机物 10 万种以上，这些都给废水处理带来难度。

3. 工业废水排放一般属于点源污染

工业废水通常就近纳污排放，对水环境造成严重的点源污染。而集中于工业园区的企业将在一定区域内形成大量废水，对排放口附近的水环境造成高负荷冲击。

4. 工业废水危害性大，效应持久

工业废水中含有很多人工合成的有机污染物，而这些污染物很难在自然界转化和降解为无害物质，如众所周知的农药、氯化有机物等。

5. 工业废水是重金属污染的主要来源

重金属是人体健康不可缺少的金属元素，但人体中重金属含量甚微，如果过量则会严重影响人体健康，如日本历史上发生的水俣病是由工业废水中的汞造成的。水体中的重金属污染几乎都来自工业废水，主要来自矿山废水、有色金属冶炼加工废水、电镀废水、钢铁废水以及电解、电子、蓄电池、农药、医药、涂料、染料等各种工业废水。

二、工业废水中的主要污染物

了解工业废水中污染物的种类、性质和浓度，对于废水的收集、处理、处置设施的设计和操作十分重要。工业废水中污染物种类较多。根据污染物对环境所造成危害的不同，大致可划分为固体污染物、有机污染物、油类污染物、有毒污染物、生物污染物、酸碱污染物、耗氧污染物、营养性污染物、感官污染物和热污染等。水体受污染的程度需要通过水质指标来表征，水质指标可分为物理、化学、生物三大类。

一种水质指标可能包括几种污染物，而一种污染物也可以造成几种水质指标的变化。如悬浮物可能包括有机颗粒污染物、无机颗粒污染物等，而某种有机污染物就可以造成COD、BOD、pH 等几种水质指标的变化。

与生活污水相比，许多工业废水中往往还含有各种有毒有害污染物，这些污染物的来源以及对人体健康的影响见表 8-1-1。

表 8-1-1　工业废水中有毒有害污染物的来源与对人体的危害

污染物	主要来源	对人体健康的影响
汞	氯碱工厂、汞催化剂、纸浆与造纸工厂、杀菌剂、种子消毒剂、石油燃料的燃烧、采矿与冶炼、医药研究实验室	对神经系统有累积性毒害影响；摄取被汞污染的贝类和鱼后，因甲基汞中毒而死亡
铅	汽车染料防爆剂、铅的冶炼、化学工业、农药、石油燃料的燃烧、含铅的油漆、搪瓷等	影响酶及铁血红素合成，也影响神经系统；在骨骼及肾中累积，有潜在的长期影响
镉	采矿及冶金、化学工业、金属处理、电镀、高级磷酸盐肥料、含镉农药	进入骨骼，造成骨痛；可能成为心血管病的病因
硝酸盐及亚硝酸盐	石油燃烧、硝酸盐肥料工业	在事物及水中的亚硝酸盐能引起婴儿正铁血红蛋白血症
氟化物	化工生产、煤的燃烧、磷肥生产等	低浓度时有益，浓度超过 1 mg/L 时，引起齿斑，更高时，能使骨骼变形
有机氯农药	农药制造和使用	一般主要从食物中摄取，一年为10～20 mg/kg
多氯联苯	电力工业、塑料工业、润滑剂、含有多氯联苯的工业排放物与工业废水	长期工作在高浓度环境中可使皮肤损伤及肝破坏
多环芳烃	有机物质的燃烧、汽油与柴油机废气中的煤烟、煤气工厂、冶炼与化学工业的废物	长期接触苯并芘有致癌作用
油类	船只意外漏油事件、炼油厂、海上采油、工业废水废物中的油	油类中有害物质对人体健康会有影响，如石油及其制品含有多种致癌作用的多环芳烃，可通过食物链进入人体诱发癌症
放射性	医药应用、武器生产、实验性核能生产、工业与研究方面放射性同位素与放射源的应用	经常与放射性物质接触会引起疾病，并且会遗传给后代

第二节　工业废水污染控制的基本策略与方式

一、工业废水污染预防与清洁生产

在工业革命的百余年进程中，工业化发展和环境保护的关系从对抗逐渐走向寻求共同发展。最初工业污染防治的方法仅仅依赖末端治理，即工业企业仅仅着眼于污染物产生后的治理，而不考虑生产流程中污染物产生的预防与控制。随着环保意识的增加，人们逐渐发现末端治理具有以下局限性：①末端治理难以实现资源的有效利用；②末端治理需要投入额外的能源和资源，增加企业运行成本；③末端治理可能产生二次污染。工业废水的末端治理往往会造成污染物从废水中转移到污泥中，如果污泥得不到妥善处置，就可能污染土壤或者地下水，造成更大范围的危害。因此，近代工业逐渐转变污染治理观念，由污染治理的被动反应转移到污染预防的主动反应，由"只治不防"的末端治理转变为"从源头控制和过程控制污染物的产生"的清洁生产。

清洁生产是指不断采取改进设计、使用清洁的能源和原料、采用先进的工艺技术与设备、改善管理、综合利用等措施，从源头削减污染，提高资源利用效率，减少或者避免生产、服务和产品使用过程中污染物的产生和排放，以减轻或者消除对人类健康和环境的危害。随着清洁生产的推进，物料的回收利用、生产技术的革新和生产运营管理的变革，原材料、能源和资源的利用率都能得到提高，不仅降低污染物的排放，还能给企业带来利润增长，更能激发企业的主观能动性。与末端治理相比，清洁生产具有以下特征：①清洁生产以"预防为主"，从生产环节就开始控制污染物的产生并对最终产生的废物进行综合利用，从源头削减污染物的产生；②清洁生产综合性高，从产品设计、原材料的选择、生产工艺和生产管理的优化、设备的更新、废物的综合利用各个环节入手解决污染物减量问题，从而达到"节能、降耗、减污、增效"的目的，实现经济和环境效益的双赢局面，并力求减少对整体环境的影响，避免了末端治理中污染物从一种介质迁移至另一种介质的局面；③清洁生产是个不断持续进行的深化过程，必将随着各方面技术进步、管理水平的提高而不断推进。

清洁生产是从全方位、多角度的途径实现全过程污染控制，可以概括为以下四个主要方面：①清洁的原料、能源；②清洁的生产过程；③清洁的产品；④对必须排放的污染物，进行低费高效处理。

二、工业废水污染预防的基本途径

工业废水污染预防具体来说有以下两个途径：一是废水的减量化；二是废水的再利用。通过这两个途径，水资源的综合利用率得以提高，能缓解工业迅速发展与水资源逐渐匮乏之间的矛盾。

(一)废水的减量化

废水的减量化是指在末端处理前，对现有生产设备、工艺等进行改造以减少最终废水和污染物排放量的措施。通过清洁生产的手段实现废水减量，不仅能节省生产成本，更有可能变废为宝。尽管减量化的方法因行业不同而异，甚至因厂而异，但总体而言，可以归纳为：原材料革新与工艺流程改进、设备革新、工业废液循环利用和水的重复利用。

1. 原材料革新与工艺流程改进

具体的方法为使用毒性小或无毒的生产原料或者改进生产工艺，以提高转化率，降低废水中污染物的含量或者废水产生量。

造纸工业长期以来采用氯气或者次氯酸钠漂白纸浆，纸浆中的木质素和氯反应使漂白废水中含有大量以可吸附有机卤化物(Adsorbable Organic Halogen，简称 AOX)为代表的致癌卤化有机物，其中以二噁英毒性最强。为降低 AOX 的产生量，一是在漂白工段之前通过深度脱除木质素等方法去除漂白时可能和氯反应的有机物；二是采用二氧化氯或不含氯的漂白剂替代氯气进行漂白。如果以二氧化氯代替氯气漂白，漂白废水量可减少 50%，AOX 的含量可降低 93%；如果采用过氧化氢、臭氧和二氧化氯进行联合漂白，不仅二氧化氯漂白段之前产生的全部制浆漂白废水都可以回用，废水排放量减少 70%～90%，而且漂白废水中木质素的氯化程度大大降低，甚至接近自然界腐殖质的水平。因此，在造纸行业以二氧化氯为主的漂白技术替代传统氯气漂白工艺后，能大大降低漂白废水中的 AOX 含量，提高水的循环利用率，降低废水排放量。

在制革工业中，由于铬具有独特的化学性能，与皮胶原作用后制得的革具有良好的稳定性、耐存贮且皮质柔软，全世界 80%的皮革是采用碱式硫酸铬进行鞣制的。但常规铬法鞣制中铬的利用率只有 70%，约 30%的铬随鞣制废液排出。通过改进工艺参数，如提高鞣制后期 pH、提高鞣制过程温度、延长鞣制时间等，能提高铬盐的吸收和固定，减少铬的排放。还可以通过使用交联剂、助鞣剂和少铬复合鞣制剂的方法，减少鞣制废液中铬的含量和浓度。

2. 设备革新

通过改进设备或工艺提高原料的转化率或进行废料再循环，可以减少废水的产生和污染物排放。

在制浆造纸行业中，采用传统开放筛浆系统清洗纸浆时，耗水量高达 100 m^3/t 浆，如果洗涤水系统也是开放的，耗水量可高达 200～300 m^3/t 浆。如采用进口压力筛，并改为逆流洗涤封闭筛选系统，则工艺用水量可减少到 50 m^3/t 浆。用水量和废水产生量均大大降低。

在甘蔗亚硫酸盐法制糖生产中，清净工艺产生的泥汁仍含有大量蔗汁，过去多采用板框压滤机进行过滤，再次提取其中的蔗汁，压滤后需对滤布进行清洗，产生大量含高浓度有机

物的洗布水，COD 和 SS 的浓度高达几万毫克每升，后续处理费用很高。自 20 世纪 90 年代以来，我国从国外引进先进的无滤布真空吸滤机。与其他过滤设备相比，无滤布的真空吸滤机过滤效率和自动化程度高，运行稳定可靠，操作方便。而且其干滤泥回收的糖分较多，经济效益好废水中糖分含量较低。由于不使用滤布，真空吸滤机没有洗布水，过滤工艺排放的废水量和污染物浓度显著降低。

3. 工业废液循环利用

从生产设备上直接排出的废液一般含有较高浓度污染物，对环境污染极大。一旦排入下水道，与其他废水混合，就很难再回收利用，也会给后续处理带来很大的压力。另外，工业废液中往往也含有有用的原材料，如能考虑去除杂质后回收利用，会大大增加工厂的效益。

制浆造纸行业由制浆、洗浆、漂白、抄纸等工序组成，属于工业生产中单位产品耗水量大且污染严重的行业。一般制浆造纸废水中不同工段废水的水量和污染物排放情况见表 8-2-1。其中，造纸黑液虽然排水量不大，但却是有机污染物的主要负荷来源。目前碱法制浆和硫酸盐法制浆中重要的清洁生产技术是黑液的碱回收系统，它包括对黑液的提取、蒸发、燃烧和苛化等工段。经过蒸发浓缩后的浓黑液进入燃烧炉，有机污染物被焚烧转化为热能以供黑液的蒸发、燃烧所需的热量；黑液中大量的无机盐以熔融状态流出燃烧炉排入水中，形成“绿液”；“绿液”与石灰反应苛化成为“白液”，澄清的白液含有氢氧化钠和硫化钠，可回用于蒸煮工段，实现化学品的循环利用。

表 8-2-1 化学制浆造纸废水排水量及主要污染物浓度

废水	污染物	排水量 [m^3/t (浆)]	pH	BOD_5 (mg/L)	CODCr (mg/L)	SS (mg/L)
蒸煮废液	木质素、半纤维素等难降解产物，色素、戊糖、残碱等其他溶出物	10	11～13	34 500～42 500	106 000～157 000	23 500～27 800
中段废水	悬浮纤维、木质素、纤维素等难降解产物，有机酸等有机物	50～200	7～9	400～1 000	1 200～3 000	500～1 500
造纸白水	细小纤维、造纸填料、胶料和化学品	100～150	6～8	60～150	150～500	300～700

有机合成制药行业的生产过程中常需要大量使用丙酮、二氯甲烷等有机物作为溶剂，溶解有机类化合物以进行各种反应和药品提纯。这些有机溶剂在蒸馏、结晶等工序中与水形成混合有机废液，直接排放到废水处理站时，不仅给生物处理带来困难而且造成有机溶剂的浪费。通过单独收集各生产车间排放的溶剂废液，经过蒸馏、冷却等回收处理能有效回收废液中的有机溶剂并显著降低废水的有机污染物浓度。图 8-2-1 列出某国内制药厂的有机溶

剂废水中部分溶剂回收的工艺流程图。

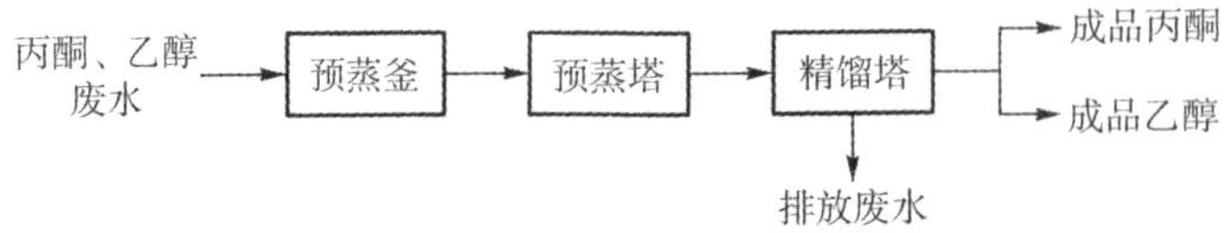

图 8-2-1 有机合成制药过程中丙酮和乙醇溶剂的回收

啤酒行业大量使用回收瓶，灌装前需要采用2%的氢氧化钠和一定比例的清洗剂清洗回收瓶。清洗后的清洗液含有标签等纸浆废物，每隔 3～5 d 需要更新排放。如果采用精密陶瓷过滤器对清洗液进行过滤，能去除清洗液中的大量悬浮物和胶质，将清洗液的更新排放周期延长至 30 d。不仅能降低含碱废水的排放量，还能减少碱和清洗剂的使用量。

(二)废水回用

随着工业发展，水需求增加与水资源匮乏之间的矛盾日益加剧，人们已无法再把水当作廉价的资源，一次使用后就废弃。为了从有限的水资源中寻求更多经济发展的空间，废水被越来越多地当作补充水源，重新进入工业生产之中。按照废水所经过的处理流程以及所形成的回用循环的范围，废水回用可以分为以下三种(图 8-2-2)：①串接重复利用；②生产工艺内循环利用；③再生处理后回用。

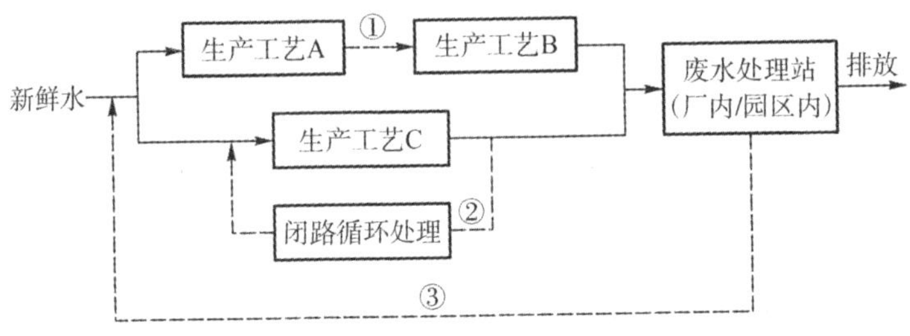

图 8-2-2 工业废水再生利用中的三种闭路循环

1. 串接重复利用

工业生产过程往往由多个工序组成，不同工序对用水水质要求也不尽相同。当一个工序的排放水水质优于另一工序的用水水质要求时，就存在水重复利用的可能。串联用水系统是典型的水重复利用系统。串联用水系统又称循序用水系统，是根据生产过程中各工序、各车间，或者在不同范围内对用水水质的不同要求，将水质要求较高的用水系统的排污水作为水质要求较低的系统的补充水，实现水的依次再利用。例如，钢铁生产企业常根据用水水质的不同分为净循环系统(主要为设备冷却用水)和浊循环系统(冲洗、清扫及湿式除尘用水等)，净循环系统的排水可直接用于浊循环系统。

在印染漂洗、电镀和电子行业，大量清水用于产品和半成品的清洗，为了降低清洗水排

放量，可以根据工艺要求考虑采用逆流漂洗的方法。例如，在印染漂洗工段，多级漂洗槽形成阶梯式排列，在最后一级漂洗槽供水，水流方向与产品传送方向相反。当末级漂洗槽达到控制浓度时，末槽补充新水，第一级的漂洗槽溢流排放，其他各级清洗槽逐级逆向换水。不仅清洗效果好，而且可以节省90%以上的漂洗用水，显著减少新鲜水用量和废水排放量。

2. 生产工艺内循环利用

生产工艺内的废水回用与上一节中所讲到的废液的回收利用相似，所不同的是前者更注重废水的回收利用而后者更注重物料的回收利用。它的特点是待回收的废水在排放到废水处理站之前就得到了循环利用，能有效减少废水排放量，降低废水站的处理成本。在许多用水量大、含有清洗环节的工厂里，通过废水的清浊分流，大量轻污染的废水能在工艺内直接回用或经过简单处理后回用生产工艺，从而实现水在生产工艺内的闭路循环。

制浆造纸行业中，造纸白水的污染程度相对较低，经过多盘式真空过滤或者加压溶气气浮处理就能回收其中的纤维等有用物质，处理后水的COD为80～120 mg/L，SS在100 mg/L以下，可以直接回用抄纸工段用于冲网、冲毯，还能用于碎浆、调浆等，从而降低造纸环节的新鲜水消耗量和废水排放量。

3. 再生处理后回用

工业废水处理后，虽然污染物浓度大幅下降，达到排放标准，但处理后的出水仍残留一些有机污染物和悬浮物。可以根据废水处理后的水质情况，直接回用到水质要求不高的生产工序或者生活杂用水，如绿化、道路冲洗等。也可以通过混凝、活性炭吸附等物理化学的深度处理方法，进一步改善水质后再回用生产，以提高回用的经济价值。

典型的化学制浆造纸废水再生利用系统如图8-2-3所示，在经过黑液碱回收和白水再生利用后，剩余的主要为中段废水，其废水量和有机污染负荷大大地减少。在原有二级生物处理的基础上增加高级氧化或者化学絮凝深度处理后水质可达COD≤80 mg/L，BOD_5≤20 mg/L，SS≤50 mg/L，出水经过简单处理或直接回用到造纸生产中一些水质要求不高的工艺环节（表8-2-2），上述回用的方法可以回用造纸厂内约30%处理后的工业废水。

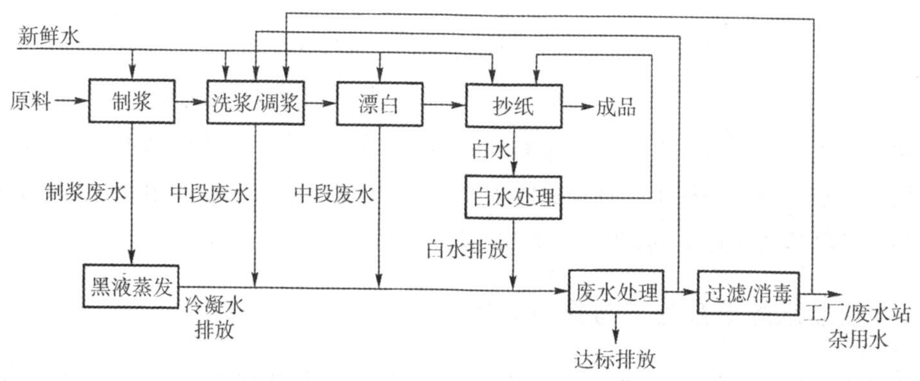

图8-2-3　化学制浆造纸行业废水回用

表 8-2-2 造纸行业处理后废水回用途径

可回用工序	要求工艺水质	回用处理
废纸碎浆、调浆用水	COD ≤ 400 mg/L SS ≤ 100～150 mg/L	无须处理，直接回用
洗浆、冲网用水	COD ≤ 100 mg/L BOD_5 ≤ 30 mg/L SS ≤ 30 mg/L	需要过滤和消毒处理，以进一步降低悬浮物浓度和改善卫生学指标后再回用
废水处理站药品配备、污泥脱水机冲洗水、场地冲洗以及消防用水等	参考《杂用水水质标准》(GB/T 18920—2002)	需要过滤、消毒后再回用
工业杂用水，如冲洗地面、绿化、水力除渣、景观用水等	参考《杂用水水质标准》(GB/T 18920—2002)	需要过滤、消毒后再回用

在用水量大的企业，或者当地政府对用水额度进行控制时，还可以考虑将处理达标的工业废水全部或部分通过以微(超)滤、反渗透为主体的双膜脱盐回用处理系统，以取得优质的再生水。经过反渗透处理，废水中相对分子质量大于 500 的有机污染物、色度和溶解性盐分都能得到彻底地去除，再生后的水质甚至优于市政自来水的水质，回用范围广泛。2002 年在 Kranji 建成的日产 40 000 m^3/d 的高质再生水厂是新加坡的第一个全规模生产性再生水厂。该厂以 Kranji 工业园区工业废水二级处理后的出水为进水，通过超滤—反渗透—紫外消毒的处理工艺生产高品质再生水，通过专门的再生水管道送往 Tampine/Pasir Ris 和 Woodland 的微电子芯片生产园区供生产使用。由于膜处理工艺的投资和运行费用都远高于活性炭吸附和混凝沉淀等常规深度处理，目前这种方法主要应用于发达地区的工业园区或者用水量很大的大型工业企业。

从提高水资源使用效率的角度出发，工业系统应尽可能实施水的闭路循环，提高水的重复利用率，以减少对新鲜水的消耗和废水的排放。然而，在水的重复利用过程中，存在污染物的富集过程，出于产品质量控制对水质的要求，总有一部分废水最终需要排放。为进一步减少新鲜水的消耗和废水的排放，可以对排放的废水经过再生处理达到生产工艺要求后进行再利用。但废水的再生过程会增加水处理的成本，因此在进行工业废水再生利用时，应充分考虑废水的水质以及回用生产所需要的水质，选择合理回用途径和回用处理方法，在不影响生产和产品品质的前提下，以期回用率和经济效益的最大化。

三、工业废水的单独处理与集中处理

工业废水的处理和处置方式可以分为单独处理和集中处理两大类。单独处理指企

业单位对各自的污染源建造和运行小型废水处理设施。集中处理指对工业企业的废水纳入城市污水管网，与城市污水合并后，由市政部门统一设置的城市污水厂集中处理。

(一)单独处理

工业废水在工厂内单独处理，达到排放标准后排放。对于含有有毒有害污染物质或难以生物降解的有机物的工业废水，应在厂内进行单独处理。例如，工业废水中的重金属、放射性物质以及一些难降解并会毒害微生物的有机物，会影响城市污水厂的生物处理单元的正常运行，造成处理效果下降，而且这些污染物也无法通过城市污水厂的处理流程得以降解，必须在工厂内采用针对性的处理工艺单独处理。酸碱废水及含大量有毒有害气体废水，与其他废水混合输送过程中，可能会腐蚀输送管路或造成有毒废气逸出窨井、泵站，对环境和操作人员的身体健康构成危害，也应就地处理，降低毒性或进行酸碱中和后排放。

(二)集中处理

根据不同工业企业排放废水水质的实际情况，工业废水的集中处理可采取直接集中处理和经工厂内预处理后集中处理。与城市生活污水水质相近的工业废水可直接排入城市污水管道，送往城市污水厂集中处理。工业废水中污染物浓度过高或含有毒性污染物时，需经厂内适当预处理，达到国家或地方标准规定的纳管水质要求后，排入城市污水管网，由城市污水厂统一处理。

城市污水厂大多采用生物法进行处理，因此纳入城市污水厂统一处理的工业废水需满足以下要求：不得含有破坏城市排水管道的组分，如 pH 不得低于 5；不得含有高浓度的氯、硫酸盐等；不存在抑制微生物代谢活动的物质；不含有黏稠物质，悬浮物浓度应达到一定的要求；有毒物质的浓度不得超过限量；污染物浓度适中，既不过分增加污水厂负荷，又不因太低而不利于微生物生长；水温一般要求在 10～40℃，以免影响生物处理效果；对于医院、动物实验室排放的废水应严格控制病原菌。

在工业发达国家，除大型集中工业或工业园区采取工业废水单独处理外，对于大量的中、小型工业企业废水，均倾向于采用与城市污水合并后集中处理的方针。但我国的城市污水管网和污水处理厂的覆盖率还有待提高，实践中应尽可能利用地理位置、水质、水量等条件，并优先采取工业废水与城市污水合并处理的方式，降低建造和运行成本，以发挥大型污水厂的规模效应。

第三节　工业废水污染治理技术途径

一、工业废水水质水量的调查

水质水量是废水处理厂(站)设计的基本依据。水质水量数据的准确性，直接影响末端治理设施的基本建设投资、运行费用和处理效果，也是完成工厂内水量平衡、制订水循环利用方案的关键依据。因此，水质水量的调查是工业废水处理厂(站)设计的一项重要任务。

水质水量调查的主要内容为：废水流量测定，水样的采集和保存，水样的水质分析。水质水量调查一般可按下述步骤进行。

1. 生产工艺过程与废水排放体系的调研

根据调研资料绘制出生产工艺流程图，并标明废水排放点及其相应的废水组分(如主要污染物、大致的污染程度)、排放规律(如间歇排放、周期性排放或连续排放)等，以利于制订水样采集计划和确定水样、水量测定点位置。同时收集全厂废水管网图，以利于废水处理厂(站)的设计。

2. 废水流量的调查

流量调查对于废水处理工艺设计非常重要。对于已建成的工厂，可以从已有的流量计或废水出水计量渠处读取瞬时流量，从而获得最大时流量、平均时流量等流量数据；或者从工厂的用水记录和用水平衡中推算日废水流量。对于待建的工厂只能根据单位产品排水量或者设备用水量来估计废水排放量，多个设备同时使用且不连续排水时，还需要估算设备同时排水的概率，以推算最大时流量。对于设计待建工厂的废水处理设施时，应充分考虑流量的波动和远期扩容的可能。

3. 废水水质调查和水样采集点

根据《污水综合排放标准》(GB 8978—2015)规定，第一类污染物，不分受纳水体的功能类别，一律在车间或车间处理设施排放口采样；第二类污染物，在排污单位排放口(工厂总排放口)采样。在实际工作中，往往还可根据具体情况，在其他比较重要的污染源设置采样点。

4. 水样的采集方法

为取得具有代表性的水样，水样采集以前，应根据被检测对象的特征，拟定水样采集计划，确定采样时间、采样数量和采样方法等，力求做到所采集水样的污染物组分、各组分的比例和浓度与被检测对象一致。常用的采集方法如下。

(1)瞬时采样。当被检测对象的水质水量在相当长的时间内稳定不变时，瞬时采集的水样具有代表性。

(2)混合水样采集。当废水水质水量随时间变化时，可根据预计的变化频率确定采样时

间间隔，用瞬时采样法采集水样，然后将各个水样照流量大小按比例（体积比）混合，得到流量加权的连续混合水样。混合水样可代表一天、一班或一个较短时间周期的平均水质。

(3)连续取样。连续取样是采用自动取样装置取样。

根据《污水综合排放标准》(GB 8978—2015)规定，采样频率（采样的时间间隔）应根据生产周期确定。生产周期在 8 h 以内的，每 2 h 采样一次；生产周期大于 8 h 的，每 4 h 采样一次。但在实际工作中，往往还需考虑水质变化幅度和人力、物力情况。变化大，时间间隔短；变化小，时间间隔可长一些。一般可考虑 0.5 h、1 h 或 2 h 取一次样。

5. 水样的保存与分析

水样采集后如能立即分析则最为理想。如需保存后测试的，应根据拟测定的指标选择合适的保存方法。一般情况下，各水质指标的分析宜按国家《污水综合排放标准》(GB 8978—2015)或地方标准规定的方法进行。对于未做规定的指标，可参照行业规定进行分析。

6. 调研结果的统计分析

绘制完整生产周期的水量变化曲线和水质变化曲线。进行统计分析后，就可以求出污染物的最大质量浓度、最小质量浓度和平均质量浓度，以及最大流量、最小流量和平均流量等，以此作为工程设计依据。

二、工业废水的调节

在工业废水处理中，由于生产工艺等因素的影响，废水的水质和水量往往会有波动。工业废水的产生大部分源于对产品或设备的清洗，例如，在食品和制药行业存在批次生产的特点，每批次完成进行清洗和冲洗，会造成废水瞬时高峰排放。水质水量变化对排水设施及废水处理设备，特别是对生物处理设备正常发挥其净化功能是不利的，甚至还可能破坏其运行。为了给后续处理过程提供一个相对稳定的条件，应尽可能减小或控制进入处理设施的废水水质和水量的波动。经常采取的措施是在主要废水处理系统之前，设均和调节池，简称调节池。

根据调节池的功能，调节池分为均量池、均质池、均化池和事故池。

主要起均化水量作用的调节池，称水量调节池，简称均量池。主要起均化水质作用的调节池，称水质调节池，简称均质池。既能均量，又能均质的称均化池。在实际运行中，均量池和均化池内的水位呈现周期性变化的特征，而均质池内的水位是恒定的。

（一）均量池

常用的均量池有两种。一种为线内调节，进水全部进入均量池，来水为重力流，出水用泵抽取，为了保持恒定的泵出流量，池内水位随着进水量的波动而变化。池中最高水位不高于来水管的设计水位，水深一般 2 m 左右，最低水位为死水位（水泵最低工作水位），见图 8-3-1。另一种为线外调节，见图 8-3-2，调节池设在旁路上，当废水流量超出设定流量时，多余的流量才进入调节池；当进水流量低于设计流量时，再从调节池用泵抽回集水井，并送去后续处理。线外调节与线内调节相比，其调节池可不受进水管高度限制，但被调节水量需要两次提升，消耗动力大。

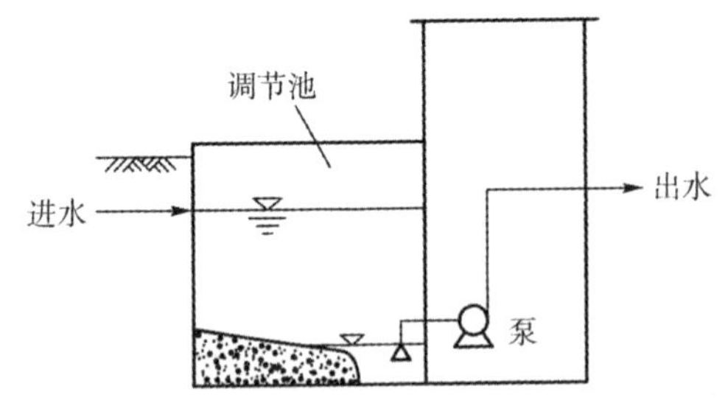

图 8-3-1　均量池线内调节方式

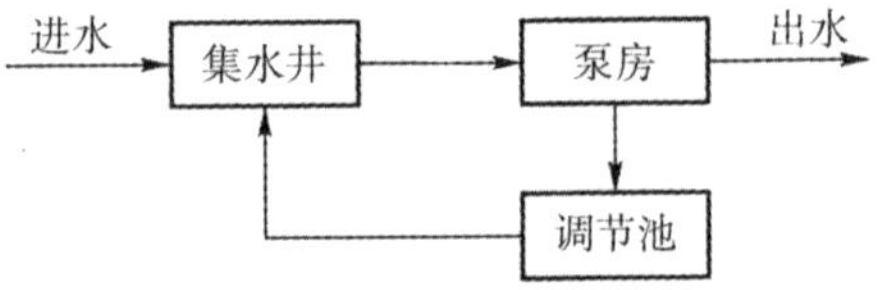

进水 → 集水井 → 泵房 → 出水；泵房 → 调节池 → 集水井

图 8-3-2　均量池线外调节方式

均量池的废水平均流量可用下式计算：

$$Q = \frac{W}{T} = \frac{\sum_{0}^{T} qt}{T} \tag{8-1}$$

式中：Q——在周期 T 内的平均废水流量，m^3/h；

W——在周期 T 内的废水总量，m^3；

T——废水流量变化周期，h；

q——在 t 时段内废水的平均流量，m^3/h；

t——任一时段，h。

均量池容积的确定需在调查不同时段废水流量变化的基础上确定，可采用作图法或作表法。

（二）均质池

水质调节的基本方式有两种：一种为利用外加动力（如叶轮搅拌、空气搅拌、水泵循环）进行的强制调节，特点为设备较简单，效果较好，但动力费用高；另一种为利用差流方式使不同时间和不同浓度的废水混合，基本上无须动力费，但设备结构较复杂。

1. 外加动力搅拌式均质池

为使废水均匀混合，同时也避免悬浮物沉淀，需对调节池内废水进行适当地搅拌。如进水悬浮物含量约为 200 mg/L 时，保持悬浮状态所需动力为 4～8 W/(m^3污水)。搅拌方式包括：水泵强制循环搅拌、空气搅拌和机械搅拌。

（1）水泵强制循环搅拌。采用水泵将出水部分回流至调节池，调节池底设穿孔管布水，

达到搅拌的效果。优点是简单易操作，缺点是动力消耗较多。

（2）空气搅拌。采用鼓风机的压缩空气进行搅拌，调节池池底设穿孔管布气。采用穿孔管曝气时，空气用量可取 2～3 m^3/[h·m(管长)]或 5～6 m^3/[h·m^2(池面积)]。采用空气搅拌效果好，还可起到预曝气防止厌氧的作用，但动力消耗也较高，而且因为大量产生泡沫而不适合含表面活性剂的废水。图 8-3-3 为采用曝气搅拌的均质池。

（3）机械搅拌。通过池内安装的机械搅拌设备达到混合的目的。可采用桨式、推进式和涡流式等搅拌设备，能避免曝气搅拌产生的泡沫问题。但搅拌设备材质选择时应充分考虑废水的腐蚀性，避免桨片腐蚀脱落池底而无法起到搅拌作用。此外，废水中含有长纤维类易缠绕的杂质时，容易缠绕在桨片和轴上造成电机过载，增加维护保养工作。

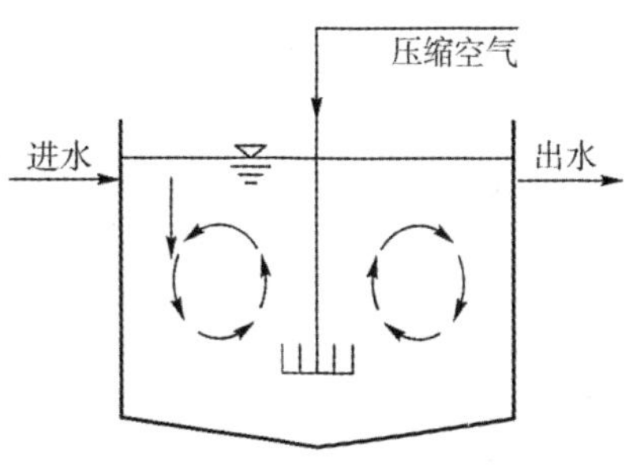

图 8-3-3　曝气搅拌的均质池

2. 差流式均质池

常见的差流式均质池有：图 8-3-4 所示的对角线穿孔导流槽式均质池；图 8-3-5 所示的同心圆型均质池等。同时进入调节池的废水，由于流程长短不同，使前后进入调节池的废水相混合，达到水质调节的目的。为防止调节池内废水短路，可在池内设置一些纵向挡板，以增加调节效果。采用这种形式的均质池，其容积理论上只需要调节历时总水量的一半。

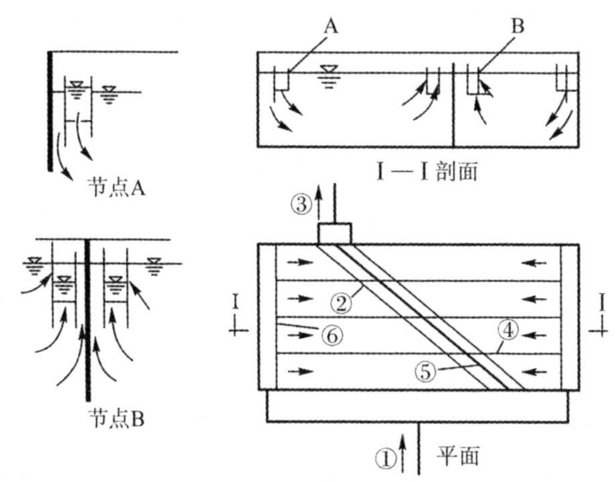

图 8-3-4　对角线穿孔导流槽式均质池

①—水；②—集水；③—出水；④—纵向隔墙；⑤—斜向隔墙；⑥—配水槽

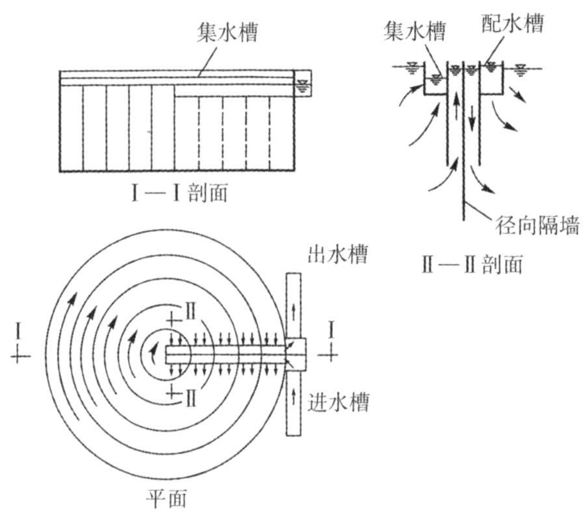

图 8-3-5　同心圆型均质池

(三)均化池

当废水流量与浓度均随时间变化时,需采用均化池。均化池既能均量,又能均质。一般通过在池中设置搅拌装置来达到混合的目的,出水泵的流量用仪表控制。均化池的容积需同时满足水质调节和水量调节的要求。

均化池调节容积首先要符合水量调节的需求,再考虑水质调节的需求。

(四)事故池

有些工厂可能存在事故排放废水现象,废水的水质水量超出处理设施的处理能力,使处理效果恶化。为避免冲击负荷和毒物影响,需设置事故池,贮存事故排放水。事故池平时必须保证泄空备用,且事故池的进水阀门一般由监测器自动控制,否则无法及时发现事故。

当缺乏水质水量基础数据时,调节池调节时间可按生产周期考虑。如一工作班排浓液,一工作班排稀液,调节时间应为两个工作班。此外,将调节池设置在一级处理即格栅和沉砂池之后,生物处理之前比较适宜,这样可减轻调节池内污泥和浮渣的问题。

三、工业废水的可生物降解性

(一)工业废水的可生物降解性分类

许多工业部门均不同程度地排放有机工业废水,如食品、纺织印染、造纸、焦化及煤制气、农药、石油、制药等行业。当工业废水中含有机污染物时,可根据水质具体情况选择生物

法进行处理。根据可生物降解性，工业废水中的有机污染物可分为易生物降解有机物、可生物降解有机物、难生物降解有机物和有毒有害有机物等类型。

（1）易生物降解有机工业废水。这类废水中所含的有机污染物，是一些长期存在于自然界中的天然有机物，对微生物没有毒性，如糖类、脂肪和蛋白质等，它们在自然界或废水生物处理构筑物中易于在较短时间内被微生物分解与利用。例如啤酒废水、水产加工废水、粮食酒精废水和肉类加工废水等。

（2）可生物降解有机工业废水。这类废水有两种：①废水含有易生物降解有机污染物，可采用生物法处理，但还含有某些对微生物无毒性，但难以被微生物降解的有机物（或降解速度很慢），如木质素、纤维素、聚乙烯醇等，这类废水包括制浆造纸工业中段废水（含木质素、纤维素）、印染废水（含聚乙烯醇、染料）等；②废水中的有机物对微生物有一定毒性作用，但可被驯化后的微生物降解，如甲醛废水、苯酚废水和苯胺废水等。

（3）难生物降解有机工业废水。这类废水中的有机污染物，主要是有机合成化学工业生产的产品或中间产物，如有机氯化物、多氯联苯、部分染料、高分子聚合物以及多环有机化合物等。由于这些有机物分子上的基团和结构复杂多样，难以被自然界固有的微生物分解转化，也难以在传统的生物处理工艺中被去除。农药、染料、塑料、合成橡胶、化纤等工业废水属难生物降解有机工业废水。

（4）含有毒有害污染物的有机工业废水。这类废水可分为以下几种情况：①废水中所含有机污染物具有毒性且难以生物降解。有机磷农药生产废水中的甲胺磷、甲基对硫磷、马拉硫磷、对硫磷和有机氯农药生产废水中的六氯环己烷、氯丹等都属于毒性大、难生物降解的有机污染物；②废水中所含有机污染物具有毒性，但可被微生物降解。如甲醇生产以及用甲醇为溶剂或原料的化学工业中排放的含甲醇废水，甲醇对动物的毒性较大，但其生物降解性很好；③废水中所含的有机物无毒性且易降解，但含其他无机的有毒有害污染物。如糖蜜酒精废水主要含糖类、蛋白质、氨基酸等有机物质，易于被微生物降解，但废水的 pH 很低（pH＝4～5），还含有高浓度的硫酸盐（几千到几万 mg/L），由于硫酸盐还原作用的产物对产甲烷细菌有毒害作用，不能直接采用厌氧法进行处理。发酵工业中的味精废水、柠檬酸废水、赖氨酸废水、酵母废水，制药工业中的土霉素废水、麦迪霉素废水、庆大霉素废水等都属于这类废水。

（二）工业废水的可生物降解性评价

工业废水的可生物降解性，又称工业废水的可生化性，是指工业废水中的有机物在微生物（好氧、厌氧）作用下被转变为简单小分子化合物（如水、二氧化碳、氨、甲烷、低分子有机酸等）的可能性。有机物在好氧与厌氧条件下的生物降解特性不同，许多有机物在好氧与厌氧条件下都能被降解，但有些有机物在好氧条件下难降解或降解性差，而在厌氧条件下却易降解或可降解。如碱性染料中的碱性艳绿(三苯甲烷类)和碱性品蓝 BO 在好氧或厌氧条件下都易被微生物降解，而碱性桃红、活性黄 X-RG 和阳离子嫩黄 7GL 等在好氧条件下难以降解，但在厌氧条件下的可生物降解性较好。因此，评价废水的可生化性时，有时需分别测定其好氧可生物降解性和厌氧可生物降解性，才能确定某废水的可生化性。

1. 好氧生物处理可生物降解性评价方法

工业废水中有机物好氧生物降解过程包含有机物被微生物利用、水中溶解氧的消耗、新细胞的合成以及产生 H_2O 和 CO_2 等代谢产物。此外，如果有机物对微生物有某种程度的毒性作用，还可能引起微生物的生理生化指标(如 ATP、脱氢酶活性)发生变化。测定有机物好氧生物降解性的方法通常分为氧消耗量测试法、有机物降解效果测试法、终点产物 CO_2 产量测试法和微生物生理生化指标测试法四类。目前，氧消耗量测试法在我国使用较为广泛，具体有以下几种测定方法。

(1)水质指标法。工业废水中的有机物量可用化学需氧量(COD)来表征，COD 是由可生物降解(COD_B)和难生物降解组分(COD_{NB})两部分组成的，即 $COD = COD_B + COD_{NB}$。COD_B/COD 值越高，不可降解有机物的比例越低，有机物的可生物降解性越好。BOD_5 可以用于表征五日生化降解的有机物量，它与废水中可降解的 COD_B 存在一定的比例关系，因此实际应用中，常通过测定废水的 COD 和 BOD_5，通过 BOD_5/COD 值(简称 B/C 比)来评价该废水的可生物降解性。

(2)生化呼吸线测试法。好氧微生物氧化分解有机物时，呼吸过程消耗氧的速度随时间变化的特性曲线称为生化呼吸线。当不存在外源有机物时，微生物处于内源呼吸状态，其呼吸速度是相对恒定的，氧的消耗速率不随时间变化而变化，此时的呼吸线称内源呼吸线。有机物生物降解过程中，不同生物降解性能的有机物的生化呼吸曲线特性也不同，可通过比较生化呼吸线与内源呼吸线，评价有机物的生物降解性能。

(3)氧利用率测试法。氧利用率测试法也是根据降解有机物时氧消耗的特性建立的评价方法。该方法是通过测定微生物降解不同浓度有机物时的氧利用率(氧消耗率)来评价有机物的可生物降解性。

2. 厌氧生物处理可生物降解性评价方法

工业废水中有机物厌氧生物降解过程包含有机物被微生物利用、新细胞的合成和产生有机酸、醇等低分子有机物和 CH_4、CO_2、NH_3、H_2S 等终点产物。关于有机物厌氧条件下可生物降解性评价方面的研究较少，其中模型测试法是利用厌氧反应器模型试验处理工业废水，推荐试验周期为 1～2 月或直至生物降解完全，测定反应前后有机物浓度和气体产量变化，根据模型试验的有机物去除率或产气量实验结果来评价有机物厌氧可生物降解性。

有机物去除率的测定可采用两类指标：一类是特性指标，当已知废水中被测有机物的种类时，通过测定厌氧反应前后该有机物的浓度变化来表示该有机物的厌氧可生物降解性；另

一类是综合性指标，如化学需氧量(COD)、总有机碳(TOC)等。在实际工作中，选用综合性指标的较多。

四、工业废水处理工艺流程的选择

废水处理工艺流程的选择是指对各单元处理技术(构筑物)的优化组合。工业废水处理工艺流程的确定，取决于原废水的性质、水质和水量的变化幅度、要求的处理程度、建设单位的自然地理条件(如气候、地形)、可利用的厂(站)区面积、工程投资和运行费用等因素。选择的工艺流程应尽量做到技术先进、经济合理，处理过程和处理后不产生二次污染，尽可能采用高效、低耗的回收与处理设备，基本建设投资和运行维修费用较低。

处理程度是影响工艺流程选择的重要因素。工业废水处理程度通常是根据处理后的尾水出路来确定：①出水回用(如回用于农业或工业)时，根据相应的回用水水质标准确定；②排入天然水体或城市下水道时，根据《污水综合排放标准》(GB 8978—2015)、《污水排入城市下水道水质标准》(GB/T31962—2015)、行业排放标准(如造纸行业等)或地方标准确定。

原废水的性质和水质水量变化特征是影响工艺流程选择的另一重要因素。由于工业废水种类繁多，污染物组分复杂，因此处理技术和工艺流程多变。对于工业废水，常常是多种处理工艺流程都能满足应达到的处理程度，因此一般在设计时需进行多方案的比较；通过对各方案的基本建设投资和运行、维修费用等进行优化比选，确定工艺流程。

(一)单元处理技术的确定

1. 工业废水处理的单元处理技术

单元处理技术的选择主要取决于原废水性质。工业废水中的污染物质是多种多样的，就其存在的形态，可分为溶解性和不溶解性两大类。溶解性污染物分为分子态、离子态和胶体态；不溶解性污染物分为漂浮物、悬浮在水中易于沉降和悬浮在水中不易于沉降的物质。水中不同形态污染物的去除难度相差很大，所采用的方法也不相同。如漂浮物采用简单的物理方法如格栅或格网就能完成；而分子态和离子态的溶解性污染物最难去除，常常需要通过化学、生物或物化的方法才能去除。

工业废水处理方法有许多种，按作用原理可分为物理处理法、化学处理法、物理化学处理法和生物处理法。其中大部分方法是与城市生活污水处理方法相同的，如格栅、沉淀、活性污泥法、生物膜法等；另一部分则是工业废水处理特有的，如调节、中和、氧化还原、吸附、离子交换、吹脱、萃取等。由于工业废水污染物组分的复杂性和多变性，因此，有时需要通过试验研究才能确定单元处理技术和相关的工艺设计参数。

2. 调研与试验研究

为能正确选择单元处理技术和拟定试验方案，在选择单元处理技术和确定处理工艺流程以前，一般都需进行一些调查研究。调查研究包括查阅文献资料、访问交流以及对已建成运行的处理设施现场调查。其中，现场调查可以获取可靠的生产运行数据和了解运行情况，及时吸取成功与失败的经验，提高试验水平与设计质量。现场调查的主要内容有：处理厂(站)规模、废水水质、处理效果、运行稳定性、操作管理条件、技术经济指标(单位水量的投资、运行费用、用地面积、能耗等)、人员指标、是否产生二次污染等。

试验研究工作包括实验室试验和半生产性试验两种。

(1)实验室试验(小试)。实验室内进行的试验，一般装置规模都较小，故常称小试。小试的主要任务是：验证选定的单元处理技术的可行性，确定基本的工艺参数与运行条件。小试的特点是简单易行、操作灵活、便于控制，人力物力消耗相对较低，可用于进行多种处理技术的筛选和各工艺参数与运行条件的比较、优化。

(2)半生产性试验(中试或扩大试验)。当废水水质波动或者工艺运行需要长期考察其稳定性时，实验室试验无法提供可靠的数据，就需要进行一定规模的中试。中试一般在产生废水的企业现场进行。中试可以考察选定的处理技术或工艺流程的运行可靠性、连续运行的稳定性以及对实际水质变化的适应性，并指出不同运行条件下的处理效果和发现生产条件下可能出现的异常问题。中试成果可以为设计及日后的运行管理提供依据。但中试消耗的人力物力较大，一般只在工艺较新或者投资较大，有一定风险时进行。

根据上述试验与调查研究结果，通过对处理效率、工艺参数、运行稳定性等进行综合分析，确定单元处理技术和工艺流程。

(二)工艺流程的确定

在水质水量调查、处理技术的试验研究和调查研究的基础上，在能达到要求的处理程度的前提下，结合原废水水质水量与拟建项目当地的环境、自然条件等，对各种可能采用的工艺流程方案的工程造价、运行费用、能耗、用地面积、运行管理稳定性和可靠性等进行综合比较，选择较佳的工艺流程及相应的单元处理技术和工艺参数。废水处理工艺流程的选择必须对各因素进行系统、综合的考虑，进行多种方案的技术经济比较。同时，还应与建设单位和当地环保部门进行充分讨论与交换意见，有时可以请建设单位对生产工艺进行可能的改进，以改变水质水量，从而满足处理工艺要求。这样，才能选定技术上可行、经济上合理、运行管理可靠、满足建设单位和环保要求的工艺流程。

对于污染成分单一的工业废水，一般可以只采用某一单元处理技术，如用离子交换法处理含铬废水、以化学氧化法处理含氰废水等。然而，大多数工业废水组分复杂，或成分虽然单一但浓度较高且要求处理程度高，往往需要多种处理技术联合使用，才能达到预期要求的处理效果。流程的顺序通常采取由易到难、前处理单元确保后续处理单元正常工作的顺序，依次将不同形态的污染物进行去除。

通常可根据污染物的性质来确定工业废水处理工艺流程中的主体工艺，简述如下。

(1)受轻微污染的工业废水，简单处理后回用。如蒸发器冷凝水和设备冷却水，仅受热污染，水温较高，经冷却和过滤后可循环再用。

(2)含有机污染物的工业废水，可采用生物处理技术。低浓度有机废水采用好氧生物处理，高浓度有机废水联用厌氧与好氧生物处理工艺。对于含有毒有害有机污染物的工业废水，经过预处理后采用生物处理。如农药废水，经水解预处理，降低毒性、提高可生物降解性后进行生物处理；印染废水，经微生物水解酸化预处理，提高可生物降解性后再进行生物处理。当需要考虑废水回用或废水经生物处理后仍不能达到排放标准时，需进行深度处理。主要的工艺有混凝沉淀、混凝气浮、砂滤、活性炭过滤、生物活性炭处理、消毒、反渗透脱盐等。

(3)含无机污染物的工业废水。若污染物主要为悬浮物，则采用沉淀、过滤等物理处理。如高炉煤气洗涤水，通过沉淀去除悬浮物(煤灰)，冷却后即可循环再用。如含有毒有害的无机污染物，可采用物理化学处理、化学处理等方法。如离子交换法处理电镀废水，化学氧化法处理含氰废水，中和法处理酸、碱废水等。

(4)含液态悬浮物(油类)废水，可采用物理处理、物理化学处理。如用隔油法去除浮油，加药气浮、超滤法处理乳化油。

(三)有机工业废水的处理工艺流程

有机工业废水的组分十分复杂，各种废水水质差异大，没有统一的处理技术和工艺流程可用于处理各类有机废水。有些废水中有机物的可生物降解性差、有毒性、浓度高或含有有毒有害无机物等，不可能通过单一的生物处理就达到要求的处理程度，而需要根据水质特征选择多种处理技术形成组合工艺流程。

有机工业废水的处理工艺流程，一般包含预处理、生物处理和后处理三部分。预处理主要包括水质水量调节、大颗粒固态悬浮物的去除等物理处理技术，以及提高有机物可生物降解性、降低废水毒性的一些化学法、物化法和生物法处理技术。对于某些难处理的废水，虽然经过预处理和生物处理，有时其出水COD仍较高，不能满足排放要求，此时，需再辅以后处理，以满足最终排放标准后排放，后处理方法多为物化法和化学法。根据有机工业废水的特性，其生物处理工艺的流程可依下述原则确定。

1. 低浓度易生物降解有机工业废水

好氧生物法是处理不含有毒有害污染物的低浓度易生物降解有机工业废水的基本方法。其基本处理流程为：进水→格栅筛网→调节→沉淀→好氧生物处理→沉淀→出水。

工业废水的水质水量受产品变更、生产设备检修、生产季节变化等多种因素影响，其水质水量每日每时都在变化，且变化幅度大。为给后续生物处理设施的正常、稳定运行创造条件，工业废水的处理流程中一般都设置调节池，以调节水量和水质。

若废水中还含有固态有机物和无机物时，为减轻后续生物处理设施的有机负荷、降低运行费用和提高处理效率，或减少对后续处理设施的损害，在生物处理设施前需依据固态污染物的特性设置格栅、筛网或沉淀池等物理处理设施，以去除较大的固态有机和无机悬浮物。另外废水中的油不仅很难在生物处理单元中被降解，而且还会包裹覆盖生物膜或菌胶团，影响传质速率和生物的代谢，因此需要在生物处理单元之前，通过隔油或者气浮去除。

当废水中含有较高浓度的磷、氨氮或者有机氮时，根据排放标准不同，可能需要采取生物脱氮除磷工艺。

2. 高浓度易生物降解有机工业废水

高浓度易生物降解有机工业废水中的有机污染物易被微生物降解，可采用厌氧、好氧生物法相结合进行处理。厌氧生物法具有耐有机负荷，运行费用低，产生的甲烷气可以回收等优点，是处理不含有毒有害污染物的高浓度易降解有机工业废水的首选技术。但厌氧生物法处理后出水的有机物浓度还比较高，一般都不能达标，需再经好氧生物法处理才能确保出水水质达标。其基本处理流程为：进水→格栅筛网→调节→沉淀→厌氧生物处理→好氧生物处理→沉淀→出水。

3. 可生物降解有机工业废水

可生物降解有机工业废水含有较多的易降解有机物，可采用生物法处理。但是，由于废水中还含有一定数量的难降解有机物，可生物降解性较低，因此，生物处理工艺前需增加预处理，以去除难降解有机物质和提高废水的可生物降解性，如生物处理出水仍不能达标排放，则需增加后处理设施，以降低生物处理工艺出水中难降解有机物浓度。其基本处理流程为：进水→格栅筛网→调节→沉淀→预处理→生物处理→后处理→出水。

预处理的方法可采用物化法（如混凝沉淀、混凝气浮）和生物法（如厌氧水解酸化）。

厌氧水解酸化工艺的原理是，在厌氧生物处理的水解产酸阶段，水解和产酸微生物能将废水中的固体、大分子和不易生物降解的有机物分解为易生物降解的小分子有机物。大量研究和实践表明，某些有机物（如杂环化合物、多环芳烃）在好氧条件下难以被微生物降解，但采用厌氧水解酸化法进行预处理，可改变其化学结构，改善其生物降解性。

对于某些废水经预处理和生物处理后其水质指标（如色度、COD）依然未能达到预期的水质标准，仍不能满足排放要求时，则在生物处理后还需有后处理措施，以降低残留有机物浓度。后处理技术主要有混凝沉淀、混凝气浮、活性炭吸附和高级氧化等。

4. 难生物降解有机工业废水

难生物降解有机工业废水的处理问题，是当今水污染防治领域面临的一个难题，至今尚

无较为完善、经济、有效的通用处理技术可以被广泛运用于这类废水的处理。采用生物法处理难降解有机工业废水时，其基本处理工艺流程可参考可生物降解有机工业废水的工艺流程。

当废水主要含有难生物降解有机污染物时，必须先进行化学的、物化的或生物的预处理，以改变难降解有机物的分子结构或降低其中某些污染物质的浓度，降低其毒性，提高废水的可生物降解性，为后续生物处理的运行稳定性和高处理效率创造条件。预处理方法的选择与难降解有机物的性质、浓度有关，主要方法有：①化学氧化法（如臭氧氧化法、催化氧化法、湿式氧化法），利用氧化剂去除有机物的有毒有害基团，提高其可生物降解性与降低废水 COD 浓度；②化学水解法（碱水解、酸水解），化学水解法需根据有机物特性，用碱或酸进行水解，以改变难降解有机物的化学结构，降低其毒性和提高废水的可生物处理性；③厌氧水解酸化法。后处理技术可采用混凝沉淀、混凝气浮、活性炭吸附和高级氧化等。

5. 含有毒有害污染物的有机工业废水

对于含有毒有害污染物的有机废水先要尽可能采用清浊分流和单独收集的原则，以减少废水水量，减少处理规模。如果含较高浓度有毒有害污染物的有机工业废水采用生物处理工艺时，为降低有毒有害污染物对微生物的毒性作用，在生物处理前都应进行针对性的预处理，使有毒有害污染物的浓度降低或改变有机污染物的化学结构，降低对微生物的毒性作用，使后续的生物处理能顺利进行。其基本处理工艺流程亦可参考可生物降解有机工业废水的工艺流程。

流程中预处理方法选择与有毒有害污染物的性质有关。主要有：①物化法（如吹脱法、气提法、吸附法、萃取法），可降低废水中有毒有害有机物浓度，使其降至微生物不受毒害，能进行正常生化反应的水平。该方法可以回收废水中的资源，多用于污染物毒性大、浓度高的有机废水。例如，酚是一种杀菌剂，为了降低废水中酚对生物处理单元的不利影响，处理含酚的炼油废水可以先通过蒸汽气提法或者溶剂萃取法降低废水中酚的浓度后再用生物处理法进行处理，分离得到的酚还可回收利用；②稀释法，当废水含较高浓度的有毒有害无机物（如 SO_4^{2-}），或有机污染物在高浓度时对微生物有毒性作用，但降低浓度后易被微生物降解（如甲醇），此时可用其他废水稀释的方法来降低有毒有害污染物的浓度，以满足微生物生长与繁殖的环境条件要求；③化学法，如酸碱中和或者化学沉淀、化学氧化等。

第四节　工业园区的废水处理

一、传统工业园区和生态工业园区

工业园区起源于 20 世纪 60～70 年代西方工业化国家。一般认为，工业园区是指在划定的较为独立的地块或地段内，通过科学规划、合理布局的建设，实现项目、资金、人才、技术、信息等的聚集效应和规模效应，形成产品、产业、行业关联和具有充分活力的工业企业群体，对地区经济发展和对外开放具有推动力的集中经济区域。我国现有工业园区（或传统工业园区）多以同类工业门类或相似企业集聚进行规划和布局，一般按产品、产业或行业的关联分类，如纺织工业园区、造纸工业园区、电镀工业园区、精细化工工业园区、食品工业园区、皮革工业园区、建材工业园区等。进入同一工业门类的企业可以降低基础设施配套建设成本，有利于改善生产经营条件，有利于信息交流，有利于优势互补、产投流动，提高运营效率和经济效益。但是，某些集聚了污染严重工业门类的园区，在一定程度上成为工业污染的集中区域。根据工业门类和性质不同，有的工业园区在运行过程中会排出大量的废水、废气和废渣，未经妥善处理处置会对环境造成严重影响。

由于传统工业园区内各企业、产业之间没有有机联系和共生关系，物料和能源在生产系统之间没有传递和循环，所有企业的物质传递都遵循“资源→产品→污染排放”的规律。因而传统工业园区在加快地区经济快速发展的同时，在生产和经济活动过程中排放大量各类污染物亦对环境造成破坏。新涌现出的生态工业园将传统经济的物质单向流动模式转变为“资源→产品→再生资源”的物质循环流动，使整个经济系统基本上不产生或者只产生很少的废弃物。生态工业园是依清洁生产要求、循环经济理念和工业生态学原理而设计建立的一种新型工业园区。它通过物质流或能量流传递方式把不同工厂或企业连接起来，形成共享资源和互换副产品的产业共生组合，使一家工厂的废弃物或副产品成为另一家工厂的原料或能源，模拟自然生态系统，在产业系统中建立仿生态系统中“生产者→消费者→分解者”的循环途径，寻求物质闭路循环、能量多级利用和废物产生最小化。

2001 年 8 月，由我国国家环境保护总局批准，在广西贵港建成了第一个国家级生态工业园区——国家生态工业（制糖）示范园区，该示范工业园区由蔗田、制糖、酒精、造纸、热电联产和环境综合处理六个系统组成。每个系统都有产品产出，而各系统之间又通过中间产品和废弃物的相互交换互相衔接。整个系统由两条生态链组成，一条是以甘蔗为原料制糖，所产生的废糖蜜制酒精，而酒精废液先制成复合肥，再返回到蔗田作为肥料；另一条是以制糖产生的蔗渣为原料制浆造纸，而制浆黑液碱回收产生的白泥用来生产水泥，其余制浆废水通过废水处理净化后供锅炉消烟除尘等用水，锅炉房排出的废水经处理后达标排放。上述两个生态链如图 8-4-1 所示。从图 8-4-1 可以看出，与传统工业园相比，生态工业园中的物料和能源都努力实现最大化的重复利用，有效减少废物和污染物的排放。不仅如此，生态工业园区中水资源的重复利用和循环利用也能得到极大地提高。

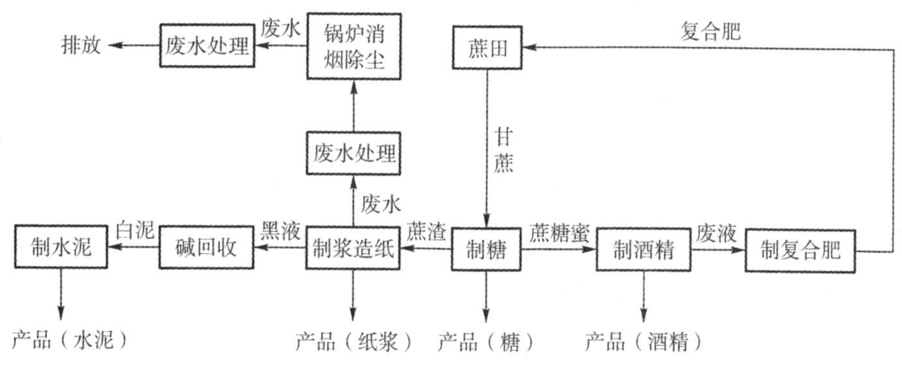

图 8-4-1　制糖生态工业园区生态链

二、工业园区废水处理特点

我国目前已经建成和运营的工业园区特别是中小型工业园区大部分仍是传统的工业园区经济模式，即某种程度上工业园区是同一工业门类工业企业的相对集中与聚集。所以，一般工业园区废水处理与相应的工业废水处理相似。但是工业园区的企业在生产工艺、技术条件、管理水平、信息聚集以及基础设施建设等方面具有自身的优势和活力，在排放条件和要求、水资源有效利用等方面又有别于一般工业企业。

1. 废水来源和水质的复杂性

工业园区废水是由各个工业企业排出的废水组成的。即使同一门类工业园区，由于各企业的工艺生产条件、产品品种、生产设备、管理水平等不同，废水排放状况亦不会相同。在确定工业园区废水排放量和废水水质时，应对园区内所有工业企业的产品、生产规模、工艺生产条件、污染源及污染源强度、管理水平、排水系统设置、排放规律、厂内废水处理设施和废水回用现状等进行充分调查，在此基础上经综合分析论证后才能确定工业园区综合废水排放量和废水水质，作为工业园区废水处理的重要依据。

2. 废水排放要求的差异性

单一行业的工业废水排放要求是根据行业类别和排放条件确定的，而工业园区的混合废水来自的企业往往属于多种行业，因此其排放要求主要由排放条件而决定。需根据当地排放条件，考虑工业园区废水经预处理后纳入市政污水系统一并处理的可能性。具备纳入市政污水系统一并处理可行性时，工业园区废水要求处理达到《污水综合排放标准》(GB 8978—2015)的三级标准和《污水排入城镇下水道水质标准》(GB/T 31962—2015)的要求。当不具备纳入市政污水系统处理可行性时，需根据废水性质和当地排放条件确定排放要求，如有的工业园区废水成分复杂，浓度多变，且具有难生物降解的毒物，根据当地排放条件，可能执行工业行业水污染物排放标准或《污水综合排放标准》的一级或二级标准；还有的工业园区位于环境敏感区或环境承载能力脆弱地区，对排放废水的COD、SS、NH_3-N、TN、TP等指标有更加严格的要求，则有可能按当地排放条件执行《城镇污水处理厂污染物排放标准》(GB 18918)的一级A标准，或者执行相关工业行业排放标准规定的水污染物排放特别限值标准。不同的排放标准将影响工业园区废水处理程度、处理工艺、建设投资、运行成本和管理等。

3. 废水再生利用的必要性和可能性

由于工厂集中，工业园区对水的需求量很大，各用水点相对集中，在供水管网设置上，可以考虑分别设置给水管网和中水管网，以促进废水回用和实行分质供水。同时，园区内企业在生产产品、工艺生产条件、用水水质要求的差异性，也为园区废水处理提供了多种回用途径。有必要在工业园区特别是生态型工业园区废水处理厂规划、设计和建设时，同时考虑废水再生回用，并通过分质供水管网予以实施。

三、工业园区废水污染源控制基本途径

1. 推行清洁生产技术，控制源头污染

推行清洁生产技术是防治工业园区污染的必然选择，可改变传统的以“先污染，后治理”为基本特征的“末端治理”模式。通过清洁生产可以从源头上预防和削减工业园区废水处理的污染负荷，减轻园区废水处理的压力和难度，减少废水处理上的投入，为工业园区的建设带来环境和经济效益。

2. 废水的清浊分流，单独收集

工业园区废水中如含有高浓度废水，宜根据废水特点，进行清浊分流，实施废水分质收集。将高浓度废水专门收集，在企业内部或者园区废水处理厂好氧生物处理之前进行预处理。

3. 废水的预处理

国内工业园区废水处理运行实践表明，预处理是确保园区集中废水处理设施正常运行的关键。通过预处理能去除废水中有碍于后续处理的物质或者消除某些不利影响因素。

(1)重金属和有毒有害污染物预处理。工业园区废水中含有的重金属或有毒污染物对废水生物处理有毒害作用，影响微生物的正常生长与繁殖。因此，对含有重金属或有毒污染物的废水在进入园区废水处理厂之前应在相关企业内进行预处理，以降低废水中有毒有害污染物浓度，使该部分废水进入园区处理厂经混合稀释后不影响生物处理。

(2)泥沙和大颗粒杂质的去除。工业废水进水中往往含有泥沙等大颗粒悬浮物和杂质，可致使园区废水处理设施管道淤积，提升设备堵塞和磨损，影响处理构筑物的正常运行。为此，工业废水应先经格栅(粗格栅、细格栅)、沉砂和沉淀(有必要时设置)预处理，以拦截废水中的泥沙和杂质等。

(3)调节池的设置。工业园区废水水量往往随园区内企业的生产计划安排和产品的变更而变化，水量不均匀系数大，而废水水质又具多样性和复杂性。为了适应水量负荷和污染物负荷的多变性，工业园区废水处理厂应设置足够容量的调节池。

(4)中和。工业园区内的某些强碱性或强酸性废水，在进入园区废水处理厂之前应先进行中和处理。

(5)事故池的设置。企业在设备检修或者发生生产操作事故等情形下常产生大量高浓度废水。为了避免或减轻对园区废水处理厂运行的冲击，有必要在企业内部或者园区废水处理厂内设置事故应急池。必要时，将企业排出的超常规高浓度废水暂时在事故池中储存，待高负荷高峰过后，再按均匀、少量的方法将事故废水纳入园区废水处理系统。

第九章　污泥的处理

生活污水和工业废水在处理过程中分离或截流的固体物质统称为污泥。污泥中的固体物质可能是原污水中已存在的，如各种自然沉淀池中截留的悬浮物质；也可能是污水处理过程中转化形成的，如生物处理和化学处理过程中，由原来的溶解性物质和胶体物质转化而来的生物絮体和悬浮物质；还可能是污水处理过程中投加的化学药剂带来的。当所含固体物质以有机物为主时称之为污泥；以无机物为主时则称之为泥渣。

污泥作为污水处理的副产物通常含有大量的有毒、有害和对环境产生负面影响的物质，包括有毒有害有机物、重金属、病原菌、寄生虫卵等。如果不进行无害化处理处置，会对环境造成二次污染。污泥的处理与处置是两个不同的阶段，处理必须满足处置的要求。因此污泥的处理技术措施，是以达到在最终处置后不对环境产生有害影响为目标。不同的处置方式须对应相应的处理方法。

污泥处理的工艺路线选择需要强调污泥的减量化、稳定化和无害化，以及污泥的资源化综合利用。其中污泥的减量化是指通过一定的技术措施削减污泥的量和体积；稳定化是指将污泥中的有机物（包括有毒有害有机物）降解成为无机物的过程。污泥在环境中的最终消纳方式包括土地利用、做建材的原料或进行无害化填埋等。

第一节　污泥的来源和特性

一、污泥的来源

污泥的性质和组成主要取决于污水的来源，同时还和污水处理工艺有密切关系。按污水处理工艺的不同，污泥可分为以下几种。

（1）初沉污泥。来自污水处理的初沉池，是原污水中可沉淀的固体。

（2）二沉池污泥。又称生物污泥，由生物处理工艺（活性污泥或生物膜系统）产生的污泥。

（3）消化污泥。经过厌氧消化或好氧消化处理后的污泥。

（4）化学污泥。用混凝、化学沉淀等化学方法处理污水时所产生的污泥。

除了以上污泥外，污水厂排出的污泥中还包括栅渣和沉砂池沉渣。栅渣呈垃圾状，沉砂池沉渣中密度较大的无机颗粒含量较高，所以这两者一般作为垃圾处置。初沉池污泥和二沉池生物污泥，因富含有机物，容易腐化、破坏环境，必须妥善处置。初沉池污泥还含有病原体和重金属化合物等。二沉池污泥基本上是微生物机体，含水率高，数量多，更需注意。这两者在处置前常需处理，处理的目的在于：①降低含水率，使其变流态为固态，达到减量目的；②稳定有机物，使其不易腐化，避免对环境造成二次污染。

二、污泥的特性

污泥的主要特性有以下几方面。

1. 污泥中的固体

污泥中的总固体包括溶解物质和不溶解物质两部分。前者叫溶解固体，后者叫悬浮固体。总固体、溶解固体和悬浮固体，又可依据其中有机物的含量，分为稳定性固体和挥发性固体。挥发性固体是指在 600℃下能被氧化，并以气体产物逸出的那部分固体，它通常用来表示污泥中的有机物含量（VSS)，而稳定性固体则为挥发后的残余物。污泥固体的含量可用质量浓度表示（mg/L)，也可用质量分数表示（%）。

2. 污泥固体的组分

污泥固体的组分与污泥的来源密切相关，例如，来自于城镇污水处理厂的污泥固体组分主要为蛋白质、纤维素、油脂、氮、磷等；来自金属表面处理厂的污水处理厂的污泥固体组分则主要为各种金属氢氧化物或氧化物；来自石油化工企业污水处理厂的污泥固体则含有大量的油。污泥固体组分不同，污泥的性质也就不同，与此对应的处理及处置方法也就不同。表 9-1-1 为城镇污水处理厂污泥固体的典型组成。

表 9-1-1　城镇污水处理厂污泥固体的典型组成

组分	初沉污泥		消化污泥		剩余污泥
	范围（%）	典型值（%）	范围（%）	典型值（%）	范围（%）
总固体	5～9	6	2～5	4	0.8～1.2
挥发性固体	60～80	65	30～60	40	59～88
油脂	6～30	—	5～20	18	—
蛋白质	20～30	25	15～20	18	32～14
纤维素	8～15	10	8～15	10	—
氮（以 N 计）	1.5～4	2.5	1.6～3	3	2.4～5
磷（以 P_2O_5 计）	0.8～2.8	1.6	1.5～4	2.5	2.8～11
钾（以 K_2O 计）	0～1	0.4	0～3	1	0.5～0.7

3. 含水率

污泥中水的质量分数叫含水率。与此对应，污泥中固体的质量分数叫含固率。很显然，含固率和含水率之间存在如下关系：含固率＋含水率＝100％。如果某污泥的含固率为7％，则含水率为93％。由于多数污泥都由亲水性固体组成，因此含水率一般都很高。不同污泥，其含水率差异很大，对污泥特性有重要影响。

4. 污泥相对密度

污泥相对密度指污泥的质量与同体积水质量的比值。污泥相对密度主要取决于含水率和污泥中固体组分的比例。固体组分的比例越大，含水率越低，则污泥的相对密度也就越大。城镇污水及其类似污水处理系统排出的污泥相对密度一般略大于1。工业废水处理系统排出的污泥相对密度往往较大。

5. 污泥脱水性能及评价指标

未浓缩的活性污泥的含水率通常在99％以上，通过浓缩和脱水后污泥的容积大大减小，这对污泥的后续处理或外运带来便利。污泥脱水的难易程度或脱水性能通常用污泥过滤比阻(r)或毛细管吸水时间(Capillary Suction Time，CST)来衡量。

污泥过滤比阻的物理意义是在1 m^2过滤面积上截留1 kg干泥时，滤液通过滤纸时所克服的阻力(m/kg)。比阻值越大的污泥，越难过滤，脱水性能也越差。一般认为，比阻值$r>9.81\times10^{13}$ m/kg时不易脱水；当r在$4.9\times10^{12}\sim8.83\times10^{13}$ m/kg时可以脱水；当$r<4.9\times10^{12}$ m/kg时易于脱水。

毛细管吸水时间(CST)是指污泥与滤纸接触时，在毛细作用下，污泥中的水分在滤纸上渗透1 cm距离所需的时间。污泥的可滤性越高，毛细管吸水时间越短。一般CST值小于20 s时脱水较容易。

6. 污泥的其他物化性质

通常城市污水处理厂污泥中还含有重金属(如Hg、As、Cu、Zn、Pb、Cd、Cr、Ni等)、有机污染物(包括持久性有机物和有毒物质)、病原微生物(主要监测指标有总大肠菌群、粪大肠菌群、蛔虫卵及其活卵率)等。这些指标对于污泥的后续农业利用有较大的影响，是污水处理领域重点关注的问题。

三、污泥量

污水处理中产生的污泥量，视污水水质与处理工艺而异。水质不同，同一体积的污水产生的污泥量不同；同一污水，处理工艺不同，产生的污泥量也不同。例如，生活污水一级处理时，如果沉淀时间为1.5 h，每人每天产生的初沉污泥量为0.4～0.5 L(含水率为95％)；二级处理采用普通生物滤池时，每人每天产生的剩余污泥为0.1 L(含水率为95％)；二级处理采用高负荷生物滤池时，每人每天产生的剩余污泥为0.4 L(含水率为

95%)；二级处理采用活性污泥法时，每人每天产生的剩余污泥为 2 L(含水率为 99.2%)。

污泥量的计算，可依据有关的设计手册，或根据处理工艺流程进行泥料平衡推算，最好是对类似处理厂进行实际测定。污泥的数量是处理构筑物工艺尺寸计算的重要数据。表 9-1-2是计算城市污水厂的污泥量时常采用的经验数据。需指出的是，随污水处理工艺中的污泥龄延长，污泥的产量会减少，可以参考下表的污泥量取值。

表 9-1-2　城市污水厂的污泥量

污泥来源	污泥量(L/m^3)	含水率(%)	密度(kg/L)
沉砂池的沉砂	0.03	60	1.5
初沉池	14～25	95～97.5	1.015～1.02
生物膜法	7～19	96～98	1.02
活性污泥法	10～21	99.2～99.6	1.005～1.008

四、污泥中的水分及其对污泥处理的影响

1. 污泥中的水分

污泥中水分的存在形式有三种。

(1)游离水。存在于污泥颗粒间隙中的水，称为间隙水或游离水，占污泥水分的 70%左右。这部分水一般借助外力可以与泥粒分离。

(2)毛细水。存在于污泥颗粒间的毛细管中，称为毛细水，约占污泥水分的 20%。也有可能用物理方法分离出来。

(3)内部水。黏附于污泥颗粒表面的附着水和存在于其内部(包括生物细胞内)的内部水，约占污泥中水分的 10%。只有干化才能分离，但也不完全。

通常，污泥浓缩只能去除一部分游离水。

2. 污泥中的水分对污泥处理的影响

污泥处理的方法常取决于污泥的含水率和最终的处置方式。例如，含水率大于 98%的污泥，一般要考虑浓缩，使含水率降至 96%左右，以减少污泥体积，有利于后续处理。为了便于污泥处置时的运输，污泥要脱水，使含水率降至 80%以下，失去流态。通常若污泥进行填埋，其含水率要在 60%以下。

污泥含水率与污泥状态的关系如图 9-1-1 所示。

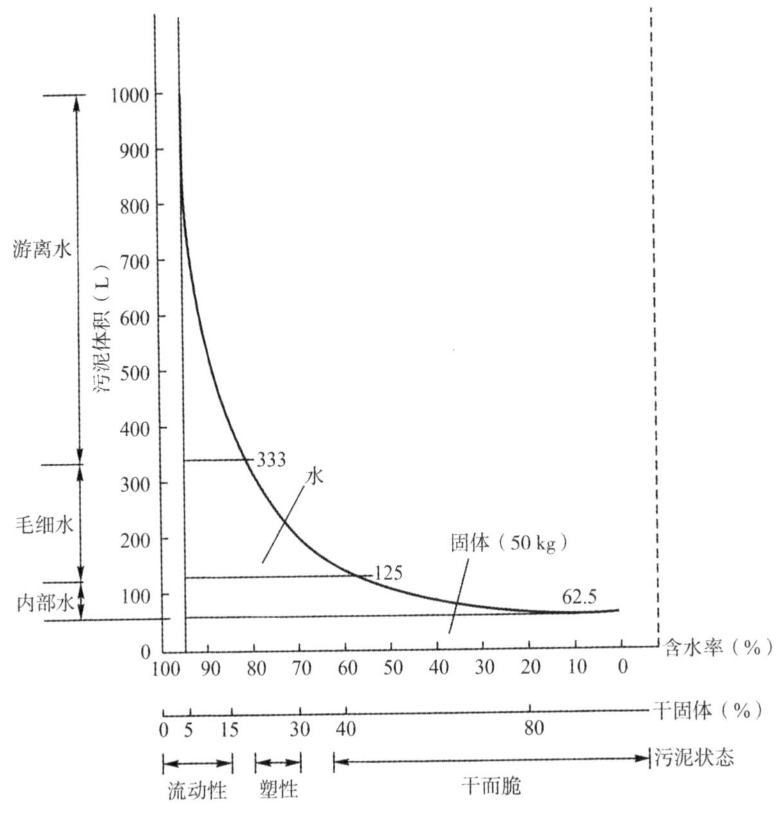

图 9-1-1 污泥含水率与污泥状态的关系

五、污泥的处理与处置方式

由污泥的性质可知，污泥不但含水率高，体积庞大，而且含高浓度有机物，很不稳定，容易在微生物作用下腐烂，发出难闻的气味；且常常含有病原微生物、寄生虫以及重金属等有害成分。因此，污泥的处理与处置是确保污水处理厂正常运行的一个重要问题。

污泥处理与处置的基本流程如图 9-1-2 所示。污泥的处理主要包括去水处理（浓缩、脱水和干化）、稳定处理（生物稳定和化学稳定）以及最终处理与利用（填埋、焚烧、堆肥等）。

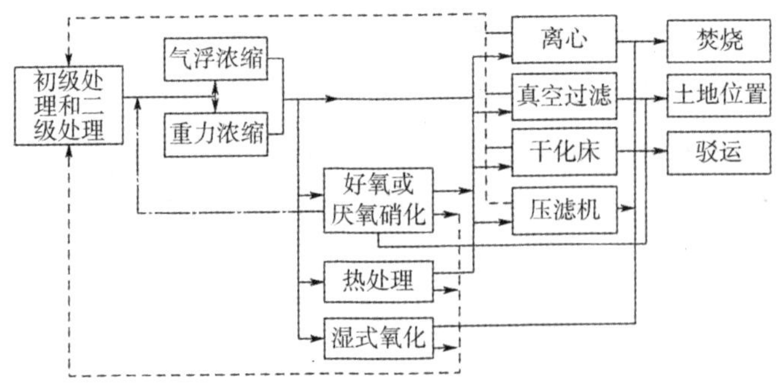

图 9-1-2 污泥处理与处置基本流程

污泥处置目前主要有两种形式：一种处置是农用，即当污泥中的重金属、病毒、寄生虫、细菌以及有机物含量符合相应排放标准，并经脱水与稳定处理后，用作农田肥料或土壤改良剂；另一种处置是填埋与焚烧，填埋前要考虑到地下水的污染问题，填埋后要进行管理，焚烧处理要防止对大气的污染。

第二节　污泥处理工艺

污泥处理的主要目的是减少污泥量并使其稳定，便于污泥的运输和最终处置。污泥处理工艺主要由污泥的性质以及污泥最终处置的要求所决定。

1. 以城镇污水二级处理厂污泥处理工艺

以活性污泥法为主的城镇污水二级处理厂污泥处理典型流程为：储存→浓缩→稳定→调理→脱水→干化→最终处置。

(1)储存。来自一级处理的初沉污泥和二级处理的剩余污泥分别进入储泥池，以调节污水处理系统污泥的产生量和污泥处理系统处理能力之间的平衡。

(2)浓缩。随后进行污泥浓缩，浓缩的方法有自然浓缩和机械浓缩，自然浓缩又分为重力浓缩和气浮浓缩，但目的均为大幅度地削减污泥体积，减小后续处理的水量负荷和污泥调理时的药剂投量。

(3)稳定。污泥稳定是减少污泥中的有机物含量和致病微生物的数量，降低污泥利用的风险；稳定的方法有厌氧消化、好氧消化和化学稳定。

(4)调理。调理是提高污泥的脱水性能(减小污泥的比阻)。

(5)脱水和干化。脱水的目的是进一步降低污泥的含水率，经脱水后的污泥可直接进行最终处置，也可经干化后再进行最终处置。

(6)最终处置。污泥的最终处置有卫生填埋、用作绿化用肥或农家肥料及建筑材料等。具体处置方式主要由污泥的性质和最终用途所决定。

2. 以无机物为主的工业污泥处理工艺

以无机物为主的工业废水处理系统产生的污泥处理工艺典型流程：储存→浓缩→调理→脱水→最终处置。该流程省去了污泥稳定操作单元。

3. 生物除磷的城镇污水处理厂污泥处理工艺

目前在城镇污水处理中普遍采用生物除磷的工艺，此时所产生的剩余污泥富含无机磷，进行重力浓缩时，由于浓缩池内的厌氧状态，会促使磷的释放。常用的典型工艺流程为：储存→调理→浓缩脱水→最终处置。该工艺流程经调理后直接进行机械浓缩和脱水，使用的主要设备为污泥浓缩脱水一体机。

第三节 污泥浓缩

浓缩的主要目的是减少污泥体积，以便后续的单元操作。例如，剩余活性污泥的含水率高达 99%，若含水率减小为 98%，则相应的污泥体积降为原体积的一半，如果后续处理为厌氧消化，则消化池容积可大大缩小；如果进行湿式氧化，不仅加热所需的热量可大大减小，而且提高了污泥自身的比热。污泥浓缩的技术界限大致为：活性污泥含水率可降至 97%～98%，初次沉淀污泥可降至 90%～92%。污泥浓缩的操作方式有间歇式和连续式两种。通常间歇式主要用于污泥量较小的场合，而连续式则用于污泥量较大的场合。浓缩方法有重力浓缩、气浮浓缩和离心浓缩，其中重力浓缩应用最广。

一、重力浓缩

污泥颗粒在重力浓缩池中的沉降行为属于成层沉降，其沉降过程如图 9-3-1 所示。取一定体积的污泥（浓度大于 1 000 mg/L）置于有刻度的沉降筒内，搅拌均匀后让其静置沉降。假定起始的液面高度为 H_0，污泥浓度为 c_0，沉降开始不久沉降筒内的污泥即出现分层现象，最上面为清水层，其下为浓度均匀的匀降层，再下面为浓度渐变的过渡层，最下面是压缩层。四层之间有三个界面（Ⅰ、Ⅱ和Ⅲ）。随着沉降时间的延长，界面Ⅰ（浑液面）以等速 v_{I} 下沉；界面Ⅱ和界面Ⅲ分别以变速 v_{II} 和 v_{III} 上升。到某一时刻，界面Ⅰ和界面Ⅱ首先重合，匀降层消失，浑液面由匀速下降转入变速下降，并且速度逐渐减慢。此后不久，界面Ⅲ又与浑液面重合，此时的浑液面叫临界面，其上为清水区，下面是浓度为 c_2 和高度为 H_2 的压缩层。记录不同时间浑液面的高度，并以沉降时间为横坐标，浑液面高度为纵坐标，所得的曲线即为浑液面的沉降曲线（图 9-3-2）。该曲线分三段，上部为均匀沉降段，中部为减速沉降段，下部为最终压缩沉降段。曲线上任一点的斜率，即为浑液面在该高度处的下降速度。一般认为，临

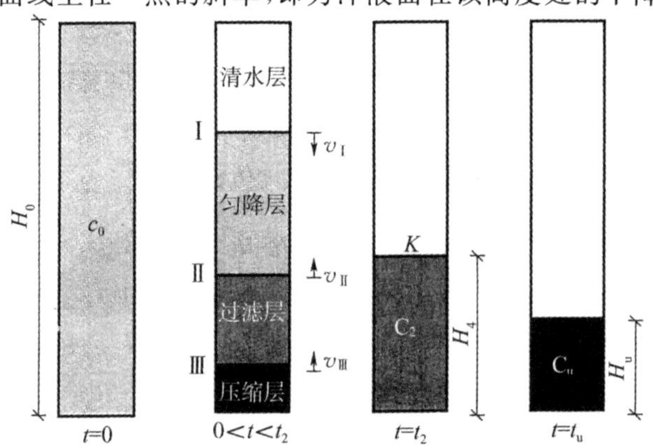

图 9-3-1 分层沉降过程

界面出现时的下降速度 v_2 可近似等于匀降速度 v_1 和最终压缩沉降速度 v_u 的平均值，由此可求出临界面在曲线上的位置 K 。引上下两线段上的切线 AB 和 CD ，其夹角等分线与曲线的交点即为 K 点。

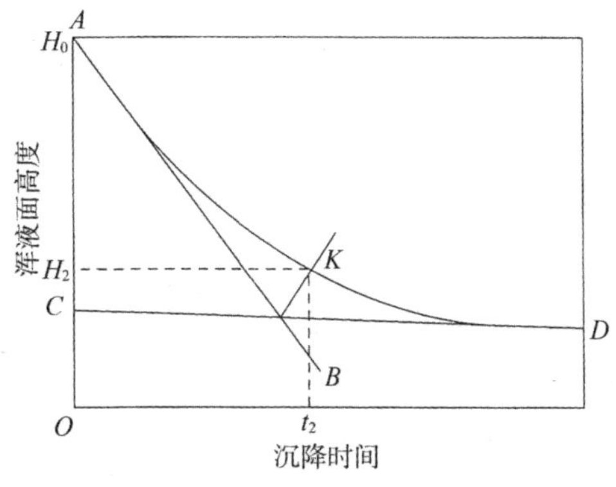

图 9-3-2　沉降曲线

间歇式重力浓缩池的工作状况与上面描述的沉降过程相同。浓缩池的设计可按相同沉降试验下所需的沉降时间进行设计。

连续式重力浓缩池的构造与沉淀池基本相同，其基本工作状况可由如图 9-3-3 所示的竖流连续式重力浓缩池说明。被浓缩的污泥由中心筒进入浓缩池，浓缩后的污泥由池底（底流）排出，澄清水由溢流堰溢出。浓缩池沿高程可大致分为三个区域：顶部为澄清区，中部为进泥区，底部为压缩区。进泥区的污泥固体浓度与被浓缩污泥的固体浓度 c_0 大致相同；压缩区的浓度则越往下越浓，在排泥口达到要求的浓度 c_u，澄清区与进泥区之间有一污泥面（即浑液面），其高度由排泥量 Q_u 控制，通过调节底流流量可改变浑液面的高度和污泥的压缩程度。

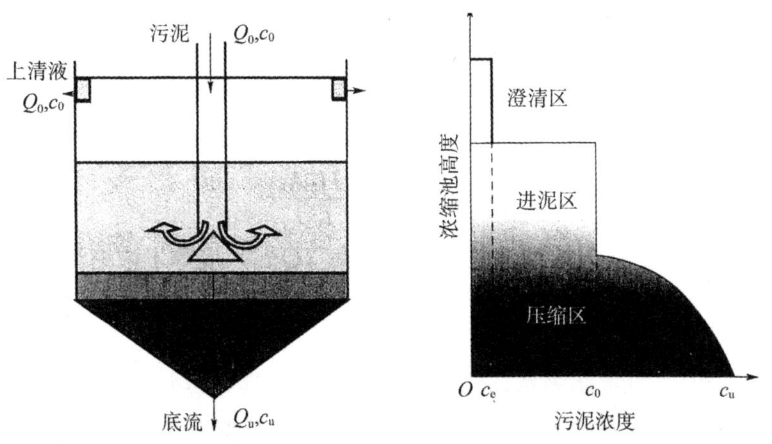

图 9-3-3　连续式重力浓缩池的工作状况

二、气浮浓缩

气浮浓缩法常用于相对密度接近于1的轻质污泥（如活性污泥）或含有气泡的污泥（如消化污泥）的浓缩处理。其工作原理是通过水射器或空压机将空气引入，然后在溶气罐内溶入水中。溶气水经减压阀进入混合池，与流入该池的新污泥混合。减压析出的空气泡附着于污泥颗粒上，利用气泡—污泥颗粒共载体的浮力作用，将污泥颗粒浮升至水面实现泥水分离，并以此达到浓缩污泥的目的。气浮浓缩的工艺流程如图9-3-4所示。

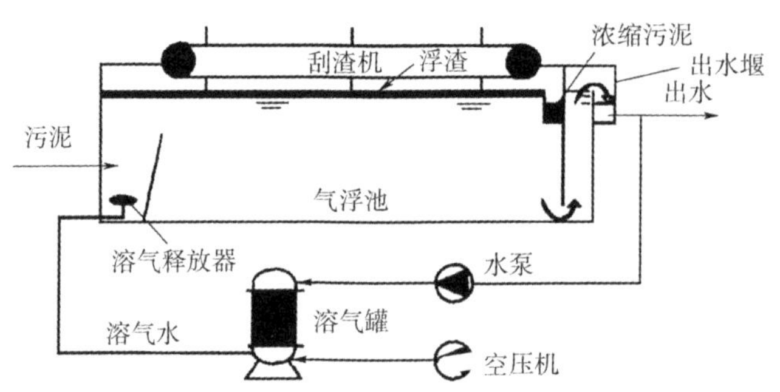

图9-3-4　气浮浓缩工艺流程

常用的气浮浓缩方法为压力溶气气浮法，其压力溶气形式又可分为全加压、部分加压和回流加压三种方式。实际中常用的平流式气浮污泥浓缩池的结构如图9-3-5所示。该浓缩池在运行时，先用泵把污泥打入混合池，同时进入的溶气水在此减压、扩散，产生小气泡并与污泥颗粒接触附着；浮升到水面上的浓缩污泥由移动刮板收集，分离处理的出水一部分回流用作溶气水。

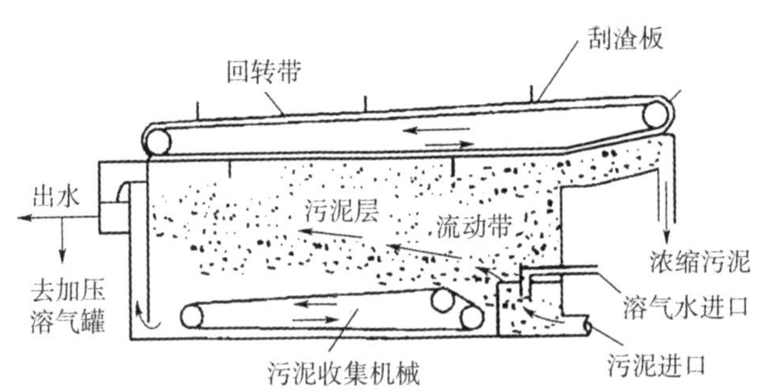

图9-3-5　平流式气浮污泥浓缩池的结构图

与重力浓缩法相比，气浮浓缩法的负荷率高，一般为120～240 kg/(m^2・h)，浓缩过程不受污泥膨胀的影响，且污泥浓缩比大，占地面积小，但运行费用高，操作较复杂。

三、离心浓缩

离心浓缩是利用离心力达到污泥浓缩的目的。离心浓缩法是根据污泥中固体颗粒与水的密度差异，利用离心力场的作用实现泥水分离，同时使污泥得到浓缩的方法。离心浓缩法具有浓缩效率高、占地少、卫生条件好等特点。一些试验结果表明，利用离心机可将含固率为0.5%的活性污泥浓缩到5%～6%，但离心浓缩法费用较高。

重力浓缩法、气浮浓缩法和离心浓缩法各有特点，其对比见表9-3-1。在实际运用中，可根据具体情况进行比较选择。

表9-3-1　三种污泥浓缩方法的比较

方法种类	优点	缺点
重力浓缩法	储存污泥能力高，运行费用较低，操作要求不高	占地面积大，不稳定，易产生臭气，且浓缩后的污泥含水率仍然很高
气浮浓缩法	泥水分离效果较好，污泥含水率低；与重力浓缩相比，占地面积小，产生臭气少，并可使砂砾不与浓污泥相混，此外，还可除去油脂	运行费用较重力浓缩法高，储存污泥的能力较小
离心浓缩法	占地最少，处理能力高，几乎没有臭气产生	对设备要求严，耗能大；对操作者要求较高

第四节　污泥稳定

各种有机污水处理过程中产生的污泥都含有大量有机物，对环境造成各种危害，所以需采用措施降低其有机物含量或使其暂时不产生分解。污泥稳定就是通过氧化降解减少污泥中的有机物含量，降低其生物活性的一种方法。其目的主要是防止有机污泥在处置和运输过程中因生物活动而产生臭味等。

污泥稳定的方法有生物法和化学法。生物稳定就是在人工条件下加速微生物对污泥中有机物的分解，使之变成稳定的无机物或不易被生物降解的有机物的过程；化学稳定是向污泥中投加化学药剂杀死微生物，或改变污泥的环境使微生物难以生存，从而使污泥中的有机物在短期内不致腐败的过程。

一、污泥的生物稳定

污泥的生物稳定依据应用的微生物类型可分为厌氧消化和好氧消化。根据污泥性质、环境要求、工程条件和污泥处置方式，选择经济适用、管理方便的污泥消化工艺，可采用污泥厌氧消化或好氧消化工艺。污泥经消化处理后，其挥发性固体去除率应大于40%。

(一)污泥的厌氧生物稳定

目前城市污水处理厂所产生的污泥多采用厌氧消化方法进行处理。常见的厌氧消化池有传统消化池、高速消化池和厌氧接触消化池(图 9-4-1)。高速消化池和传统消化池的主要区别在于:前者进行搅拌,由此产生了两种完全不同的运行工况;而厌氧接触消化池则是在消化池内搅拌的同时增加了污泥回流。传统消化池的缺点是:由于污泥的分层使微生物和营养物得不到充分接触,因而负荷小、产气量低,此外,消化池内形成的浮渣层不但使有效池容减小,而且造成操作困难。高速消化池内的污泥则处于完全混合状态,克服了传统消化池的缺点,从而使处理负荷和产气率均大大增加。厌氧接触则由于消化污泥的回流在消化池内可维持更高的污泥浓度,因此效率更高。传统消化池、高速消化池和厌氧接触消化池三者的特点比较见表 9-4-1。

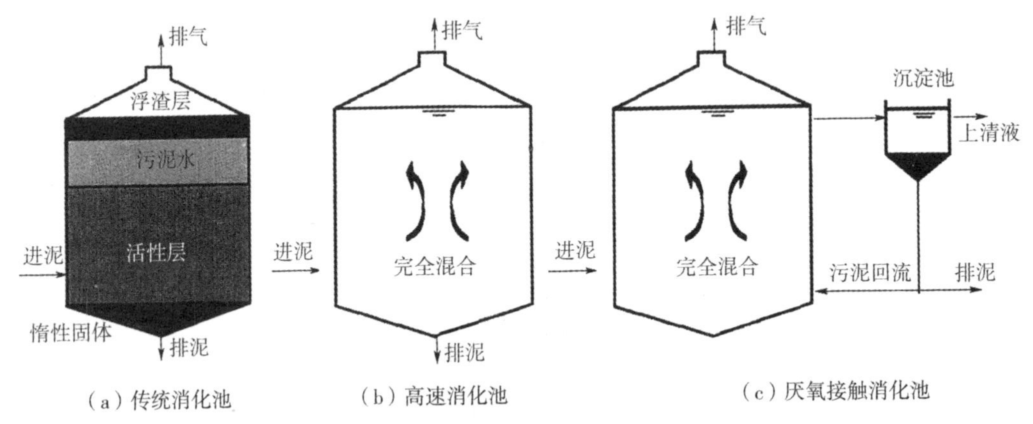

图 9-4-1 厌氧消化池

表 9-4-1 几种厌氧消化工艺比较

项 目	传统消化池	高速消化池	厌氧接触消化池
加热情况	加热或不加热	加热	加热
停留时间(d)	>40	10~15	<10
负荷[kgVSS/(m^3·d)]	0.48~0.8	1.6~3.2	1.6~3.2
加料、排料方式	间断	间断或连续	连续
搅拌	不要求	要求	要求
均衡配料	不要求	不要求	要求
脱气	不要求	不要求	要求
排泥回流利用	不要求	不要求	要求

厌氧消化池多为钢筋混凝土拱顶圆形池。其顶盖有固定式和浮动式两种。固定式在加料和排料时，池内可能造成正压和负压，结构易遭破坏，一旦渗入空气，不仅破坏反应条件，还会引起爆炸。浮动式则可克服上述缺点，但构造复杂，建设费用高。

厌氧消化可采用单级或两级中温消化。单级厌氧消化池（两级厌氧消化池中的第一级）污泥温度应保持 33～35℃。有初次沉淀池系统的剩余污泥或类似的污泥，宜与初沉污泥合并进行厌氧消化处理。单级厌氧消化池（两级厌氧消化池中的第一级）污泥应加热并搅拌，宜有防止浮渣结壳和排出上清液的措施。采用两级厌氧消化时，一级厌氧消化池与二级厌氧消化池的容积比应根据二级厌氧消化池的运行操作方式，通过技术经济比较确定；二级厌氧消化池可不加热、不搅拌，但应有防止浮渣结壳和排出上清液的措施。

1. 厌氧消化池的附属设施

消化池的附属设施有加料、排料、加热、搅拌、破渣、集气、排液、溢流及其他监测防护装置。

(1)加料与排料。新污泥由泵提升，经池顶或中部进泥管送入池内。排泥时污泥从池底排泥管排出。加料和排料一般每日 1～2 次间歇进行。

(2)加热。消化池的加热方法分为外加热和内加热两种。外加热是将污泥水抽出，通过池外的热交换器加热，再循环到池内去。内加热法采用盘管间接加热或水蒸气直接加热，后者比较简单，水蒸气压力多为 200 kPa（表压）。用水蒸气喷射泵时，还同时起搅拌作用，但由于水蒸气的凝结水进入，故需经常排除泥水，以维持污泥体积不变。

厌氧消化池总耗热量应按全年最冷月平均日气温通过热工计算确定，应包括原生污泥加热量、厌氧消化池散热量（包括地上和地下部分）、投配和循环管道散热量等。选择加热设备应考虑 10%～20%的富余能力。厌氧消化池及污泥投配和循环管道应进行保温。厌氧消化池内壁应采取防腐措施。

(3)搅拌与破渣。搅拌可促进微生物与污泥基质充分接触，使池内温度及酸碱度均匀，既有利于消化气的释放，又可有效预防浮渣，因此，均匀搅拌是所有高效厌氧消化池运行的前提条件。每日将全池污泥完全搅拌（循环）的次数不宜少于三次。间歇搅拌时，每次搅拌的时间不宜大于循环周期的一半。搅拌的方法较多，常用的方法有水力搅拌、机械搅拌和消化气搅拌。

①水力搅拌是将污泥抽出，从池顶泵入水力提升器内，形成内外循环。

②机械搅拌采用螺旋桨，根据池子大小不同，可设若干个，每个螺旋桨下面设一个导流筒，抽出的污泥从筒顶向四周喷出，形成环流。螺旋桨搅拌效率高、耗电少（1 m^3 污泥耗电 0.081 W），但转轴穿池顶处密封困难。

③消化气搅拌是用压缩机将污泥消化产生的气体压入池内竖管（一个或几个）的中部或底部，污泥随气泡上升时将污泥带起，在池内形成垂直方向的循环，也可在消化池底部设置

气体扩散装置进行搅拌。消化气搅拌范围大、能力强、效果好、消化速率高，但设备繁多，成本昂贵，每小时所需搅拌气体量为有效池容的36%～79%。

在消化过程中，部分细小的气泡附着于污泥上，浮于表面易形成浮渣，池内温度较高，浮于表面的污泥易失水，更加速了浮渣形成，如不及时破渣，容易形成坚硬的渣盖，严重威胁消化池的正常运行和安全。破渣可在池内液面装设破渣机，或用污泥水压力喷射来破渣。

(4)集气。浮动盖式消化池的集气空间大，固定顶盖式则较小。固定盖式消化池加排料时，池内压力波动大，负压时易漏入空气，故宜单独设污泥储气罐。储气罐的主要作用在于调节气量。

(5)排液。消化池的上清液要及时排出，这样可增加消化池处理容量，降低热耗。由于上清液的BOD很高，应重新返回到生物处理设施中去。

2. 厌氧消化池的设计内容

厌氧消化池的设计内容包括：确定运行温度与负荷、计算有效池容、确定池体构造、计算产气量及储气罐容积、热力计算、搅拌装置的选择和沼气的利用等。

(1)消化温度与负荷。污泥消化分为中温消化和高温消化。中温消化的温度一般控制在30～35℃；高温消化的温度一般控制在50～55℃。高温消化适于要求消毒的污泥及含有大量粪便等生污泥的场合，选择高温消化一般污泥本身温度较高或就近有多余热源。通常城镇污水处理厂的污泥厌氧消化均采用中温消化。消化池的设计负荷与消化温度、污泥类别以及污泥消化的工艺有关。对于城镇污水处理厂的污泥如无试验资料时，可按表9-4-2进行选择。

表9-4-2　城镇污水处理厂污泥常温厌氧消化时的设计参数

参　数	传统消化池	高速消化池
挥发性固体负荷[kg/(m³·d)]	0.6～1.2	1.6～3.2
污泥固体停留时间(d)	30～60	10～20
污泥固体投配率(%)	2～4	5～10

(2)消化池的有效池容。消化池的有效池容 $V(m^3)$ 可按固体停留时间或挥发固体负荷或污泥固体投配率计算，有关的计算方法如下：

$$V = V' T_d$$

$$V = V'c / L_{VS}$$

$$V = 100 V'/P$$

式中：T_d ——消化时间，s；

V' ——每日投入消化池的原污泥容积，m^3；

c ——污泥的挥发性固体浓度(VSS),mg/L;

L_{VS}——消化池挥发性固体容积负荷;

P ——污泥投配率,%。

(3)产气量与储气罐容积。污泥消化产气量可以按厌氧消化的有关理论公式计算,也可以通过试验或经验资料确定。据资料报道,一般每破坏 1 kg 挥发性有机物的产气量为 0.75～1.12 m^3。污泥消化产气量也可按每人每天的产气量进行计算,对于城镇污水二级处理厂该数值为每 1 000 人每天产沼气量 15～28 m^3。

储气罐容积可按产气量和用气量的变化曲线进行计算,或按平均日产气量的 25%～40%,即 6～10 h 的平均产气量计算。

(4)热力计算。消化池的加热和保温是维持其正常消化过程的必要条件,因此,必须根据消化池的运行制度和方式、加热与保温的措施和材料等条件,参考有关资料和计算方法,进行热力学平衡计算,以确保消化池的正常工况。

(5)消化气的利用。污泥厌氧消化时产生的消化气必须妥善加以利用,否则将引起二次污染。消化气的主要成分为 CH_4(60%～70%)和 CO_2(25%～35%),此外还含有少量的 N_2、H_2、H_2S 和水分。消化气一般用作燃料,用于锅炉或发电,也可用作化工原料。1 m^3 消化气的热值相当 1 kg 的煤,1 m^3 污泥气可发电 1.5 kW · h。

3. 厌氧消化工艺设计的其他注意事项

(1)厌氧消化池和污泥气储罐应密封,并能承受污泥气的工作压力,其气密性试验压力不应小于污泥气工作压力的 1.5 倍。厌氧消化池和污泥气储罐应有防止池(罐)内产生超压和负压的措施。

(2)厌氧消化池溢流和表面排渣管出口不得放在室内,并必须有水封装置。厌氧消化池的出气管上,必须设回火防止器。

(3)用于污泥投配、循环、加热、切换控制的设备和阀门设施宜集中布置,室内应设置通风设施。厌氧消化系统的电气集中控制室不宜与存在污泥气泄漏可能的设施合建,场地条件许可时,宜建在防爆区外。

(4)污泥气储罐、污泥气压缩机房、污泥气阀门控制阀、污泥气管道层等可能泄漏污泥气的场所,电动机、仪表和照明等电器设备均应符合防爆要求,室内应设置通风设施和污泥气泄漏报警装置。

(5)污泥气储罐的容积宜根据产气量和用气量计算确定。缺乏相关资料时,可按 6～10 h的平均产气量设计。污泥气储罐内、外壁应采取防腐措施。

(6)污泥气储罐超压时不得直接向大气排放,应采用污泥气燃烧器燃烧消耗,燃烧器应采用内燃式。污泥气储罐的出气管上,必须设回火防止器。

(7)污泥气应综合利用,可用于锅炉、发电和驱动鼓风机等。

(8)根据污泥气的含硫量和用气设备的要求，可设置污泥气脱硫装置。脱硫装置应设在污泥气进入污泥气储罐之前。

(二)污泥的好氧生物稳定

污泥的好氧生物稳定又称为好氧消化。所谓好氧消化指的是对二级处理的剩余污泥或一、二级处理的混合污泥进行持续曝气，促使其中的生物细胞或构成BOD的有机固体分解，从而降低挥发性悬浮固体含量的方法。在好氧消化过程中，污泥中的有机物被好氧氧化为CO_2、NH_3和H_2O，以细胞(组成为$C_5H_7NO_2$)为例，其氧化作用可以下式表示：

$$C_5H_7NO_2+5O_2 \longrightarrow 5CO_2+NH_3+2H_2O$$

污泥好氧消化的主要目的是减少污泥中有机固体(VSS)的含量，细胞的分解速率随污泥中溶解态有机营养料和微生物比值(F/M)的增加而降低，通常初沉污泥的溶解态有机物含量高，因而其好氧消化作用慢。

好氧消化时，污泥中的固体有机物被好氧微生物氧化为CO_2，和厌氧消化比较(固体有机物被转化为CH_4和CO_2)，微生物获得的能量高，因此反应速率快。在15℃条件下，一般只需15～20 d即可减少挥发性固体40%～50%，而达到同样效率时，厌氧消化却需30～40 d。同时，相对于厌氧消化而言，好氧消化微生物不但种群和数量丰富，而且结构稳定，因此，好氧消化不易受条件变化的冲击，消化效果比较稳定。

污泥好氧消化时，由于微生物的内源呼吸和消化作用，排出消化池的污泥量比流入的要少(而在活性污泥法系统中由于微生物的增殖，排出量大于输入量)，减少量即为污泥的生物降解量，由此可得污泥泥龄(θ_c)的表达式为：

$$\theta_c=\frac{\text{消化池内 VSS 量(kg)}}{\text{系统的 VSS 净输入量(kg/d)}}$$

即污泥泥龄相当于污泥净输入量消化时间的平均值。

污泥好氧消化的构筑物为好氧消化池。好氧消化池的结构及构造同普通曝气池，有关设计参数的选择一般应通过试验确定。

《室外排水设计规范》(GB 50014—2006)规定有关的设计参数和有关要求如下。

(1)好氧消化时间宜为10～20 d。

(2)挥发性固体容积负荷一般重力浓缩后的原污泥宜为0.7～2.8 kgVSS/(m^3·d)；机械浓缩后的高浓度原污泥，挥发性固体容积负荷不宜大于4.2 kgVSS/(m^3·d)。

(3)当气温低于15℃时，好氧消化池宜采取保温加热措施或适当延长消化时间。

(4)好氧消化池中溶解氧浓度，不应低于2 mg/L。

(5)好氧消化池采用鼓风曝气时，宜采用中气泡空气扩散装置，鼓风曝气应同时满足细

胞自身氧化和搅拌混合的需气量，宜根据试验资料或类似运行经验确定。无试验资料时，可按下列参数确定：剩余污泥的总需气量为 0.02～0.04 m^3空气/(m^3池容·min)；初沉污泥或混合污泥的总需气量为 0.04～0.06 m^3空气/(m^3池容·min)。

(6)好氧消化池采用机械表面曝气机时，应根据污泥需氧量、曝气机充氧能力、搅拌混合强度等确定曝气机需用功率，其值宜根据试验资料或类似运行经验确定。当无试验资料时，可按 20～40 W(m^3池容)确定曝气机需用功率。

(7)好氧消化池的有效深度应根据曝气方式确定。当采用鼓风曝气时，应根据鼓风机的输出风压、管路及曝气器的阻力损失确定，宜为 5.0～6.0 m；当采用机械表面曝气时，应根据设备的能力确定，宜为 3.0～4.0 m。好氧消化池的超高，不宜小于 1.0 m。

(8)好氧消化池可采用敞口式，寒冷地区应采取保温措施。根据环境评价的要求，采取加盖或除臭措施。

(9)间歇运行的好氧消化池，应设有排出上清液的装置；连续运行的好氧消化池，宜设有排出上清液的装置。

此外，由于消化池中的污泥固体的停留时间较长，消化池内可形成大量的硝化菌，细胞氧化分解产生的 NH_3 被完全硝化，出水中含有大量的硝酸盐。因此，在具有生物脱氮处理系统的污水处理厂，好氧消化池及后续处理系统排出的上清液和滤液应直接返回脱氮系统的反硝化段。

与厌氧消化相比，好氧消化效率高、消化液中 COD 含量低、无异味，且系统简单易于控制；缺点是能耗较大，污泥经长时间曝气会使污泥指数增大而难以浓缩。因此，通常好氧消化适合于污泥量较小的场合，但近年来国外有不少大型污水处理厂也采用好氧消化进行污泥稳定。

二、污泥的化学稳定

化学稳定是向污泥中投加化学药剂，以抑制和杀死微生物，消除污泥可能对环境造成的危害(产生恶臭及传染疾病)。化学稳定的方法有石灰稳定法、氯稳定法和臭氧稳定法。

1. 石灰稳定法

向污泥中投加石灰，使污泥的 pH 提高到 11～11.5，在 15℃下接触 4 h，能杀死全部大肠杆菌及沙门氏伤寒杆菌，但对钩虫、阿米巴孢囊的杀伤力较差。经石灰稳定后的污泥脱水性能可得到大大改善，不仅污泥的比阻减小，泥饼的含水率也可降低。但石灰中的钙可与水中的 CO_2 和磷酸盐反应，形成碳酸钙和磷酸钙的沉淀，使得污泥量增大。

石灰的投加量与污泥的性质和固体含量有关，表 9-4-3 是有关的参考数据。

表 9-4-3　石灰稳定法的投加量

污泥类型	污泥固体浓度(%)		$Ca(OH)_2$投加量[g/g(SS)]	
	变化范围	平均值	变化范围	平均值
初沉污泥	3～6	4.3	60～170	120
活性污泥	1～1.5	1.3	210～430	300
消化污泥	6～7	6.5	140～250	190
腐化污泥	1～4.5	2.7	90～510	200

2. 氯稳定法

氯能杀死各种致病微生物，有较长期的稳定性。但氯化过程中会产生各种氯代有机物（如氯胺等），造成二次污染，此外污泥经氯化处理后，pH 降低，使得污泥的过滤性能变差，给后续处置带来一定困难。大规模的氯稳定法应用较少，但当污泥量少，且可能含有大量的致病微生物，如医院污水处理产生的污泥，采用氯稳定仍为一种安全有效的方法。

3. 臭氧稳定法

臭氧稳定法是近年来国外研究较多的污泥稳定法，与氯稳定法相比，臭氧不仅能杀灭细菌，而且对病毒的灭活也十分有效，此外，臭氧稳定也不存在氯稳定时带来的二次污染问题，经臭氧处理后，污泥处于好氧状态，无异味，是目前污泥稳定最安全有效的方法。该法的缺点是臭氧发生器的效率仍较低，建设及运营费用均较高。但对一些危险性很高的污泥，采用臭氧稳定法，仍不失为一种最安全的选择。

第五节　污泥调理与脱水

在污泥脱水前需要通过物理、化学或物理化学作用，改善污泥的脱水性能，该操作称为污泥调理。通过调理可改变污泥的组织结构，减小污泥的黏性，降低污泥的比阻，从而达到改善污泥脱水性能的目的。污泥经调理后，不仅脱水压力可大大减少，而且脱水后污泥的含水率可大大降低。

污泥在脱水前，应加药调理。污泥加药应符合下列要求：药剂种类应根据污泥的性质和出路等选用，投加量宜根据试验资料或类似运行经验确定；污泥加药后，应立即混合反应，并进入脱水机。

将污泥含水率降低到80%以下的操作称为脱水。脱水后的污泥具有固体特性，成泥块状，能装车运输，便于最终处置与利用。脱水的方法有自然脱水和机械脱水。自然脱水可采用干化场，所使用的外力为自然力（自然蒸发、渗透等）；机械脱水的方法有真空过滤、压滤、离心脱水等，所使用的外力为机械力（压力、离心力等）。

一、污泥调理

1. 化学调理

化学调理是向污泥中投加各种絮凝剂，使污泥中的细小颗粒形成大的絮体并释放吸附水，从而提高污泥的脱水性能。

调理所使用的药剂分为无机调理剂和有机调理剂。无机调理剂有铁盐、铝盐和石灰等；有机调理剂有聚丙烯酰胺等。无机调理剂价格低廉，但会增加污泥量，而且污泥的 pH 对调理效果影响较大；而有机调理剂则与之相反。综合应用 2～3 种絮凝剂，混合投配或顺序投配能提高效能。调节剂的使用量范围一般需通过试验来确定。

2. 水力调理(淘洗)

在消化污泥池中，如果碱度越高，需投加的调节剂量就越大。水力调理(淘洗)的原理是利用处理过的污水与污泥混合，然后再澄清分离，以此冲洗和稀释原污泥中的高碱度，带走细小固体。水力淘洗主要用于对消化污泥的调理，通常消化污泥中的碱度很高，投加的酸性药剂(如三氯化铁和硫酸铝等)会与之反应，需要消耗大量药剂，通过淘洗可降低污泥的碱度，降低药剂消耗。此外，污泥中的细小固体不仅是化学药剂的主要消耗者，而且易堵塞滤饼，增加过滤阻力，通过淘洗将其冲走，可大大提高污泥的过滤性能。目前，淘洗分为单级、两级、多级以及逆流淘洗等方法。淘洗工艺通常采用多级逆流方式进行，淘洗液中的 BOD 和 COD 含量较高，需回流到污水处理设备去重新处理。

3. 物理调理

物理调理有加热、冷冻、添加惰性助滤剂等方法。

(1)热调理。热调理借助高压加热破坏水与污泥之间的结构关系，使污泥水解并释放细胞内的水分，从而使污泥的脱水性能得到改善。如污泥经过 160～200℃和 1～1.5 MPa 的高温加热和高压处理后，不但可破坏胶体结构，提高脱水性能(比阻降至 0.1×10^9 S^2/g)，而且还能彻底杀灭细菌，解决卫生问题。但缺点是气味大、设备易腐蚀。

(2)冷冻调理。污泥经反复冷冻后能破坏污泥中的固体与结合水的联系，提高过滤能力。人工冷冻成本较高，自然冷冻法则受气候条件的影响，故均很少采用。

(3)添加惰性助滤剂。向污泥中投加无机助滤剂，可在滤饼中形成孔隙粗大的骨架，从而形成较大的絮体，减小污泥过滤比阻，常用的无机助滤剂有污泥焚化时的灰烬、飞灰、锯末等。

二、污泥脱水

(一)自然脱水

利用自然力(蒸发、渗透等)对污泥进行脱水的方法称为自然脱水。自然脱水的构筑物为污泥干化场(也叫干化床或晒泥场)。污泥干化场的脱水包括上部蒸发、底部渗透、中部放泄等多种自然过程,其中,蒸发受自然条件的影响较大,气温高、干燥、风速大、日晒时间长的地区效果好,寒冷、潮湿、多雨地区则效果较差;渗透作用主要与干化场的渗水层结构有关。根据自然条件和渗水层特征,干化期由数周至数月不等,干化污泥的含水率可降至65%～75%。

干化场一般由大小相等、宽度不大于 10 m 的若干区段组成(图 9-5-1),围以土堤,堤上设干渠和支渠用以输配污泥(也可采用管道输送,设干管和支管)。渠道底坡度采用 0.01～0.03,支渠沿每块干化场的长度方向设几个放泥口,向干化场均匀配泥。每块干化场的底部设有 30～50 cm 的渗水层,渗水层的结构为上层细沙,中层粗沙,底层为碎石或碎砖。渗水层下为 0.3～0.4 m 厚的不透水层(防水层),坡向排水管。排水管管径为 75～150 cm,每块干化场设 1～2 排,埋深 1～1.2 m,各节排水管之间不接口,留有缝隙,以便于接纳下渗的污水,排水管的坡度采用 0.002～0.005,污水最后汇集于排水总渠。此外,在每块干化场的两侧设置若干排水井,用以收集从干化场不同高度放泄的上清液。

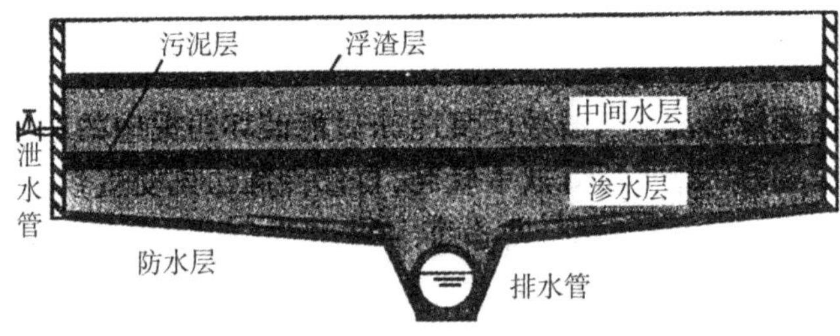

图 9-5-1　污泥干化场的横断面结构

污泥干化场采用间歇、周期运行,每次排放的污泥只存放于 1 或 2 块干化场上,泥层厚 30～50 cm,下一次排泥进入另外 1～2 块上,各组干化场依次存泥、干化和铲运。

污泥干化场设计的主要内容为确定有效面积、进泥周期、围堤高度、渗水层结构、污泥输配系统及排水设施等。

干化场的有效面积 A(m^2)按下式计算:

$$A = \frac{V}{h}T$$

式中:V ——污泥量,m^3/d;

h ——干化场每次放泥高度,一般采用 0.3～0.5 m;

T ——污泥干化周期,即某区段两次放泥相隔的天数,该值取决于气候条件及土壤条件。

考虑到土堤等所占面积,干化场实际需要的面积应比 A 增大 20%～40%。

围堤高度在最低处一般取 0.5～0.7 m，最高处根据渠道坡度推算。冰冻期长的地区，应适当增高围堤。若污泥最终用作肥料，也可将冻结污泥运走，以节省场地。

污泥干化场的特点是简单易行、污泥含水率低，缺点是占地面积大、卫生条件差、铲运干污泥的劳动强度大。

(二)机械脱水

利用机械力对污泥进行脱水的方法称为机械脱水。机械力的种类有压力、真空吸力、离心力等，对应的脱水方式称为过滤脱水和离心脱水，相应的设备为压力过滤机、真空过滤机和离心机。

污泥机械脱水的设计，应符合下列规定：污泥脱水机械的类型，应按污泥的脱水性质和脱水要求，经技术经济比较后选用；污泥进入脱水机前的含水率一般不应大于 98%；经消化后的污泥，可根据污水性质和经济效益，考虑在脱水前淘洗；机械脱水间的布置，应按《室外排水设计规范》泵房中的有关规定执行，并应考虑泥饼运输设施和通道；脱水后的污泥应设置污泥堆场或污泥料仓贮存，污泥堆场或污泥料仓的容量应根据污泥出路和运输条件等确定；污泥机械脱水间应设置通风设施。每小时换气次数不应小于 6 次。

1. 过滤脱水

过滤脱水是在外力(压力或真空)作用下，污泥中的水分透过滤布或滤网，固体被截留，从而达到对污泥脱水的过程。分离的污泥水送回污水处理设备进行重新处理，截留的固体以泥饼的形式剥落后运走。

污泥过滤性能主要取决于滤饼和滤布(或滤网)的阻力。过滤机的脱水能力可用下式(Darcy 方程)表示：

$$\frac{\mathrm{d}V}{\mathrm{d}t}=\frac{pA^2}{\mu(rcV+RA)} \tag{9-1}$$

式中：V ——滤过水的体积，m^3；

t ——过滤时间，s；

p ——过滤推动力(由过滤介质两侧的压力差产生)，kg/m^2；

A ——有效过滤面积，m^2；

μ ——过滤水的黏度，Pa·s；

R ——单位面积滤布的过滤阻力，m/m^2；

r ——单位质量干滤饼的过滤阻力，称为比阻，m/kg；

c ——单位体积滤过水所产生的滤饼质量，kg/m^3。

由上式可知，在过滤压力、面积、滤布材料已定的条件下，单位时间的滤过水量与滤液的黏性和滤饼的阻力成反比，也就是说，滤液的黏性和滤饼的比阻决定了污泥的脱水性能。一般而言，污泥颗粒小，粒径不均匀，有机颗粒和有机溶质较多时，黏性和比阻就大，相应的过滤性能就差；反之，过滤性能就好。

将式(9-1)积分，得：

$$\frac{t}{V}=\frac{\mu rc}{2pA^2}V+\frac{\mu R}{pA} \tag{9-2}$$

由上式可见，过滤脱水时滤液的体积与过滤时间和滤液体积的比值成正比。相对于泥饼而言，一般滤布的阻力很小，可忽略不计，式(9-2)可简化为：

$$\frac{t}{V}=\frac{\mu rc}{2pA^2}V \tag{9-3}$$

此外，污泥的比阻还与滤饼的可压缩性有直接关系。如果滤饼本身松散，受压时易变形，导致污泥密度增大，则对应的比阻也会随之增大；反之，如果滤饼颗粒比较密实，且具有较坚硬的空间结构，则受压时不易变形，对应的比阻也就较小。表征比阻与压力的关系通常用下式表示：

$$r=r'p^s \tag{9-4}$$

式中：p ——压力，Pa；

s ——压缩系数；

r' ——常数。

式(9-4)中的压缩系数表示滤饼的可压缩程度。对于难压缩的污泥，如沙等，其压缩系数 $s=0$，此时比阻与压力无关，增加过滤压力并不会增加比阻，因此，可以通过增压提高过滤机的生产能力。但像活性污泥这样的易压缩污泥，增大压力，比阻也随之增加，此时增压对提高生产能力并无显著效果。

过滤脱水的方法有真空过滤和压力过滤。真空过滤主要有转筒式、绕绳式和转盘式过滤机；压力过滤主要有板框压滤机和带式压滤机，此外，在此基础上还发展了许多改型的过滤设备。以下主要论述生产上最为常用的转筒式真空过滤机、板框压滤机和带式压滤机。

(1)真空过滤机。真空过滤机主要设备由两大部分组成：半圆形污泥槽和过滤转筒。转筒式真空过滤机的转筒半浸没在污泥中，转筒外覆滤布，筒壁分成的若干隔间分别由导管连于回转阀座上。根据转动时各隔间所处位置的不同，与固定阀座上抽气管或压气管接通。当隔间位于过滤段时，与抽气管接通，污泥水通过滤布被抽走，固体被截留于滤布上。当转到脱水段时，仍与抽气管接通，水分继续被抽走，泥层逐渐干燥，形成滤饼。当转到排泥段时，由真空抽吸，改为正压吹脱段，滤饼被吹离滤布，并用刮刀刮下，通过装运小斗或皮带运输机将其运走。泥槽底部设有搅拌器，用以防止固体沉积。真空过滤机的转筒圆周速度为 0.75～1.1 mm/s，真空度为 40～81.3 kPa(过滤段)和 66.7～94.6 kPa(脱水段)。所形成的滤饼厚度视污泥浓度和转筒转速而异，一般为 2～6 mm。

真空过滤机的优点是适应性强、连续运行、操作平稳、全过程自动化。它的缺点是多数污泥须经调理才能过滤，且工序多、费用高。此外，过滤介质（滤网或滤布）紧包在转筒上，再生与清洗不充分，容易堵塞。

折带式转筒真空过滤机则克服了这一缺点，是用辊轴把过滤介质转出，这不仅使卸料方便，同时也使介质容易清洗再生。

（2）板框压滤机。压力过滤机是由组滤板和滤框交替组装而成，故也称作板框压滤机。自动板框压滤机的框边有通道，并有小沟道与板框接通；污泥由通道及小沟道进入滤框后，污泥水渗过滤板两面覆盖的滤布，沿板面沟流下，最后由滤板下方的滤过液排出管流入集水槽。污泥固体截留在滤框内的滤布上形成滤饼，当达到一定厚度时，拆开板框，取出滤布，将滤饼剥落，并冲洗干净后组装。自动板框压滤机可自动拆开和压紧，滤布为很长的能回转布带，卸料时，滤带在许多小活轮间绕过移动，滤饼便自动脱落。

压力过滤机特点是作用压力大于真空抽力，能产生很高的泥饼固体含量，但间断运行，拆装频繁，容易损坏。

（3）带式压滤机。带式压滤机由上下两组同向移动的回转带组成，上面为金属丝网做成的压榨带，下面为滤布做成的过滤带。污泥由一端进入，在向另一端移动的过程中，先经过浓缩段，主要依靠重力过滤，使污泥失去流动性，然后进入压榨段。由于上、下两排支承辊压轴的挤压而得到脱水。滤饼含水率可降至 80%～85%。这种脱水设备的特点是把压力直接施加在滤布上，用滤布的压力或张力使污泥脱水，而不需真空或加压设备，因此它消耗动力少，并可以连续运行。带式压滤机工艺简单，是目前广为采用的污泥脱水设备。

2. 离心脱水

利用离心力的作用对污泥脱水的过程称为离心脱水。当污泥颗粒随流体做旋转运动时，作用在颗粒上的离心力为：

$$F_e = m_e \omega^2 r = (\rho_s - \rho) V_p \omega^2 r \tag{9-5}$$

式中：F_e ——离心力，N；

m_e ——颗粒质量，kg；

ω ——流体运动的角速度，1/s；

r ——颗粒距圆心的距离，m；

ρ_s ——颗粒密度，kg/m^3；

ρ ——流体密度，kg/m^3；

V_p ——颗粒体积，m^3。

颗粒运动时的流体阻力：

$$F_D = \frac{1}{2}\rho C_D A v^2 \tag{9-6}$$

式中：F_D ——流体阻力，N；

C_D ——阻力系数；

A ——颗粒的横截面积，m^2。

v ——颗粒运动速度，m/s。

忽略重力，依据牛顿第二定律，可得：

$$\rho_s V_p \frac{dv}{dt} = (\rho_s - \rho) V_p \omega^2 r - \frac{1}{2}\rho C_D A v^2 \tag{9-7}$$

将 $v = dr/dt$ 代入上式并整理后可得：

$$\frac{d^2 r}{dt^2} + C_D \frac{\rho}{\rho_s} \frac{3}{4d} \left(\frac{dr}{dt}\right)^2 - \frac{(\rho_s - \rho)}{\rho_s} \omega^2 r = 0 \tag{9-8}$$

当颗粒的运动处于层流状态时，阻力系数 C_D 与雷诺数 Re 的关系为：

$$C_D = \frac{24}{Re} \tag{9-9}$$

将式(9-9)代入式(9-8)，得：

$$\frac{d^2 r}{dt^2} + \frac{18\mu}{\rho_s d^2 Re} \frac{dr}{dt} - \frac{(\rho_s - \rho)}{\rho_s} \omega^2 r = 0 \tag{9-10}$$

式中：μ ——流体的黏度，Pa·s。

式(9-9)对应的边界条件为 $t=0$，$r=0$ 和 $dr/dt=0$。积分式(9-10)求得在给定颗粒粒径、密度和旋转角速度下颗粒从离心机中心筒运动到 r 时所需的时间，该数值是离心机设计和选型的重要指标。当颗粒运动处于紊流状态下，可将对应的阻力系数表达式代入式(9-8)，此时，所得的 r 与 t 的关系式为二阶非线性微分方程，必须通过数值计算确定相关的关系。

完成离心脱水的设备为离心机。离心机的种类很多，其中以中、低速转筒式离心机在污泥脱水中应用最为普遍。该机的主要构件是转筒和装于筒内的螺旋输泥机，如图 9-5-2 所示。污泥通过中空轴连续进入筒内，由转筒带动污泥高速旋转，在离心力的作用下，向筒壁运动，达到泥水分离。螺旋输泥机与转筒同向旋转，但转速不同，使输泥机的螺旋刮刀对转筒有相对转动，将泥饼由左端推向右端，最后从排泥口排出，澄清水则由另一端排水口流出。

经离心机脱水的污泥特性按初次沉淀污泥、消化后的初沉污泥、混合污泥、消化后的混合污泥顺序，其含水率相应可降至 65%～75%(前两者)和 76%～82%(后两者)；固体回收率为 85%～95%(前两者)及 50%～80%和 50%～70%。若投加调理剂，四种污泥的回收率可高于 95%。显而易见，离心脱水机排出的“滤液”含有大量的悬浮固体，必须返回污水处理系统进行处理。

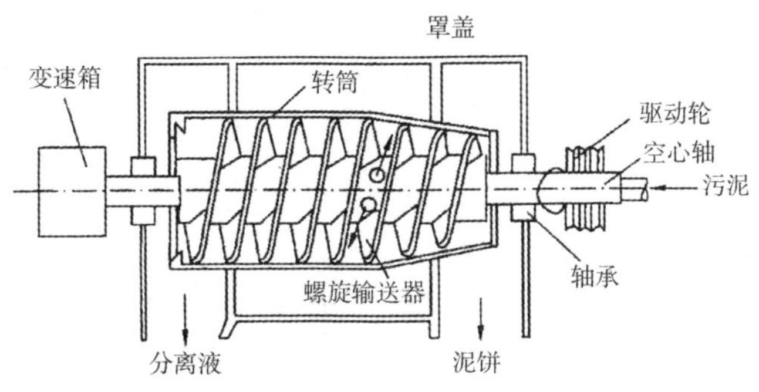

图 9-5-2　离心脱水机

离心机的优点是设备小、效率高、分离能力强、操作条件好(密封、无气味);缺点是制造工艺要求高、设备易磨损、对污泥的预处理要求高,而且必须使用高分子聚合电解质作为调理剂。

采用离心机脱水时需要注意以下事项。

(1)离心脱水机房应采取降噪措施。离心脱水机房内外的噪声应符合现行国家标准《工业企业噪声控制设计规范》(GB/T 50087—2013)的规定。

(2)污水污泥采用卧螺离心脱水机脱水时,其分离因数宜小于 3 000*g*(*g* 为重力加速度)。

(3)离心脱水机前应设置污泥切割机,切割后的污泥粒径不宜大于 8 mm。

第六节　污泥的最终处置

污泥经浓缩、稳定及脱水等处理后,不仅体积大大减小,而且在一定程度上得到了稳定,但污泥作为污水处理过程中的副产物,还需考虑其最终去向,即最终处置。污泥最终处置的方法有综合利用、湿式氧化、焚烧等,也可和城市垃圾一起填埋。

一、污泥的综合利用

污泥中含有各种营养物质及其他有价值的物质,因此,综合利用是污泥最终处置的最佳选择。污泥综合利用的方法及途经随污泥的性质及利用价值而异。

污泥的最终处置,宜考虑综合利用。污泥的综合利用,应因地制宜,考虑农用时应慎重。污泥的土地利用,应严格控制污泥中和土壤中积累的重金属和其他有毒物质含量。农用污泥,必须符合国家现行有关标准的规定。

1. 用作肥料和改良土壤

有机污泥中含有丰富的植物营养物质,如城市污泥中含氮 2%～7%,磷 1%～5%,钾

0.1%～0.8%。消化污泥除钾含量较少外，氮、磷含量与厩肥差不多。活性污泥的氮、磷含量为厩肥的4～5倍。此外，污泥中还含有硫、铁、钙、钠、镁、锌、铜、钼等微量元素和丰富的有机物与腐殖质。用有机污泥施肥，既有良好肥效，又能使土壤形成团粒结构，起到改良土壤的作用。

2. 其他用途

从工业废水处理排除的泥渣中可以回收工业原料。例如，轧钢废水中的氧化铁皮、高炉煤气洗涤水和转炉烟气洗涤水的沉渣，均可作烧结矿的原料；电镀废水的沉渣为各种贵金属、稀有金属或重金属的氢氧化物或硫化物，可通过电解还原或其他方法将其回收利用。许多无机污泥或泥渣可作为铺路、制砖、制纤维板和水泥的原料。

二、湿式氧化

湿式氧化是将湿污泥中的有机物在高温高压下利用空气中的氧进行氧化分解的一种处理方法。湿式氧化系统由预热系统、反应系统和泥水分离系统组成，污泥经磨碎后，在污泥柜中预热到20～60℃，由污泥泵加压，同压缩机来的空气混合后通过热交换器，升温到210～220℃，然后在反应器内进行湿式氧化分解，产生的反应热使污泥在反应器内越向上温度越高(270℃)。反应物及气态混合物在分离器内分离，再在污泥柜与新污泥进行热交换，使温度降到40～70℃，经沉淀分离后，底部的泥渣进行脱水、干化处理，上清液排至处理设备重新处理。

影响湿式氧化效率的因素有反应温度、压力、空气量、污泥中挥发性固体的浓度以及含水率等。污泥湿式氧化时，所需的空气量 G (mg/L)可按下式计算：

$$G=\frac{a\mathrm{COD}}{0.232} \tag{9-11}$$

式中：0.232——空气中氧的质量分数；

a ——空气过剩系数，试验表明湿式氧化的需氧量与其污泥的COD值接近，即 a 约为1，工程上采用1.02～1.05即可满足要求。

湿式氧化法的特点是能对污泥中几乎所有的有机物进行氧化，不但分解程度高，而且可以根据需要进行调节；经湿式氧化后的污泥，主要为矿化物质，污泥比阻小，一般可直接过滤脱水，而且效率高、滤饼含水率低。缺点是要求设备耐高温高压，投资费用大、运营费用高、设备易腐蚀。

三、污泥的焚烧

焚烧是污泥最终处置的最有效和彻底的方法。焚烧时借助辅助燃料，使焚烧炉内温度升至污泥中有机物的燃点以上，令其自燃。如果污泥中的有机物的热值不足，则须不断添加

辅助燃料，以维持炉内的温度。燃烧过程中所产生的废气（CO_2、SO_2等）和炉灰，需分别进行处理。

影响污泥焚烧的基本条件包括：温度、时间、氧气量、挥发物含量以及泥气混合比等因素。温度超过800℃的有机物才能燃烧，1 000℃时开始可以消除气味。焚烧时间越长越彻底。焚烧时必须有氧气助燃，氧气通常由空气供应。空气量不足，燃烧不充分；空气量过多，加热空气要消耗过多的热量，一般以50%～100%的过量空气为宜。挥发物含量高，含水率低，有可能维持自燃，否则尚需添加燃料。维持自燃的含水量与挥发物质量之比应小于3.5。

常见的焚烧装置有多床炉、流化床炉等。多床炉如图9-6-1所示，由多层炉床（一般6～12层）组成，每层炉床上装有旋转耙齿，由中空轴通过电机带动其旋转。脱水后的污泥由炉顶加入，从上到下由耙齿逐层刮下。炉内温度是中间高两端低，上层为干燥段，温度约550℃，污泥在此处蒸发干燥；中间层为焚化段，温度在800～1 000℃，污泥在此处与上升的高温气流和侧壁加入的辅助燃料一并燃烧；底部为冷却段，温度350℃左右，焚灰在此冷却后由排灰口排出。空气由风机沿中空轴鼓入，对耙齿转轴活动部分进行冷却，在上升的同时由于吸热而升温，热空气到达炉顶后，部分放空，部分由回风管回流到炉底，作为助燃剂，向上穿过多层床，经气体除尘净化后由燃烧气出口排走。

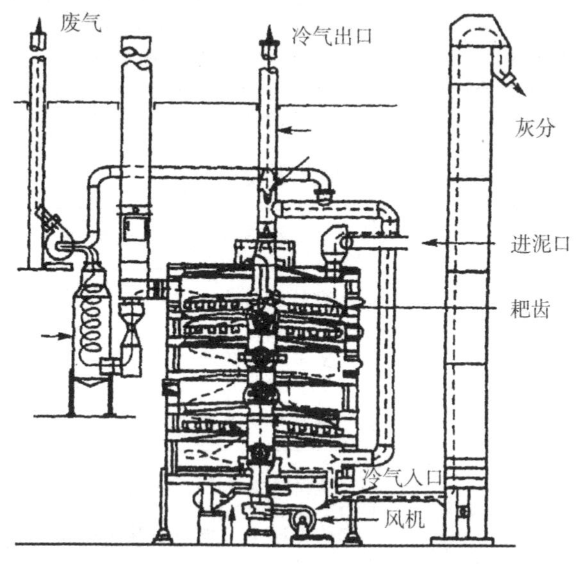

图9-6-1　多床炉

第十章　城市污水回用

第一节　回用途径

城市污水回用，也称再生利用，是指污水回收、再生和利用的通称，是污水净化再用、实现水循环的全过程。污水经处理达到回用水水质要求后，回用于工业、农业、城市杂用、景观娱乐、补充地表水和地下水等。城市污水回用途径广泛，表 10-1-1 是城市污水再生利用类别。其中，工业、农业和城市杂用是城市污水回用的主要对象。

表 10-1-1　城市污水再生利用类别

序号	分类	范围	示例
1	农、林、牧、渔业用水	农田灌溉	种子与育种、粮食与饲料作物、经济作物
		造林育苗	种子、苗木、苗圃、观赏植物
		畜牧养殖	畜牧、家禽、家畜
		水产养殖	淡水养殖
2	城市杂用水	城市绿化	公共绿地、住宅小区绿化
		冲厕	厕所便器冲洗
		道路清洗	城市道路的冲洗及喷洒
		车辆冲洗	各种车辆冲洗
		建筑施工	施工场地清扫、浇洒、灰尘抑制，混凝土制备与养护，施工中的混凝土构件和建筑物冲洗
		消防	消火栓、消防水炮
3	工业用水	冷却用水	直流式、循环式
		洗涤用水	冲渣、冲灰、烟尘消除、清洗
		锅炉用水	中压、低压锅炉

续表

序号	分类	范围	示例
3	工业用水	工艺用水	溶料、水浴、蒸煮、漂洗、水力开采、水力输送、增湿、稀释、搅拌、选矿、油田回注
		产品用水	浆料、化工制剂、涂料
4	环境用水	娱乐性景观环境用水	娱乐性景观河道、景观湖泊及水景
		观赏性景观环境用水	观赏性景观河道、景观湖泊及水景
		湿地环境用水	恢复自然湿地、营造人工湿地
5	补充水源水	补充地表水	河流、湖泊
		补充地下水	水源补给、防止海水入侵、防止地面沉降

将经过深度处理，达到回用要求的城市污水回用于工业、农业、市政杂用等需水对象，为直接水回用。其中，最具潜力的是回用于工业冷却水、农田灌溉及市政杂用等。城市污水按要求进行处理后排入水体，经自净后供给各类用户使用，为间接水回用。将经过深度处理的城市污水回灌于地下水层，再抽取使用，属间接水回用。几个城市位于同一条大河流域，都使用该水体作为给水水源和净化污水排放水体，属宏观意义上的间接水回用。

第二节　回用水水质标准

一、回用水水质基本要求

为使污水回用安全可靠，城市污水回用水水质应满足以下基本要求。

(1)回用水的水质符合回用对象的水质控制指标。

(2)回用系统运行可靠，水质水量稳定。

(3)对人体健康、环境质量、生态保护不产生不良影响。

(4)回用于生产目的时，对产品质量无不良影响。

(5)对使用的管道、设备等不产生腐蚀、堵塞、结垢等损害。

(6)使用时没有嗅觉和视觉上的不快感。

二、回用水水质标准

回用水水质标准是确保回用安全可靠和回用工艺选用的基本依据。为引导污水回用健康发展，确保回用水的安全使用，我国已制定了一系列回用水水质标准，包括《城市污水再生利用　工业用水水质》(GB/T 19923—2005)、《城市污水再生利用　城市杂用水水质》(GB/T 18920—2002)和《城市污水再生利用　景观环境用水水质》(GB/T 18921—2002)等。

《污水再生利用工程设计规范》提出：当再生水同时用于多种用途时，其水质标准应按最高要求确定。对于向服务区域内多用户供水的城市再生水厂，可按用水量最大的用户的水质标准确定；个别水质要求更高的用户，可自行补充处理，直至达到该水质标准。

1. 回用于工业用水水质主要控制指标

工业用水种类繁多，水质要求各不相同。经深度处理后的污水主要可回用于冷却用水、洗涤用水、锅炉补给水及工艺与产品用水等。其中，工业冷却水用量大，使用面广，水质要求相对较低，是国内外污水回用于工业的主要对象。

由于工业用水水质与工业生产的类型、生产工艺和产品质量要求直接相关，具体要求各不相同，《城市污水再生利用　工业用水水质》对污水回用于工业用水的方式提出了如下要求。

(1)用作冷却用水(包括直流冷却水和敞开式循环冷却水系统补充水)和洗涤用水时，一般达到规定的控制指标后可以直接使用；必要时也可进行补充处理或与新鲜水混合使用。

(2)用作锅炉补给水水源时，达到规定的控制指标后尚不能直接补给锅炉，应根据锅炉工况，对水源水再进行软化、除盐等处理，直至满足相应工况的锅炉水质标准。对于低压锅炉，水质应达到《工业锅炉水质》(GB/T 1576—2018)的要求；对于中压锅炉，水质应达到《火力发电机组及蒸汽动力设备水汽质量》(GB/T 12145—2016)的要求；对于热水热力网和热采锅炉，水质应达到相关行业标准。

(3)用作工艺与产品用水水源时，达到规定的控制指标后，尚应根据不同生产工艺或不同产品的具体情况，通过回用试验或者相似经验证明可行时，工业用户可以直接使用；当水质不能满足供水水质指标要求，而又无回用经验可借鉴时，则需要对回用水做补充处理试验，直至达到相关工艺与产品的供水水质指标要求。

2. 回用于城市杂用水水质主要控制指标

城市杂用水指经深度处理的城市污水回用于城市绿化、冲厕、道路清扫、车辆冲洗、建筑施工、消防等。一般而言，回用于城市杂用水需要建设双给水系统，国内目前也有采用给水

车送水的供水方式，但成本较高。

3. 回用于景观环境用水水质主要控制指标

景观环境回用指经深度处理的城市污水回用于观赏性景观环境用水、娱乐性景观环境用水、湿地环境用水等。

4. 回用于补充水源水质主要控制指标

补充水源有补充地表水和补充地下水两类，我国目前还没有专门的水质控制标准。地表水的补充是将经处理过的城市污水放流到地表水体，水质可按《地表水环境质量标准》(GB 3838—2002)，结合环境评价等要求综合确定。地下水回灌可以是直接注水到含水层或利用回灌水池，回灌水可用于工业、农业，以及用于建立水力屏障以防止沿海地区由于地下水过量开采引起的海水侵入。回灌水预处理程度受抽取水的用途(回用对象水质要求)、土壤性质与地质条件(含水层性质)、地下水量与进水量(被稀释程度)、抽水量(抽取速度)以及回灌与抽取之间的平均停留时间、距离等因素影响。回灌前除需经生物处理(包括硝化与反硝化脱氮)外，还必须有效地去除有毒有机物与重金属。此外，影响回用水回灌的主要指标还有悬浮物浓度和浊度(引起堵塞)、细菌总数(形成生物黏泥)、氧浓度(引起腐蚀)、硫化氢浓度(引起腐蚀)、总溶解固体(抽取水用于灌溉时)等。

5. 回用于农业用水水质主要控制指标

城市污水经净化后回用于农业灌溉的主要水质指标有含盐量、选择性离子毒性、碳酸氢盐、pH 等。原污水不允许以任何形式用于灌溉，一方面是感官上不好，另一方面是粪便聚集于农田可能直接污染作业工人(农民)或通过灰蝇、喷灌产生的气溶胶传播病原体。

我国目前还没有专门的农业回用水水质标准，一般可参照《农田灌溉水质标准》(GB 5084—2005)，确定回用水水质控制指标。

第三节　污水回用系统

一、污水回用系统类型

污水回用系统按服务范围可分为以下三类。

1. 建筑中水系统

在一栋或几栋建筑物内建立的中水系统称为建筑中水系统，处理站一般设在裙房或地下室，中水用作冲厕、洗车、道路保洁、绿化等。

2. 小区中水系统

在小区内建立的中水系统，可采用的水源较多，如邻近城镇污水处理厂出水、工业洁净排水、小区内建筑杂排水、雨水等。小区中水系统有覆盖全区回用的完全系统，供给部分用户使用的部分系统，以及中水不进建筑，仅用于地面绿化、喷洒道路、地面冲洗的简易系统。图 10-3-1 是用建筑杂排水作为水源的小区中水系统。

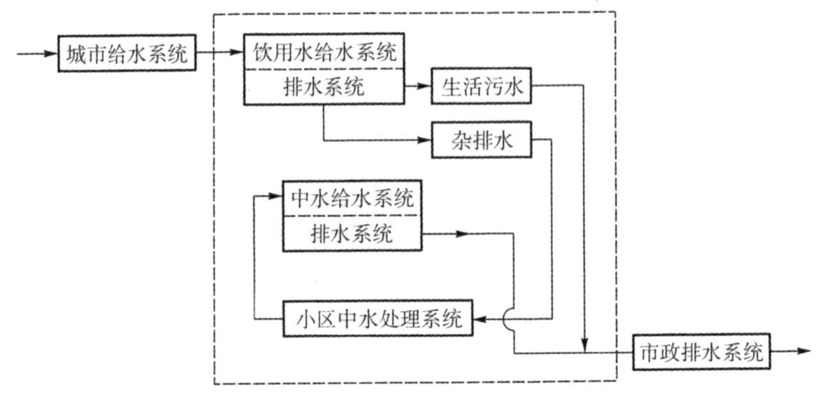

图 10-3-1　建筑杂排水作为水源的小区中水系统

3. 城市污水回用系统

城市污水回用系统又称城市污水再生利用系统，是在城市区域内建立的污水回用系统。城市污水回用系统以城市污水、工业洁净排水为水源，经污水处理厂及深度处理工艺处理后，回用于工业用水、农业用水、城市杂用水、环境用水和补充水源水等。

各种回用系统各有其特点，一般而言，建筑或小区中水系统可就地回收、处理和利用，管线短，投资小，容易实施，但水量平衡调节要求高、规模效益较低。从水资源利用的综合效益分析，城市污水回用系统在运行管理、污泥处理和经济效益上有较大的优势，但需要单独铺设回用水输送管道，整体规划要求较高。

二、城市污水回用系统组成

城市污水回用系统一般由污水收集、回用水处理(污水处理厂及深度处理)、回用水输配和用户用水管理等部分组成。

图 10-3-2 是城市污水回用系统图，从图中可以看出，城市污水回用将给水和排水联系起来，实现水资源的良性循环，促进城市水资源的动态平衡。城市污水回用关联到公用、城建、工业和规划等多个部门，需要统筹安排，综合实施。

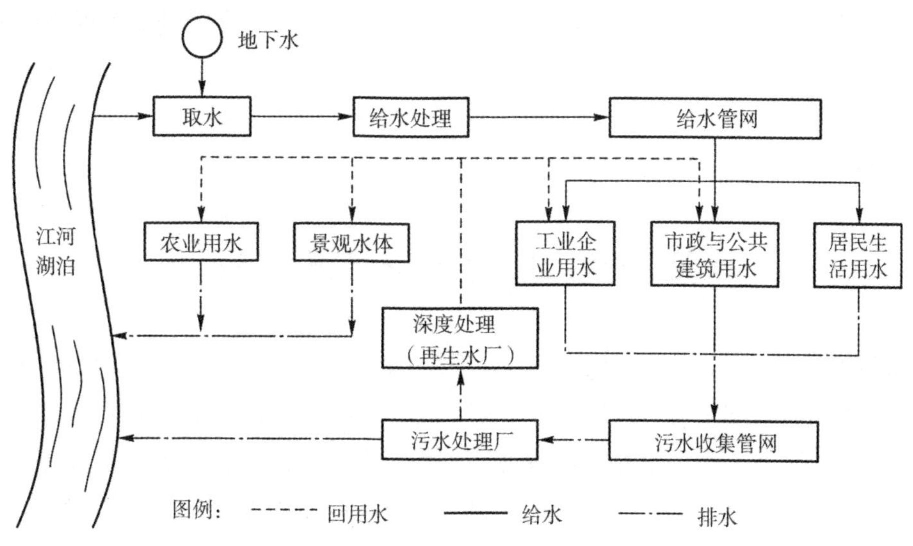

图 10-3-2 城市污水回用系统

1. 污水收集

污水收集主要依靠城市排水管道系统实现，包括生活污水排水管道、工业废水排水管道和雨水排水管道。对于收集工业洁净水为源水的回用系统，可以利用城市排水管道，或另行建设收集管道。

2. 回用水处理

(1)污水处理厂内部深度处理。污水处理厂内部建设深度处理工艺设施，将部分或全部污水处理厂出水进行深度处理，达到要求的回用水质控制指标后，用专用管道输送到回用用户，包括各类工业用户、城市杂用水、景观用水、农业用水或地下水的回灌等。

(2)用户自行深度处理。污水处理厂将处理后达到排放标准，或达到用户要求水质指标的出水，用专用管道输送到回用水用户，在用户所在地建设回用水深度处理工艺设施，将污水处理厂供给的出水净化到要求的水质控制指标。

3. 回用水输配

回用水的输配系统应建成独立系统，输配水管道宜采用非金属管道，当使用金属管道时，应进行防腐蚀处理。当水压不足时，用户可自行建设增压泵站。回用水输配管网可参照城市给水管网的要求开展规划设计工作，除了确保回用水在卫生学方面的安全外，还要考虑回用水的供水可能产生供水中断、管道腐蚀以及与自来水误接误用等关系到供水安全性的问题。因此，在回用水输配中必须采取严格的安全措施。

4. 用户用水管理

回用水用户的用水管理十分重要，应根据用水设施的要求确定用户的管理要求和标准。例如，当回用水用于工业冷却时，用户管理包括水质稳定处理、菌藻控制和进一步改善水质的其他特殊处理，并建立合理的运行工艺条件，减轻使用回用水可能带来的负面影响。当用于城市杂用水和景观环境用水时，则应进行水质水量监测、补充消毒、用水设施维护等工作。污水回用工程应对回用水用户提出明确的用水管理要求，确保系统安全运行。

第四节　回用处理技术方法

城市污水回用处理技术是在城市污水处理技术的基础上，融合给水处理技术、工业用水深度处理技术等发展起来的。在处理的技术路线上，城市污水处理以达标排放为目的，而城市污水回用处理则以综合利用为目的，根据不同用途进行处理技术组合，将城市污水净化到相应的回用水水质控制要求。因此，回用处理技术是在传统城市污水处理技术的基础上，将各种技术上可行、经济上合理的水处理技术进行综合集成，实现污水资源化。

一、预处理技术

以生物处理工艺为主体，以达到排放标准为目标的城市污水处理技术，经过长期的发展，已相当成熟。污水二级处理出水水质主要指标基本上能达到回用于农业的水质控制要求。除浊度、固体物质和有机物等指标外，其他各项已基本接近于回用工业冷却水水质控制指标。对要求出水回用的污水处理厂，可在技术上通过工艺改进和工艺参数优化，使二级处理后的城市污水出水大多数指标达到或接近回用水质控制要求，可以较大程度上减轻后续深度处理的负担。《污水再生利用工程设计规范》指出：出水供给回用水厂的二级处理的设计应安全、稳妥，并应考虑低温和冲击负荷的影响。当回用水水质对氮磷有要求时，宜采用二级强化处理。

二、深度处理技术

为了向多种回用途径提供高质量的回用水，需对二级处理后的城市污水进行深度处理，去除污水处理厂出水中剩余的污染成分，达到回用水水质要求。这些污染物质主要是氮、磷、胶体物质、细菌、病毒、微量有机物、重金属以及影响回用的溶解性矿物质等。去除这些污染物的技术有的是从给水处理技术移植过来的，有的是单独针对某项污染物的。由于使用对象、水质控制要求与给水处理有所不同，不能简单地套用给水处理的工艺方法和参数，而应根据回用水处理的特殊要求采用相应的深度处理技术及其组合。

城市污水回用深度处理基本单元技术有：混凝沉淀（或混凝气浮）、化学除磷、过滤、消毒等。对回用水水质有更高要求时，可采用活性炭吸附、脱氨、离子交换、微滤、超滤、纳滤、反渗透、臭氧氧化等深度处理技术。根据去除污染物的对象不同，二级处理出水可采用的相应

深度处理方法见表 10-4-1。

表 10-4-1　二级处理出水深度处理方法

污染物		处理方法
有机物	悬浮性	过滤(上向流、下向流、重力式、压力式、移动床、双层和多层滤料)、混凝沉淀(石灰、铝盐、铁盐、高分子)、微滤、气浮
	溶解性	活性炭吸附(粒状碳、粉状碳、上向流、下向流、流化床、移动床、压力式吸附塔、重力式吸附塔)、臭氧氧化、混凝沉淀、生物处理
无机盐	溶解性	反渗透、纳滤、电渗析、离子交换
营养盐	磷	生物除磷、混凝沉淀
	氮	生物硝化及脱氮、氨吹脱、离子交换、折点加氯

三、处理技术组合与集成

回用水的用途不同,采用的水质控制指标和处理方法也不同。同样的回用用途,由于源水水质不同,相应的处理工艺和参数也有差异。因此,污水回用处理工艺应根据处理规模、回用水水源的水质、用途及当地的实际情况,经全面的技术经济比较,将各单元处理技术进行合理组合,集成为技术可行、经济合理的处理工艺。在处理技术组合中,衡量的主要技术经济指标有:处理单位回用水量投资、电耗和成本、占地面积、运行可靠性、管理维护难易程度、总体经济与社会效益等。

图 10-4-1 是污水处理厂建设过程中的回用深度处理工艺流程图。污水处理厂在 20 世纪 90 年代末开始污水处理回用工程建设,以污水处理厂二级处理出水为源水,通过机械加速澄清池、砂滤池及消毒等深度处理后,主要供给热电厂冷却循环用水,以及城市绿化、道路喷洒和冲刷、河道景观用水等。近年来,随着污水处理技术的进步,排放和回用水质要求的提高,此污水处理厂在污水二级处理工艺改造、提高污水处理效果的同时,对回用深度处理工艺也进行相应的工艺改进,以提高其回用出水水质。

图 10-4-2 是污水回用项目深度处理工艺流程图。这里是化工工业区,包括石化公司、化学公司及精炼公司等,回用项目以污水处理厂生物处理出水为源水,采用以二级过滤作预处理的反渗透技术,深度处理后的出水达到了工业区内企业高级工业用水水质要求,解决了工业区水资源短缺的问题。

图 10-4-3 是水厂回用处理工艺流程图。回用水厂以污水处理厂出水为源水,回用深度处理工艺主要包括化学澄清、空气吹脱、再碳酸化、混合滤料过滤、活性炭吸附、反渗透、氯化处理等。深度处理后的出水与深层地下水按一定比例混合后,通过注水系统注入地层,可以有效地控制海水入侵,并将经地下水层渗滤后的水回用于工业、农业等。

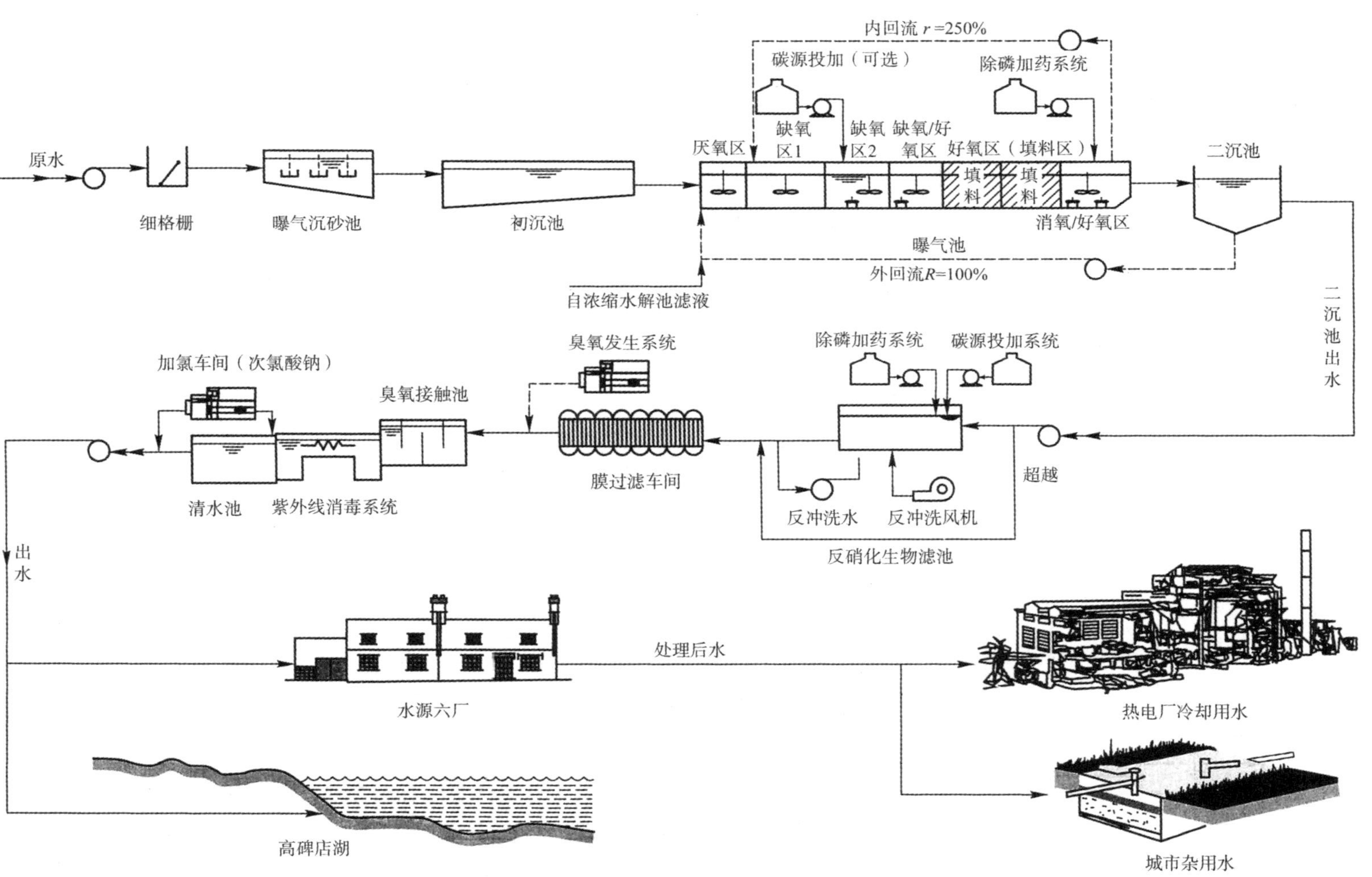

图10-4-1 污水处理厂回用深度处理工艺流程图

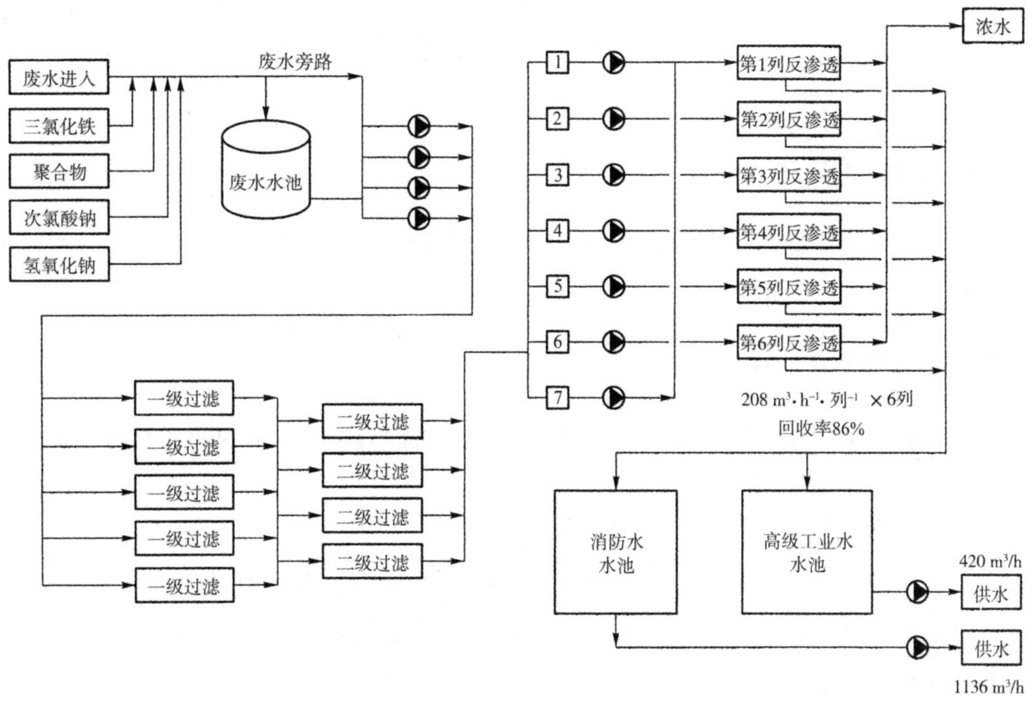

图 10-4-2　污水回用项目深度处理工艺流程图

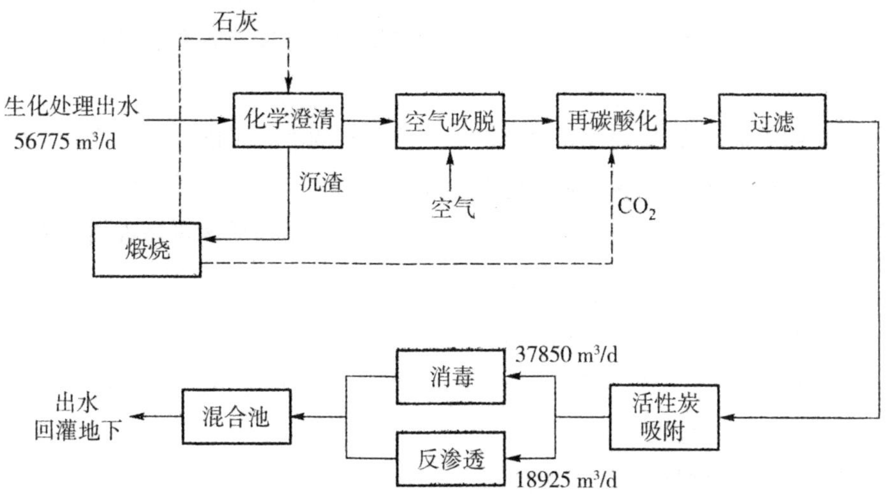

图 10-4-3　水厂回用处理工艺流程图

第五节　污水回用安全措施

一、风险评价的主要内容

污水回用风险评价的主要内容是回用水对人体健康、生态环境和用户设备与产品的影响。

（一）对人体健康的评价

人体健康的风险评价又称为卫生危害评价，包括危害鉴别、危害判断和社会评价三个方面。

1. 危害鉴别

危害鉴别的目的是确定损害或伤害的潜在可能。鉴别方法有多种，包括危害统计研究、流行病学研究、动物研究、非哺乳动物系统的短期筛选和运用已知的危害模型等。

回用水中有害健康的致病媒介物，可分为生物的和化学的两种。早期的危害评价主要关注水中的致病媒介物病原菌等引起的传染病，如胃肠炎、伤寒、沙门氏病菌等，这些生物性的致病媒介物可通过消毒来阻止其危害。随着化学工业的快速发展，世界上每年有数千种化学制品产生，近年来的危害评价开始注重有毒化学物质对人体的危害。

危害鉴别包括描述有害物质的性质，鉴别急性和慢性的有害影响和潜在危害等。

2. 危害判断

危害判断又称危害评价，是设法定量地对损害或伤害的潜在可能进行评价。

一种物质有潜在危险，并不说明使用它就不安全。安全性与不利效应的或然率有关，危害评价就是试图评价这一或然率。在各种接触情况下，确定某物质的可能致病危害，需评价下述因素：①产生不利影响时某物质的剂量（超过该剂量越大，危害就越大）；②危害物在介质（回用水）中的浓度、危害源距离（距危害源越近、浓度越大，危害就越大）；③吸收的介质总量（数量越大，危害越大）；④持续接触时间（接触时间越长，吸收量越大）；⑤有接触人员的特点（可能接触的人数越多，危害越大）。

危害判断的方法为根据危害统计做出基本判断、根据流行病学的研究做出基本判断和根据疾病传播模式做出基本判断等。

3. 社会评价

社会评价是危害评价的最后阶段工作，判断危害是否可以被人们接受。常用的评价方法是成本/效益分析或危害/效益分析，包括危害评价的基本准则、危害的描述、疾病治疗的预计费用等。

（二）对生态环境的评价

城市污水回用于环境水体、农业灌溉和补充水源水时，都存在对生态环境产生危害的风险，产生危害的主要方面如下。

（1）对地表水水体环境的影响。如回用水中有机物含量过高会造成水体过度亏氧，过量的氮、磷会使水体发生富营养化，重金属会毒害水生动植物以及进入生物链等，从而引起水体生态环境方面的破坏。

（2）对地下水水体环境的影响。如重金属、难降解微量有机物和病原体会对地下水环境产生严重的影响，有些甚至是不可逆转的影响。当被影响的地下水源为饮用水源时，情况更为严重，在回用于补充地下水源时，需要高度重视，全面评价，采取可靠对策。

（3）对植被和作物的影响。如水质不符合要求的回用水会影响植被的生长质量，影响作物的生长周期、生长速率及质量。

（4）对土壤环境的影响。如污染物成分含量过高的回用水会造成土壤重金属积累，酸、碱和盐会造成土壤盐碱化，使土壤环境受到损害。

生态环境的评价主要是鉴别可能产生的潜在影响，提出相应的安全对策，控制回用水可能产生的生态风险。

（三）对用户的设备与产品影响的评价

城市污水回用于工业、城市杂用水及农业灌溉等方面，都可能对用户的设备与产品产生危害。当回用于工业时，回用的主要途径是冷却水、锅炉供水和工艺用水。从工业用水的角度而言，评价内容通常包括以下方面。

1. 评价回用水是否引起产品质量下降

回用水引起的产品质量下降主要表现如下。

（1）由于微生物活动造成的影响。如回用水用于造纸，微生物可能在纸上形成黏性物、产生污点和臭味，必须严格控制微生物指标。

（2）产品上发生污渍。如回用水中的浊度、色度、铁、锰等会使纺织品产生污点，应严格控制相应的水质指标。

（3）化学反应和污染。如硬度会增加纺织工业的各种清洗操作中洗涤剂用量，可能产生凝块沉积，钙、镁离子会与某些染料作用产生化学沉淀，引起染色不均匀等。

（4）产品颜色、光泽方面的影响。如回用水中的悬浮固体、浊度和色度会影响纸张的颜色与光泽，必须严格控制相应水质指标。

2. 评价回用水是否引起设备损坏

主要评价内容为设备的腐蚀。如含氯量高的水不能再用作间接冷却水，避免对热交换器中不锈钢的腐蚀。

3. 评价回用水是否引起效率降低或产量降低

(1)起泡。如含过量钠、钾的回用水作为锅炉供水会引起锅炉水起泡。

(2)滋生微生物。如碳、氮、磷含量高的回用水用作冷却水,易滋生微生物和繁殖藻类,形成生物黏泥。

(3)结垢。如回用水中的钙、镁离子,可形成影响冷却系统传热的水垢。水中的硅、铝也会在锅炉热交换管上形成硬垢,影响传热效果。

二、安全措施和监测控制

用水安全是城市污水回用的基础,必须采取严格的安全措施和监测控制手段,保障回用水安全。主要安全措施如下。

(1)污水回用系统的设计和运行应保证供水水质稳定、水量可靠,并应备用新鲜水供应系统。

(2)回用水厂与用户之间保持畅通的信息联系。

(3)回用水管道严禁与饮用水管道连接,并有防渗、防漏措施。

(4)回用水管道与给水管道、排水管道平行埋设时,其水平净距不得小于 0.5 m;交叉埋设时,回用水管道应位于给水管道下面、排水管道上面,净距均不得小于 0.5 m。

(5)不得间断运行的回用水水厂,供电按一级负荷设计。

(6)回用水厂的主要设施应设故障报警装置。

(7)在回用水水源收集系统中的工业废水接入口,应设置水质监测点和控制闸门。

(8)回用水厂和用户应设置水质和用水设备监测设施,控制用水质量。

第十一章　污水处理厂设计

第一节　概　述

污水处理厂是排水系统的重要组成部分，由排水管道系统收集的污水，通过由物理、生物及物理化学等方法组合而成的处理工艺，分离去除污水中污染物质，转化有害物为无害物，实现污水的净化，达到进入相应水体环境的排放标准或再生利用水质标准。图 11-1-1 是城市污水处理厂典型的工艺流程。

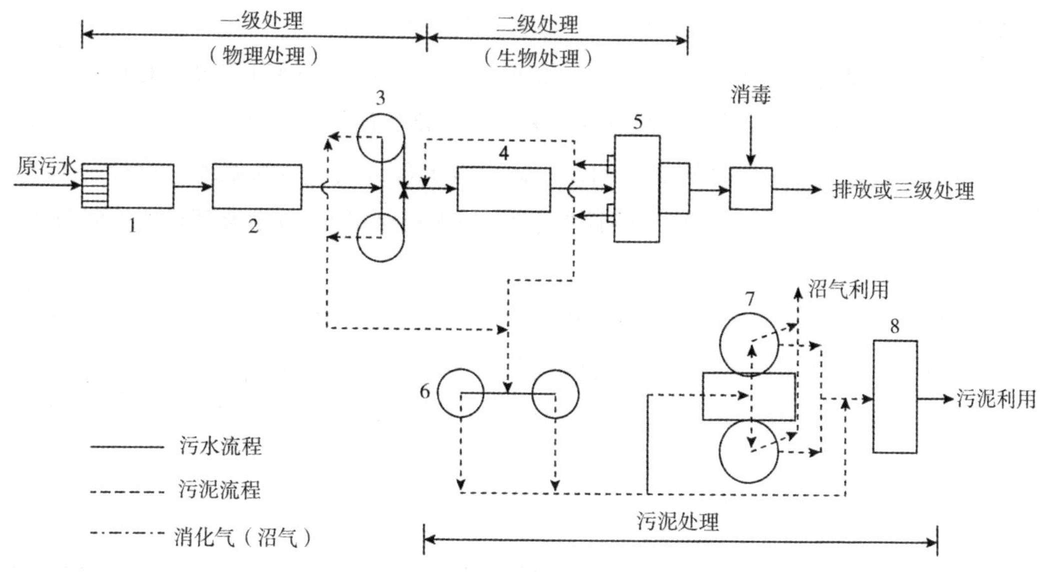

图 11-1-1　城市污水处理厂典型的工艺流程

1—格栅；2—沉砂池；3—初沉池；4—生物处理设备（活性污泥法或生物膜法）；
5—二沉池；6—污泥浓缩池；7—污泥消化池；8—脱水和干燥设备

污水处理厂一般由污水处理构筑物、污泥处理设施、动力与控制设备、变配电所及附属建筑物组成，有再生回用要求的还包括深度处理设施。污水处理厂的设计以排放标准和设计规范为基本依据，包括工程可行性研究、初步设计和施工图设计等设计阶段。设计内容包括水质水量、工程地质、气象条件等基础资料的收集，处理厂厂址的确定，处理工艺流程的选择，平面布置和高程布置以及技术经济分析等。涉及的专业包括工艺设计、建筑设计、结构设计、机械设计、电气与自控设计及工程概预算等。设计成果包括设计文件和工程图纸。

一、设计依据与资料

污水处理厂工程设计的主要设计依据及资料包括工程设计合同、工程可行性研究报告及批准书、污水处理厂建设的环境影响评价、城市现状与总体规划资料、排水专业规划及现有排水工程概况，以及其他与工程建设有关的文件，其包含的主要内容如下。

1. 设计水质水量

城市污水由城市排水系统服务范围内的生活污水和工业企业排放的工业废水以及部分降水所组成。影响城市污水水质水量的因素较多，不同城市及同一城市不同区域的城市污水水质都可能有较大的变化。工业废水对城市污水的水量水质影响较大，随接纳的工业废水水量和工业企业生产性质的不同，城市污水水质水量有较大的差异，尤其是化工、染料、印染、农药、冶金等工业行业，对一些特殊污染物指标的影响更大。

污水处理工程的设计规模、原水水质及排放标准在工程可行性研究报告和环境影响评价中提出，在初步设计中确定。其中，污水处理厂水质排放标准是按照排放水体的水体环境质量要求和环境影响评价的要求提出的。设计水质水量是城市污水处理厂设计的基本依据，要结合城市的发展规划及环境影响评价过程，深入调查研究，科学合理地确定设计水质水量。

(1)设计水质。原水以生活污水为主的城市污水，可以参照生活水平、生活习惯、卫生设备、气候条件及工业废水特点类似地区的实际水质确定。对于工业废水比例较大或接纳化工、染料、印染、农药、冶金等特殊行业的工业废水时，由于工业废水的水质千变万化，需要通过调研的方法确定工业废水的水质。工业废水水质调研的一般方法有：在重点污染源排污口和总排放口采样监测的实测法；分析现有生产企业原材料消耗、用水排水、污染源及排污口水质监测数据的资料分析法；对产品、工艺及原料类似的企业污染源及污水资料进行整理对比的类比调查法；利用生产工艺反应方程式结合生产所用原辅材料及其消耗量计算确定污水水质的物料衡算法等。一般对于现有企业可采用资料分析法和实测法；对新建企业可采用类比调查法及同类生产企业实测法；新建企业无类似企业可以参考时，主要以物料衡算法为主开展水质预测。

(2)设计水量。在分流制地区，城市污水设计水量由综合生活污水和工业废水组成。在截留式合流制地区，设计水量还应计入截留雨水量。综合生活污水由居民生活污水和公共建筑污水组成，包括居民日常生活中洗涤、冲厕、洗澡等产生的污水和娱乐场所、宾馆、浴室、商业网点、学校和办公楼等产生的污水。居民生活污水定额和综合生活污水定额应采用当地的用水定额，结合建筑内部给排水设施水平和排水系统普及程度等因素确定，可取用水定额的80%～90%作为污水量。工业废水量及其变化系数，应根据工艺特点，并参照国家现行的工业用水量有关规定，通过调研确定。

在地下水位较高的地区，当地下水位高于排水管渠时，应适当考虑入渗地下水量。入渗地下水量宜根据测定资料确定，一般按单位管长和管径的入渗地下水量计，也可按平均日综合生活污水和工业废水总量的比例计，还可按每天每单位服务面积入渗的地下水量计。

(3)设计流量。城市污水处理厂设计流量有平均日流量、设计最大流量、合流流量。

①平均日流量。一般用以表示污水处理厂的处理规模，计算污水处理厂的年电耗、药耗和污泥总量等。

②设计最大流量。表示污水处理厂在服务期限内最大日最大时流量。污水处理厂进水管采用最大流量；污水处理厂进水井(格栅井)之后的最大设计流量，采用组合水泵的工作流量作为处理系统最大设计流量，但应与设计流量相吻合。污水处理厂的各处理构筑物(另有规定的除外)及厂内连接各处理构筑物的管渠，都应满足设计最大流量的要求。

③合流流量。包括旱天最大流量和截留雨水流量，作为污水处理厂进水构筑物设计最大流量。其处理系统仍采用处理系统水泵的提升流量作为处理系统最大设计流量。

设计最大流量的持续时间较短，一般当曝气池的设计反应时间在6 h以上时，可采用时平均流量作为曝气池的设计流量。当污水处理厂分期建设时，以相应的各期流量作为设计流量。

合流制处理构筑物，应考虑截留雨水进入后的影响，各处理构筑物的设计流量一般应符合如下要求。

a.提升泵站、格栅、沉砂池，按合流设计流量计算。

b.初沉池，一般按旱流污水量设计，用合流设计流量校核，校核的沉淀时间不宜小于30 min。

c.二级处理系统，按旱流污水量设计，必要时考虑一定的合流水量，同时，可以根据需要设置调蓄池。

d.污泥浓缩池、湿污泥池和消化池的容积以及污泥脱水规模，应根据合流水量水质计算确定。一般可按旱流情况加大10%～20%计算。

2. 自然条件资料

(1)气象特征资料。包括气温(年平均气温、最高气温、最低气温)、土壤冰冻资料和风向玫瑰图等。

(2)水文资料。排放水体的水位(最高水位、平均水位、最低水位)、流速(各特征水位下的平均流速)、流量及潮汐资料,同时还应了解相关水体在城镇给水、渔业和水产养殖、农田灌溉、航运等方面的情况。

(3)地质资料。污水处理厂厂址的地质钻孔柱状图、地基的承载能力、地下水位与地震资料等。

(4)地形资料。污水处理厂厂址和排放口附近的地形图等。

3. 编制概预算资料

概预算资料包括当地的《建筑工程综合预算定额》《安装工程预算定额》;当地建筑材料、设备供应和价格等资料;当地《建筑企业单位工程收费标准》;当地基本建设费率规定以及关于租地、征地、青苗补偿、拆迁补偿等规定与办法。

4. 设计规范

污水处理厂工程设计中,依据的主要设计规范有《室外排水设计规范》(GB 50014—2006)、《建筑给水排水设计规范》(GB 50015—2003)、《室外给水设计规范》(GB 50013—2006)、《城镇污水再生利用工程设计规范》(GB 50335—2016)、《建筑中水设计规范》(GB 50336—2018)及相关设备设计与安装规范。

二、设计原则

1. 基础数据可靠

认真研究各项基础资料、基本数据,全面分析各项影响因素,充分掌握水质水量的特点和地域特性,合理选择好设计参数,为工程设计提供可靠的依据。

2. 厂址选择合理

根据城镇总体规划和排水工程专业规划,结合建设地区地形、气象条件,经全面分析比较,选择建设条件好、环境影响小的厂址。

3. 工艺先进实用

选择技术先进、运行稳定、投资和处理成本合理的污水污泥处理工艺,积极慎重地采用经过实践证明行之有效的新技术、新工艺、新材料和新设备,使污水处理工艺先进,运行可靠,处理后水质稳定达标排放。

4. 总体布置考虑周全

根据处理工艺流程和各建筑物、构筑物的功能要求,结合厂址地形、地质和气候条件,全面考虑施工、运行和维护的要求,协调好平面布置、高程布置及管线布置间的相互关系,力求整体布局合理完美。

5. 避免二次污染

污水处理厂作为环境保护工程,应避免或尽量减少对环境的负面影响,如气味、噪声、固废等;妥善处置污水处理过程中产生的栅渣、沉砂、污泥和臭气等,避免对环境的

二次污染。

6. 运行管理方便

以人为本，充分考虑便于污水厂运行管理的措施。污水处理过程中的自动控制，力求安全可靠、经济实用，以利于提高管理水平，降低劳动强度和运行费用。

7. 近远期结合

污水处理厂设计应近远期全面规划，污水厂的厂区面积，应按项目总规模控制，并做出分期建设的安排，合理确定近期规模。

8. 满足安全要求

污水处理厂设计须充分考虑安全运行要求，如适当设置分流设施、超越管线等。厂区消防的设计和消化池、贮气罐及其他危险单元设计，应符合相应安全设计规范的要求。

三、设计步骤

城市污水处理厂的设计程序可分为设计前期工作、初步设计和施工图设计三个阶段。

1. 前期工作

前期工作主要包括编制《项目建议书》和《工程可行性研究报告》等。

(1)项目建议书。编制项目建议书的目的是为上级部门的投资决策提供依据。项目建议书的主要内容包括建设项目的必要性、建设项目的规模和地点、采用的技术标准、污水和污泥处理的主要工艺路线、工程投资估算以及预期达到的社会效益与环境效益等。

(2)工程可行性研究。工程可行性研究应根据批准的项目建议书和工程咨询合同进行。其主要任务是根据建设项目的工程目的和基础资料，对项目的技术可行性、经济合理性和实施可能性等进行综合分析论证、方案比较和评价，提出工程的推荐方案，以保证拟建项目技术先进、可行、经济合理，并有良好的社会效益与经济效益。

2. 初步设计

初步设计应根据批准的工程可行性研究报告进行编制。主要任务是明确工程规模、设计原则和标准，深化设计方案，进行工程概算，确定主要工程数量和主要材料设备数量，提出设计中需进一步研究解决的问题、注意事项和有关建议。初步设计文件由设计说明书、工程数量、主要设备和材料数量、工程概算、设计图纸(平面布置图、工艺流程图及主要构筑物布置图)等组成。应满足审批、施工图设计、主要设备订货、控制工程投资和施工准备等要求。

3. 施工图设计

施工图应根据已批准的初步设计进行。其主要任务是提供能满足施工、安装和加工等要求的设计图纸、设计说明书和施工图预算。施工图设计文件应满足施工招标、施工、安装、材料设备订货、非标设备加工制作、工程验收等要求。施工图设计的任务是将污水处理厂各处理构筑物的平面位置和高程布置精确地表示在图纸上。将各处理构筑物的各个节点的构造、尺寸都在图纸上表示出来，每张图纸都应按一定比例，用标准图例精确绘制，使施工人员能够按照图纸准确施工。

四、设计文件编制

污水处理厂工程的设计文件编制应以一定的规范要求进行，下面为《市政公用工程设计文件编制深度规定》中有关城市污水厂内容的摘要，可供参考。

1. 工程可行性研究

(1)概述。包括简述工程项目的背景、建设项目的必要性，编制可行性研究报告过程、编制依据、编制范围、编制原则、主要研究结论等。

(2)概况。包括工程区域概况、工程区域性质及规模、自然条件、城市总体规划及排水规划、工程范围和相关区域排水现状、城市水域污染概况等。

(3)方案论证。包括目标年限、雨污水排水体制、厂址选择和排放口位置选择、污水处理程度、进出水水质和处理工艺流程、污水和污泥综合利用等论证。

(4)推荐方案内容。包括设计原则、工艺、建筑、结构、供电、仪表、自控、暖通、设备、辅助设施以及环境保护、劳动保护、节能、消防等。

(5)工程项目实施计划和管理、投资估算及资金筹措、经济评价。

(6)结论、建议、附图及附件。

2. 初步设计

(1)概述。包括设计依据、主要设计资料、设计采用的指标和技术标准、概况及自然资料、排水现状等。

(2)设计内容。包括厂址选择，处理程度，污水、污泥处理工艺选择，总平面布置原则，预计处理后达到的标准，按流程顺序说明各构筑物的方案比较或选型，工艺布置、主要设计参数及尺寸、设备选型、台数与性能，采用新技术的工艺原理和特点；说明处理后的污水、污泥综合利用，对排放水体的环境卫生影响；说明厂内的给排水系统、道路标准、绿化设计；合流制污水处理厂设计，还应考虑雨水进入后的影响。

(3)建筑、结构、供电、仪表、自动控制及通信、采暖通风等设计内容。

(4)环境保护、劳动保护、消防、节能等措施及新技术应用说明。其中，环境保护措施包括处理厂、泵站对周围居民点的卫生、环境影响、防臭措施；排放水体的稀释能力、排放水对水体的影响以及用于污水灌溉的可能性；污水回用、污泥综合利用的可能性或处置方式；处理厂处理效果的监测手段；锅炉房消烟除尘措施和预期效果；降低噪

声措施等。

(5)人员编制及经营管理、主要材料及设备数量表、工程概算。

(6)设计图纸。设计图纸包括以下内容。①工艺图：平面布置图，比例采用1∶200～1∶500，标出坐标轴线、风玫瑰图、现有的和设计的构筑物，以及主要管渠、围墙、道路及相关位置，列出构筑物和辅助建筑物一览表和工程数量表；污水、污泥流程断面图，标出工艺流程中各构筑物及其水位标高关系、主要规模指标等。②主要构筑物工艺图：比例采用1∶100～1∶200，标出工艺布置、设备、仪表等安装尺寸、相对位置和标高，列出主要设备一览表和主要设计技术数据。③主要构筑物建筑图，主要辅助建筑物的建筑图，供电系统和主要变配电设备布置图，自动控制仪表系统布置图，通风、锅炉房及供热系统图及各类配件和附件。

3. 施工图

(1)设计说明。包括设计依据，执行初步设计批复情况，阐明变更部分的内容、原因、依据等；采用新技术、新材料的说明；施工安装注意事项及质量验收要求；运转管理注意事项。

(2)主要材料及设备表、施工图预算。

(3)设计图纸。设计图纸包括以下内容。①平面布置图：比例为1∶200～1∶500，包括坐标轴线、风玫瑰图、构(建)筑物、围墙、绿地、道路等的平面位置，注明厂界四角坐标及构(建)筑物四角坐标或相对位置、构(建)筑物的主要尺寸，各种管渠及室外地沟尺寸、长度，地质钻孔位置等；附构(建)筑物一览表、工程量表、图例及说明。②污水、污泥工艺流程纵断面图：标出各构筑物及其水位的标高，主要规模指标。③竖向布置图：对地形复杂的处理厂应进行竖向设计，内容包括原地形、设计地面、设计路面、构筑物标高及土方平衡数量表。④厂内管渠结构示意图：标出各类管渠的断面尺寸和长度、材料、闸门及所有附属构筑物、节点管件；附工程量及管件一览表。⑤厂内各处理构筑物的工艺施工图，各处理构筑物和管渠附属设备的安装详图。⑥管道综合图：当厂内管线种类较多时，应对干管、干线进行平面综合，绘出各管线的平面位置，注明各管线与构(建)筑物的距离尺寸和各管线间距尺寸。⑦泵房、处理构筑物、综合楼、维修车间、仓库的建筑图、结构图；采暖、通风、照明、室内给排水安装图，电气图，自动控制图，非标准机械设备图等。

第二节　厂址选择

厂址选择是污水处理厂设计的重要环节。污水厂的厂址与总体规划，城市排水系统的走向、布置，处理后污水的出路密切相关，必须在城镇总体规划和排水工程专业规划的指导下进行，通过技术经济综合比较，反复论证后确定。污水处理厂厂址选择，应遵循以下原则。

(1)污水处理厂应选在城镇水体下游,污水处理厂处理后出水排入的河段,应对上下游水源的影响最小。若由于特殊原因,污水处理厂不能设在城镇水体的下游时,其出水口应设在城镇水体的下游。

(2)处理后出水考虑回用时,厂址应与用户靠近,减少回用输送管道,但厂址也应与受纳水体靠近,以利安全排放。

(3)厂址选择要便于污泥处理和处置。

(4)厂址一般应位于城镇夏季主风向的下风侧,并与城镇、工厂厂区、生活区及农村居民点之间,按环境评价和其他相关要求,保持一定的卫生防护距离。

(5)厂址应有良好的工程地质条件,包括土质、地基承载力和地下水位等因素,可为工程的设计、施工、管理和节省造价提供有利条件。

(6)我国耕地少、人口多,选厂址时应尽量少拆迁、少占农田和不占良田,使污水厂工程易于实施。

(7)厂址选择应考虑远期发展的可能性,应根据城镇总体发展规划,满足将来扩建的需要。

(8)厂区地形不应受洪涝灾害影响,不应设在雨季易受水淹的低洼处。靠近水体的处理厂,防洪标准不应低于城镇防洪标准,有良好的排水条件。

(9)有方便的交通、运输和水电条件,有利于缩短污水厂建造周期和污水厂的日常管理。

(10)如有可能,选择在有适当坡度的位置,以利于处理构筑物高程布置,减少土方工程量。

第三节　工艺流程的确定

处理工艺流程是指对各单元处理技术(构筑物)的优化组合。处理工艺流程的确定主要取决于要求的处理程度、工程规模、污水性质、建设地点的自然地理条件(如气候、地形)、厂区面积、工程投资和运行费用等因素。影响污水处理工艺流程选择的主要因素如下。

1. 污水的处理程度

处理程度是选择工艺流程的重要因素,通常根据处理后出水的出路来确定。①出水回用时,根据相应的回用水水质标准确定。②排入天然水体或城市下水道时,根据国家制定的排放标准或地方标准,结合环境评价的要求确定。

2. 处理规模和水质特点

处理规模对工艺流程的选择有直接影响，有些工艺仅适用于规模较小的污水处理厂。污水水质水量变化幅度是影响工艺流程选择的另一因素，如水质水量变化大时应选用承受冲击能力较强的处理工艺；对于工业废水比例较高的城镇污水，污染物组分复杂，处理技术和工艺流程应根据水质的特点进行比较选择。

3. 工程造价和运行费用

工程造价和运行费用是工艺流程选择的重要因素，在处理出水达标的前提条件下，应结合地区社会经济发展水平，对一次性投资、日常设备维护费用和运行费用等进行系统分析，选择处理系统总造价较低、运行费用合理的污水处理工艺。

4. 污水处理控制要求

仪器设备的控制要求对工艺流程的选择也有重要影响，如序批式活性污泥法要求在线监测曝气池水位、运行时间等，并采用计算机进行自动控制。在工艺选择上要充分考虑控制要求的可行性和可靠性，使工艺过程运行能达到高效、安全与经济的目的。

5. 选择合理的污泥处理工艺

污泥处理是污水处理厂工艺的重要组成部分，对环境有重要的影响。实践表明，污泥处理方案的选择合适与否，直接关系到工程投资、运行费用及日后的管理要求，是污水处理厂工艺选择不可分割的重要组成部分。

综上所述，工艺流程的选择必须对各项因素综合分析，进行多方案的技术经济比较，选择技术先进、经济合理、运行可靠的工艺及相应的工艺参数。

图 11-3-1 是某经济开发区污水处理厂工艺流程图。该污水处理厂服务区范围内工业废水比例较高，由市政管网收集的城市生活污水和工业废水通过进水泵房前设置的粗格栅去除水中较大的漂浮物后，经提升泵进入沉砂池，沉砂池前端设有机械细格栅，用于去除污水中粒径较小的悬浮杂质。沉砂池出水进入生物水解酸化池，针对工业废水可生物降解性差的特点，使污水中难降解的大分子有机污染物发生水解，形成较易生物降解的小分子有机物，以提高后续生物处理的效果。水解酸化后的污水进入 A^2/O 生物处理池和二沉池，实现有机物的降解、脱氮除磷和泥水分离。由于受纳水体对排放要求较高，出水水质要求达到《城镇污水处理厂污染物排放标准》的一级标准，需要采用深度处理工艺。深度处理采用机械加速澄清池，投加混凝剂在澄清池中进行絮凝、沉淀，进一步降低污染指标。同时，经深度处理的部分出水过滤后达到回用水水质标准，可回用于工业冷却用水及城市杂用水，实现城镇污水部分回用的目标。

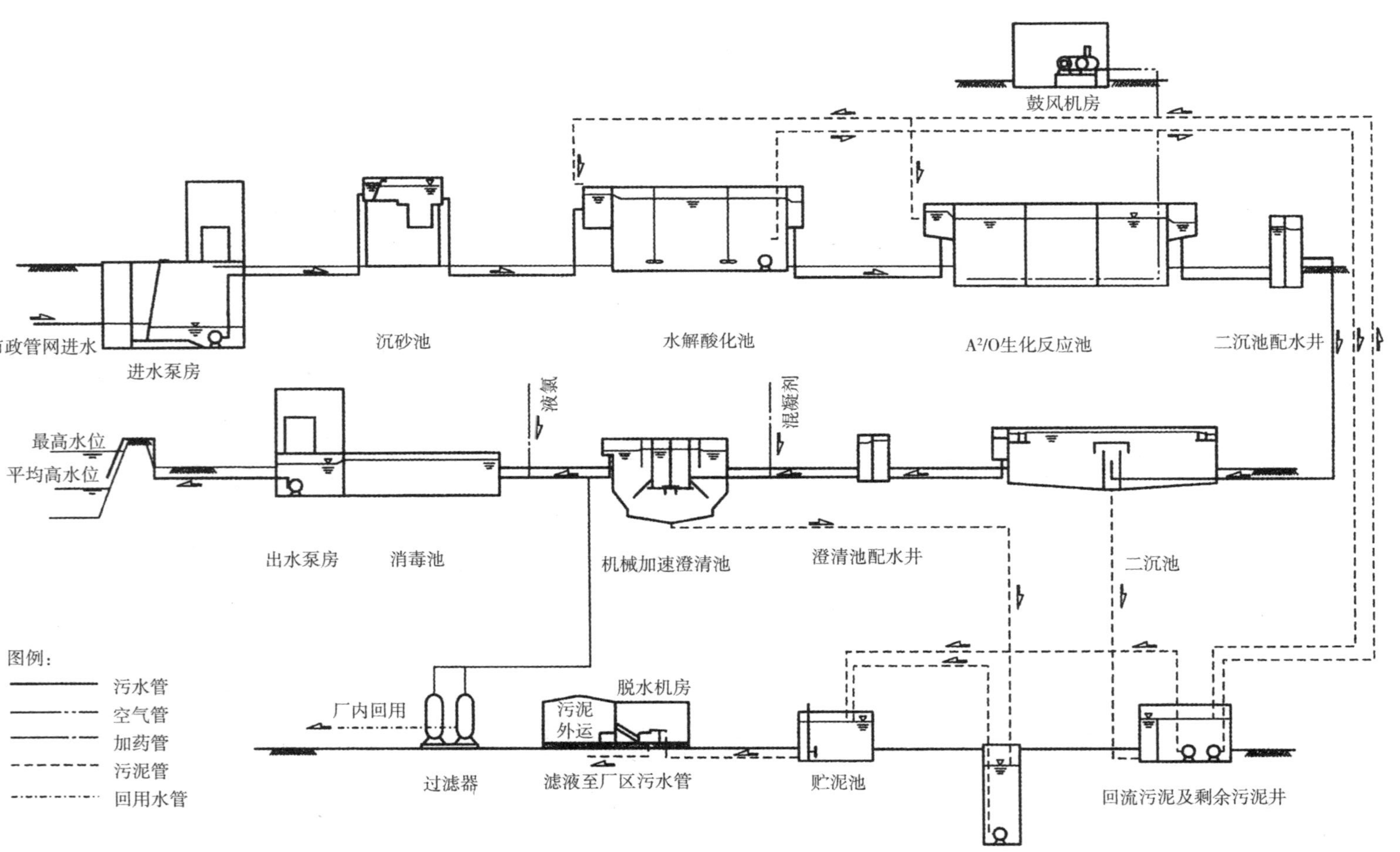

图11-3-1 某经济开发区污水处理厂工艺流程图

第四节　平面布置与高程布置

一、平面布置

污水处理厂平面设计的任务是对各单元处理构筑物与辅助设施等的相对位置进行平面布置，包括处理构筑物与辅助构筑物（如泵站、配水井等）、各种管线，辅助建筑物（如鼓风机房、办公楼、变电站等）以及道路、绿化等。污水处理厂平面布置的合理与否直接影响用地面积、日常的运行管理与维修条件以及周围地区的环境卫生等。进行平面布置时，应综合考虑工艺流程与高程布置中的相关问题，在处理工艺流程不变的前提下，可根据具体情况做适当调整，如修正单元处理构筑物的数目或池型。污水处理厂的平面布置应遵循如下基本原则。

（1）处理构筑物与生活、管理设施宜分别集中布置，其位置和朝向力求合理，生活、管理设施应与处理构筑物保持一定距离。功能分区明确，配置得当，一般可按照厂前区、污水处理区和污泥处理区设置。

（2）处理构筑物宜按流程顺序布置，应充分利用原有地形，尽量做到土方量平衡。构筑物之间的管线应短捷，避免迂回曲折，做到水流通畅。

（3）处理构筑物之间的距离应满足管线（闸阀）敷设施工的要求，并应使操作运行和检修方便。对于特殊构筑物（如消化池、储气罐）与其他构筑物（建筑物）之间的距离，应符合国家《建筑设计防火规范》（GB 50016—2014）及国家和地方现行防火规范的规定。

（4）处理厂（站）内的雨水管道、污水管道、给水管道、电气埋管等管线应全面安排，避免相互干扰，管道复杂时可考虑设置管廊。

（5）考虑到处理厂发生事故与检修的需要，应设置超越全部处理构筑物的超越管、单元处理构筑物之间的超越管和单元构筑物的放空管道。并联运行的处理构筑物间应设均匀配水装置，各处理构筑物系统间应考虑设置可切换的连通管渠。

（6）产生臭气和噪声的构筑物（如集水井、污泥池）和辅助建筑物（如鼓风机房）的布置，应注意其对周围环境的影响。

（7）设置通向各构筑物和附属建筑物的必要通道，满足物品运输、日常操作管理和检修的需要。

（8）处理厂（站）内的绿化面积一般不小于全厂总面积的 30%。

（9）对于分期建设的项目，应考虑近期与远期的合理布置，以利于分期建设。

平面布置图的比例一般采用 1∶500～1∶1000。平面布置图应标出坐标轴线、风玫瑰图、构筑物与辅助建筑物、主要管渠、围墙、道路及相关位置，列出构筑物与辅助建筑物一览表和工程数量表。对于工程内容较复杂的处理厂，可单独绘制管道布置图。

图 11-4-1 是前述某经济开发区污水处理厂平面布置图，在总平面设计中按照进出水水流方向和处理工艺要求，将污水处理厂按功能分为厂前区、污水处理区（预处理区、生物处理区、深度处理区）、污泥处理区。总平面布置中，按照不同功能、夏季主导风向和全年风频，合理分区布置。厂前区布置在处理构筑物的上风向，与处理构筑物保持一定距离，且用绿化带隔离。各相邻处理构筑物之间距离的确定，要考虑管道施工维修方便。各主要构筑物之间均设有道路连接，便于池子间管道敷设及设备运输、安装和维修。

二、高程布置

污水处理厂高程设计的任务是对各单元处理构筑物与辅助设施等相对高程作竖向布置；通过计算确定各单元处理构筑物和泵站的高程，各单元处理构筑物之间连接管渠的高程和各部位的水面高程，使污水能够沿处理流程在构筑物之间通畅地流动。

高程布置的合理性也直接影响污水处理厂的工程造价、运行费用、维护管理和运行操作等。高程设计时，应综合考虑自然条件（如气温、水文、地质等）、工艺流程和平面布置等。必要时，在工艺流程不变的前提下，可根据具体情况对工艺设计做适当调整。如地质条件不好、地下水位较高时，通过修正单元处理构筑物的数目或池型以减小池子深度，改善施工条件，缩短工期，降低施工费用。

污水处理厂的高程布置应满足如下要求。

（1）尽量采用重力流，减少提升，以降低电耗，方便运行。一般进厂污水经一次提升就应能靠重力通过整个处理系统，中间一般不再加压提升。

（2）应选择距离最长、水头损失最大的流程进行水力计算，并应留有余地，以免因水头不够而发生涌水，影响构筑物的正常运行。

（3）水力计算时，一般以近期流量（水泵最大流量）作为设计流量；涉及远期流量的管渠和设施，应按远期设计流量进行计算，并适当预留储备水头。

（4）注意污水流程与污泥流程间的配合，尽量减少提升，污泥处理设施排出的废水应能自流入集水井或调节池。

（5）污水处理厂出水管渠高程，应使最后一个处理构筑物的出水能自流或经提升后排出，不受水体顶托。

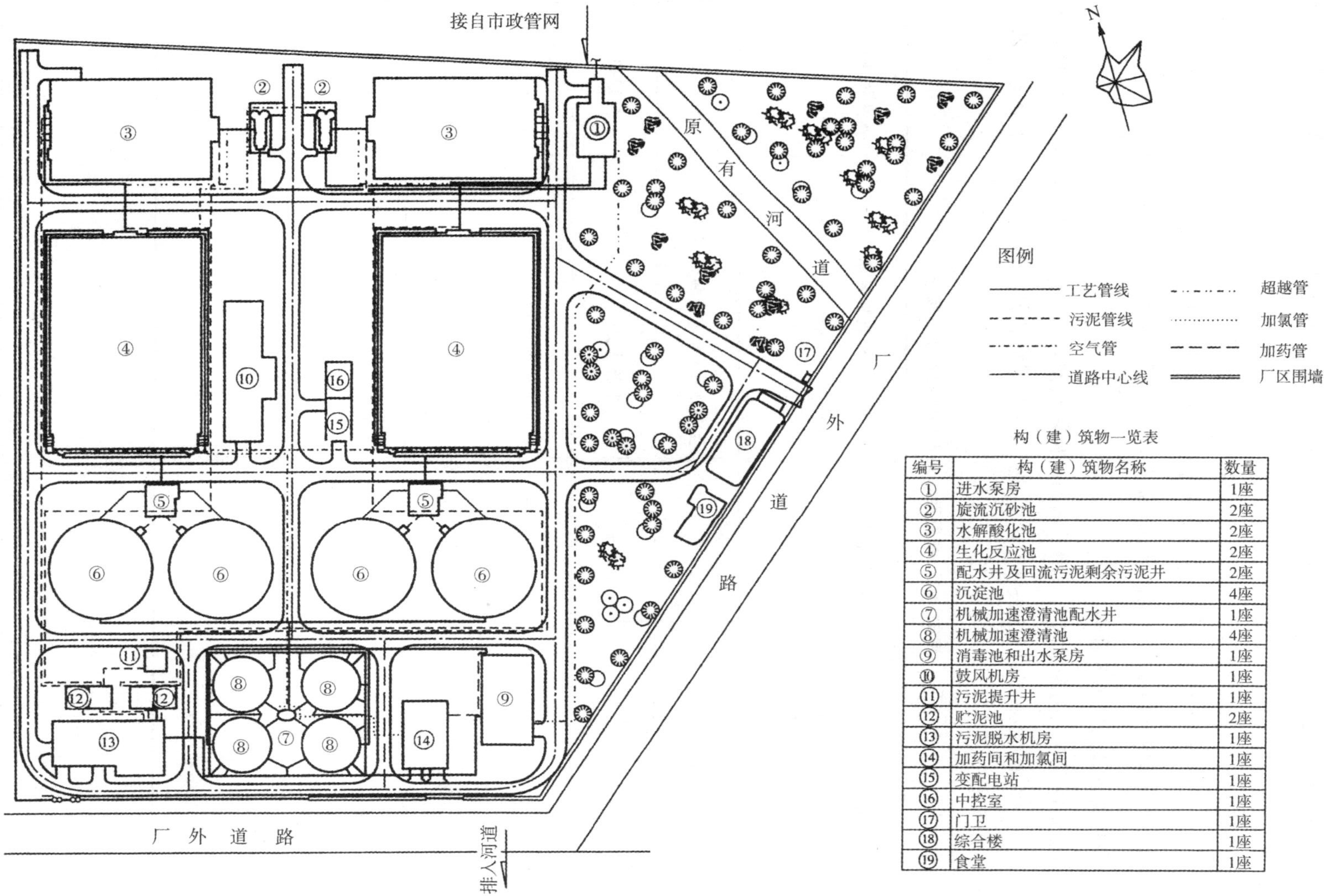

接自市政管网

原有河道

厂外道路

排入河道

N

图例

————	工艺管线	-·-·-·-	超越管
- - - - -	污泥管线	···········	加氯管
-·-·-·-	空气管	— — —	加药管
—·—·—	道路中心线	═════	厂区围墙

构（建）筑物一览表

编号	构（建）筑物名称	数量
①	进水泵房	1座
②	旋流沉砂池	2座
③	水解酸化池	2座
④	生化反应池	2座
⑤	配水井及回流污泥剩余污泥井	2座
⑥	沉淀池	4座
⑦	机械加速澄清池配水井	1座
⑧	机械加速澄清池	4座
⑨	消毒池和出水泵房	1座
⑩	鼓风机房	1座
⑪	污泥提升井	1座
⑫	贮泥池	2座
⑬	污泥脱水机房	1座
⑭	加药间和加氯间	1座
⑮	变配电站	1座
⑯	中控室	1座
⑰	门卫	1座
⑱	综合楼	1座
⑲	食堂	1座

图11-4-1　某经济及开发区污水处理厂平面布置图

(6)设置调节池的污水处理厂，调节池宜采用半地下式或地下式，以实现一次提升的目的。

污水处理厂初步设计时，污水流经处理构筑物的水头损失，可用经验值或参比类似工程估算(表 11-4-1)，施工图设计必须通过水力计算来确定水力损失。高程布置图需标明污水处理构筑物和污泥处理构筑物的池底、池顶及水面，高程，表达出各处理构筑物间(污水、污泥)的高程关系和处理工艺流程。

高程布置图在纵向和横向上采用不同的比例尺绘制，横向与总平面布置图相同，可采用 1∶500～1∶1000，纵向为 1∶50～1∶100。图 11-4-2 为前述某经济开发区污水处理厂的高程布置图。

表 11-4-1　常见污水处理构筑物的水头损失

构筑物名称		水头损失(m)	构筑物名称	水头损失(m)
格栅		0.1～0.25	氧化沟	0.5～0.6
沉砂池		0.1～0.25	生物滤池(装有旋转式布水器)	2.7～2.8
沉淀池	平流	0.2～0.4	曝气生物滤池	2.5～3.5
	竖流	0.4～0.5	混合池或接触消毒池	0.1～0.3
	辐流	0.5～0.6	污泥干化场	2～3.5
双层沉淀池		0.1～0.2	配水井	0.1～0.3
曝气池	污水潜流入池	0.25～0.5	集水井	0.1～0.2
	污水跌水入池	0.5～1.5	计量堰	0.2～0.4

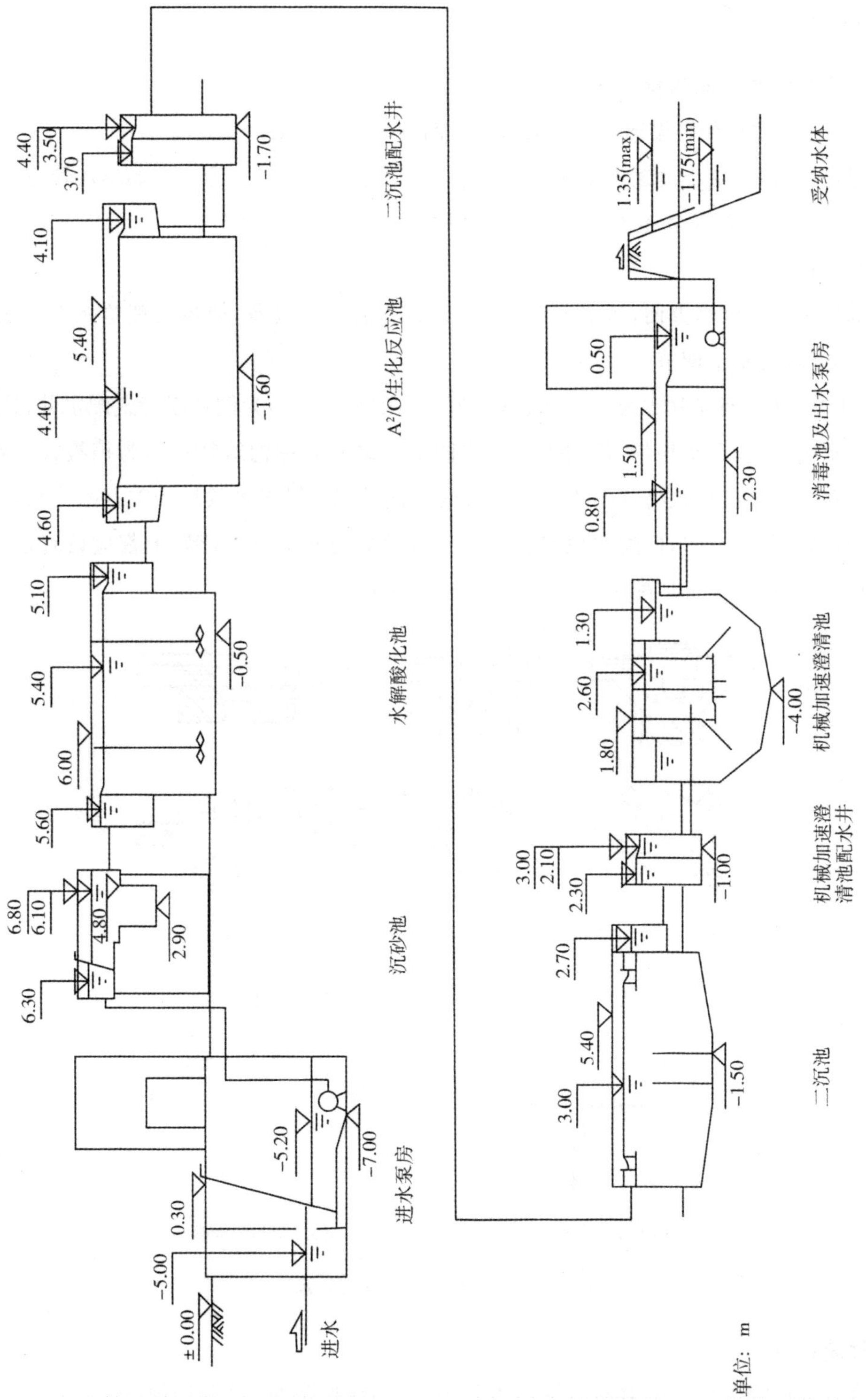

单位：m

图11-4-2　某经济开发区污水处理厂的高程布置图

三、配水与计量

1. 处理构筑物之间的管渠连接

处理构筑物之间的管渠连接有明渠和管道两种。一般明渠内流速要求在 1.0～1.5 m/s，为防止悬浮物沉淀，最小流速不小于 0.4 m/s（沉砂池前的渠道中为 0.6 m/s）；管道内流速宜大于 1.0 m/s，以防止管道发生淤积难以清除。

2. 配水设备

为运行灵活和维修方便，污水处理厂设计时应设置配水设备，使各处理单元之间配水均匀，并可相互进行水量调节。

图 11-4-3 为几种常用的配水设备。(a)为管式配水井，(b)为倒虹吸管式配水井，这两种配水设备水头稳定，配水均匀，常用于两个或四个一组的对称构筑物；(c)为挡板式配水槽，可用于更多个同类型构筑物；(d)为简易配水槽，构造简单，但配水效果较差；(e)为另一种简易配水槽，结构复杂一些，但配水效果较好。配水设备的配水支管（槽）上都应设置堰门、阀门或闸板阀，以调节水量使配水更均匀，必要时可以关闭。

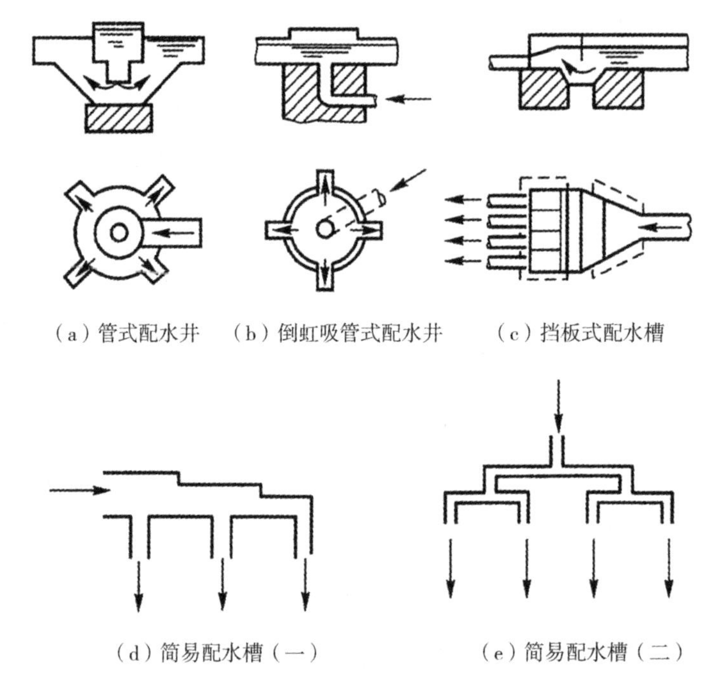

图 11-4-3 几种常用的配水设备

3. 计量设备

污水处理厂需要计量的对象包括污水处理量、污泥回流量、污泥处理量、空气量与各种药剂的投加量等。常用的计量设备有以下几种。

(1)巴氏计量槽。简称巴氏槽，是一种咽喉式计量槽，其构造如图 11-4-4 所示。巴氏计量槽的精度为 95%～98%，其优点是水头损失小，底部冲刷力大，不易沉积杂物。但对施工技术要求高，施工质量不好会影响计量精度。为保证质量，有预制的巴氏槽，在施工时直接安装，效果较好。在巴氏槽中，计量槽的水深随流量而变化，量得水深后便可用公式计算出流量，可配备自动记录仪直接显示出水深与流量。

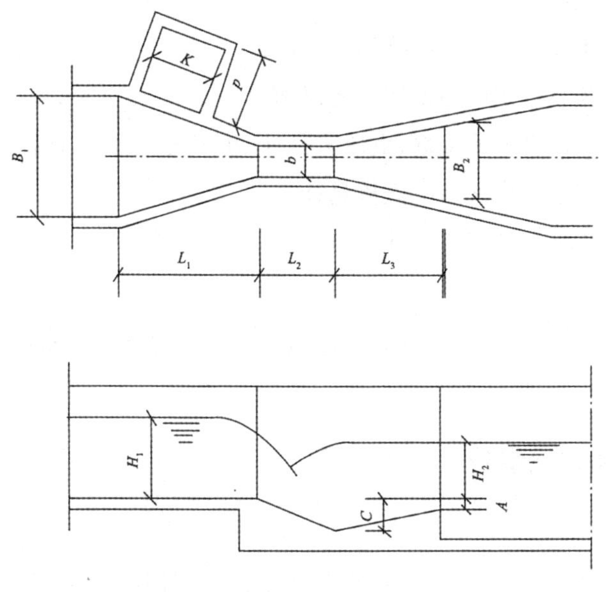

图 11-4-4　巴氏计量槽构造图

(2)非淹没式薄壁堰。有矩形堰和三角堰两种，图 11-4-5 为矩形堰和三角堰计量设备。非淹没式薄壁堰结构简单、运行稳定、精度较高，但水头损失较大。

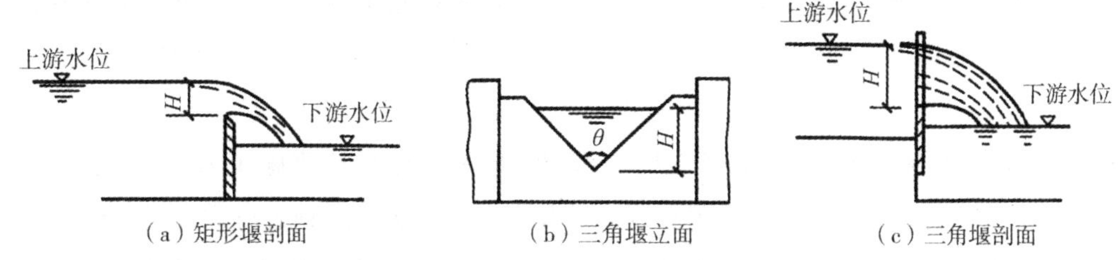

图 11-4-5　矩形堰和三角堰计量设备

(3)电磁流量计。根据法拉第电磁感应定律来测量流体的流量，由电磁流量变送器和电磁流量转换器组成。前者安装在需测量的管道上，当导电流体流过变送器时，切割磁力线而产生感应电势，并以电信号输至转换器进行放大、输出。由于感应电势的大小与流体的平均流速有关，在管径一定的条件下，可以测定管中的流量。电磁流量计可以和其他仪表配套，进行记录、指示、计算、调节控制等，为自动控制创造了条件。

(4)超声波流量计。由传感器和主机组成,可显示瞬时、累计流量,其特点同电磁流量计相似。

(5)玻璃转子流量计。由一个垂直安装于底部呈锥形的玻璃管与浮子组成。浮子在管内的位置随流量变化而变化,可以从玻璃管外壁的刻度上直接读出液体的流量值。常用于小流量的液体(如药剂)的计量。

(6)计量泵。计量泵可以定量输送各种液体,常用于药剂的计量。计量泵运行稳定,结构牢靠,但价格较高,不适宜输送含固体颗粒的液体。

各种液体计量对象宜使用的计量装置建议如下。

①污水。可选用非淹没式薄壁堰、电磁流量计、超声波流量计、巴氏计量槽等。

②污泥。污泥回流量可以选用电磁流量计等。

③药剂。可以使用玻璃转子流量计、计量泵等。

第五节　污水处理厂运行和控制

一、工程验收和调试运行

1. 工程验收

污水处理厂工程竣工后,一般由建设单位组织施工、设计、质量监督和运行管理等单位联合进行验收。隐蔽工程必须通过由施工、设计和质量监督单位共同参加的中间验收。验收内容为资料验收、土建工程验收和安装工程验收,包括工程技术资料、处理构筑物、附属建筑物、工艺设备安装工程、室内外管道安装工程等。

验收以设计任务书、初步设计、施工图设计、设计变更通知单等设计和施工文件为依据,以建设工程验收标准、安装工程验收标准、生产设备验收标准和档案验收标准等国家现行标准和规范,包括《给水排水构筑物工程施工及验收规范》(GB 50141—2008)、《给水排水管道工程施工及验收规范》(GB 50268—2008)、《机械设备安装工程施工及验收通用规范》(GB 50231—2009)、机械设备自身附带的安装技术文件等为对工程进行评价,检验工程的各个方面是否符合设计要求,对存在的问题提出整改意见,使工程达到建设标准。

2. 调试运行

验收工作结束后,即可进行污水处理构筑物的调试。调试包括单体调试、联动调试和达标调试。通过试运行进一步检验土建工程、设备和安装工程的质量,验收工程运行是否能够达到设计的处理效果,以保证正常运行过程能够达到污水治理项目的环境效益、社会效益和经济效益。

污水处理工程的试运行,包括复杂的生物化学反应的启动和调试,过程缓慢,耗时较长。

通过试运行对机械、设备及仪表的设计合理性、运行操作注意事项等提出建议。试运行工作一般由建设单位、试运行承担单位来共同完成，设计单位和设备供货方参与配合，达到设计要求后，由建设主管单位、环保主管部门进行达标验收。

二、运行管理及水质监测

污水处理厂的设计即使非常合理，但运行管理不善，也不能使处理厂运行正常和充分发挥其净化功能。因此，重视污水处理厂的运行管理工作，提高操作人员的基本知识、操作技能和管理水平，做好观察、控制、记录与水质分析监测工作，建立异常情况处理预案制度，对运行中的不正常情况及时采取相应措施，是污水处理厂充分发挥出环境效益、社会效益和经济效益的保障。

水质监测可以反映原污水水质、各处理单元的处理效果和最终出水水质等，运用这些资料可以及时了解运行情况，及时发现问题和解决问题，对于确保污水处理厂的正常运行起着重要作用。目前，国内水质监测的自动化程度还较低，很多指标仍然依赖于实验室的化学分析，不能动态跟踪，因此，往往不能及时发现和处理问题。大力推进监测仪器自动化，向多参数监测、遥测方向发展，同时不断提高实验室分析的自动化、信息化，实现在线监控，对提高处理效果有十分重要的作用。

污水处理厂水质监测指标，因污水性质和处理方法不同有所差异。一般监测的主要指标为水温、pH、BOD、COD、DO、NH_3—N、TN、TP、SS、污泥浓度（MLSS）等。当有特殊工业废水进入时，应根据具体情况增加监测项目。例如，焦化厂的含酚废水需增加酚、氰、油、色度等指标；皮革工业废水需测定 Cr^{3+}、S^{2-}、氯化物等项指标。

三、运行过程自动控制

随着社会发展和科技进步，污水处理厂运行过程对自动控制的要求越来越高，自动控制系统已逐步成为城镇污水厂的重要组成部分，对稳定处理效果、降低运行成本、提高劳动生产率起着重要的作用。基本的自动控制系统由检测仪表、控制器、执行机构和控制对象等组成。

1. 检测仪表

检测仪表是用来感受并测量被控参数，将其转变为标准信号输出的仪表。污水处理工程常用的检测仪表有处理过程中的温度、压力、流量、液位等检测仪表，各种水质（或特性）参数如 pH、溶解氧（DO）、氮、磷等在线检测仪表。随着计算机的迅速发展，同计算机融为一体的智能化仪表快速发展，能对信息进行综合处理，对系统状态进行预测，全面反映测量的综合信息。

2. 自动控制器

控制器是自动控制系统的核心。在控制器内，将给定值与测量值进行比较，并按一定的控制规律，发出相应的输出信号去推动执行机构。随着计算机技术的不断发展，在自动化控制系统中越来越多地采用以微处理器为核心的计算机作为其自动控制器。可编程控制器由于具有可靠性高、控制功能强、编程方便等优点而越来越受到人们的重视。近年来，我国新建的污水处理厂工程大多采用了可编程控制器作为自动控制器。

3. 自动控制执行装置

执行装置用来完成控制器的命令，是实现控制调节命令的装置。在污水处理自动控制系统中，主要的执行设备有各种泵，如离心泵、往复式计量泵等；各种阀门，如调节阀、电磁阀等；以及鼓风机、加药设备等。通过对自动执行装置的控制，实现对工艺参数、动力设备等自动调节，从而使污水处理厂的运行经常处于优化的工况条件，节约动力费用，提高运行效率。

另外，污水处理采用的自动控制系统的结构形式，从自控的角度可以划分为数据采集与控制管理系统、集中控制系统、集散控制系统等。数据采集与控制管理系统联网通信功能较强，侧重于监测和少量的控制，一般适用于被测点地域分布较广的场合。集中控制系统是将现场所有的信息采集后全部输送到中心计算机或 PLC 进行处理运算后，再由中心计算机系统或 PLC 发出指令，对系统实行控制操作，主要用于小型的水处理自控系统。

集散控制系统是目前污水处理自动控制系统中应用较多、具有较大发展和应用空间的控制系统。针对污水处理工艺自动化要求越来越高，需要检测的工艺参数不断增加，以及大型污水处理厂处理构筑物分散、管线复杂、控制设备多等特点，集散型控制系统能更有效对过程予以全面控制。集散控制系统一般由分散过程控制装置部分、操作管理装置部分和通信系统部分所组成。

参考文献

[1] 成官文.水污染控制工程[M].北京:化学工业出版社,2016.

[2] 苏会东,姜承志,张丽芳.水污染控制工程[M].北京:中国建材工业出版社,2017.

[3] 李长波.水污染控制工程[M].北京:中国石化出版社,2016.

[4] 高廷耀,顾国维,周琪.水污染控制工程(下册)[M].4版.北京:高等教育出版社,2015.

[5] 周岳溪,李杰.工业废水的管理、处理和处置[M].3版.北京:中国石化出版社,2012.

[6] 宋志伟,李燕.水污染控制工程[M].徐州:中国矿业大学出版社,2013.

[7] 李潜,缪应祺,张红梅.水污染控制工程[M].北京:中国环境出版社,2013.

[8] 李宏罡.水污染控制技术[M].上海:华东理工大学出版社,2011.

[9] 田禹,王树涛.水污染控制工程[M].北京:化学工业出版社,2011.

[10] 王惠丰,王怀宇.污水处理厂的运行与管理[M].北京:科学出版社,2010.

[11] 吴向阳.水污染控制工程及设备[M].北京:中国环境出版社,2015.

[12] 周敬宣,段金明.环保设备及应用[M].2版.北京:化学工业出版社,2014.

[13] 彭党聪.水污染控制工程[M].3版.北京:冶金工业出版社,2010.

[14] 孙体昌,娄金生.水污染控制工程[M].北京:化学工业出版社,2010.

[15] 任南琪,赵庆良.水污染控制原理与技术[M].北京:清华大学出版社,2010.